多面体 新装版
P. R. クロムウェル 著

下川航也・平澤美可三・松本三郎・丸本嘉彦・村上斉 訳

PETER R. CROMWELL
POLYHEDRA

数学書房

POLYHEDRA

by Peter R. Cromwell

Copyright© Cambridge University Press 1997

Japanese translation published by arrangement with Cambridge University Press
through The English Agency (Japan) Ltd.

序

　多面体は 2000 年にわたって，数学における研究対象の一つとなっており，その多くの分野に貢献してきた．であるから，多面体の歴史や数学的な性質に関する情報が非常に見つけにくいというのは驚くべきことである．多面体の研究は今も盛んに行われている分野であり，幾何学の他の分野とともに現在ではちょっとしたルネサンス期を迎えている．しかしながら，5 個のプラトン立体のように基本的な研究対象を知らずに大学を卒業することも（おそらく）可能である．適切な情報源がないことがこの状況を助長している．この本はこの欠如に対して答えようとしたものである．この本では，人類が何年もの間多面体に関して何を考えてきたかを伝え，多面体を研究するために発展してきた数学の一部分を説明する．

　7 年以上も前に私がこの本を書き進める企画を始めたきっかけは偶然のことであった．そのとき私はリバプール大学の博士課程を終えたところであり，当時リバプール大学数学教室では数学に関する展示品の収集を始めたばかりであった．その中には正則と名付けられたすべての多面体（5 個のプラトン立体，4 個の星型多面体，5 個の複合体）の模型が含まれていた．教室の教員と研究生によって行われるセミナーでは，特に専門にかたよらない話の時間が毎週確保されており，これによって仲間がどんなことを考えているかを知ることができた．このセミナーで新しい多面体の模型の数学的な性質をいくつか説明しようと決心した．簡単に手に入る本をいくつか調べれば必要な情報はすべて見つかると素朴に期待して，私は図書館を訪れた．見つかった本は 3 つの種類に分けられた．まず，よく「娯楽としての数学」という類の本がある．こういった本はたいてい，数種類の多面体の基本的な性質のために 1～2 章を割いている．この種のもっと進んだ本ではオイラーの公式について言及している．これとは逆の方向を向いている種類の本もある．任意の次元の多面体を中心に解説し，ときには 3 次元の例を扱うこともある．私が見つけたそれ以外の種類の本は模型を作るための入門書である．数学の歴史についての分厚い本であってもギリシャ時代以降の多面体の話題に関してはほとんど解説されていない．これはおそらくこの話題が「数学の主流」に属するものとは思われていないからだろう．

　私はできるかぎりすべての情報をこれらの資料から少しずつ集めた．参考文献に従っ

て雑誌の記事も調べ，徐々にこの分野の概観を発表するのに十分な材料を組み立てることができた．展示模型に私自身のコレクションの中からいくつか付けたし，「多面体の歴史」について話した．セミナーの後で，仲間の何人かが出典についての質問をした．私が経験した苦労を聞いて，このテーマについて詳しく書いてみてはどうかと提案してくれた．その後，もとの話の細部を埋めるために情報を集め，その結果できたのがこの本である．

私は歴史家ではないので，この本が多面体の歴史と見なされるかどうかは疑わしい．私は単に興味深いと思った事柄を集めて，それを話題別に分類しおおよその年代順に並べ替えたのである．定義と定理の一覧よりはましなものを提供するというのが目的であった．多くの教科書で使われている無味乾燥なスタイルでは，説明されている結果に至った動機を無視し，読者は必要のない細かな点に惑わされるという傾向にある．私は結果を文脈の中で考え，根底にあるアイデアの発展をたどろうと試みた．そして，そのアイデアが数学や数学以外の分野における他の問題にどのような影響を与えているか，また，どのような関係にあるかを知ろうとした．

私の選んだ題材はもちろん個人的な好みに従った選択である．この本は確かに百科事典的なものではないが，世紀の変わり目[1]までの範囲はまず完全に扱っていると思う．話題は3次元の幾何学的な側面を中心にしている．これは多面体の魅力の多くが模型を作ったりそれを試したりすることから生じるからである．グラフ理論として再構成できる題材はほとんど含まれていない．つまり今世紀[1]に発展した多面体の組み合わせに関する性質の多くが扱われていないことになる．この種のもので，私がわかっている範囲で省かれているのが3つある．まず，この題材の幾何学的側面と組み合わせ的側面をつなぐのに中心的役割を果たすスタイニッツの定理である．この定理についての解説はグルンバウムの著書 "Convex Polytopes" で容易に手に入る．エベルハード型の定理とアレクサンドロフの定理に関する議論も行われていない．これ以上に，双対性に言及していないことに驚く読者もいるだろう．振り返ってみればこの概念はもっと前の研究に見られるのであるが，その研究をした人が双対性に気づいていたかどうかは不明である．いずれにしても双対性とは何であろうか？プラトン立体の持つ相互的な関係についてたまたま注目したことが，明瞭な解答というよりよけいな混乱をもたらしたかもしれない．つまり，射影的な双対性と組み合わせ的な双対性が長年混同されてきたのである．さらに期待されるところにいつも双対性を発見できたわけではない．例えば，面推移的な多面体から頂点推移的な多面体を「双対性によって」構成する方法はない．この題材を完全に論ずるのにはそれだけで1章を必要とするであろう．

その他に触れなかった話題は空間充填多面体や隣接多面体，高次元多面体やタイル貼りとの関係，種々の機（はた）多面体，数学的に興味深い曲面の多面体の埋め込み，それから線形プログラミングと計算幾何学への応用である．

本書をざっと見れば，多くの図が使われていることに気づくであろう．目で見るこ

---

[1] 訳注：原著は20世紀末にかかれたことに注意．

とによって基礎を直観できるような議論をするときには，こういったものが重要であると私は考える．この本には証明も含まれており，簡単だが完全な説明をするように努めた．大部分の証明は本書だけで間に合うようになっている．ただし，例外として最後の2章においては群論のある種の応用を必要としている．そこで使われている定理は付録2で論じられている．

謝辞

この企画の進行中に受けた手助けや励ましに是非とも感謝したい．

グルンバウムには大変感謝している．私が最初の数章の草稿を送って彼にこの企画を知らせてから，彼はこの企画に熱中し励まし続けてくれた．それ以来彼はすべての原稿に意見を述べ，さまざまな題目に関して新たな情報を与えてくれた．この点に関してはコクセター (H. S. M. Coxeter) も大変な手助けをしてくれた．原稿を読んで助言をいただいた以下の人々にも感謝している：アンナ・アイストン (Anna Aiston)，エリザベタ・ベルトラミ (Elisabetta Beltrami)，デイヴィッド・クロムウェル (David Cromwell)（以上の人はすべての内容を検討してくれた），リチャード・クロムウェル (Richard Cromwell)，マリア・ディドゥ (Maria Dedò)，ピーター・ギブリン (Peter Giblin)，ジョウ・マルケヴィッチ (Joe Malkevitch)，イアン・ナット (Ian Nutt)．次の人々との会話も有益であった：ロバート・コネリー (Robert Connelly)，ペギー・キドウェル (Peggy Kidwell)，デイヴィッド・ピギンズ (David Piggins)．

黄鉄鉱の結晶を貸していただいたリバプール博物館の地質学部局，コーシーの肖像に対してシュプリンガー・フェアラークのトニー・ホフマン (Tony Hoffman) に，ティプ・スルターンの正二十面体とコーフ城の斜立方八面体を教えてくれたポール・ビエン (Paul Bien) とドナルド・クロウ (Donald Crowe) に感謝する．またロンドン大学ユニバーシティ・カレッジ希少本コレクション館長にも感謝している．章の口絵の図版や他の図のいくつかは，ヴェンツェル・ヤムニッツァーの『遠近法による正多面体』（参照番号：Graves 148.f.13）の写しから取ったものである．

両親，兄弟，そして友人はいつも私を励ましてくれた．

著者と出版社は，絵の使用を許可していただいた以下の人々や機関に感謝する．ブノワ・マンデルブロー (Benoit Mandelbrot)，ジョン・ロビンソン (John Robinson)，米国学会協議会，ミュンヘン・バイエルン州立絵画コレクション，大英博物館，バックミンスター・フラー研究所，ミュンヘン・ドイツ博物館，プリンストン大学美術館，モスクワ・プーシキン美術館，ナポリとウルビノの文化環境省，ロンドン大学ユニバーシティ・カレッジ希少本コレクション，ヴェロナ市オルガノのサンタ・マリア教会．

ピーター・クロムウェル　　　　　　　　　　　　　　1996年リバプールにて

訳者序

　この本は，多面体という基本的な立体図形にテーマを絞り，歴史的な考察を多く交えながら数学的にもきちんと書かれている．職業として数学に携わる人のみならず，高校生あるいは中学生でも十分に通読できる(数学的に難しい部分はさておき，話の流れが分かるという意味)のではないかと期待する．特に，昨今数学・算数の学力低下を目の当たりにしている翻訳者達にとって，本書が初等的な立体幾何の面白さを伝える一助になれば幸いである．

　本書を翻訳することになったきっかけを少し書いておこう．もともと著者のピーター・クロムウェル氏と翻訳者の一人は原著出版以前からの知り合いであった．1998年に，原著の日本における紹介文を書いてくれないかとの問い合わせが著者からあった折に，以前にいただいていた本を読み返してみたところ，数学的にもまた一般の読み物としても大変よい本であることを再認識した．当時，同じシュプリンガー・フェアラーク東京でW.B.R.リコリッシュ著『結び目理論概説』の翻訳が進行中であったため，その作業が終わってから本書の翻訳を始めようということになったのである．

　訳語(特に多面体の名前)の選択にあたっては川村みゆき著『多面体の折紙——正多面体・準正多面体およびその双対』(日本評論社)などが参考になった．なお，多面体についてさらに知りたい読者のために，このほか砂田利一著『分割の幾何学——デーンによる2つの定理』(日本評論社)，一松信著『正多面体を解く』(東海科学選書)を勧める．また，数学用語については多くを『岩波数学辞典』によっている．多面体の名前についてはもっと適したもの，あるいは従来から別の名前が定着しているものがあるかもしれない．読者諸賢からのご教示をお待ちする次第である．

　なお，翻訳者5名の分担は以下の通りである．

　　　序，0章，1章，2章：村上 斉　　　3章，4章：松本 三郎
　　　5章，6章：丸本 嘉彦　　　　　　　7章，8章：下川 航也
　　　9章，10章：付録：平澤 美可三

　翻訳作業，特に，中国語の表記，訳語の統一，版権の交渉にあたってはシュプリンガー・フェアラーク東京の編集部の方々に大変御世話になった．末筆ながら彼らに感謝の意を表すものである．

翻訳者一同　　　　　　　　　　　　　　　　　　　　　　　　　　　2001年10月

新装版へ向けての訳者序

　21世紀初めにシュプリンガー・フェアラーク東京(当時，現「シュプリンガー・ジャパン」)から，本書が出版されて以来早くも12年経過した．このたび，版を改めて数学書房から出版されることとなった．

　近年，数学を初めとする理学関係の一般書がよく読まれるようになったこともあり，多面体という素朴な数学的対象を扱った本書も版を改めることで新たな読者の目に触れる機会が増えることを期待する．

　なお，改版にあたって旧版の細かなミスを修正したことを書き添えておく．また，数学書房の横山伸氏には終始お世話になった．ここに感謝の意を表する．

翻訳者一同　　　　　　　　　　　　　　　　　　　　　　　　　　　2013年12月

目次

第 0 章 はじめに ... *1*
    建造物における多面体 ... *2*
    美術における多面体 ... *2*
    装飾品における多面体 ... *3*
    自然界における多面体 ... *4*
    地図作成法における多面体 ... *7*
    哲学や文学における多面体 ... *9*
    この本について ... *9*
    証明について ... *10*
    この本の読み方 ... *11*
    基本的な概念 ... *12*
    模型を作る ... *14*

第 1 章 分割できないもの，表現できないもの，避けられないもの ... *17*
    永遠の城 ... *17*
    エジプトの幾何学 ... *19*
    バビロニアの幾何学 ... *23*
    中国の幾何学 ... *24*
    東洋の数学の共通の起源 ... *27*
    ギリシャの数学と整数の比では表されないものの発見 ... *28*
    空間の本質 ... *33*
    デモクリトスのジレンマ ... *35*
    角錐の体積に関する劉徽の著述 ... *38*
    エウドクソスによる取り尽くしの方法 ... *40*
    ヒルベルトの第 3 問題 ... *44*

第 2 章 規則と正則性 ... *51*
    プラトン立体 ... *51*
    数学のパラダイム ... *57*
    抽象化 ... *58*
    根源的対象と証明のない定理 ... *59*
    存在問題 ... *60*
    プラトン立体の作図 ... *65*

正多面体の発見 *70*
　　正則性とは何か？ *74*
　　規則の修正 *77*
　　アルキメデス立体 *79*
　　正多角形の面を持つ多面体 *84*

第3章　多面体幾何の衰退と復活　　　　　　　　　　　　　　　　**93**
　　アレキサンドリア人 *93*
　　数学と天文学 *95*
　　アレキサンドリアのヘロン *96*
　　アレキサンドリアのパップス *97*
　　プラトンの遺産 *98*
　　幾何の衰え *99*
　　イスラム教の発展 *101*
　　サービト・ブン・クッラ *102*
　　アブー・アルワファー *103*
　　ヨーロッパ，古典を再発見 *103*
　　光学 *104*
　　カンパヌスの球面 *105*
　　古典の収集と普及 *107*
　　『原論』の復活 *107*
　　物の新しい見方 *109*
　　遠近法 *111*
　　遠近法を使った初期の画家 *113*
　　レオン・バティスタ・アルベルティ *114*
　　パオロ・ウッチェロ *115*
　　木工作品での多面体 *116*
　　ピエロ・デラ・フランチェスカ *119*
　　ルカ・パチョーリ *122*
　　アルブレヒト・デューラー *125*
　　ヴェンツェル・ヤムニッツァー *130*
　　遠近法と天文学 *136*
　　多面体の復活 *137*

第4章　幻想性，調和性，一様性　　　　　　　　　　　　　　　　**141**
　　ケプラーの生涯 *141*
　　解かれた謎 *144*
　　宇宙の構造 *150*
　　いろいろな形の貼り合わせ *151*
　　菱形多面体 *154*
　　アルキメデス立体 *159*
　　星型多角形と星型多面体 *171*
　　半立体的多面体 *176*
　　一様多面体 *177*

第 5 章　曲面，立体，球面　　　　　　　　　　　　　　　　　　　　　　185
平面角，立体角，およびそれらの測り方 *187*
デカルトの定理 *191*
オイラーの公式の発見 *193*
構成要素に名前をつける *195*
オイラーの公式から導かれるもの *197*
オイラーによる証明 *201*
ルジャンドルによる証明 *203*
コーシーによる証明 *205*
公式の正当性を示す例外 *207*
多面体とは何か? *210*
フォン・シュタウトによる証明 *215*
補足的な観点 *219*
ガウス-ボンネの定理 *221*

第 6 章　相等性，剛体性，柔構造　　　　　　　　　　　　　　　　　　225
論争された基盤 *226*
立体異性体と合同 *231*
コーシーの剛体性定理 *234*
コーシーの初期の経歴 *240*
シュタイニッツの補題 *241*
回転するリングと，柔軟な枠 *244*
すべての多面体が剛体的なのか? *247*
コネリーの球面 *250*
さらなる展開 *252*
2 つの多面体はいつ相等になるか? *253*

第 7 章　星型多角形，星型多面体，骨格多面体　　　　　　　　　　　　257
一般化された多角形 *257*
ポアンソの星型多面体 *259*
ポアンソの予想 *264*
ケーリーの式 *265*
星型多面体に関するコーシーの数え上げ *266*
面星状化 *272*
二十面体の星型 *275*
バートランドによる星型多面体の数え上げ *288*
正則骨格 *290*

第 8 章　対称性，形，構造　　　　　　　　　　　　　　　　　　　　　　295
対称性とは何を意味するのであろうか? *295*
回転対称 *297*
回転対称系 *298*
どれだけの回転対称系があるのだろうか? *302*
鏡映対称 *306*
角柱的対称型 *307*

複合的対称と S_{2n} 対称型 310
　　　立方体的対称型 313
　　　二十面体型対称性 316
　　　正しい対称型の決定 317
　　　対称性の群 317
　　　結晶学と対称性の発展 323

第 9 章　色を塗る，数え上げる，計算で求める　　**331**
　　　プラトン立体に色を塗る 332
　　　塗り方は何通りあるか？ 333
　　　数え上げ定理 334
　　　数え上げ定理の応用 338
　　　厳密な彩色 341
　　　何色必要か 349
　　　4 色問題 350
　　　証明するとはどういうことか 356

第 10 章　組み合わせる，変形する，飾りつける　　**359**
　　　対称的な複合多面体を作る 359
　　　対称性の崩壊，対称性の補完 361
　　　どの複合多面体が正則か？ 365
　　　正則性と対称性 366
　　　推移性 366
　　　多面体の変形 372
　　　頂点に関して推移的な凸多面体のなす空間 375
　　　全推移的な多面体 386
　　　対称的な彩色 394
　　　彩色対称変換 396
　　　完璧な彩色 399
　　　5 次方程式の解法 400

付録 I　　　**403**

付録 II　　　**405**

引用文献　　　**408**

参考文献　　　**412**

人名索引　　　**428**

事項索引　　　**431**

第0章
はじめに

> 幾何学は，精神と同様目や手の技能でもある．
>
> J. ペダーソン

　多面体の模型は，人々の個人的な空間をさまざまな数学的体験で彩る．プロの数学者の大学の研究室，学校の先生の教室，子供の寝室において，この幾何学的対象の魅力に万人が惹きよせられてきた．その人気は何世紀にもわたっている．この本では，多面体の研究がどのように発達してきたか，何年にもわたって人々が多面体をいかに用いどのように捉えてきたか，また，人々の考えがどのように発展してきたかを探る．

　どのような科学も平坦で絶え間なく進歩してきたわけではなく，多面体の研究も例外ではない．多面体に関する，観察されたり予測されたりした性質を解き明かすための探求のいくつかをたどることにする．時に，これは新しい概念の基礎や限界を理解するのに大きな苦労をともなう方法である．過去を振り返ったときに重要なできごとであると見なされるものには，しばしば多くの人々の長い期間にわたる努力の積み重ねの結果であることが多い．斬新な知性による古くからある問題へのあざやかな洞察のような，急速な躍進による進歩もあり，それはまったく新しい探求の領域を開くことになる．

　多面体の研究は，数学のいくつかの分野に貢献してきたこと，またそれ以外の多くの分野とも関係があることを見ていくことにする．しかし，多面体というのは数学に限定されるわけではない．平らな面に囲まれていて角がうまく定義できるものであれば何でも多面体の形をしている．建造物からその例を簡単に思いつくことができる．動物界，植物界，鉱物界という3つの自然界からももっと多くの例を見つけられる．多面体は我々を取り巻く世界を哲学的にあるいは科学的に説明するために用いられてきた．さらに，芸術，文学，また神学的な論争にまで関わってきている．まず，これらのうちのいくつかを簡単に見ていくことにしよう．

建造物における多面体

　建造物における多面体の例は容易に発見できる．4500年以上前に建てられた，エジプトのギザにある古代のピラミッドは，おそらく形の上では一番簡単であろう．現代のオフィスビルはしばしば鋼鉄とガラスでできた角柱の構造を持っている．これらの両方の要素を組み合わせ，角柱の居住空間の上にピラミッド状（角錐状）の屋根の構造を置いたビルもある．この方式の八角形版がイタリアのフィレンツェにある洗礼堂の基礎構造となっている．

　もっと異様な多面体状の建築様式が世界のさまざまな地域で集合住宅として使われている．対角線を鉛直方向に置いて，それぞれ角が下になるようにした立方体の集まりがオランダのロッテルダムに建てられた．イスラエルでは十二面体の集まりから集合住宅が作られた．1940年代にR. バックミンスター・フラーによって発明されたジオデシック・ドームは多面体を用いた建造物の中で最も注目すべき様式に数えることができる．この建築方法は，1967年にカナダのモントリオールで開かれた万国博覧会ではじめて披露され世界中に感銘を与えた．この構造は現在では天体望遠鏡や無線用アンテナを悪天候から守るために用いられている．もっと小さな規模では，半球形の温室やテントの枠組み，あるいは子供のジャングルジムとしても使われている．

美術における多面体

　15世紀のイタリア人により線遠近法が導入されてから多面体は美術において好まれる題材となってきた．多面体の形の持つ平らな面と確固とした稜は，遠近法を用いた作品の練習をしようと思う者によい課題を提供する．また，ルネサンス期に書かれた多くの画家のための手引き書には，プラトン立体を短縮法で描くための方法が記されている．完成された絵画も時には多面体を装飾として含んでいるが，普通はそれは東屋や建造物や頭飾りなどに偽装されている．

　多面体は20世紀の美術にも現れる．サルヴァドール・ダリによる『最後の晩餐』には正十二面体（プラトンによる宇宙の象徴）の輪郭が骨組みで描かれている．オランダの画家M. C. エッシャーの作品には，多面体や星型多面体や，これらを組み合わせたものが現れる．オップアートのデザインには，見たところ平らな面を持っているのだが3次元空間にはうまく実現できない対象がよく現れる．これらは「実現不可能な多面体」と見なされる．この種のよく知られたものは図0.1で示されたペンローズの3本柱である．

　遠近法を最初に使った画家が魅了された多面体の性質（わずかな頂点の位置を与えるだけで立体を完全に記述できるという事実）はコンピュータ・グラフィックとしても魅力的である．コンピュータは，簡単な多面体をすばやく扱って図を描くことができる．

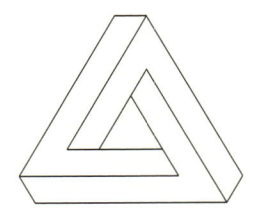

図 0.1：ペンローズの 3 本柱——実現不可能な多面体.

　もっと複雑な多面体状の網目は，新しい自動車の車体や航空機の機体を設計する技師を手助けするための CAD 用のパッケージソフトにおいて使われている.

　SF 映画『トロン』では，ある男が気がつくとコンピュータの内部に運ばれていた．そこで，彼はさまざまなプログラムや他のコンピュータアーキテクチャの構成物と出会う．ある友好的な遭遇において，彼は連続的に形を変える漂う多面体と会話をする．すべての質問に対してこの多面体が「はい」（このとき多面体が黄色の大きな正十二面体に変身する）か「いいえ」（このときオレンジ色の二十面体の星状体になる）で答え，そして彼はこれが機械の中で最も基礎となる要素——ビット——であることに気づくのである．

　もっと近代的な抽象彫刻は多面体の形をしている．地面に角を埋め込んだ立方体のように単純なものもある．四面体を面と面で貼り合わせて，垂直な柱や不規則に伸びる蛇のような生物を作る彫刻家もいる．最も大きい多面体状の彫刻の 1 つはカナダのアルバータ州のヴェグレヴィルにある．それはロナルド・デイル・レッシュによって設計・製作された 7 メートルを超える高さの巨大なイースターエッグである．それは 2732 個の青銅，銀，金のタイルで作られており，そのうちの 80 パーセント程度が正三角形である．その他は凸ではない等辺六角形で 3 点が飛び出した星の形をしている．この星の角を変えることによって卵の曲率の変動を実現している．

装飾品における多面体

　多くの装飾品が多面体の形をしている．花瓶や装飾的な容器から明らかにその例を見つけることができる．よく使われる形は立方八面体である．これはおそらく作りやすいという理由からであろう．この形をした西暦 450 年の時代のイヤリングがドイツで発見されている．立方八面体は，また日本の神社の装飾品の中にも見つけることができる．菊（天皇の象徴）で飾られた大きな立方八面体が京都の修学院離宮の茶室の上に置かれている．この形をした灯籠は 13 世紀から作られており，今でも死者を追悼する儀式に用いられている．韓国・朝鮮人は斜立方八面体型の灯籠を使う．

　十二面体の形をした青銅製の装飾品あるいはお守りがおよそ 50 個ほどローマ時代

から残されており，ヨーロッパの博物館で見ることができる．ほとんどのものが中空で，表面にはいろいろなサイズの丸い穴があけられており，頂点には小さな玉がつけられている．エトルリア起源のもっと古い例も知られている．最近スイスで発見された十二面体は，銀で覆われた鉛の芯を持っており，表面には黄道十二宮の名前が刻まれている．12の月を十二面体に関連づけることは今でも行われている．『学校での数学（Mathematics in School）』という先生向けの雑誌では，1年に一度カレンダーを印刷した十二面体の展開図（各面に1月）を印刷している．

　他のよく知られた多面体状のものとしてさいころが挙げられる．すべての規則的な形をした立体はさいころとして使われてきた．1799年にインドのティプ・スルターンがイギリスに敗れたとき，彼の宝物の中から，奇妙な二十面体のさいころが発見された．それは金で作られており，表面には数字が変わった配置をしている．この展開図は図0.2に示されている．10個の面を持つさいころを作るためには，両角錐（角錐を2つ底面で貼り合わせたもの）や角柱がともに用いられてきた．斜立方八面体の形をした非常に異様なさいころが，1973年に南イングランドのコーフカースルで発掘された．それは，その土地の黒大理石で作られており，200年から300年前のものであると考えられている．正方形の面にのみ模様がついている．そのうち6つには一対の文字が彫られ，他の正方形の面には最初の12個の整数を表す円の模様がある．図0.3はこの立体の展開図を表している．その使途は不明である．

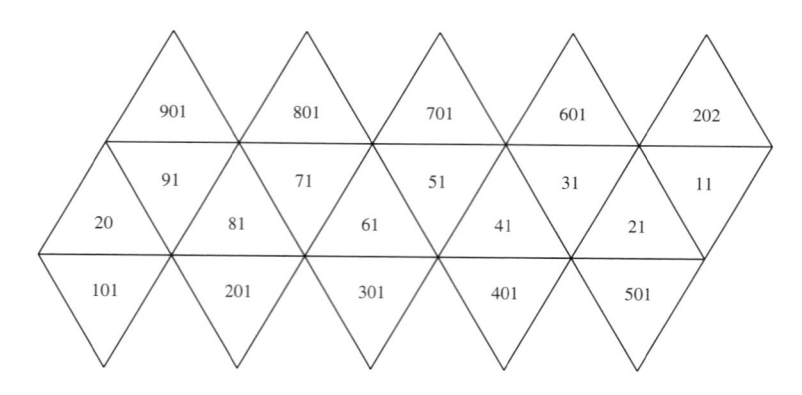

図 0.2：ティプ・スルターンの二十面体の展開図．

自然界における多面体

　カットして指輪に載せられた高価な宝石は，多面体のきらめく例であるがその切り口は人工的に作られたものである．自然の営みによっても同じように印象的な結果を生じることができる．それは結晶である（カラー図2）．平らな反射面によって囲まれた

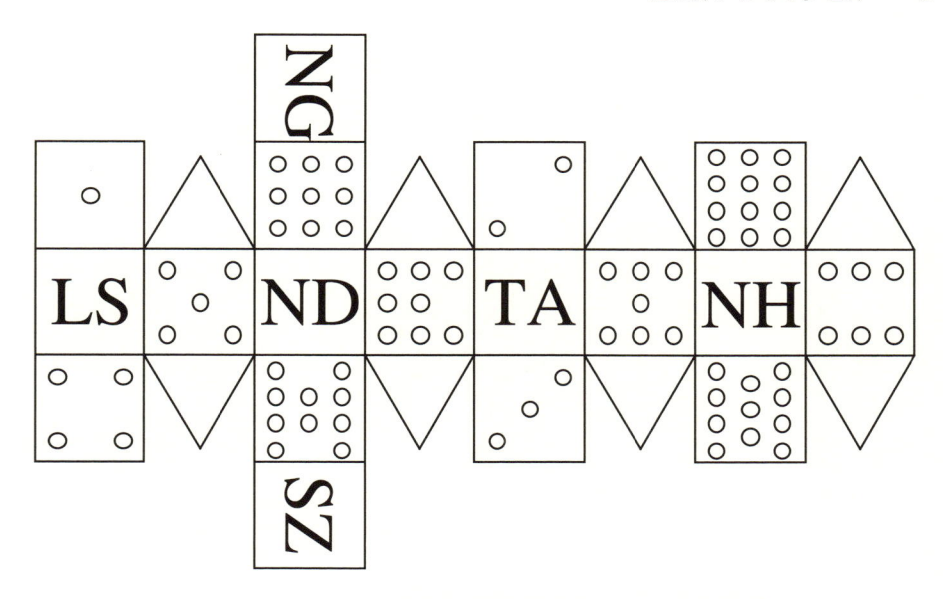

図 0.3：コーフカースルの斜立方八面体型のさいころの展開図.

　その明らかに幾何的な特質は，自然の形でもっと頻繁に見つかる，丸かったり，柔らかかったり，しなやかだったり，不規則だったりする性質とは大きな対照をなす．この特質により結晶は常に注目を集めてきた．19世紀になると，多面体や結晶の研究は対称性の幾何的解析につながった．対称性の理論は，結晶が原子の反復する配置によって構成されているという仮定のもとでは，結晶学的な制限がある．つまり，結晶は2回，3回，4回，6回の回転対称性しか持てないのである．これが，1984年における，5回の回転対称性を持った結晶のように見える物質の発見が大きな興奮を引き起こした理由である．これが今は準結晶と呼ばれているものである．
　ある種の木の実や果物の仁に含まれるたくさんの小さな種は，限られた空間の中で発育する．ザクロはその一例である．それぞれの種が発育するにつれ，そばにあるものを圧迫する．種は均一に広がるのを互いに妨げ合い，空いているすき間をふさぐように発育し，鋭い角の平らな面を持った種となる．もし，この種が発育する前に完全に均一に配列されており，等方的に圧力をかけられていれば，菱形十二面体の形になってしまうであろう．
　経済の原理——与えられた材料から最大の体積を得る——により有機体はほぼ球状になる．多面体の基礎構造を持つ有機体もある．エルンスト・ヘッケルはイギリス軍艦チャレンジャーによる1880年代の航海において，放散虫と呼ばれる極微単細胞生物の絵を多く描いた．放散虫は，多面体的の性質を持つ球状の骨格を持つ．ヘッケルはこれらのうちの3つに *circoporus octahedrus*, *circorrhegma dodecahedra* および

circogonia icosahedra[1] という名前を付けた．それはヘッケルがこの3つがプラトン立体に似ていると考えたからである．彼の描いた絵は図 0.4 に示されている．

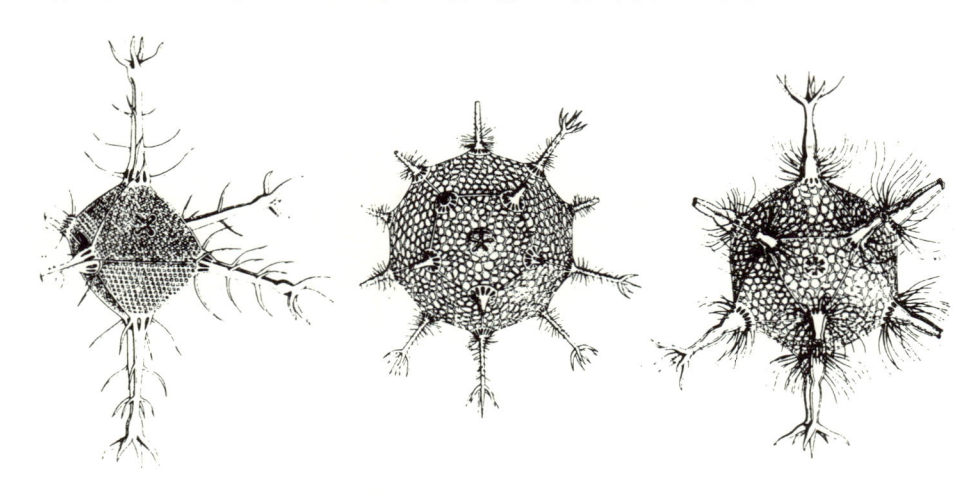

図 0.4：ヘッケルによる放散虫の3枚のスケッチ．

　球状の格子は，また単純なウイルス (例えば小児麻痺を引き起こすもの) の一部をなす．ウイルスは生きている細胞の蛋白質合成器官を支配することによって繁殖する．細胞内に持ち込まれたウイルスの核酸は，その細胞の機構を，新たなウイルスの中にある複製された RNA を保護するための新しい蛋白質の格子の部品を作るように仕向ける．最も単純な格子状ウイルスは5個 (五重合体) や6個 (六重合体) のグループごとに凝集した集団を単位として繰り返すことによって組み立てられている．これら五角形や六角形は，ぴったり合わさってほぼ二十面体の対称性を持つ球状の被膜を形成する．

　最近発見された炭素の同素体も多面体的な球状，楕円面，円筒形をなす．一番小さな例 C_{60} では60個の原子が切頭二十面体 (サッカーボールとしておなじみ) の頂点と同じ配置で並んでいる．これらの炭素の格子はバックミンスター・フラーに敬意を表してフラーレンと呼ばれるが，俗に「バッキー・ボール」で通っている．

　多面体状の分子というのも知られている．有機化学者は，クバン C_8H_8（炭素原子が立方体の頂点にある) のような炭素–水素構造を作ってきた．もっと多くの例が無機化学，特に遷移金属を含む化合物で起こる．塩化モリブデンイオン ($Mo_6Cl_8^{4+}$) において塩素原子は，金属原子でできた八面体の周りの立方体格子を形成する．分子による多面体の例は，他にも白金やジルコニウムのハロゲン化物として起こる．**ボラン**というのはホウ素と水素の化合物の総称であるが，これはある種の三角面体を含む三角形の面を持つ多面体の構造を持っている．B_8H_8 というボランの分子は，双子の十二面体と正方形の反角柱の間を行ったり来たりして振動している．

---

[1] 訳注：*octahedrus*, *dodecahedra*, *icosahedra* はそれぞれ八面体，十二面体，二十面体を表す．

地図作成法における多面体

　地球が平らでないことが発見されて以来ずっと，地図を作ることは厄介な問題であり続けた．地球儀は球状であるから，世界を正確に表現することができるが，それでは限られた部分しか見ることができない．つまり，地球の表面全部を一時に調べることはできないのである．球面から平らな曲面にデータを移すということは非常な困難を伴ない，常に何らかの歪みを生じる．よく見かけるメルカトル図法（16世紀に発明された）では，赤道で地球と接するように円柱が置かれる．そして球の表面の様子は円柱に向かって外向きに投影される．こうしてできあがった地図は，接線に沿うところでは正確な描写になっているが，赤道から離れると正確でなくなる．歪曲は両極のごく近くではさらに悪くなり，両極自身は表示できない．

　バックミンスター・フラーは，実際はその逆であるにもかかわらずグリーンランドが南アメリカの3倍も大きく見えるような不正確さに欲求不満を抱いた．地球をどのような平面地図に表しても歪曲は避けられないが，もっと目立たないようにまんべんなく歪曲を分散させることができるかもしれない．フラーは，地球の表面の75パーセントを占める水の部分に一番の歪みがくるような，地球の陸塊の形，分布，相対的な大きさを示そうとした．

　彼は20個の正三角形からなる正二十面体という正多面体を選び，各面を小さな三角形に分割した．地球に重ね合わせた同じような格子から計算して，彼は球面上のデータを多面体に移すことに成功した．この作業はすべて，2つの世界大戦の間というコンピュータが計算の補助を行う以前に行われた．その結果得られた地図は，視覚的な歪みがないという点で独特のものである．また，正二十面体を稜で切って平らに開いたとき，どの陸塊も不自然に切り離されることがないように，フラーは慎重に正二十面体の位置を選ばねばならなかった．その成果はダイマクション地図として知られており，図0.5に示されている．

　1943年2月に雑誌ライフはフラーの地図の切り抜きをカラーで掲載した．それが刊行される前に編集者は，専門家委員会にその地図が地球を正確に表しているのか，また，これは新しい発見であるかどうかを諮った．米国国務省の主任地理学者と数学者2名を含む委員会は，地理学的にも数学的にもフラーの地図の欠陥を発見できなかったが，この地図がどのようにして作成されたかについては確かなことはわからなかった．言外に否定的な意味を持たせながらも，彼らの報告はその地図が「純粋な発明」であると締めくくられている．フラーが自分の地図の特許を申請したとき，地図作成においてはあらゆる投影法はすでに尽くされているという決定がなされていることに気づいた．この結果彼の申請は却下されたのである．フラーは特許局にライフ誌の報告を提出した．専門家の証言は文句のつけようがなく，彼は地図作成の新考案に関する20世紀初の特許を与えられた．

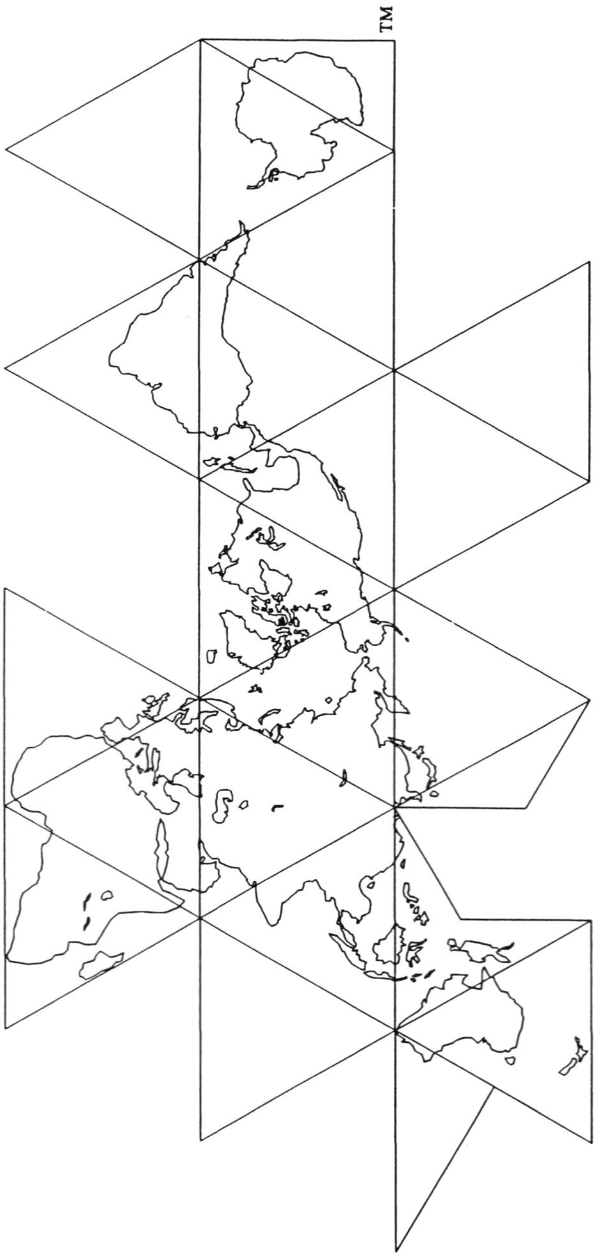

8　第0章　はじめに

The word 'Dymaxion' and the Fuller Projection Dymaxion Map designare trademarks of the Buckminster Fuller Institute, Santa Barbara. © 1938, 1967 and 1992. All rights reserved.

図 0.5：フラーのダイマクション地図

哲学や文学における多面体

多面体は宇宙論においても役割を演じている．プラトンもケプラーも5個の正多面体を利用した．ケプラーにとって多面体は，既知の宇宙の大きさ，惑星の数や相互の距離を決めるものであった．プラトンは，多面体をエンペドクレスの四元と天空に対応づけ，物質の性質を説明しようとした．

アイザック・ニュートンの「時計仕掛けの宇宙」の説明により，神の存在に関する設計論争が盛んになった．つまり，我々を取り巻くものすべてに設計の証拠を見ることができ，設計者の存在が必要となるのである．ウィリアム・ペーリー（1743〜1805）による『自然神学』はこれについて論じている．本来備わっている，普遍的な秩序則の存在に反論するために，ペーリーはプラトンの立体を秩序の典型的な例として挙げた．

> 秩序は普遍的なものではない．それが一定で，必然的な原理に由来するのならばともかく…．秩序が必要なら見つかる．必要でなければ，つまり，（もしそれがはびこったとしても）無用であれば見つけられない．…岩や山から正多面体を形作ったり，大洋の海峡を幾何学的曲線で囲ったりすることからは，どんな有用な目的も生じなかったであろう．[a]

最も初期のSF作品である『月と太陽諸国の滑稽譚』においてシラノ・ド・ベルジュラック（1619〜1655）は宇宙旅行について書いている．彼は，塔の一室に捉えられ逃げ出す作戦を企てた．友達の届けてくれた材料を使って，彼は，それが自分を友達の屋敷まで運んでいってくれることを願いつつ飛行機械を組み立てた．その機体は軽くて丈夫であり，多くの面を持った結晶状の球体であり，光り輝く鏡のような球であり，正十二面体の形をしていたのである！それは，できるだけ多くの光を捉えて真空を作り，それによって空気を吸い込んで上昇するというものであった．しかしながら，太陽光線は彼が予期していたより強力で，牢獄の外に安全に着地する代わりに，彼は大気圏を出て太陽に向かってしまった．4ヵ月後彼は黒点に着陸し冒険を始めるのであった．

この本について

この本の各章は一連の関連した小論からなり，各々別の主題を追求している．ほぼ年代順に並べられているが，大部分は独立したものであり，どんな順番でも読めるであろう．ただし，第8章は例外であり，ここでは対称性を記述する考えと表記法を説明する．この表記法はその後の2章で使われている．

楽曲のように，この本では同じ主題が何度か現れることがある．しかしどのエントリーもその前のものとは少し違っている．主題は形を変え展開され，または新たな視点から扱われることによって以前は隠れていたものが前面に現れたりする．規則性はそのような話題の1つである．正多面体は，立体幾何学の研究の一部としてギリシャ人によって2000年以上前に導入された．彼らはプラトンの名を冠した5つの立体を知っ

ていた．ヨハネス・ケプラーが新しい方法で多面体を作る実験をしていたとき，「正」という名前をつけてもよいような多面体をあと 2 個発見した．2 世紀後ルイ・ポアンソはその 2 個を再発見するとともにさらに 2 個発見した．対称に関する数学上の発展により正規性の新たな解釈が生まれ，多面体の構成に関する広い応用が得られることとなった．

　この本を通じてたびたび現れる他の主題は，数学のあらゆる分野の一部となっている．それは定義，分類そして列挙の問題である．どういう対象についての話をしているのか？ 2 つの対象はいつ同じであると見なされるのか？ どんな種類の対象があって，それはいくつあるのか？ そういったさまざまな集まりに何か形式や構造はあるのか？

　多面体の研究は数学の分野で一番古いものの 1 つではあるが，その理論は今も発達している．しかしこれは，数学について何が達成されて何がいま探求されているかということについて理解するために，過去 2000 年にわたって確立されてきた怖じけさせるような数学の高い障壁を登ることが必要であることを意味しない．対象は生来幾何学的なものであるから，多くの結果は非専門家にもとっつきやすい．幾何は視覚的な要素を強く持っている．これこそ，美的感覚に訴える力を対象にもたらすものであり，図や模型の助けを借りて多くの考えを伝えられるということを表している．この本には多くの図版が掲載されているがそれだけでは十分でない場合もある．2, 3 の箇所では読者自身で模型を作って特定の点についての理解を深めるように促した．実際の 3 次元の多面体を使った実地体験が，行われていることを知るためには一番の方法である．直観が研ぎ澄まされれば，後は図で示すだけで十分であろう．

証明について

　この本は物語として読めるのだが定理については証明も述べている．みんながみんなすべての証明の詳細に立ち入りたいとは思わないであろうが，そこに示されている考え方や議論は物語の一部である．こういった説明によって得られる理解のために人々はこれまで懸命に努力してきたのである．

　証明を組み立てるのは，何かをばらばらにしてそれが何で動いているのかを見るのに似ている．うまく説明された良い証明というのはそれが正しいことだけではなくなぜそれが正しくなければならないのかも示すものである．残念ながら厳密な議論に使われる言葉というのは人を怖じ気づかせるものである．細部にこだわる理由の中にはしばしば読者にとっては意味のないこともあるし，ささいなことが多すぎると思考の流れを弱めてしまうこともある．証明とは，ある主張が正しいことを特定の聞き手に納得させるために意図された議論であることを覚えておいていただきたい．聞き手の要求が時につれて高くなれば求められる標準も上がってくる．昨日の証明の不備を考

慮に入れて誤りがなくなって今日の証明の水準に達することができる．明日は，条件が新しく予期しない方法で解釈されて，新しい反例が制約の網をすり抜けてしまい，証明が再び修正されることになる．

　新しい考えは，しばしばわかりやすい証明を組み立てるのに必要であるが，そういった考えは論理的な推論から得られたものではない．どんな証明の裏にも何が起こるべきかという直観的な感覚が常に存在する．数学者は単なる推論の連続よりも深い理解を追い求めるものである．この直観というものは時に証明そのものより説得力があったり安心させたりするものである．しかし証明は本質的である．議論は批判的にまた見過ごしてきた点に注目するように機能しなければならない．数学を独創的な方向に発達させるためには想像力が必要である．我々の想像力があまりに一般的すぎる結論に飛躍したときに，課すべき限界や制限を指摘するのが証明である．証明は自分に都合よく誤解しないためのチェックである．

この本の読み方

　これは数学書であると同時にどのように数学がなされてきたかを著した本でもある．いろいろな段階の読み方ができるであろう．長い間の考え方の進展を追いたい読者には証明の詳細は不要であろう．理論に集中したい読者は求める情報を手に入れることができると期待していただきたい．私は多くの読者が話題に応じて読み方を変えることを期待する．そして興味深いと思った課題についてより深く調べていただきたい．

　どのような読み方であろうとも注意していただきたい点が2, 3ある．たとえどんなうまい説明であっても，慣れていない数学的な考え方であれば，それを読むだけで完全に理解できることはない．数学の学習は能動的なものであって受動的なものではない．頭の中だけではすべてを理解することができずに，なぜこうなっているのかを見るために鉛筆や模型に手を伸ばさなくてはならない箇所があるだろう．経験，つまり，模型を作ったり触ったり，問題を解いたり，議論を通した作業をすることにより，学習できるのである．ある定理の主張に出会ったら，それが何を意味するか理解できたかどうかを確かめるようにしよう．条件と結論を見極めよう．2, 3の例で正しいことを確認するようにしよう．

　証明を読むというのは実践によって習得できる技能である．証明の途中でわからなくなったら，一歩戻って基本的で本質的な部分やどうすればそれらがうまく合わさるかをつきとめよう．もし本当に行き詰まったら，証明をしばらく飛ばして後でもう一度戻ってくるようにしよう．（証明の終わりは■で示される．）熟成の時期を置くことによって新しい考え方が定着し，もう一度論法を読んだときどこでつまずいたのかわからなくなっているであろう．さて一方それでもまだわからないこともある．もしそ

うなったら，証明を省略してすべての議論を特殊な例をもとにして読み進めてどうなるかを見るか，あるいは，自分独自の論法か反例を作ってみよう．結局，証明というのは自分の想像力と過去の経験に訴えるものであることを覚えておいていただきたい．それは読み手や聞き手を納得させるための論法である．それは主観的であり**あなた自身**を納得させるかどうかが大事である．証明のある部分を疑うことによって，以前は見逃されてきた欠陥が見つかることが多い．

本文のレイアウトに関して最後に一言注意しておこう．剣標(†)で示された独立した段落がある．ここではその前のある部分をはっきりさせたり何かをつけ加えたりしているが，すべての読者が持っているとは限らないある種の予備知識を仮定している．これらは単なる補足的な情報であるからわからなければ飛ばしていただきたい．引用句の出典は本書の最後にまとめられている．各句の最後に小さなアルファベットが振られており，それに従って章ごとに並べられている．図と表には通し番号がつけられている．

基本的な概念

多面体の歴史を著すのに克服すべきやや面倒な問題がある．それは「多面体」という術語をどういう意味で使うかである．この本の中の図を少し見ただけで多面体として扱われている対象が多岐にわたっているということがわかるであろう．すべてのものを含む定義をするのは不可能である．それは違った著者が同じ術語を違った考え方で使っているし，その中には互いに矛盾するものも含まれているからだ．最も基本的な段階では，多面体とは中身の詰まったものなのか中空の面なのかという疑問がわいてくるであろう．こういった問題に対する答えは，幾何学者が生きていた時代と何を研究していたかに大きく依存する．古典的なギリシャの幾何学者にとって多面体は中身の詰まったものであった．この200年ほどは多面体は面であると考えた方が便利になってきた．今日では多面体を骨組みであると見なす数学者もいる．

すべての多面体に関して共通するものは多面体という名前だけだ，と言われてきた．しかしながら，何らかの共通の立場が発見されるべきである．図示された多面体には明らかに何らかの共通する特徴がある．最もわかりやすい性質は多面体は多角形で作られている（または囲まれている）ということであろう．たとえ厳密には述べられていなかったにしても，この基本的な性質は何世紀もの間「多面体」の定義となってきた．すぐ後に述べるように，こういった大まかな定義では多くの解釈の仕方を許すことになる．これでは多角形がどのように組み合わされるのか，またどのような多角形を使っていいのかということに関して何の制約も与えてはいない．このあいまいさが実に有益であり，その結果，多面体という術語がいくつかの方向への進展し，またさまざま

な多面体的な対象の研究が行われるようになった．こういった理由により，私は「多面体」の定義をあいまいなまま残しておこうと思う．本を読み進むにつれて，さまざまな時代に「多面体」の意味が厳密になり変わってきた様子がわかるであろう．とはいえ多面体の各部分の基本的な呼び方（それを使ってどう「多面体」を解釈するにしても）は必要であろう．

解説する時代に合わせて言葉を使うように努めたが，時には現代の用語を用いた方が便利なこともある．つまり，基本的な術語の中には話の適切な場所で出てくるよりも前に導入されるものもあるということである．これらは以下のものであり図 0.6 に示されている．

- それぞれの多角形は多面体の**面**と呼ばれる．
- 2 つの面が合わさっている線分は**稜**と呼ばれる
- いくつかの稜や面が合わさっている点は**頂点**と呼ばれる．

多角形の一部と多面体の一部は区別することにする．つまり，多角形は**辺**と**角**（かど）を持ち，一方，多面体は面，稜，頂点を持つことになる．多面体の各稜は 2 つの面の辺からなる．1 つの稜をなす 2 つの辺を含む面は**隣接**していると言う．

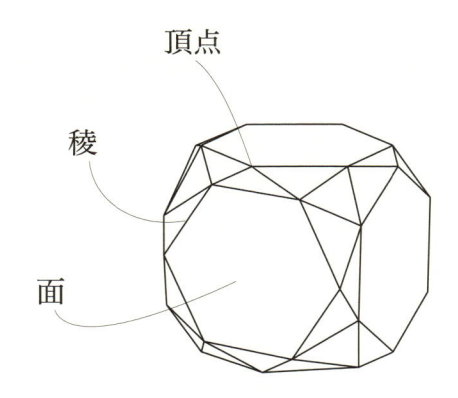

図 0.6：基本的な述語．

多面体にはいくつかの種類の角も存在する．

- 多角形でできた面の角（かど）に現れる角（かく）は**平面角**と呼ばれる．
- 中身の詰まった多面体において，頂点の周りの領域は**立体角**と呼ばれる．これはその角（かど）の切り口であり 3 つかそれ以上の平面角に囲まれている．
- 隣接する 2 つの面の間の角は**二面角**と呼ばれる．二面角の大きさを求めるには，共有されている稜の上に 1 点をとり，この点を始点としてその稜に直交する直線をそれぞれの面上に引けばよい．二面角の大きさはこの 2 直線のなす角度である（図 0.7 参照）．

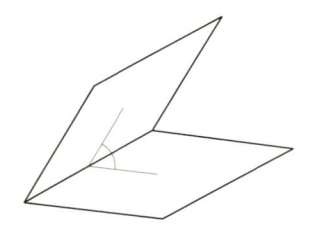

図 0.7：二面角.

　読者はおそらくいくつかの基本的な多面体の名前をご存知であろう．**角錐**は平面上に置かれた多角形のすべての角（かど）と，その平面上にはない点を結んでできる．この多角形は**底**（てい），つけ加えられた頂点は**頂上点**と呼ばれる．すると頂上点の周りにある面はすべて三角形になる．**角柱**は，2つの平行な平面上にある合同な多角形を，長方形でできた輪でつなぐことによって作られる．**反角錐**は角柱と同様に作られるが，この場合は二等辺三角形でできた輪でつなぐ．例として図 2.25 を参照されたい．

模型を作る

　この本のさまざまな場所で，議論されている概念の理解を助けるために模型を作ることを勧めている．幾何学において図はしばしば言葉より有用である．そして3次元の幾何学においては，触れることができ，また多くの違った角度から見ることのできるものの方が図より有用である．模型を体験することで，この本の中の多くの図を3次元の意味で体感することが容易になるであろう．

　示されている模型は小さくて凸状のものであるからそれほど難しいものではない．しかし，図版や図に示されたほかの多面体（とても込み入ったものもある）を作ってみたくなる人もいるであろう．いろいろな本で様々な手法が紹介されていることからもわかるように，模型を作る人はだれでも，好みの結果が得られるような独自の方法を開発するものである．手引きとしてカラー図版に示された模型を作るときに使った私自身の手法を説明しよう．

　どの模型でも一番重要なのは部品である．部品が正確に作られているというのは本質的である．そうでなければ部品がうまく合わずに模型をきちんと閉じることができない．どのような部品が必要かは完成模型をどのように装飾したいかによる．もし違った色の材料を使うのなら，おそらく多くの面をそれぞれ切り取らなければならないだろう．もし単純な模型でいいか，あるいは完成してから色を塗るつもりなら，各部品がいくつかの面を持つような大きな部品を設計すればよい．1つの部品を折りたたむことによって作られる多面体もある．これは必要な継ぎ目の数を減らしてくれる．

　部品を描き終えたら，次はその図を模型で使われる材料に変えなければならない．

図版に示されている模型は薄い索引カードから作られたものである．カードをいくつかまとめて，2つの向かい合った角(かど)をホッチキスで留めることによって輪郭を示すことができる．つまり，カードをまとめ，ピンか何かとがったものを突き刺して，それぞれの部品の角に印をつける．この作業を，ピンが通る何か柔らかいもので覆われたしっかりした平らな台の上で行う．じゅうたんの敷かれた床やテーブルの上の折りたたんだタオルなどがいいだろう．

　この作業を必要な数だけ行い，分けたカードごとに鉛筆でそれぞれの面の輪郭を薄く描く．どこにのりしろをつけてどこを折るのかを決めて，この線に沿って金属のものさしを使って折り目をつける．インクのなくなったボールペンを使うとうまくいく．正確さを期すためにカッターナイフを使って金属製のものさしに沿って切り取るとよいが，はさみでもたいてい大丈夫だろう．

　どこにのりしろをつけるかはいくつかの要因による．つなぎ留めるには2つの方法がある．両方にのりしろをつけて貼り付けるか，どちらか一方にのりしろをつけて他方に貼り付けるかである．最初の方法だと模型の稜の内部に「補強材」を入れることになり強度が増す．この方法は，つなぎ目の二面角が180°より大きいときには特に役立つ．私はたいてい後の方法を使う．間違いを防ぐために，できる限りのりしろとのりしろのない辺が交互にくるようにした方がよい．作業が進み，徐々に内部に手が届かなくなると，のりが乾く間ラジオ・ペンチで押さえつけると便利である．

　山折と谷折の混じった模型には不安定なものが多い．もっとしっかりさせるために中に突っ張りを入れないと，変形してしまうときもある．いくつかの面が同じ平面上にくるときにも(星型多面体や複合多面体)，何らかの内部補強が必要であろう．こういった模型の場合はどのように変形してしまうかはたいてい見てわかるものである．

　ここで一言注意しておく．模型作りは病みつきになってしまうものである．多面体は自然にいくつかのグループに分けられ，1つ作ればそのグループの他のものも作りたくなるだろう．大きな複雑な模型を作ることにより，大いに時間を浪費してしまうこともある．とはいえ，これは安くて無害なものであり，めったに見かけない装飾品を作ることができる．

From *The Fractal Geometry of Nature* by Benoit B. Mandelbrot, Freeman 1982, by permission.

第 1 章
分割できないもの，表現できないもの，避けられないもの

> 無限にあるものや分割できないものは我々の有限の理解を超える．前者はその大きさにより，後者はその小ささによる．それらが組み合わさったときにどうなるか想像してみよ．[a]
>
> ガリレオ

　数学の最も基本的な応用の 1 つは面積や体積の決定である．**求積法**と呼ばれる，数学のこの分野は日常生活の実用的な問題に起源を持つ．測定すること，数を数えること，模様を作ることは，おそらく数学活動の最も古い形態であろう．

　幾何的な問題に関して書かれた最も初期のものは，ある特殊な問題を解くときに従わねばならない規則を集めたものである．例えば，田畑の面積や納屋に蓄えておく穀物の量などの計算の仕方である．言語の源に関して何も言えないのと同じように，こういった技術がどうやって，いつ発展したかについては何もわからない．現存している初期の文書にはやり方以外何も記録されていない．

　後の世代が，そこで使われている公式を説明し，またなぜうまくいくのかを見つけようとした．これにはいくつかの予期せぬ困難が待っていた．最も簡単な幾何図形ですら問題があったのだ．特に，ピラミッドの体積に関する公式は証明するのが難しいことがわかった．

永遠の城

　荒涼として厳しいエジプトの砂漠の縁に立って，ピラミッドは周囲の景色を睥睨している．正方形の底から立ち上がった 4 つの三角形の側面は，内側に向かって傾き，1 点でぶつかる．その幾何的な形の持つ明確な線は，周囲の漠然とした不定形と対照をなし，外側に見える単純さは内部の入り組んだ構造を包み隠している．

　しかし，これら巨大な構造物は単なる記念碑ではなく，ミイラ化された王（ファラオ）を邪魔物や破壊から守るために築かれた墓である．エジプト人が王の死体をこんなに

も大切に保存したのは，永遠の生命を達成するためには現世の状態を持続させなければならないと信じたからである．そのため王の墓は，それが彼の「永遠の城」であるから，仮想的には不滅でなければならなかった．

　ピラミッド建設の時代は古王国時代（前 2686 年～前 2181 年，これはエジプト史の第 3 から第 6 王朝までを含む期間である）にわたる．最初のピラミッドは前 2650 年ごろ建てられた．それは，上部が平らな墓を徐々に高くして作った階段ピラミッド，つまり，天国への階段であった．太陽神ラーがエジプトにおける支配的な神になるにつれ，ファラオの中には自分の名前に太陽神の名前を付加することにより，神性を宣言するものも出てきた．例えば，カフラーやメンカウラーなどである．また，この頃，墓は徐々に滑らかな面を持つようになり，幾何学的に本当のピラミッド[1]になってきた．ピラミッドは，死去したファラオの魂が神々のもとに登っていくためにたどる太陽光線の物質的な表現であると言われてきた．最近の理論では，ナイル川沿いのピラミッドの位置と内部の柱身の場所を星との関わりから説明している．

　階段状から真の四角錐状のものへの移り変わりはスネフルの時に起こった．彼の建てた 3 つのピラミッドは発展のさまざまな段階を見せてくれる．最初は階段ピラミッドの構造で始まったが，ある段階に階段は石の破片で埋められ，本当の四角錐の形にするために石灰石で仕上げをされた．別の場所でスネフル王は，最初から本当の四角錐の形にするつもりで，2 番目のピラミッドを建てた．しかし，ピラミッドの下にある地面が石の積み上げられる圧力に耐えることができずに，ピラミッドが完成する前に崩壊し始めた．建設は進められたが，残りの重量を軽くしようとして傾斜角を 54°から 45°にまで減らしたため，ピラミッドは途中から急に形が変わってしまった．失敗の後もスネフル王は，崩れた形のピラミッドの隣にまた 3 番目のピラミッドを建てようとした．今度は成功し，現在知られている中で一番緩やかな傾斜のピラミッドを作った．その後のピラミッドが普通 52°であるのに比べて，それは 43°である．

　スネフル王の息子で後継者となったのはクフ（ギリシャ名はケオプス）であり，ギザの大ピラミッドの建造者として有名である．ギザにあるピラミッド群のほかの 2 つはカフラー（ケフレン）とメンカウラー（ミケリヌス）によって建てられた．こういった建造物は途方もなく大きい．18 世紀末のエジプト遠征時にナポレオン・ボナパルトは，これら 3 つの石の山はフランスの全国境に沿って高さ 10 フィート（3 メートル位），幅 1 フィート（30 センチメートル位）の壁を築くのに十分な材料を含んでいると計算したと言われている．ナポレオンに同行していた数学者のガスパール・モンジュがこの計算を確認したらしい．

　ピラミッド建造はおそらく夏の間に行われたであろう．エジプトにおける生活の周期はナイル川によって決定されていた．ナイル川は商業用の幹線水路であり，細長い

---

[1] 訳注：英語のピラミッド（pyramid）は，また角錐という数学用語としても用いられる．

土地に沿っての耕作を可能にした．毎年8月と10月の間にかけて川は増水し，周辺に溢れ出した．水が退いてから作物を栽培できるようになるが，3月になると地面は乾き硬い飴のような泥になってしまう．農業ができなくなると，土地を耕していた人は，ピラミッドを築くのに必要な何トンもの石を切り出し，運び，積み上げることができるようになる．こういった小作人や隷属された外国人による大きな労働力なしでは，おそらくこんなにも巨大な建造物は築けなかっただろう．ピラミッドの存在こそがファラオたちによって行使された莫大な権力の証である．

　四角錐の形は，各層ごとに必要になる塊の数が減っていくので，石を持ち上げるのに必要な労力を削減するために非常に便利である．ピラミッドの体積のうち87パーセント以上が下半分にある．それでもなおピラミッドは特筆すべき偉業であり，技能の高さを示している．石は実に正確に切り取ることができた．エジプト学者フリンダーズ・ピートリー卿は，大ピラミッドの外側の石の合わせ目の平均の隙間は50分の1インチ(0.5ミリメートル位)であることを発見した．ピラミッドの基盤は，非常に正確に水平になっており，またほとんど完全な正方形である．

　このような構造物を計画し建築するために，エジプト人はどのような水準の数学を持っていたのであろうか．ピラミッドの幾何学について何を理解していたのであろうか．

エジプトの幾何学

　エジプトの数学に関する我々の知識の大部分は，乾燥した砂漠気候によって保存されたパピルスによっている．パピルスには実用から生じたさまざまな問題(賃金の分配，単位の変換，面積や体積の計算など)が，分数を利用した演習問題とともに記載されている．どの問題も難しさは主に計算そのものにある．

　平面幾何に関して，エジプト人は長方形(縦×横)および三角形(底辺×高さ÷2)という基本的な多角形の面積を求める公式を知っていた．円の面積を計算するときは，直径の $\frac{8}{9}$ を自乗していた．この方法だと，π としてほぼ3.16を用いていることになり，他の初期の文明が π を3としていたのと対照的である．彼らは台形の面積の計算法も知っており，一般の四角形についても同様の考えを適用していたようである．つまり，向かい合った2辺の長さの平均を掛け合わせたものが面積だと思っていたのである(図1.1参照)．この手順で計算した結果は普通大きすぎる．しかしながらユークリッドがアレキサンドリアで教えてから200年後もこの間違った公式は使われていたことが，前1世紀のできごとを記したイドフのホルス神殿の碑文の中に表されている．

　空間幾何に関しては，円柱や納屋や角材の体積は断面積と長さ(あるいは高さ)の積として計算されていた．計算するときには，例えば体積から穀物の量などへの単位の

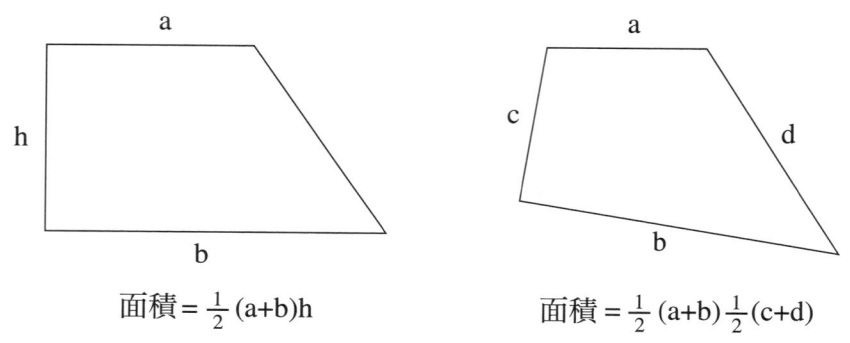

20 第1章 分割できないもの，表現できないもの，避けられないもの

$$\text{面積} = \tfrac{1}{2}(a+b)h \qquad \text{面積} = \tfrac{1}{2}(a+b)\tfrac{1}{2}(c+d)$$

図 1.1：エジプト人の，台形と一般の四角形の面積を求める公式．後者は間違っている．

変換が難しい．エジプト人は正四角錐の体積を計算でき，また，正四角錐の傾斜の角度(勾配)を表すために簡単な三角法の概念を使っていたと(間接的な証拠により)一般には認められている．

エジプト人は公式を表すための記号による表記法を持たなかったので，作られた例(一般の場合よりも特定の数による特別な例)を列挙するしかなかった．同じ例が別の場面でも使われていた．例えば，数学に関するリンド・パピルスの問題 57 と 58 はどちらも同じ正四角錐を扱っている．前者は高さと底面が与えられて傾斜を求めるものであり，後者は高さが未知の量となっている．問題 56 も正四角錐の傾斜に関するものであり，次のように書かれている．

> 正四角錐の計算例．
> 高さが 250，底面が 360 キュービット．
> 傾斜はどれくらいか．
> 360 の半分を求める：180
> 180 を 250 で割る：$\tfrac{1}{2}+\tfrac{1}{5}+\tfrac{1}{50}$ キュービット．
> ところで，1 キュービットは 7 パームである．
> そこで 7 に $\tfrac{1}{2}+\tfrac{1}{5}+\tfrac{1}{50}$ を掛ける．
> ⋮
> (計算略)
> ⋮
> $5\tfrac{1}{25}$ パーム．
> これが求める傾斜である．[b]

この結果は水平方向に $5\tfrac{1}{25}$ パーム進むごとに正四角錐が 1 キュービット高くなることを意味している．$\tfrac{180}{250}$ を計算すれば，今日**勾配**と呼ばれているものの逆数が得られる．またこれは側面と底面のなす面角の余接であるとも考えられる．古代エジプト人は分子が 1 の分数しか使っていなかったことを注意しておこう．計算の最後の部分は計量単位の変換である．

問題で使われている値は実際的である．次の表でギザのピラミッドの測定値と比較してみよう．

	高さ	底面	傾斜
クフ	147m	230m	51°52′
カフラー	144m	216m	52°20′
メンカウラー	66m	108m	50°47′
問題 56	131m	188m	54°14′

他のパピルスにも正四角錐の幾何についての問題がある．数学に関するモスクワ・パピルスの14番目の問題は正四角錐台の体積を扱っている．この立体は**切頭正四角錐**[2]と呼ばれることもある．パピルスそのものは，幅がほぼ8センチメートル，長さが5メートル以上のものである．25の問題があり，多くのものはパピルスが傷んでいるためはっきりしない．図1.2は問題14を含む部分である．文書は**ヒエラティック**(神官文字)，つまり簡略化されたヒエログリフ(聖刻文字)で書かれている．下記の図はヒエログリフに写されたものであるが，問題の中の数字に関する部分を取り上げることができる．∩と│はそれぞれ10と1を表す．文書は右から左に読んでゆく．日本語訳[3]は次のようになる．

> 正四角錐台の計算法．
> 「高さ6キュービット，底面4キュービット，上面2の正四角錐台」と問われれば
> この4を自乗する：答え 16
> この4を2倍する：答え 8
> 2を自乗する：答え 4
> この 16, 8 そして 4 を足し合わせよ：答え 28
> 6の $\frac{1}{3}$ 倍をとる：答え 2
> 28 の 2 倍をとる：答え 56. ほら，56 になった．これが正しい答えだ．[c]

最初は

$$4 \times 4 + 2 \times 4 + 2 \times 2$$
$$= 16 + 8 + 4$$
$$= 28$$

であり，次は $\frac{1}{3} \times 6 = 2$ である．これら2つの結果から体積は $2 \times 28 = 56$ 立法キュー

---

[2] 訳注：原著では正四角錐台にあたる部分が truncated pyramid, 切頭正四角錐にあたる部分が frustum となっており，frustum の語源が「砕片」を表すラテン語であることを注意している．直訳ではこれらの語が入れ替わるはずであるが，日本語では正四角錐台の方が一般的であると思われるのでこのようにした．
[3] 訳注：原著ではもちろん英語訳となっている．

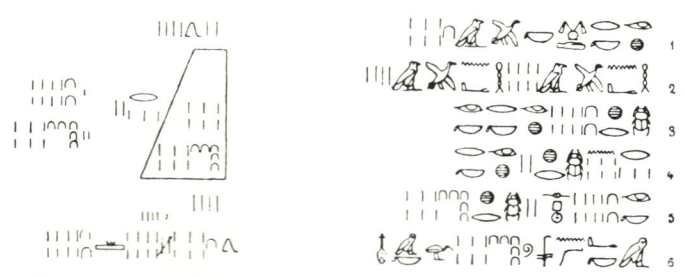

Courtesy of the State Pushukin Museum of Fine Arts, Moscow.

図 1.2：モスクワ・パピルスより問題 14．

ビットとなることがわかる．特殊な値を高さ，底面，上面を表す記号 h, b, a で置き換えると，この計算法は次の合計を求めていることになる．

$$\frac{1}{3} h \left(b^2 + ba + a^2\right)$$

これは正四角錐台の体積を計算する標準の公式である．

　この例から，エジプト人は完全な正四角錐の体積の公式 ($\frac{1}{3} hb^2$) も知っていたと必然的に信じることができるが，それが実際に使われたことを示す具体的な例はない．

　どのようにしてエジプト人はこれらの公式と計算法を発見したのであろうか．パピルスはこういったことについては書かれていないので，一般にこの質問に答えることはできない．また，動機や記述されている方法が有効であることの正当性すら書かれていない．特定の状況において従うべき計算の手法や規則に関する知識を伝達することが基本的な機能である．エジプト人は彼らの結果を一般的な形で表現できる記法を持っていなかった．

　　　彼らは，加減乗除の記号，等号や平方根の記号，零，小数点，硬貨制度，指数，常分数 $\frac{p}{q}$ を書く方法を持たない民族であった．[d]

この記法の欠如は，特定の型の問題を解く方法を示すために，同じような種類で異なった数を使って作られた例をいくつか与えることで克服された．彼らは，一般的な手順

は十分多くの具体的な例から抽象されると期待していた．このような記号を使わない記述においては，他の値が代入できて一般の場合が明白になるように，値は典型的なものが選ばれた．しかしながら，計算手順の記述では公式が普遍的に有効であることを証明できない．しかも時には系統だって演繹できない手順もある．その結果得られた公式が近似であったり（円の面積のような場合），間違っていたり（一般の四角形の面積の場合）するからである．

バビロニアの幾何学

　古代文明は，チグリス川とユーフラテス川にはさまれた肥沃な平野であるメソポタミア（今はイラクの一部）ででも発展した．バビロニア人の数学は，他の記録とともに粘土板の形で保存されている．これらの板には，鉄筆を使って楔形の記号が柔らかな粘土の表面に刻まれている．この記号は現在**楔形文字**[4]と呼ばれている．

　現存する粘土板は2つの異なった時代（ほとんどは前1800年〜前1600年，わずかに前300年〜1年）のものである．数学に関する粘土板は問題を書いてある文書と表に分けられる．後者は，掛け算の表や平方数，立方数，平方根，逆数の一覧表などである．問題を書いてある文書には初等幾何の例を含むものもある．

　平面幾何に関しては，バビロニア人は長方形，三角形，台形の面積の求め方を知っていた．円に関する問題の多くでは粗い近似が使われていた．例えば，面積は円周の2乗の12分の1とされていた．これは π を3としていることになる．正六角形の周の長さがその外接円の直径の3倍であることを考えると，この π の値は明らかに小さすぎる．粘土板の1つに，正七角形までの正多角形に対して，面積と辺の長さの比の近似値を並べたものと解釈される数の表を載せたものがある．それには正六角形とその外接円の周の長さを比較したものも載せており，それによると π の値が $3\frac{1}{8}$ になる．

　立体幾何に関しては，バビロニア人はエジプト人と同様の問題を考えていた．角柱や円柱の体積が底面の面積と高さの積として計算されていた．また，円錐，四角錐あるいはそれらの錐台を扱う問題もあったが，これに関しては間違った公式が使われていたようである．錐台に関するこれらの問題に使われていた方法は，底面と上面の面積の平均をとって高さを掛けるというものであった．これは明らかに間違っている（π を3と仮定しても）がこれは台形の面積の公式に類似している．ある問題で，正方形を底面とする角錐台の体積が次のように計算されている．

$$\left(\left(\frac{a+b}{2}\right)^2 + ?\right)h$$

---

[4] 訳注：原著ではここに楔形文字を表す英語 cuneiform が，楔を表すラテン語 cuneus からきていることが記されている．

元の文が破損しているため，この計算式の第 2 項目はよくわからない．この項はさまざまに解釈されてきた．もし

$$\frac{1}{3}\left(\frac{a-b}{2}\right)^2$$

と読めば式は正しくなるが，より可能性の高い

$$\left(\frac{a-b}{2}\right)^2$$

と読めば，他の問題で使われている平均を取る方法と同等になる．

中国の幾何学

　中国人は初期の頃から数学を発達させたもう 1 つの古代民族である．現存する古代中国の数学書の中で最も古くまた最も影響の大きいものは『九章算術』である．（これは九章算經とも呼ばれている．）これはおそらく 1 世紀に現在の形で出された問題を集めたものであるが，中には前 3 世紀にまで遡るものも含まれていると信じている人もいる．3 世紀までには著述の源ははっきりしなくなってしまった．『九章算術注釈』(263 年) の序文で劉徽は，古典は失われたか，あるいは始皇帝（在位：前 221 年〜前 210 年）が前 213 年にすべての本を焼くように命じたときに破棄され，九章算術は残った著述から編集されたと述べている．問題の中には，ある特定の時代に属するできごと，階級，官名などに言及されていることがあり，それによって著述がなされた時期がわかり，別々の部分が別々の時に書かれたこともわかる．

　九章算術は 246 の問題集とその解答を収めている．問題は日々の問題に関係しており，どうやらこの本は技師，建築家，商人などの使う手引き書として書かれたらしい．エジプトやバビロニアの本のように，問題ははっきりした数字を使って述べられている．しかし，解答は一般的な手続きとして示されている．9 章のうち 2 章（第 1 章と第 5 章）では幾何学的な問題を扱っており，他の章では比例，財産の分配，課税，連立 1 次方程式の解法を扱っている．

　第 1 章では面積の計算の規則を概説している．そこでは三角形，長方形，台形，円と扇形，そして円環を扱っている．古代中国人は円の面積を直径の自乗の $\frac{3}{4}$ 倍か，あるいは円周の自乗の $\frac{1}{12}$ 倍だとしていた．どちらの公式でも 3 を π の値としていたことになる．その後，中国の数学者はこの近似を相当改良した．張衡（70 年〜139 年）は $\sqrt{10} \approx 3.16$ を使った．劉徽は円に内接する正多角形で順次近似する方法を説明している．正六角形で始めて，辺の数を倍々にしながら正多角形を作っていくことにより，彼はその正多角形の周の長さと外接円の直径を比べた（図 1.3 参照）．この手順を繰り返すごとに，得られる π の値は正確になっていく．4 回繰り返すと，多角形は $6 \times 2^4 = 96$ 個の辺を持つことになる．これで得られる π の値は 3.14 であり，実用には十分な精度

中国の幾何学　25

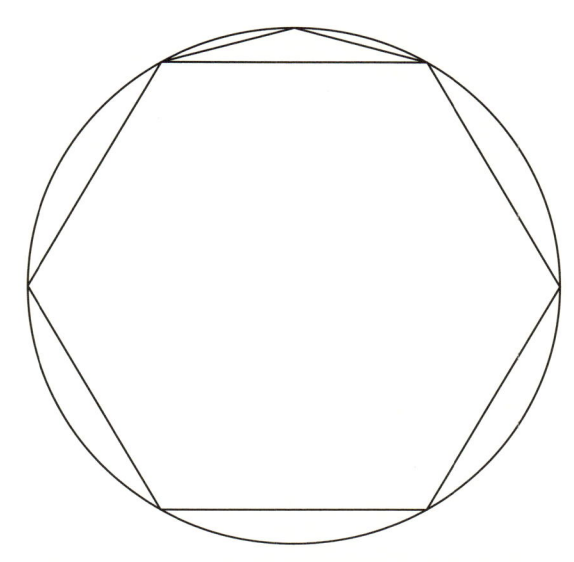

図 1.3：π の値の近似値は，正多角形の周の長さと外接円の直径を比べることにより計算される．

である．

　第 5 章「工事に関する手引き」では土木工事(壁, 堤防, 運河)やそれを建設するのに必要な労力について書かれている．また，この章では立体(角柱, 円柱, 角錐, 円錐, 角錐台, 円錐台, 特殊な四面体)の体積を与える公式も示されている．

　問題の解法は，特別に考えられた例としてではなく一般的な手続きとして与えられているとはいえ，それが正しいことを示そうとはしていない．九章算術注釈において，劉徽は原著への短い補足としてその計算方法の正当性を説明するための議論をしている．彼の説明は論理的厳密さにおいて高い水準にあるが，推論のもととなっている仮定を明確には述べていない．その結果，彼の証明には，現代の教科書の衒学的で公理的な形式ではしばしば排除される直観的な要素を残している．

　劉徽の証明法を説明するために，底面が正方形であるような角錐台を例に取ってみよう．立体の体積の公式を導くために劉徽は細分法を用いている．これは問題となっている立体を体積がわかっている部分に分け，それぞれの部品に対する公式を組み合わせて全体の公式を求めるというものである．立体の細分を説明するために，劉徽は図 1.4 に表されたような高さ，幅，長さが 1 の標準的なブロックを 4 つ利用している．明らかに劉徽はこういったブロックを持っており，読者もこれに慣れていることを期待していた．これらのブロックのことを彼は棊(き)と呼んだ．これは，一般にチェスのような盤上で行うゲームの駒を指す言葉であるから，このブロックは何かのゲームかパズルの一部でかなり広く一般に行き渡っていた可能性がある．

　これらのブロックによる細分だけに制限していたので，劉徽は特殊な場合の問題し

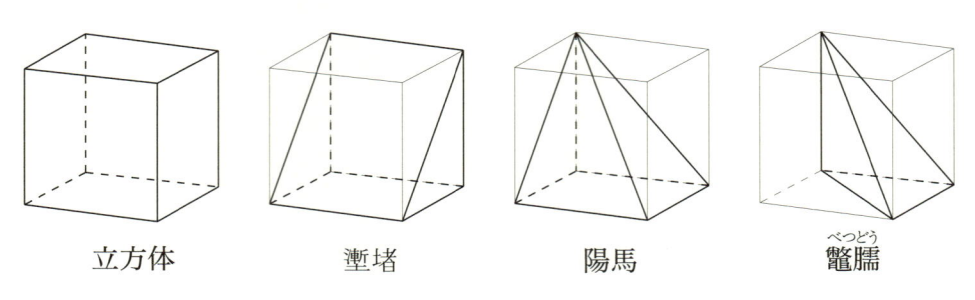

26　第1章　分割できないもの，表現できないもの，避けられないもの

立方体　　　　塹堵　　　　陽馬　　　　鼈臑(べつどう)

図 1.4：劉徽の使った中国式ブロック某.

か扱えなかった．正四角錐台に関しては，彼は底面が 1 辺の長さ 3 の正方形で，上面が 1 辺の長さ 1 の正方形，高さが 1 という特別な場合を考えた．つまり，$b=3, a=1, h=1$ である．この体積が

$$\frac{1}{3}\left(ab + a^2 + b^2\right)h$$

となることを示す必要がある．この特殊な正四角錐台は，（中央にある）立方体とその周りにある 4 つの塹堵(ぜんと)（側面にある楔型）と 4 つの陽馬（各隅に 1 つずつ）に細分される．図 1.5 にこの細分が記されている．

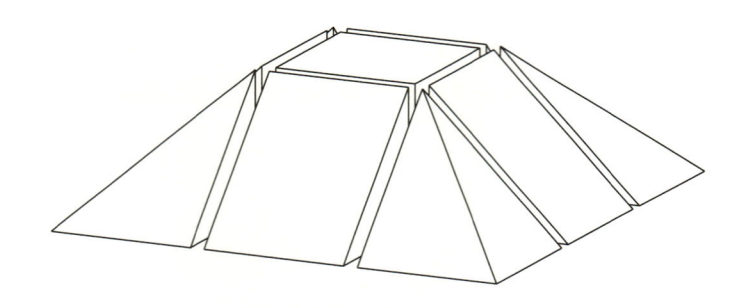

図 1.5：劉徽による正四角錐台の某による細分.

劉徽は abh, b^2h, a^2h という項を順に考え，どのように某を集めればこの体積になるかを調べた．そして，この同じブロックを変形して 3 つの角錐台ができれば証明が終わる．

まず，体積が上面，底面，高さの積になるような図形として劉徽は中央の立方体と 4 つの塹堵を考えた．これらのブロックは長方形を底とする角錐となり，縦，横，高さは a, b, h である（図 1.6 を参照）．

体積が b^2h となる図形を得るために，劉徽はこの正四角錐台に他のブロックをつけ加えて直方体を作った．側面にある塹堵に 1 つずつ別の塹堵を重ね，2 個の陽馬を各隅に置くと角柱ができる．（3 つの陽馬がこの状況で立方体になるのは偶然である．一般の直方体は 3 つの合同な角錐には細分できない．）これで 12 個の陽馬，8 個の塹堵，

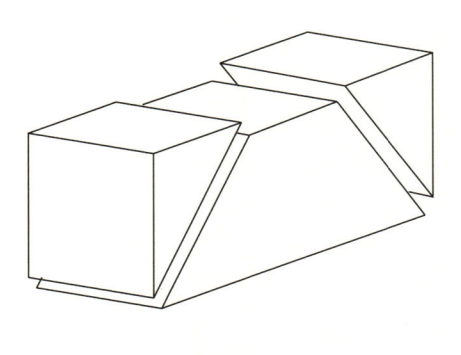

図 1.6

1 個の立方体からなる図形ができた．
　細分された中央の立方体は体積が a^2h となる図形である．
　さて，$abh + b^2h + a^2h$ という式は

$$立方体 + 4 塹堵$$
$$+ 立方体 + 8 塹堵 + 12 陽馬$$
$$+ 立方体$$
$$= 3(立方体 + 4 塹堵 + 4 陽馬)$$

の体積，つまり元の図形(正四角錐台)の体積の 3 倍となることがこれでわかる．■

　劉徽は $b = 3, a = 1, h = 1$ という特別な場合しか扱わなかった．a, b, h が任意である一般の場合でも角錐台の細分を取ることができる．このときは，中央のブロックが正方形を底とする角柱になり他のブロックも伸ばされたりつぶされたりする．細分された部品を組み直すことは今度はそれほど簡単なことではない．塹堵はこの場合もうまく合わさる．しかし，陽馬はうまくいかない．劉徽は別のところで，陽馬の体積は縦，横，高さの積の 3 分の 1 であることを示している．一般にこれは簡単に示されることではないが，標準的なブロックへの細分という特別な場合は，陽馬を 3 つ組み合わせることで図 1.7 のように立方体ができることから示される．

東洋の数学の共通の起源

　初期の文明は遠い距離を隔てていたが，数学には共通したところが多い．こういった類似性の例は上述の幾何学の中にも現れている．エジプト人，バビロニア人，中国人は同じような問題に同じような取り組み方をしている．彼らの数学の教科書は解法つきの問題という形を取っている．角材や円柱のような基本的な立体の体積に主眼をおくのも共通している．おそらくもっと驚かされるのは皆角錐台や円錐台を扱ってい

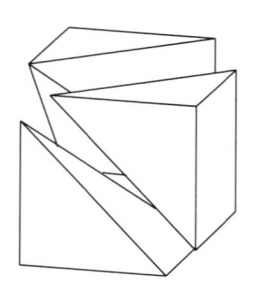

図 1.7：立方体の 3 つの陽馬の角錐への細分.

ることであろう.

　類似性の中には偶然の一致では片づけられないものもある. バビロニアの粘土板の 1 つは中国の九章算術の第 5 章と同じ内容である. どちらもダム, 壁, 建設に必要な人の数から始まり, それから立体の体積を扱っている. バビロニア人と中国人の別のつながりとして, ともに円の面積の公式として「円周の長さの自乗の $\frac{1}{12}$」を使っていることが挙げられる.

　こうした類似性は, B. L. ファン・デル・ヴェルデンが数学のさまざまな分野にわたってたくさん収集したうちのごく一部にすぎない. この類似性により, 彼はこれら（インドも含めた）3 つの文明における数学は互いに関係しあっており共通の源から派生していると結論づけた. 伝統的に学者は, 数学は近東で起こり, 次に発展しつつヨーロッパ, インド, 中国に伝わったという見方をする. ファン・デル・ヴェルデンは, 例えば錐台の体積の正しい公式が中国やエジプトで得られておりバビロニアにはないことから, 共通の源がバビロニアであるはずがないと主張している. 彼はもっと古い時代に源があると主張する.

> 私は新石器時代（例えば前 3000 年～前 2500 年）に存在し, 中央ヨーロッパからイギリス, 近東, インド, 中国に広まっていったはずの数理科学を仮に再構成してみた.[e]

彼は, この時代に存在していた数学的知識は解法つきの問題とうまく作られた例によって伝えられ, この伝承は初期の文明の文書として保存され, そして, 他の民族が規則や手順だけを記録したのに対して, 中国人は幾何学的なイメージと詳しい知識を多く持っていたので, 初期の数学を最も忠実に残したのではないかと提唱している. しかしながら, これらの結論にはまだ議論の余地がある.

ギリシャの数学と整数の比では表されないものの発見

　ギリシャの数学をそれ以前の文明と区別する特徴は証明の概念である. 初期の文明が, 命題を一般的な形で定式化することさえできたかどうかは不明であり, 古代ギリ

シャ以前のどんな文明にも方法を正当化する演繹的な論法の痕跡は見当たらない．古代の数学においては，説明のついた例を並べるだけで，過程が記述されていたことがほとんどである．ギリシャ人は一般的な命題を述べただけではなくその正当性を示すための合理的な論法を与えた．

なぜ彼らは主張に証明が必要だとわかったのだろう．1つの可能性は，それが海外から集めたさまざまな結果を判定する過程で始まったということである．ギリシャ人は，自分たちの数学や他の科学の題材の主な源は東方諸国であると自ら記述している．大きな影響力を持つギリシャの数学者の多くが広く旅をしたという話がある．タレス，ピタゴラス，デモクリトス，エウドクソスたちはみなバビロンやエジプト，またおそらくは遠くインドまで訪れたと考えられている．異なった文明で使われている同じような問題を扱う方法を比べるうちに，相違点や矛盾点がはっきりしたのであろう．角錐台の体積の公式は，エジプト人とバビロニア人のどちらのほうが正しいのだろうか．また，正確な値を出す公式と近似値を与えるものとを区別する必要もあった．2種類の近似法があるとき，異なる方法の精度の差を知ることも手助けとなっただろう．

異国の土地を旅して得られた知識は，特定の状況において従うべき手順のみであったろう．公式を導くためやその正しさを示すために過去に使われた論法は遠く忘れ去られていた．

最も初期の証明は，おそらく要求された結果を表す図を描くことやそれを使って推論するところにあったと思われる．ギリシャ語の「証明する」にあたる言葉は「見せる」，「指摘する」，あるいは「説明する」と翻訳できる．つまり，ある主張が正しいことを信ずるに足る理由を指摘していたのである．もともとの議論は，相互関係を示すように1つの図形を分割するという細分による論法か，異なった部分が等しいことを示すための重ね合わせの利用かのどちらかの目に見える形の根拠を多く使っていたであろう．「定理」という言葉は「注目する」を表すギリシャ語からきている．

後期での証明は，例えば「奇数」，「偶数」，「加える」などの言葉の意味に頼っており事実上意味論的である．奇数や偶数を含む命題の特別な場合は小石を並べることによって説明できるが，一般の場合を正当化するための議論は頭の中で視覚化する必要がある．これによって抽象的な対象に関する推論の能力が高まった．

抽象的な思考なしには，**無理数**の長さを持った線分の存在のような直観に反した結果は発見できなかったはずである．常識では，我々の引くどんな2本の線も共通した単位の長さを持った線分の整数倍であろう．しかし，ギリシャの歴史の極めて初期の頃，少なくとも前5世紀までには，共通の単位基準を持たないような2本の線があることを発見していた．この発見により，数学は経験に基づくものから離れて抽象概念へと推し進められたのである．

ピタゴラス学派は「数はすべての物の基礎である」という学説を持っており，これはどんなものもすべての数の比によって説明できるということである．この確信は，協

和する音程はこのようにして説明がつくという発見で強められた（または，おそらくこの事実から派生した）．割り切れないという問題はこの理論を幾何に適用したときに明らかになる．基本的な図形に含まれる線分にはこの規則に従わないものがあるからだ．正方形の辺と対角線の長さ（あるいは直角二等辺三角形の2辺といっても同じである）の比は整数を使っては表せない．

　正方形の辺と対角線の比が整数の比では表せないことの大変初期の証明（最初の説明とは言えないかもしれないが）が，ユークリッドの『原論』第10巻の補遺に残されている．そこでは奇数と偶数の性質に基づいた算術的な議論が使われている．もし2つの長さの比が整数を用いて表せたとすると，奇数であり偶数でもあるような数が存在することになってしまうという起こりえない結論になる．この間接的な証明法は厳密で論理的な推論が必要であり，矛盾に到達して初めて仮説が証明されたことになる．これにより，最初の無理数の発見は別の状況で起こったとする学者もいる．クルト・フォン・フリッツは次のように書いている．

> もし初期のギリシャの数学者が，あらかじめそのように整数の比では表せないものの存在をまったく知らなかったとしたら，彼らが正方形の対角線と辺の比が整数では表せないことを，彼らにとっては明らかに困難な推論によって発見したとは信じ難い．一方，もし，彼らがもっと簡単な方法でこの事実を発見していたとすれば，整数の比で表せない他のものがあるかどうかを見つけようと直ちにあらゆる努力をしたであろうと考えることは，我々が彼らの方法について知っていることと完全につじつまが合う．その場合，直角二等辺三角形はさらに究明を続ける最初の対象として自然である． ƒ

証明は「すべてか無か」ということになるのが問題である．推論を導く直観的な原理や結果が正しいことを示唆するイメージも含まれないのだ．

　一般に，数学的な結果が発見される過程とそれが発表される形式とは同じではない．正式な証明は「起こった後」で作られるのである．結果はその前に直観的な段階で理解されてしまっているはずだ．ほとんどすべての場合，何が行われているかというイメージもある．それは結果を示唆しそして証明を見つける方法へと導いてくれる．残念ながら最終的な証明では多くの細部に隠されてこういった最初の見通しは失われている．「共通の単位長さの整数倍とならないような線分があるかもしれないという疑いは，どういったイメージから起こったか」ということが疑問である．

　正方形の辺と対角線は，おそらくそれが最初の例でもあろうという意味において，ギリシャの書物を通じて整数の比では表せない線分の原型的な例として使われている．しかしながら，フォン・フリッツなどは最初の発見は黄金比と関係があったはずだと提言している．黄金比に現れる線分は幾何的な議論で整数比にならないことが証明される．さらに正五角形の幾何は我々が求めている示唆的なイメージを与えてくれる．五芒星形は正五角形の対角線で作られる星型の図形である．これらの線は五芒星形の中にもう1つの五角形を形づくる．次々に内接する五芒星形を描くことができるという

のが次の定理の証明の鍵となる．

定理 正五角形の辺と対角線の比は整数の比では表せない．

証明：正五角形 $ABCDE$ の辺と対角線の長さをそれぞれ s_1, d_1 と置く（図1.8参照）．初等幾何，特に二等辺三角形の性質により $AB = AL$ と $LC = LN$ がすぐにわかる．

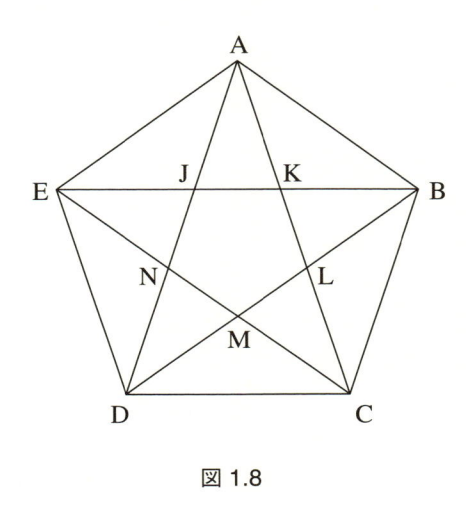

図1.8

内側の正五角形 $JKLMN$ の辺と対角線の長さをそれぞれ s_2, d_2 と置く．すると
$$AC = AL + LC = AB + LN$$
より
$$d_1 = s_1 + d_2$$
となる．移項して
$$d_1 - s_1 = d_2$$
が得られる．よって，もし d_1 と s_1 がある共通の単位長さの整数倍となっていれば，d_2 もこの単位の整数倍となっているはずである．

また，$AK = LC = LN, AL = AB$ であることもわかるので，
$$AL = AK + KL$$
$$\Leftrightarrow AB = LN + KL$$
$$\Leftrightarrow s_1 = d_2 + s_2$$
$$\Leftrightarrow s_1 - d_2 = s_2$$
となる．今存在を仮定した s_1 と d_1 に対する単位長さを使えば，d_2 もその整数倍と

なっているので，最後の式から s_2 もこの単位長さの整数倍となっていることがわかる．よって，s_2 と d_2 は s_1 と d_1 に対する単位長さの整数倍になっていることがわかった．

この操作はいくらでも続けることができ，どんどん小さな正五角形が作られる．最初の正五角形 $ABCDE$ の辺と対角線が整数倍となっているように選んだ共通の単位長さを持つ線分を考えると，これらすべての小さな正五角形の辺と対角線はこの線分の長さの整数倍になっている．この正五角形はいくらでも小さくできることになり，明らかに不可能である．よって，共通の単位長さを持つ線分の存在が否定されたことになり，s_1 と d_1 の比は整数の比では表せないことになる．[5] ■

整数の比では表せないものの発見は，伝説ではピタゴラス学派学者メタポントムのヒッパソス(前5世紀初め)ということになっている．ピタゴラス学派は五角形のような正多角形や五芒星形(星状五角形)をよく知っており，五芒星形はピタゴラス学派の証として使われていた．

前述の定理を証明するために使われたような議論はピタゴラス学派も理解できていたに違いない．この議論では，三角形の角の和や二等辺三角形の性質のような，幾何の基本的な命題しか使っていない．こういった結果は，正しいことを示す議論が原始的であり後の数学者の要求する水準には達していなかったにせよ，ヒッパソスの時代には知られていたであろう．支持しようとする人々を納得させる議論を示すことのみが必要であった．

ヒッパソスが同時代の人々に整数の比では表せないものの存在を示そうとしたことを裏づけるような伝説に，彼が海で死んだというものがある．「表すことのできない」比を導入することによりピタゴラス学派の夢を冒涜したことにより神々の罰を受けた，とか，すべての結果はピタゴラス自身のものにするという伝統にもかかわらず，ヒッパソスが自分の発見の栄誉を受けようとした，とか，秘密の知識を仲間以外の人に漏らした，などの言い伝えがある．

整数の比では表せないものが存在するというのはピタゴラス学派にとって大きな衝撃であったに違いない．すべてのものは整数の比で表せるという彼らの信念を覆すことになるからである．この1つの結果のみで，特に，整数の比では表せないという現象が，観念の世界の抽象的な考えとして純粋に幾何学の一部としてのみ意味があるということに気づいたときに，ピタゴラス学派の数霊術が終焉したことは注目に値する．整数の比で表せないことは，理論的な構成概念によってしか説明できない．経験的な方法や視覚的な根拠では決してできないのである．実際的な意味では，正五角形をどんどん小さくしていく操作はいつか終わらなければならない．なぜならば，いつかはそれ以上構成し続けることが物理的に不可能になるからだ．このとき正五角形の辺と

---

[5] 正方形の辺と対角線の比が整数の比では表せないことを示す同様の議論は，T. L. Heath, *The Thirteen Books of Euclid's Elements*, Cambridge Univ. Press 1908, volume 3, pp19–20 にも載っている．

対角線は，どのような実用上の目的に対しても同じ長さだと考えられる．しかし数学的な意味においてはこの構成は理想的であるから，理論的にはどんどん小さくなる正五角形をいつまでも構成し続ける操作を無限に続けることができる．

実際的な経験と数学的理想主義がこのように対峙することにより，数学はますます抽象の世界に入っていくことになった．図に含まれる視覚的な根拠にはもはや頼れなくなり，人々がさらに知的な方法を模索するにつれ経験的な方法は認められなくなった．

空間の本質

幾何的な図形の中には整数の比では表し得ない線分があるという発見によって，空間の性質に注目が集まるようになった．特に，空間は連続的に細分できるのか，あるいは最終的には分割できなくなるのかという問題が学者たちの心を奪った．

我々が「線」や「点」という言葉を理解するときには潜在的に線が点の集まりであると考えている．このような言葉の意味は図を描くという経験からきている．点を表すときに我々が使う小さな丸は，ある大きさを持っている．しかし，それから抽象される数学的に理想化したものが空間にまで広がるのだろうか？初期のギリシャの学者はそう考えていたらしい．もし，空間が離散的な構成単位に分割されるのなら，線は有限個の点しか含まなくなる．これらの点が同じ大きさを持ったとすれば，すべての線はある整数の倍数の長さを持つことになり，面積や体積の計算も微細な構成物の数を数えるということに帰着してしまう．

空間は分割できない構成単位の複合から成り立っているとする仮説を**離散説**と言う．もう一方の理論である**連続説**では，空間は無限に細分できると仮定する．この結果，どんなに小さな線分も無限個の点を含むことになる．

初期の中国の学者たちはこの2種類の説を認識していたようである．次の墨子（前330年ごろの書物と思われている）からの一節では，空間の離散説から点を定義しようとしている．

> もしある長さを繰り返し半分に切っていったとすると，その［切った部分の］中間がそれ以上半分に分けられるほどは大きくないような段階に到達する．そしてそれが点である．… あるいは，半分に切り続けたとすると「ほとんど何もない」状態になるであろう．そして何もないものを半分にはできないので，もうこれ以上切ることはできない．[g]

また連続説について説明している著者もいる．

> 1フィート（30.48cm）の長さの棒は，毎日半分ずつ取り去られたとしても1万世代の後までもなくならない．[h]

ギリシャ人エレアのゼノン（前490年頃〜前425年頃）の有名な逆理は空間と時間の分割可能性を問題にしている．ゼノンが示した思考実験の最初の一歩を特定するのは，

後の記録者による縮められた著述しか残っていないため困難である．彼は，離散・連続両説をパロディー化しているようであり，運動という概念が想像を越えていると推論している．

「走者の逆理」の中でゼノンは空間の連続説に反論している．A から B まで走るためには走者はまず中間地点に到達しなければならない．そして残りの距離の中間点に到達しなければならず，こうして，終わることなく中間点を通り続ける必要がある．よって，完走するために走者は無限個の異なる距離を走らなければならない．ゼノンは何か無限が絡むと矛盾が生じると感じたようである．

「矢の逆理」の中でゼノンは空間と時間の離散説に反論している．この仮説の下では，運動は微小な動きの連続からなっていることになる．各瞬間において矢は特定の場所にある．動いている矢と静止している矢をどこで区別するのだろうか？ 矢は次の瞬間に前進するかどうかをどうやって「知る」のだろうか？

思考実験が，わけのわからない，あるいは無意味な結論に達したときには，立脚している仮定を検証してみた方がよい場合が多い．もし推論が正しいのなら，仮定を修正するか入れ替えることにより最初に逆理だと思われた箇所が解消されるかもしれない．新しい仮定が奇妙だと思われるかもしれないし，大事に信じていたことを捨て去らなければならないかもしれないし，結論が驚くべきことであるかもしれない．しかし，その変更によって議論が首尾一貫したものになるのであれば，我々の直観的な理解が間違っているかもしれないということを示唆しているのである．

ギリシャ人は無限の概念が混乱を招くことに気づいた．そして，無限を含む考えを「潜在的な無限」と「本質的な無限」に分けようとした．例えば次のように区別するのである．線分には境界があり有限の長さを持つ．そして有限の量であれば，その量だけ長くするという操作を何度でも行える．するとこの線はいくらでも長くすることができるが，各操作の段階でいつも一定の長さを持っている．これが潜在的な無限である．「線全体」を考えるためには，本質的な，すなわち完全な無限を使うのであろう．

走者の逆理の中で，ゼノンは有限の線分を無限個の短い線分の和，つまり完全な無限として表した．これは人を不安にさせるものであるが，空間の連続説からの結論である．もし，どんなに小さな線分であれ 2 本に分けてさらに短い線分を作ることができると仮定するのであるならば，線分は連続して並ぶ無限に多くの点を含んでいることを認めないわけにはいかないのである．

もう一方の仮説 (離散説) はもっとわけのわからない状況を引き起こす．ゼノンの矢の逆理は，静止と運動は区別できないという結論を導く．我々は物体が動いているのかどうかを，次の瞬間がきて物体が同じ場所を占めているかどうかを知るまでわからない．

数学の世界と理想化された構成物においては連続説が使われている．この数学的神話世界の奇妙な性質はアリストテレスによって簡潔にまとめられている．

連続体とは，無限回分割できるような分割できないものに分割できるものである．[i]

デモクリトスのジレンマ

　細分の繰り返しの問題は，いくらでも小さな五角形や線分の構成のように平面幾何にだけ生じるものではない．体積の計算において立体幾何にも現れる問題である．

　アブデラのデモクリトス（前5世紀の終わり）は科学と数学の両方に興味を持った．彼の著作物は何も残っていないが，物質の原子説を論じ，空間の細分可能性に関する論争に寄与したことが知られている．彼は，球が本当はごく小さな面を持つ多面体であると見なしたと言われている．この考えはおそらく空間よりはむしろ物質の原子説と関係があるのだろう．細分できない原子でできている物質的な球はおそらくこの性質を持つであろう．これに対して，数学的な球は完全に滑らかに曲がった表面でできた理想的な対象である．数学的な対象とそれに対応する不完全で物質的なものの違いは，プラトン（前427〜前347）によって論じられているが，きっとそれ以前から知られていたに違いない．アルキメデスによれば，議論が厳密な証明にはなっていなかったが，四角錐の体積を求める問題を最初に理解したのはデモクリトスであった．

　ギリシャ人は体積を表す言葉を持っていなかったので，対象物の名前を用いてその量を表した．だからギリシャの数学においては角錐の体積の公式は，「角錐は同じ底面積と高さを持つ角柱の3分の1」と表される．

　とりあえず，角錐の体積は底面積と高さに比例すると仮定してみよう．（他の体積の公式を考慮に入れてみると，これは決して根拠のないことではない．）V, A, hをそれぞれ角錐の体積，底面積，高さと置くと，$V = kAh$であると仮定したことになる．ここで，kは比例定数である．さて，Ahは底面積がAで高さがhの角柱の体積である．直接的な議論によって$k = \frac{1}{3}$であることがわかる．

定理　角錐の体積は，同じ底面積と高さを持つ角柱の体積の3分の1である．

証明：どんな多角形も三角形に分けることができるので，どんな角錐も三角形を底面とする角錐に分けられる．よって，三角形を底面とする角錐に関して定理を証明すれば十分である．

　三角柱$ABCPQR$は，図1.9に示されたように3つの角錐に切断することができる．これら3つがすべて同じ体積を持つことが示されれば，各角錐は角柱の3分の1の体積を持つことがわかる．

　今，角錐の体積は底面積と高さの積に比例すると仮定しているのであった．よって，底面積と高さが等しい角錐は同じ体積を持つことになる．

　まず角錐$ABCR$と$PQRB$は同じ体積を持つことを示そう．前者を，底面がABC

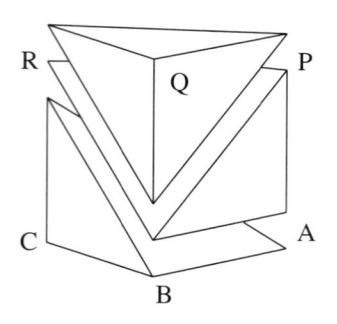

図 1.9：角柱の，3 つの角錐への切断.

で頂点が R である角錐，後者を，底面が PQR で頂点が B である角錐と見なす．すると，底面は角柱の向かい合った面であるから同じ面積を持つ．どちらも角柱と同じ高さを持つので，高さも等しい．底面積と高さが等しいので，体積も等しくなる．

3 つ目の角錐が他の 2 つと同じ体積を持つことを示すために，角錐 $BPQR$ を，底面が BPQ で頂上点が R であると見なし，3 つ目の角錐を，底面が APB で頂上点が R であると見なす．底面は，長方形 $ABQP$ の半分であるから面積は等しい．また，底面は同じ平面上にあり，どちらの角錐も R を頂上点に持つから高さは等しい．よって，この 2 つは同じ体積を持つ．

ゆえに 3 つの角錐は同じ体積を持つ．■

あとは，この定理が仮定していることが正しいことを示せばよい．つまり，角錐の体積は底面積と高さに比例するということである．これを厳密に証明することは難しい．しかしながら，この結果がもっともらしいことを直観的に説明することはできる．同じ底面と等しい高さを持った 2 つの角錐が，薄板状の断片に分けられていると想像してみよう．すると，同じ高さにある断片は合同であるから（なぜか？），同じ体積を持つ（図 1.10）．よって全体の体積は，同じ体積をまったく同様に足し合わせたものであるから等しくなる．

しかしながら，こういった方法が「正確」であるためには，断片が「無限に薄い」必要があり，その結果角錐は無限に多くのこのような層からできていることになる．再び，我々は空間の連続性の問題にぶつかってしまった．厚みを持たない個々の断片要素の「体積」とは何であろうか？

この思考実験は厳密な証明を与えるものではないが，何が証明されればよいかという示唆を与えてはいる．これは重要なことである．それは，事前の経験や考察によりある特別な結果が正しいと期待されれば，証明を与えるのは簡単になるからである．アルキメデスは次のように述べている．

事前に何も知らずに証明を見つけるよりも，問題についての・・・何らかの知識を事前に

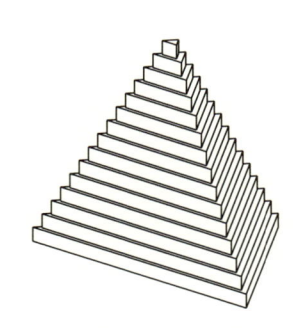

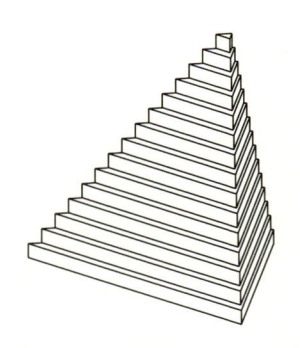

図 1.10：同じ高さにある層は合同である．層を順に滑らせてみれば，2 つの角錐は同じ体積を持つことが直観できる．

持っているほうが証明を与えるのは簡単だ．エウドクソスがその証明を最初に発見したとされている定理，つまり，円錐と角錐について，円錐の体積は円柱の 3 分の 1 で，角錐の体積は同じ底面と等しい高さを持つ角柱の 3 分の 1 であるという定理に関しては，証明はなかったが上述の図に関する事実を最初に述べたデモクリトスには幾ばくかの賞賛を分け与えるべきである．[j]

そして，後でわかるように，エウドクソスの証明法を適用するには，どのような答えが期待されているかを先験的に知っておく必要がある．

デモクリトスが先程概略を示したような議論をしたことは，プルタルコスの「共通観念について ──ストア派に答える」(この中でプルタルコスはストア派哲学者の使う共通観念に反論している)の一節で示唆されている．プルタルコスは，デモクリトスが次のような疑問を提示したと記録している．

円錐を底面に平行な平面で切ったとしたら，そうしてできるいくつもの断面はどうなるであろう．それらは等しいであろうか，等しくないであろうか？ もし等しくないのなら，階段のように多くのぎざぎざを持つことになり，でこぼこになるので，円錐は不均整になってしまう．しかし，もし等しいのなら断片はみな等しくなってしまい，円錐は円柱と同じ性質を持つようになり，異なるのではなく等しい円によって構成されることになる．これは非常に不合理である．[k]

立体が，すべて平行で無視してよい厚さを持った，無限に多くの平面による切り口でできているという考えが明らかにデモクリトスの議論の根底にある．彼のジレンマは，再び原子説と連続説の差異に集中する．この一節でデモクリトスは本当のジレンマを述べているのではなくて，物質の原子論を論じているのであると言う人もいる．つまり，円錐は明らかに円柱とは違うのだから「段」があるはずだ，というのである．しかしながら，デモクリトスの主張は理想的な数学的円錐と不完全な物理的円錐のどちらにも同様に適用できる．この一節だけを見てデモクリトスの議論の本質やその結論がわかるわけではない．単にその時代の学者たちが専念していた重要な問題の 1 つに含まれている概念上の困難さに彼が気づいていたことがわかるだけである．

角錐の体積に関する劉徽の著述

前に，四角錐台を中央の正方形を底面とする角柱，4つの塹堵，4つの陽馬に分割することにより，劉徽が四角錐台の体積の公式をどのように求めたかを見てきた．角錐と塹堵についての公式は直接証明できる．陽馬についての公式が正しいことを示すのはもっと難しい．九章算術で説明されている手法は，横と縦を掛け合わせてそれに高さを掛けてから3で割る，というものである．劉徽のこの問題に関する注釈は，この公式の正しさを示すのに巧妙な方法を与えている．それは，繰り返し細分を行うという決して終わることのない手順を含んでいる．小片が想像もできないほど微小になったとき最後には何が起こるかを説明しようとして，劉徽が困ったことは驚くことではない．彼がどんな形にせよ証明を与えたことは彼が経験主義的幾何学の偉大なる達人の1人であることを示している．

証明は，まず陽馬と鼈臑(べつどう)を図1.11のように組み合わせて，体積が $\frac{1}{2}abh$ になることがわかっている楔形（または塹堵）を作ることから始まる．陽馬の体積を Y，鼈臑の体積を P と置くと

$$Y + P = \frac{1}{2}abh$$

となる．劉徽は $Y = \frac{1}{3}abh$ であることを示そうと考えた．これが示されれば $P = \frac{1}{6}abh$ または $Y = 2P$ がわかる．劉徽が証明しようとしたのは最後の式である．

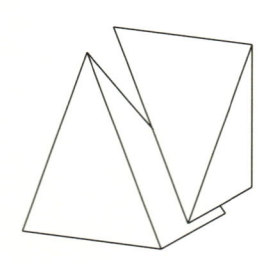

図1.11：塹堵の陽馬と鼈臑への分解．

劉徽は陽馬と鼈臑をさらに小さく分けてゆく．彼は次のように述べている．

> 縦，横，高さがそれぞれ2尺[6]の鼈臑を作るためには，2個の塹堵と2個の鼈臑を使う（これらは仮に赤く塗っておく）．
> 縦，横，高さがそれぞれ2尺の陽馬を作るためには，1個の立方体，2個の塹堵，2個の陽馬を使う（これらは仮に黒く塗っておく）．
> 赤と黒のブロックを組み合わせて，縦，横，高さがそれぞれ2尺の塹堵を作る．[l]

この分割の様子は図1.12に示されている．

---
[6] 九章算術で用いられる1尺は約21cm．

角錐の体積に関する劉徽の著述　39

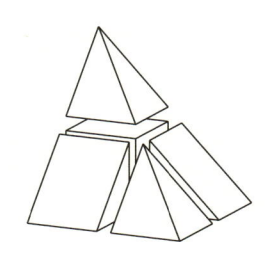

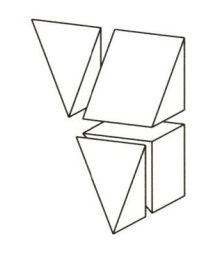

図 1.12：陽馬と鼈臑の小さな尺への分割.

$Y = 2P$ であることを示すには，黒い部分の体積が赤い部分の体積の 2 倍であることを示す必要がある．劉徽は，ブロックを赤と黒の部分を比較できるように並べ替えた．

2 個の赤い塹堵は組み合わせて立方体にできる．同様に 2 個の黒い塹堵も立方体にする．残りは 1 個の黒い立方体，2 個の黒い陽馬，2 個の赤い鼈臑である．最後の 4 つのブロックを組み合わせると，最初の楔形と同じように色分けされた 2 組の塹堵ができる．これら 2 つの黒と赤に塗り分けられた楔形を組み合わせると，他の 3 つと同じ体積を持つ立方体ができる．

これまでに 4 つの立方体，つまり，黒いもの 2 個，赤いもの 1 個，黒と赤の混ざったもの 1 個，を構成したことになる．よって，最初の塹堵の体積の 4 分の 3 が 黒：赤 = 2：1 の比率になっていることがわかる．体積の残り 4 分の 1 は，2 個の黒い陽馬と 2 個の赤い鼈臑からできている．これらを組み合わせると，最初のものの縮小版となる，黒と赤に塗り分けられた塹堵が 2 個得られる．それぞれの楔形に対してこの分割操作を繰り返すことができる．よって，まだわかっていない体積のうちの 4 分の 3 は 黒：赤 = 2：1 の比率になっていることがわかる．よって，体積のうち $\frac{3}{4} + \frac{1}{4} \times \frac{3}{4}$ は望み通りの比率になっていることがわかり，$\frac{1}{4} \times \frac{1}{4} = \frac{1}{16}$ だけがまだわかっていないことになる．

この操作を無限回繰り返し，陽馬と鼈臑を何度も分割することで，まだわからない量は減りいくらでも小さく零に近づいてゆく．劉徽はこの考えを次のように説明している．

> 計算を終了させるには，残りの縦，横，高さを半分にせよ．余分な 4 分の 3 はこうして決定することができる．
> 半分に小さくすればするほど，残り（の部分）は細かくなる．窮極の細かさは『微細』（あるいは極細）と呼ばれる．微細なものには形はない．このようにして説明するなら，なぜ残りの部分に関わらなくてはならないのか？[m]

面積を求めるために曲がった図形を折れ線で近似したとき，劉徽は同様の注意をしている．

> 何か残っているが取るに足らないものである．[n]

陽馬の体積の公式の由来についての翻訳の注釈の中で，ドナルド・ワグナーはこういった考えの背後にある哲学を探求している．分割を繰り返すという終わりのない操作は次のように解釈できる．断片は分割されればされるほど小さくなる．最後には断片は認知できなくなり形もなくなる．この極限は，大きさを持たない無限に小さな陽馬と鼈臑の集まりからなるというよりも，想像もできないし記述もできないような形のない対象の集まりからなっている．こういったものは調べることができないのだから，どうして気に病む必要があるのか？

これらの概念は中国の哲学に深く根ざしている．ワグナーは老子の『道徳経』の第14章からの引用を使って，別の状況でこういった考えをどう使うか説明している．[7]

> 刮目せよ．
> それを見ることはできない．
> それは形にならない．
> 傾聴せよ．
> それを聞くことはできない．
> それは音にならない．
> 把握せよ．
> それをつかむことはできない．
> それは触れることができない．
>
> これら3つのものは名状し難きゆえに1つになる．
>
> 上から見れば明るくなく．
> 下から見れば暗くなく．
> 説明し難き1本の糸．
> それは虚無となる．
> 形なき形，像なき像，それは名状し難いものと呼ばれ想像の及ばぬものである．

エウドクソスによる取り尽くしの方法

無限操作の収束を厳密にどのように扱うかという問題は，クニドスのエウドクソス（前408年頃〜前355年頃）によって解決された．彼はプラトンと同時代の人であり，幾何学，医学，天文学を含む多くの分野の発展に貢献した．エウドクソスの方法は「取り尽くし」と呼ばれているが，それは少し間違った呼び方である．分割を繰り返すことにより，実際の体積とその計算可能な近似との差はいくらでも小さくできるという事実を使っているとはいえ，エウドクソスにとっては計算をその極限まで続けて体積を「取り尽くす」必要がない．むしろ，ある立体の体積が V であることを示すために，

---

[7] ワグナーが使っているものよりこちらの方がより詩的であると思われるので，ここでは別の翻訳を使っている．

その体積を表す V 以外のどんな値も正しくないことを有限回の処置で証明できることを彼は示した．

この手法は特筆すべき成果だと見なされた．アルキメデスは取り尽くしの方法の発見はエウドクソスによるものであるとし，この方法を彼自身の仕事と比較されるべき基準とした．アルキメデスは，彼自身の著作『球と円柱について』を自分の最も美しい数学上の結果であると見なしていた．そのため彼は自分の墓石にこの結果を刻んで欲しいと願ったほどである．彼は著作の前文に，自分の結果が

> エウドクソスにより疑いの余地もなく確立されたと見なされている立体に関する定理「任意の角錐は同じ底面と等しい高さの角柱の 3 分の 1 であり，任意の円錐は同じ底面と等しい高さを持つ円柱の 3 分の 1 である」[p]

に劣らないとすることに何のためらいもないと書いている．

エウドクソスの方法を説明するために，角錐を，体積のわかっている部分とさらに細分できる残りの部分に分割する必要がある．どんな角錐も三角形を底面とする角錐を組み合わせて得られるので，三角形を底面とするものを考えれば十分である．三角錐を，それと相似な 2 つの小さな互いに等しい三角錐と，2 つの三角柱に分ける方法を図 1.13 に示している．新しくできた頂点は大きな三角錐の稜を 2 等分している．2 つの三角柱の体積は等しく，もとの三角錐の体積の半分以上を占めている．さらにこれらの三角柱の体積は下の三角錐の底面積と高さのみによることが示される．つまり，底面積と高さが等しい 2 つの三角錐をこのように分割すれば得られた三角柱の体積はすべて等しくなるのである．

2 つの小さな三角錐はもとの三角錐を縮小しただけなので，それぞれ分割することができ，その結果あと 4 つの三角柱と 4 つの三角錐が得られる．この操作は無限に続けることができる．

さて，これで「取り尽くしの方法」を使って，同じ高さの角錐の体積は底面積に比例することを示すための準備ができた．これによって，底面積が等しいなら 2 つの角錐は同じ体積を持つことがわかる．整数の比では表されない量の存在を示した前述の定理のように，間接的な証明法を用いる．また，この証明は次の「連続性の公理」に

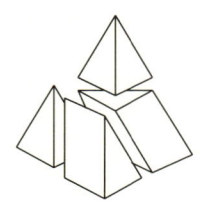

図 1.13：三角錐の，2 つの相似な三角錐と 2 つの三角柱への分割．

依っている.[8]

> 2つの等しくない量 U と V が与えられたとする．ここで U の方が V より小さいとする．V の少なくとも半分を取り去り，また，その残りの少なくとも半分を取り去り，と繰り返し続けていくと，いつかは U よりも小さい量になる．

特に，角錐の体積を V とし，W を V より小さい近似だとしよう．そして $U = V - W$ と置く．図 1.13 で示した分割において，2つの三角柱はもとの三角錐の半分以上の体積を占めていた．上記の公理より，得られた三角錐を分割して三角柱を取り去るという操作を繰り返すと，いつかは体積の総和が U より小さい三角錐の集まりになる．これは近似が間違っていたことになる．

定理 高さの等しい三角錐の体積の比は，底面積の比に等しい．

証明：P_1 と P_2 を高さの等しい三角錐とし，底面積をそれぞれ B_1, B_2，体積をそれぞれ V_1, V_2 とする．示すべきことは，比 $B_1 : B_2$ と比 $V_1 : V_2$ が等しいことである．

この比が等しくないと仮定しよう．すると

$$B_1 : B_2 \;=\; V_1 : W$$

となるような体積 W が存在する．W は V_2 と等しくないので，それは V_2 より小さいか大きいかのどちらかである．

W は V_2 より小さいと仮定しよう．

三角錐 P_2 は2つの三角柱と2つの三角錐に分割され，三角錐はさらに細分できる．(連続性の公理を用いて)この操作は残った三角錐の体積の和が $V_2 - W$ より小さくなるまで繰り返すことができる．すると

$$V_2 \;>\; (P_2 \text{に含まれる三角柱の体積の和}) \;>\; W$$

となる．

三角錐 P_1 に関しても同様に同じ回数だけ分割する．さて，こういった分割で得られる三角柱の体積は，もとの三角錐の高さと底面積のみに依るのであった．そして P_1 と P_2 の高さは等しかったので，

$$(P_1\text{に含まれる三角柱の体積の和}) : (P_2\text{に含まれる三角柱の体積の和}) \;=\; B_1 : B_2$$

となる．仮定より

$$B_1 : B_2 \;=\; V_1 : W$$

---

[8] この公理をこの形で述べるのがここでは使いやすいのだが，これ以外にもより簡単で同値な主張がいくつか提案されている．そのうちの1つはアルキメデスによる「2つの等しくない量が与えられたとき，大きい方から小さい方を引いた量を繰り返し加え続ければ，あらかじめ決められたどんな量よりも大きくなる」である．

であったので，

(P_1 に含まれる三角柱の体積の和) : V_1　=　(P_2 に含まれる三角柱の体積の和) : W

となることがわかる．しかし，これは次に示すように矛盾である．つまり，

(P_1 に含まれる三角柱の体積の和) $< V_1$

であり，これから

(P_2 に含まれる三角柱の体積の和) $< W$

がわかり，また，前述の構成方法から

(P_2 に含まれる三角柱の体積の和) $> W$

だったからである．よって，$W < V_2$ という仮定は間違っていたことになる．

$W > V_2$ と仮定しても同様の矛盾が得られる．W は V_2 より小さくても大きくてもいけないので，これら2つの量は等しくなければならない．よって

$$B_1 : B_2 \;=\; V_1 : V_2$$

が証明された．■

この定理の簡単な系として高さと底面積の等しい2つの三角錐の体積は等しいことがわかる．以前に，この重要な命題から，角錐の体積は同じ底面と等しい高さを持つ角柱の体積の3分の1であることがすぐにわかることを示した．

エウドクソスの方法は特筆すべき成果であった．しかしながら，非常に巧妙で，終わりのない計算を巧みに避けているとはいえ，重大な欠点が1つある．それは，この方法を使う前から目標の公式を知っていなければならないということだ．取り尽くしの方法による証明では，目的の結果以外のすべての可能性を排除していき，有限回の処置で矛盾に到達する．こういった証明は**構成的**ではなく，答えを生み出すものではない．答えはあらかじめ知っておかなければならない．エウドクソスの方法は，新しい結果を発見する方法としては役に立たない．他の根拠によりすでに示唆されている結果を厳密に証明するためにだけ使うことができる．そういった知識を前もって得るにはどうすればよいのだろう？

以前に使った種類の思考実験は次のような情報を与える．角錐を薄い層を積み重ねたものと見なすことにより，その体積は形ではなく高さと底面積のみによるだろうと推察した．角錐が無限に多くの切断面を積み重ねたものであると想像することができるので，ここではもはや近似ではなく実際の体積を考えている．

このような議論は，エウドクソスの方法のように論理的にゆるぎない基礎の上に立つ

ているわけではない．しかし，答えをもたらすという大きな長所は持っている．さらに，なぜ定理が正しいのかという直観的な描写を与えてくれる．これは厳密な証明にはない要素である．

　アルキメデスは取り尽くしの方法を使って曲線状の領域の面積や立体の体積に関する多くの定理を証明した．そして，誰も彼の結果の正しさを疑うことはできなかったが，どうやってこれらの定理を発見したかはわからなかった．後にアルキメデスはエラトステネスへの手紙の中で発見のもとの秘密を明らかにした．そこでアルキメデスは，我々が角錐に関して利用したような極限操作について説明している．数学においては，発見と証明はしばしば別の活動であると再認識される．「デモクリトスが定理を見つけたがエウドクソスだけがそれを証明した．」

ヒルベルトの第3問題

　角錐の体積の公式が正しいことを示そうとするこれまでの議論には，すべてに共通することが1つあった．つまり，無限に小さい量と，極限の状態まで行けるということを使っているのである．デモクリトスの円錐の逆理「円錐は，円柱か，段が非常に薄い"悪魔の階段"ではないのか」を思い起こそう．劉徽は，自分の定義した分割操作の果ては何か形のない，大きさのない，想像できない，調べることのできないものであると見なしていた．その結果，劉徽は「なぜ関わらなくてはならないのか？」と問うている．エウドクソスの取り尽くしの方法を使うには，いくらでも小さな体積を持つ断片を構成する操作が存在する必要がある．体積の公式が正しいことを示すには必ずこんなに込み入った概念が必要なのであろうか？　あるいは，極限や無限操作の利用を避ける巧妙な議論があるのだろうか？

　平面図形の幾何学においてはそういった無限操作は必要ない．2つの多角形が同じ面積を持つなら，その2つは**分割によって合同**あるいは**同等分割可能**である．これは，その2つの多角形を同じような小片の集まりに分割して，その集まりが同じジグソー・パズルの解となっているようにできる，という意味である．図1.14は，いくつかの正多角形の分割を並べ替えることによって，1つの正方形を作る様子を表している．実際，任意の2つの多角形が同等分割可能であることを示すには，任意の多角形が正方形と同等分割可能であることを示せばよい．それは，同じものに同等分割可能な多角形は互いに同等分割可能だからである．

　同じ面積を持つ任意の2つの多角形が分割によって合同であるというこの定理は，互いに独立して研究をしていた何人かの人々によって証明された．ウィリアム・ウォレスは，1807年に本質的なアイデアを発見し，ファルカシュ・ボヤイ（非ユークリッド幾何学に関する初期の仕事をしたヤーノシュ・ボーヤイの父）とP. ガーヴィエンは

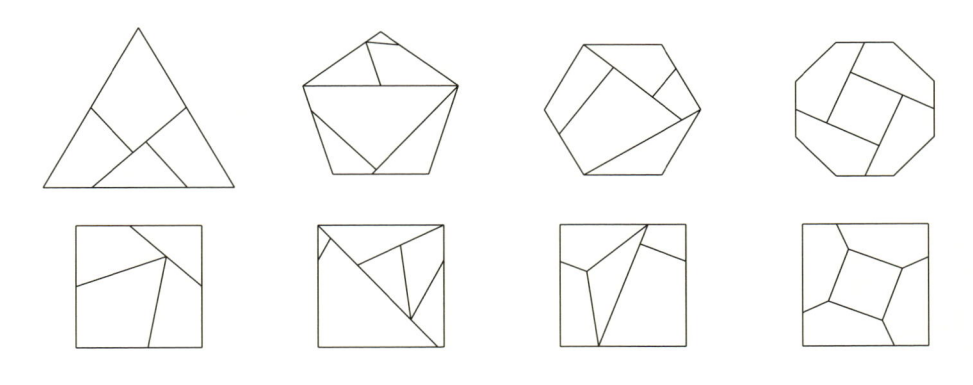

図 1.14

1830 年代の初期に証明を与えた．図 1.14 に示された分割は，小片が少ないという点で興味深い．最少の小片によるジグソー・パズルを見つけるのにはかなりの工夫がいる．しかしながら，どんな多角形でも小片に分割して並べ替えることにより正方形にできるということの証明は，どんな場合にでも適用できる一般的な方針で行える．そういった手順が，面白い最少のジグソー・パズルを作ることはない．分割を行う 1 つの方法は，図 1.15 に示されている．

　任意の多角形は等しい面積を持つ正方形に変形できるし，正方形の面積は容易に計算できるので，面積を測る理論は極限操作に頼ることなしに展開することが可能である．体積の理論に関しても同じことが言えるであろうか？ 同じ体積を持つ 2 つの多面体はいつも同等分解可能であろうか？ 角錐は分割して並べ替えることで立方体にできるであろうか？ 与えられた 2 つの多面体を同じような小片の集まりに分割する方法を見つけるほど数学者が幸運ではなかったのか，あるいは，それを発明するほど器用ではなかったのか，またはそのようなことはいつでも可能というわけではないのか？

　20 世紀のはじめに，ダーフィト・ヒルベルト (1862〜1943) は，その時点で自分が主な未解決問題であると考え，また，世紀の曙に研究されるに値する 23 の問題の一覧を作成した．彼はその問題を，1900 年にパリで開かれた第 2 回国際数学者会議において，有名な研究報告として発表した．ヒルベルトの第 3 問題として彼は，多面体の体積の理論を確立するためにはある種の極限操作が必要らしいという事実に対して注意を喚起した．この問題の本質は極限の使い方を正当化することと，それを用いることなしには体積の理論展開は不可能であることを示すことであった．問題は次の通りである．

　　　ガーリングへの 2 通の手紙の中で，ガウスは立体幾何のいくつかの定理が取り尽くしの方法，つまり，現代の言葉で言うと連続性の公理（またはアルキメデスの公理）に立脚していることに遺憾の意を表している．ガウスは，特に同じ高さを持つ三角錐の体積は底面積に比例するというユークリッドの定理を挙げている．今や平面における同様の問題は解かれている．ガーリングは，合同な部分に分割することによって，対称な多面体の

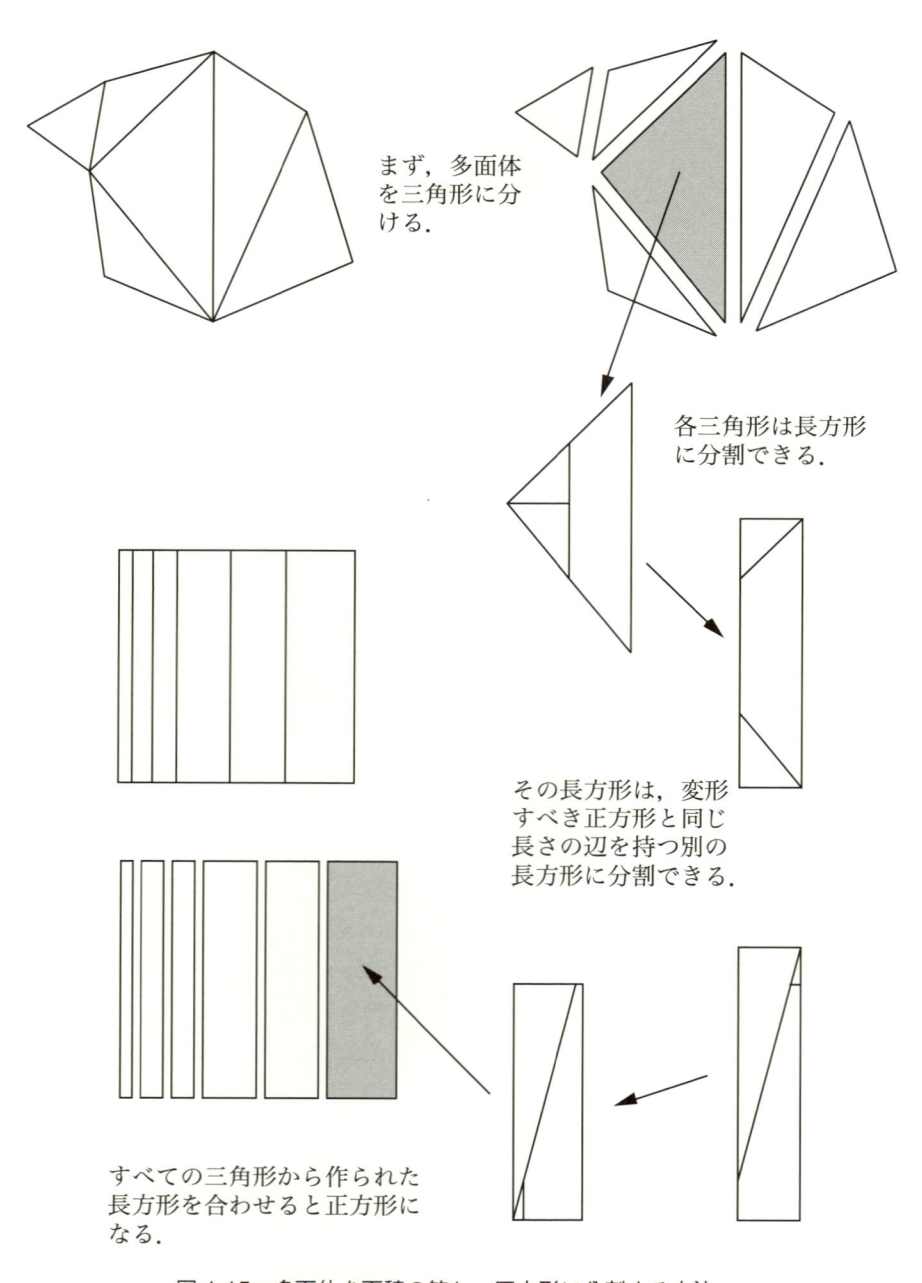

46   第1章 分割できないもの，表現できないもの，避けられないもの

まず，多面体を三角形に分ける．

各三角形は長方形に分割できる．

その長方形は，変形すべき正方形と同じ長さの辺を持つ別の長方形に分割できる．

すべての三角形から作られた長方形を合わせると正方形になる．

図 1.15：多面体を面積の等しい正方形に分割する方法．

体積に関する等式を証明することに成功した．それにもかかわらず，私には上述のユークリッドの定理に関しては，この種の一般の証明は不可能なように思える．そして，不可能であることの証明を与えることは我々の仕事である．[q]

ヒルベルトはさらに，反例が見つかると(すなわち，合同な小片に分割できないような2つの多面体が見つかり，そういった分割が不可能であることが示されれば)，すぐにそのような証明が得られるであろうと述べている．

　同等分割可能な多面体もある．同じ高さで，同じ底面積を持つ任意の角柱は同等分割可能である(多角形に関する結果より)．1844年にガーリングは，鏡像の位置にある2つの多面体は同等分割可能であることを，合同で鏡像対称な小片の集まりに分割することで示した．(これは，ヒルベルトが対称な多面体を合同な部分に分割すると言ったときに参照したものである．) 個々の場合において，同等分割可能な多面体の他の例が1900年には知られていた．1896年にM. J. M. ヒルは立方体と同等分割可能な四面体の例をいくつか与えた．そのうちの1つは中国の「鼈臑」型ブロックの形をしている．図1.16は鼈臑を，同じ底面と，もとの3分の1の高さを持つ角柱に変形する様子を描いている．しかしながら，ヒルベルトは，これらは特殊な場合であり，法則というよりは例外であると感じていたようだ．

　この予想はすぐに正しいとわかった．ヒルベルトの問題が印刷・出版される直前に，マックス・デーン(1878〜1952)はこの問題を解いたと公表し，同じ体積を持つが分割によって合同ではない2つの多面体を示した．フランスの技師ラウール・ブリカールによる1896年の論文で発表された発見に従い，ロシアの数学者V. F. カガンは，その結果をさらに簡単で体系づけられた形で示して見せた．ブリカールの仕事は同等分割可能な2つの多面体が満たすべき二面角の条件を指定したものである．残念ながらこの条件の必要性に関する彼の証明は間違った仮定をもとにしている．

　デーンの証明の鍵は，各多面体に分割と小片の並べ替えで変化しない数(今ではデーン不変量と呼ばれている)を対応させることにある．つまり，分割によって合同な2つの多面体は同じデーン不変量を持たねばならない．最も重要な点は，同じ体積を持つ多面体がすべて同じデーン不変量を持つというわけではない，ということである．こ

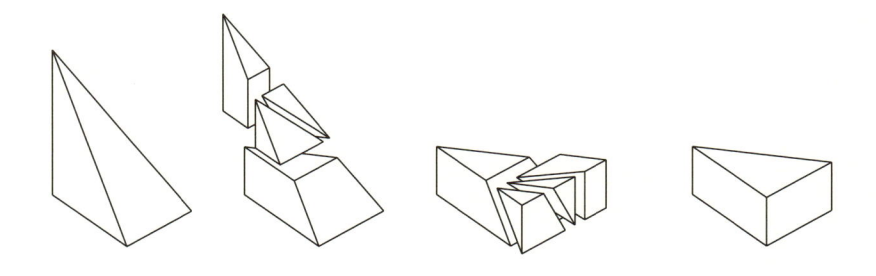

図1.16：鼈臑型の四面体は同じ底面を持つ角柱と同等分割可能である．

れは，例えば正四面体と立方体に関して起こることであり，つまり，この 2 つの立体が同等分割可能ではないことを示している．逆，すなわち同じデーン不変量を持つ多面体は分割によって合同であることも正しい．

　ヒルベルトの予想は正しかった．多角形の場合と違って，同じ体積を持つが同等分割可能ではない多面体が存在する．よって，体積の理論を定式化するには分割の議論を使うわけにはいかない．多面体的立体の中には，体積の公式を厳密に確立するためにはある種の非初等的方法が必要になるものもある．つまり，無限を避けるわけにはいかないのである．

From *Perspectiva Corporum Regularium* By Wenzel Jamnitzer, 1568.

第2章
規則と正則性

> 最初に正多面体の概念を導入した人が数学に重要な貢献をしたことは明らかである. [a]
> W. C. ウォーターハウス

　実用的な意味でなく哲学的な意味で，多面体についての現存する最も古い議論はプラトンの対話編『ティマイオス』の中にある．これはプラトンによる，我々の住む世界についての記述である．4人の登場人物が場面を設定し，伝説上の島アトランティスの話をするという短い導入の後，ティマイオスが立ち上がり「人類創造までの宇宙の話」を語る．このピタゴラス学派の人の言葉を借りて，プラトンは自然現象の起源と営みについて議論する．プラトンの探求は天文学や天体の運行から解剖学や人間の生理学にまで及ぶ．多面体は物質の構造に関する詳細な議論の中に現れる．

プラトン立体

　物質が，少数の基本的な材質を異なる方法で組み合わせることにより作られているという考えは，紀元前5世紀の著述家たちによって提唱されている．ただ1つの元素があれば十分なものもある．例えば，水は多くの形態，つまり，氷，川，雨，雪，露などを持ち生命にとって必要不可欠である．エンペドクレスは4つの要素，つまり，水，土，空気，火があると主張した．彼は，ちょうど少数の文字をさまざまに組み合わせて多様な言葉が作られるように，多くの異なる材質はこれら4つを違う比率で組み合わせてできると考えた．（遺伝子の記号は，4つの文字の組み合わせによって非常に多様な表現ができることを示している．）レウキッポスとデモクリトスも物質の原子論を提唱した．プラトン（前427〜前347）は，これらの要素は互いに何が異なるのかについて考えた．彼は，これらがいろいろな種類の基本的な粒子に対応していると提唱した．（この考えは，19世紀になってようやくジョン・ドルトン（近代化学の基礎を作った1人）が復活させた．）

　プラトンは，火，土，空気，水は塊であり，塊は立体であり，立体はいくつかの平

らな表面で囲まれており，そしてその表面は三角形で作られていると説明した．彼は，直角三角形のうち二等辺三角形と不等辺三角形の両方を 2 つの基本三角形として選んだ．前者は一意的だが，後者については，無数にある直角不等辺三角形のうち，「最も完全で，…対にすると正三角形を形づくるもの」を選択した．それから 4 つの「最も完全な図形」を構成した．

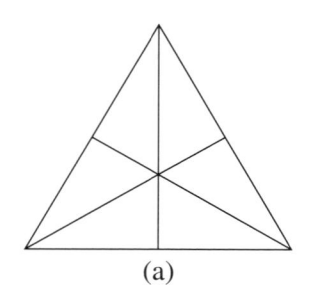

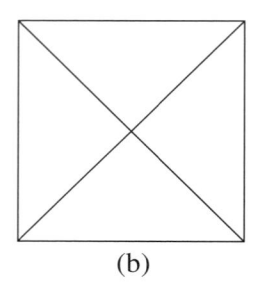

図 2.1

> 最も単純で，最も小さい図形を構成することから始めよう．基本的な構成単位は，斜辺が短い方の辺の長さの 2 倍となっている直角三角形である．この三角形を 2 つ斜辺に沿って向かい合わせに置き，これを 3 度繰り返す．こうして得られた 3 つの図形の対角線と短い方の辺が同じ頂点で重なるようにすると，その結果，基本的な構成単位 6 つから正三角形が 1 つできる．（図 2.1(a) 参照．）さらに，4 つの正三角形を，平面角のうち 3 つが合わさって 1 つの立体角になるように…，そして，このような立体角を 4 つ作ればその結果は一番単純な立体図形になり，それに外接する球の表面を対等で，類似した部分に分ける．[b]

プラトンによるこの一節のように無味乾燥な説明は古典的な文章によくあることである．こうした著作には挿絵がないので，必要なら読者が自分で図を描けるように著者は十分に詳しく説明しなければならなかった．この一節で説明されている多面体は図 2.2 の左に示されている．1 つの面を下にして置けばそれが角錐であることは明らかであろう．どの面を下にしても同じように見える．

多面体のすべての頂点が球面の上に乗っているとき，球面は多面体に**外接する**と言い，その球面を**外接球**と言う．プラトンの角錐の 4 つの頂点は球面の上に乗っている．これら 4 つの点を大円弧でつなぐと，図 2.2 の右に示したように，外接球は 4 つの同等な部分に分かれる．

プラトンが説明した他の 2 つの多面体も正三角形から構成される．1 つは，全部で 8 個の面を持ち，それらの面は 6 個の立体角それぞれが 4 個の平面角に囲まれているように配置されている．もう 1 つは，20 個の面が 12 個の立体角を作り，各立体角は 5 個の平面角に囲まれている（図 2.3 参照）．プラトンはさらに次のように続ける．

プラトン立体 **53**

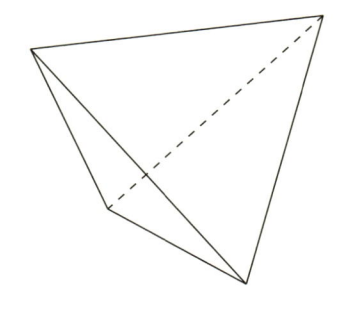

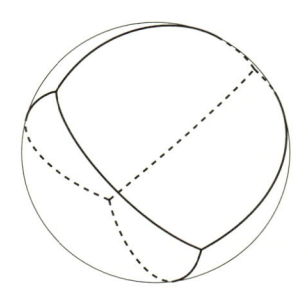

図 2.2

> この3個の図形を構成した後では，最初の基本的な構成単位は不要であり，二等辺三角形を使って4個目の立体が構成される．この三角形を4個，直角が1個の共通した頂点で重なるように置くと正方形ができる（図 2.1(b) 参照）．6個の正方形を組み合わせて，各立体角が3個の直角をなす平面角の組み合わせになるようにする．その結果できた立体図形は立方体であり，6個の平らな正方形の面を持つ．
>
> まだ，5つ目の構成が残っているが，それは神が全天に星座を飾りつけるときに使ったものである．[c]

この一節の最後の文は，補足として挿入されたものと思われるが，12個の正五角形から作られる立体のことを指している．これを含めたのは，正多角形を規則正しく配置することによって形作られる多面体がちょうど5つあるという事実を反映している．その5つは図 2.3 に描かれており，**プラトン立体**とか**宇宙図形**とか**正多面体**などと総称される．

課題 多くの数学者がこの5つの多面体の集まりに魅了され，その性質を研究してきた．これらは後の章で，理論面から，また例を与える材料として，特に重要な役割を果たすであろう．他の模型は作らなくても，プラトン立体だけは自分の手で作っておくべきである．

プラトンの2つの基本三角形を組み合わせて五角形を作ることはできないので，最後の図形は彼の基本的な粒子の1つとしては現れない．その代わりにプラトンはそれを星座を支えるものとして採用した．プルタルコスは『プラトン哲学に関する諸問題』の5番目で，なぜプラトンは天体を表すのに最も完全な図形（球）を除外して直線で囲まれた図形を使ったのかと問うている．十二面体は12枚の革から作ったボールのように柔軟で膨らませることにより大きく球状になるので，球の役目を果たすと指摘している．また次のように数秘学的な考察も行っている．

> それは，角度も辺も等しい五角形5個を集めて構成されている．そして，各五角形は30個の基本三角形を含んでいるので，同数の部分に分けられる黄道十二宮や1年をともに

正四面体

正八面体

立方体

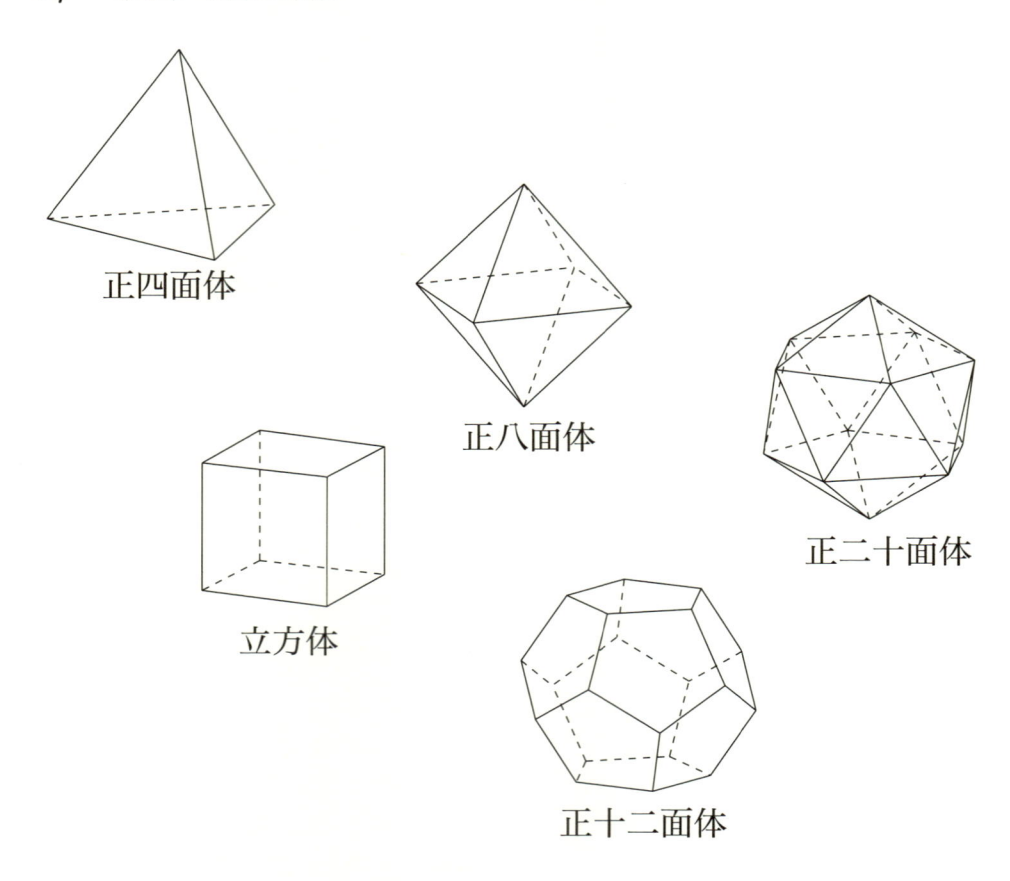

正二十面体

正十二面体

図 2.3：5 つのプラトン立体．

表しているように思える．[d]

　図 2.4 に正五角形を 30 個の不等辺三角形(プラトンの基本的な元素ではない)に分割する方法が 1 つ示されている．30 個の三角形からなる五角形 12 個は，それぞれ 30 度の幅を持つ黄道上の 12 個の宮(きゅう)と，それぞれ 30 の日からなる 12 の月をともに表している．

　4 つの基本的な粒子を構成した後で，プラトンはさらに，各立体の属性が，関係する要素の性質にどのように対応しているかを説明している．彼は立方体の安定性を土に関連づけている．四面体は一番部品が少ないので一番軽い．また，それは最もとがった角(かど)を持っているので，最も鋭い．こういった性質により四面体は火の基本構成単位である．同様の議論により，プラトンは他の図形を空気(八面体)と水(二十面体)に割り当てた．図 2.5 で示された模型は，この関係を示すために鳥と魚のモザイク模様で覆われている．カラー図 1 に示されたジョン・ロビンソンの彫刻『プロメテウ

プラトン立体 **55**

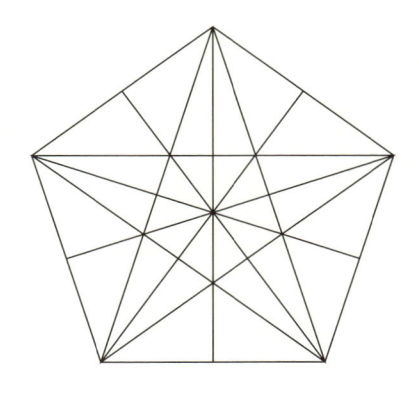

図 2.4

図 2.5：プラトンによる，元素と多面体との関連を示すために装飾を施した 2 個の模型．

スの心臓』は，火と四面体の関連を見事に描写しているが，ロビンソンによるとこれは偶然だそうである．

　プラトンによる，元素と正多面体との関連づけは多くの挿絵に刺激を与えた．本章の扉に示されているヴェンツェル・ヤムニッツァーによる 16 世紀の図版は，中央のパネルに八面体の説明が書かれており，その周りには空気を象徴するものとして，鳥，こうもり，虫，風車(かざぐるま)，管楽器が寄せ集められている．ヨハネス・ケプラー (1571～1630)は，5 個の立体の見取り図(図 2.6 参照)をそれぞれの元素にふさわしい象徴で装飾した．つまり，例えば立方体には，木，庭仕事の道具，にんじんの絵が描かれている．ケプラーは，立体と元素の間の関係に独自の説明を与えた．

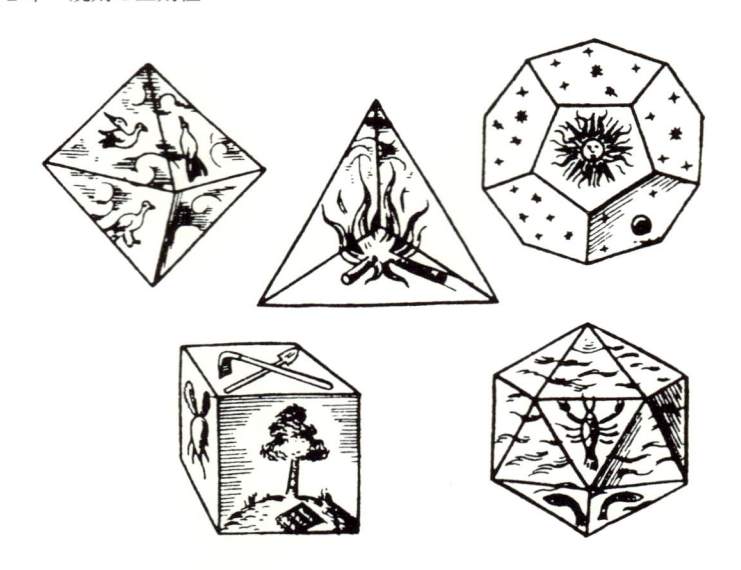

図 2.6：ケプラーによる，元素との関係を示したプラトン立体の見取り図.

　立方体が正方形の底面の上にまっすぐ立っているということは，安定性を示している．それは地上のものの特性であり，一般に信じられているように地球全体がこの世界の中心に静止している限りは，その重みは一番低い地点に向かう．一方，正八面体は，旋盤に乗っているように向かい合った角によって最もうまくぶら下げられているように見える．両極からぶら下げられた地球が大円で分けられるように，この 2 つの角のちょうど真ん中に横たわる正方形が図形を 2 つの同じ部分に分ける．速さや方向に関して最も可動性の高い元素は空気だから，これは可動性を思い起こさせる．
　正四面体の面の数が少ないということは，火の乾燥性を意味すると考えられる．それは，明らかに乾燥したものはそのものの境界の内側に留まっているからである．一方，正二十面体の面の数の多さは，水の湿潤性を意味すると考えられる．それは，明らかに湿潤性は他のものの境界の内側に留まるからである．[e]

しかしケプラーはこのつながりのもろさについても認識していた．

　まあ，この種の類似性は受け入れることができるにしても，この方法で考え出されたのでは必然性を示すものがない．実際，他の解釈も可能であり，それは類似性を示す性質の中には変えられるものがあるからというだけでなく，・・・元素の数と地球が静止しているかどうかということは図形の数に比べて議論する余地があるということにもよる．[f]

　元素の数と立体の数が一致しないという事実は 1 つの問題を提起する．プラトンが余分な立体を天空に対応づけて回避したことに，彼の信奉者は満足せず，この話題はプラトンの死後もアカデメイアにおける多くの論争の種になった．後のプラトン哲学者によって書かれた理論書によると，5 番目の元素であるエーテルが仮定されている．
　プラトンは単に自然を記述しようとしたのではない．彼は，4 つの元素が組み合わさって，我々が観察できるさまざまな物質をどのように作り出すか，また，異なる物質

がどのように変化し相互に作用するかを説明しようとした．プラトンは一種の「物理化学」を追求していたのである．基本三角形の大きさを変えることで，元素の特質が変わるだろうとプラトンは考えた．彼の考える元素は，「あるものであること」よりも「ある特質を持つこと」を生ぜしめていた．よって，水は液体の一般的な形であり，土と空気は物質の固体相と気体相に対応していた．プラトンは，物質がどのように互いに移り変わるかを説明しようとした．例えば，水が火によって熱せられると，火の粒子のとがった角（かど）が水の粒子を壊し，その構成要素である三角形にする．その破片が再構成されて空気の粒子（水蒸気）2個と火の粒子1個になる．この「化学式」に到達するために，プラトンは両辺の三角形の数が釣り合うようにした．

$$<液体> \xrightarrow{熱} 2<気体>+<火>$$
$$20 = 2\times 8 + 4$$

これは非常に巧妙ではあるが，批判を免れるわけにはいかなかった．プラトンは，元素を中身の詰まった粒子として扱うと同時に，壊すことのできる中身の詰まっていない幾何的な殻状のものとしても扱った．プラトンの基本的な粒子は崩壊し，元素は形を変える．しかしながら，自然を理解するために数学が使えるというプラトンの信念は，広汎に及ぶ結果をもたらしている．

数学のパラダイム

プラトンは数学の発展に影響を及ぼしたとはいえ，これは彼自身の発見が重大な進歩を見せたからではなく，むしろ問題に対する彼の意気込みによる．プラトンは，論理的に考えしっかりした議論を身につけることを教えるため，哲学の研究への準備として，数学を勉強して精神を鍛錬するよう生徒に勧めた．プラトンが数学をこのように利用できたのは，ピタゴラス学派による整数の比で表せないことの発見の副産物であった．これはギリシャの数学の発展に大きな衝撃を与えた．そして経験や感覚による情報への不信の念を抱かせ，命題の立証における議論への依存の度を高めた．結果を証明するために必要とされる根拠の度合いはときとともに変化する．数学的知識の集成が増えるにつれ，数学者は，一度は議論の余地がないように思えたものを確認しようとした．数学は枝を広げるとともに根も伸ばしてきたのである．2世紀にわたる発展の後で，論理的な議論は，ユークリッド（前300年ころ）によってまとめられた幾何学の『原論』（おそらく世界で最も有名な教科書である）にあるような，今では時代遅れとなってしまった基準に達した．この本は二千年にわたって数学教育に大きな影響を与えることになった．残念なことに，『原論』が有名になったということは，その発展の跡を追うことができなくなったということである．つまり，ユークリッドの『原論』によりそれ以前の教科書は見劣りがするようになり，すべて失われてしまったのだ．

ユークリッドの説明の仕方は，数学的議論に「命題は，厳密に述べられた仮定から論理的な推論の積み重ねで確認される」というパラダイムを示し，それは今までずっと踏襲されている．この形式は1人の人の瞬間的な思いつきではなく，長年にわたって洗練された結果である．熟成されるまでの間，基本的にはギリシャ人による2つの考え方が数学に導入された．それは抽象概念の力と演繹的論理の規約である．

抽象化

抽象化は数学において本質的な役割を果たす．それは数や形の概念を形成するときに無意識のうちに使われる．わずかな小さい数の数え方しか知らない民族でも，「2本の木」，「2人の人」，「2つの手」が「2であること」という共通の性質を持つことは認識してきた．我々の使っている「2」という文字は，この世界にある多くの対(つい)を記号化している．同様に形に名前をつけるということは，ある共通の性質の抽象化，つまり，対象の持つ基本的な特質とその特質の他の状況への関連の認識，に対応している．

ある概念の抽象化と命名は便宜を伴なう．素数個の辺を持ち少なくとも1つの角が直角であるような多角形の集まりに対する名前はない．そういった特質を抽象することで，ある種の形を定義できるかもしれない．しかし，そうすることによって得られるもの，つまり現在の理論においてはその種の多角形が果たすべき役割がないので名前はつけられていないのである．ある集まりについて言及したいという必要性のみが名前を与えようという動機になりうる．

抽象化は理想化の形を取ることもできる．立方体の物理的な例は，それが自然の結晶や人工的な造形物であっても不完全性を露呈するであろう．立方体という数学的な概念は，物質界においては避けて通れない欠陥を持たない，純粋な形をしている．プラトンにとっては理想化された形は現実のもの，つまり，永遠で，不老・不朽のものであった．物質界には歪められた像，つまり，本物の対象を近似したもの，あるいは実体を記述したものしかないが，精神は真実の汚されていない原型的な形を認知することができたのである．

プラトン的世界観に心を奪われたにもかかわらず，ギリシャ人は感覚による情報なしで済ますことができず，まだ図を助けにして議論をしていた．プラトンは『国家』で次のように述べている．

> 彼らが目に見える形と理由をもっと利用するにもかかわらず，これらのことを考えているのではなく，これらに似ている理想のものを考えているのであることも知らないのか．… 彼らは心眼でのみ見ることのできるものそれ自体を注視しようとしているのだ．[9]

図は実際の図形を示唆するものとして役に立つ．奇妙なことに，知覚心理学の実験に

よると頭は受け取った情報を「きれいにする」のである．大まかに描いた図でも問題を視覚化する役に立つ．それは頭が不規則な部分を滑らかにし，像を単純化しようとするからである．「目は感知するが頭はすすんで見逃そうとする．」

　数学者にとって抽象化はよく使われる手段であり，問題の重要な局面を探求することである．問題の核心に到達したら，どの情報が関係あってどれがいらないかが明らかになり，重要な点にのみ集中して研究できるようになる．多岐にわたる多くの細かい点にわずらわされるよりも，特定の特徴にのみ集中した方がはるかに簡単である．この研究方法は別の利点がある．研究している特徴を持つほかの対象も，その特徴から導かれる性質を持っているのである．本質的でないものを捨て去るのが数学の本質である．

根源的対象と証明のない定理

　いくつかの対象が共通して持つ性質を特定することにより定義が得られる．つまり，特定の性質を共有するすべての対象の集まりおよび各対象に対して名前を与えるのである．例えば，三角形は 3 本の直線により囲まれた平面図形である．定義は「三角形」という術語をどう解釈するかを説明し，三角形の本質的な特徴を述べる．しかし，これはその説明の中で使われている術語を理解しているときにのみ有効である．定義が何らかの意味を持つ前に，平面図形と直線について何かしら知っている必要がある．直線と平面を定義しようとしても問題を先送りにするだけであろう．結局，この方法が終わりのない定義の連続に終わらないのなら，また，循環的な定義（対象はそれ自身を使って定義される）を避ける必要があるのなら，何か根源的な概念は理解されているものと了解しなければならない．そういった根源的な，無定義術語として自然に挙げられるものは「点」，「直線」，「空間」である．

　いくつかの無定義術語に加えて，これら根源的な概念の振る舞いと相互の関係も認める必要がある．これらは論理的な議論の基礎を形づくる上で必要なことである．定義は循環的であったり無限に続くものではないのだから，証明にも終わりがなければならない．前提として認められている「証明されない定理」がいくつかあって，やっと証明する前から正しいと思われている最初の記述を始めることができる．こういった公準あるいは公理は通常自明に見え，さしたる困難なしに受けいれられるものである．例えば，どのような 2 点を通る直線でも引くことができるという公理である．

　理想から言うと根源的な術語と公理はできるだけ少なくすべきである．ある根源的な術語が他の術語を使って定義できるのであれば，それは過剰である．同様に他の公理から導かれる公理は余分である．また公理は無矛盾でなければならない．これはつまり矛盾した事柄を証明するのは不可能だということである．すべての命題は真であ

るか偽でなければならず，その両方であってはならない．

　根源的な概念と公理を選ぶ抽象的な方法はない．ユークリッドの使ったものは長い年月の間に洗練されてきた．『原論』第1巻の最初にユークリッドは自分の選んだ公理を載せて，13巻の本に現れるすべての結果は10の命題から導かれると主張している．2000年後になってユークリッドの説明を批判することができたのは驚くべきことではない．満足のいく仮説に何が含まれるかの規範がこの間に変化したのである．19世紀の終わりにダーフィト・ヒルベルトは，ユークリッド幾何の基礎を見直した．ヒルベルトは別の公理をつけ加えて，簡単に受け入れることのできない「自明な」命題のいくつかに証明を与えた．このうちのいくつかはギリシャ人には明白であったので，疑う余地もなく，またそれを仮説に入れる必要性もなかったのである．交わる2本の直線は1点を共有するというのは明白に思える．なぜなら直線は**連続性**という特質を持っていると自動的に考えるからである．ヒルベルトはこれを確実なものにするために，連続性の公理を含める必要があることに気づいた．

　こういった欠陥にもかかわらずユークリッドの偉大な業績は，次の世代の数学者たちが到達しようと切望する規範を設けたところにある．ユークリッド自身は時折不正確なこともあったが，ギリシャ人の発展させた公理的方法はすべての数学の礎となった．

存在問題

　定義を与える目的は，対象，概念，考え方，あるいはそういったものの集まりに名前をつけることである．定義によって，あるものが何であるか，それが他と違うのはどういう性質によるのかがわかり認識できるようになる．しかしながら，定義があるからといって定義されたものが実際に存在することにはならないのである．対象が矛盾する性質を持っていることを要求するような定義であれば，その定義は空疎で無意味なものとなる．（ライプニッツにより用いられた）10の面を持つ正多面体の定義という例がある．このような多面体に関するどんな定理も意味のないものである．

　その存在が仮定されていて性質が公理として述べられている根源的な概念以外は，定義された対象の存在は証明されるべきものである．この問題に取り組むには2つの方法がある．**直接的**な方法では，対象は数学的に構成され要求された性質を持っていることが示される．**間接的**な方法では，対象が存在しないと仮定して公理やそれ以前に確かめられた事実に反することを示す．実験するための具体的な例があるという方が，そういった例が存在するという知識だけを持っているより精神的な面で有利であるという意味で最初の方法のほうがよい．ギリシャ人は確かにこの構成的な存在証明の方を好んだ．

　ユークリッドの記録した作図法では，ある対象の重要な部分の位置が直線や円を引

くことによっていかに決定されるかを示している．ユークリッドは，自分の選んだ仮定によって作図の手段を限定した．その基本的な3つの作図手段は次の通りである．

(1) 任意の点から任意の他の点まで(唯一の)直線が引ける．
(2) 線分は有限の長さだけ連続的に伸ばすことで新たな線分にすることができる．
(3) 任意の点を中心に任意の半径で(唯一の)円が描ける．

この主張はコンパスと定規という2つの標準的な作図道具の性質を内包している．その性質が『原論』における基本的な論理構成を与えているので，この2つの道具は**ユークリッドの道具**と呼ばれることがある．しかしながら，これらの道具から抽象される性質は理想化されている．定規は任意の2点を結ぶためにいくらでも長くなければならないし，コンパスは任意の半径の円を，それがどんなに大きくても，描けなければならない．ユークリッドの道具はどちらも長さを移すためには使えないことに是非注意していただきたい．つまり，定規には目盛りがついておらずものさしとしては使えないし，コンパスはページから離すと閉じてしまうのである．

許される操作がこんなにわずかであっても，驚くほど多くのことができる．実際，『原論』の第13巻の幾何学的な命題はすべて直線と円の作図可能性から導かれる．これらの命題は，定理(性質を証明しているもの)と作図(存在を証明しているもの)の2つの種類に分類される．通常，作図は2つの部分からなる．まず，ある対象の作図法が説明され，そしてその対象が求める性質を持つことが示される．次の『原論』に出ている例はこの過程を示している．最初の例は第1巻に出てくるユークリッドの冒頭の命題である．

例1 正三角形の作図．
線分 AB が与えられたとき A を中心にし B を通る円を描く(上記公理3よりこれは可能である)．B を中心に A を通る2番目の円を描き，2つの円の交わる点の1つを C をする．直線 AC と BC を引く(公理1)．これらの手順は図2.7に示されている．

さて，三角形 ABC の各辺が等しいことを示さねばならない．AB と AC はともに(A を中心とする)同じ円の半径であるから，長さは等しい．同様に AB と BC の長さは等しい．ユークリッドの公理に「同じものに等しいものは互いに等しい」というのがある．よって $AC = AB$ かつ $AB = BC$ から $AC = BC$ が導かれる．ゆえにすべての辺は同じ長さを持つ．■

命題が1つ証明されるとそれは他の作図に使われる．ユークリッドは最初の命題を応用して，与えられた直線への垂線を作図した．

例2 垂線の作図．
直線 AB が与えられ，AB 上の点 C が垂線の足になるものとする．図2.8にその方法が示されている．

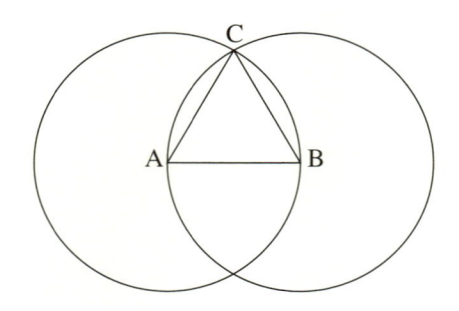

図 2.7：正三角形の作図.

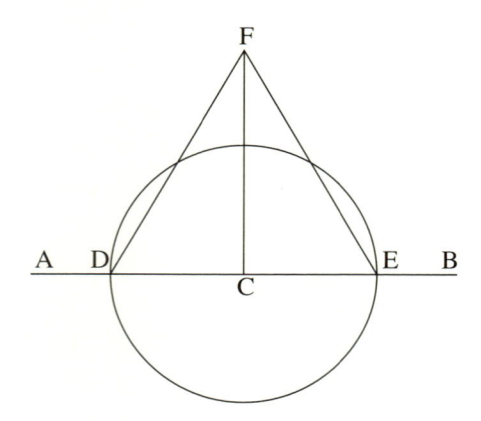

図 2.8：垂線の作図.

AC 上の点 D を選び C を中心にして D を通る円を描く．円と CB の交点を E とする．DE を 1 辺とする正三角形を描き 3 つ目の角（かど）を F と置く．すると FC が求める直線である．

FC が AB に直交していることを示すには，$\angle ACF$ が直角であることを証明しなければならない．CD と CE の長さは（作図より）等しく，FD の長さと FE の長さも等しい．よって，三角形 CDF と三角形 CEF の辺の長さは各々等しい．前の命題で，ユークリッドはそのような三角形は角度も各々等しいことを示している．特に $\angle DCF$ と $\angle ECF$ は等しくなる．この 2 つは互いに隣接しており，ユークリッドは等しくて互いに補角をなす角度は直角であると定義している．■

この命題に，線分の中点を求めることと角を 2 等分することをつけ加えると，何度も使われる基本的な作図のちょっとした「道具一式」となる．

ユークリッドが『原論』を編んで以来 2000 年以上にわたって，人々は彼の作図法のいくつかを変更して簡単にしようとしてきた．下に示された正五角形の作図法はユークリッドではなく 19 世紀の終わりに H. W. リッチモンドによって得られたものである．

例3 正五角形の作図.

線分 AB が与えられたとし C を中点とする．C を中心とし B を通る円を描く．C を通り AB と直交する直線と円の交点を D とする．CD の中点を E とし線分 BE を引く．角 $\angle BEC$ を 2 等分する直線と BC との交点を F とする（図 2.9 参照）．

さて，F を通り BC と直交する直線と円との交点を G とする．点 B と G がこの円に内接する正五角形の 2 つの角（かど）となる．他の角（かど）は少し円を描くことにより求められる．■

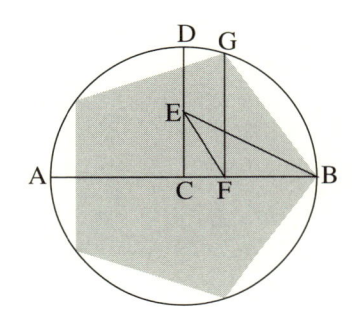

図 2.9：正五角形の作図.

問題 この作図の正当性を確かめよ．

『原論』においては多くのことが成し遂げられたきたが，ユークリッドがこれほどわずかな基本的作図のみに頼ると決めたことによって，彼が行うことのできた幾何学の種類を制限することとなった．例えば，定規とコンパスだけで作図することのできない正多角形が存在する．正六角形はできるが正七角形はできない．正八角形は正方形の外接円の弧を 2 等分することで得られるが，正九角形はできない．

正二十五角形までの正多角形の作図可能性については表 2.10 にまとめられている．また，ユークリッドによって示されたものについては『原論』の命題も記している．作図可能な多角形とそうでないものを区別するパターンはあるのだろうか？ 表の第 4 列目は辺の数を素因数に分解したものを示している．2 という素因子が左に離してあるのは，2 はいつでも追加したり削除したりできるからである（正多角形の辺の数を倍にしたり，角（かど）を交互につないで辺の数を半分にしたりするのは簡単である）．奇素数は，作図可能な多角形に対応するものが列の真中にくるように並べ替えてある．これらの素数は作図可能性と関係があるのだろうか？ 因数 3 と 5 は「よい」ように思えるが，7 と 11 はそうではないように思える．

どういった種類の正多角形が作図可能であるか，およびその根本理由は 1796 年，つまりユークリッドから二千年が過ぎるまでわからなかった．カール・フリードリヒ・ガ

辺の数	作図可能性	『原論』	素因数分解
3	○	第 I 巻, 1	3
4	○	第 IV 巻, 6	2^2
5	○	第 IV 巻, 11	5
6	○	第 IV 巻, 15	2 3
7			7
8	○		2^3
9			3^2
10	○		2 5
11			11
12	○		2^2 3
13			13
14			2 7
15	○	第 IV 巻, 16	3, 5
16	○		2^4
17	○		17
18			2 3^2
19			19
20	○		2^2 5
21			3, 7
22			2 11
23			23
24	○		2^3 3
25			5^2

表 2.10：「○」のついた正多角形はユークリッドの作図道具で作図可能.

ウス(1777 年〜1855 年)は円分方程式($z^n = 1$)の系統的な研究を行った．幾何学的な言葉ではこの方程式の解は円を同じ長さの弧に分けるので，正多角形の角(かど)の位置を決めることができる．ガウスはこの関係を使って，ユークリッドの道具を使ってどの多角形が作図可能かという問題を解いた．つまり，n の素因数分解が次の形を持つとき正 n 角形は作図可能である．

$$n = 2^k p_1 p_2 \cdots p_r \qquad (*)$$

ここで各奇素数 p_i は，ある m を使って $2^{2^m} + 1$ のように書け，p_i はすべて異なっている．この形の素数は，フランスの数学者ピエール・ド・フェルマー(1601 年〜1665

年)(「フェルマーの最終定理」で有名)にちなんで**フェルマー素数**と呼ばれている．フェルマー素数の最初のいくつかを挙げると次のようになる．

$$3 = 2^{2^0} + 1$$
$$5 = 2^{2^1} + 1$$
$$17 = 2^{2^2} + 1$$
$$257 = 2^{2^3} + 1$$
$$65537 = 2^{2^4} + 1$$

ガウスが正十七角形の作図可能性を公表したのは，『原論』が編纂されて以来この分野での最初の進歩であった．m が 5 と 16 の間にあるとき $2^{2^m} + 1$ は素数にならないので，ユークリッドの方法によって作図可能性が証明できる正多角形は巨大な数 ($2^{2^{16}} \approx 10^{20000}$) の辺を持っていなければならない．このようなものはどんな実用的な意味でも作図可能ではない．

　ガウスの結果の逆もまた正しい．つまり n の素因数分解が，式 (*) の形をしていないなら，正 n 角形は定規とコンパスだけでは作図できない．これを使えば，7 はフェルマー素数でないから正七角形が作図できないと説明できる．正九角形が作図できないのは 9 の素因子が異なっていないからである．

プラトン立体の作図

　3 次元の対象を作図するのは単純な平面図形の作図よりかなりややこしい．実際ユークリッドは第 11 巻まで立体幾何は扱わなかったしプラトン立体の作図は『原論』の最後の題材である．ほとんどの人がここまでも到達しなかったであろう．

　ユークリッドは面の数とその種類を記述することにより各プラトン立体に定義を与えた．彼は各立体のすべての頂点が 1 つの球面に乗っていることを示して作図を締めくくっている．これは，直径を共有する半円の集まりの上にすべての頂点があることを示すことによりわかる．ユークリッドが「球とは半円をその直径の周りに回転させてできる曲面である」という普通とは少し違った定義を与えた理由はこれである．この定義によればこのとき使った軸はある意味で特別に見えるだろうが，実際は球のすべての直径は同等である．この定義は球の本質的な特徴の記述(すべての点は与えられた中心から等距離にある)というより球の構成法といった方がいい．

　以下に述べる正多面体の作図法は完全なものではなく単に可能な取り組み方の概略にすぎない．ほとんどの立体に関しては『原論』で与えられた方法に基づいている．

作図　正四面体の作図．
まず NS を直径とする半円を描く．NS 上に点 Q を $NQ:QS = 2:1$ となるようにと

る．（NQ の長さが正四面体の高さになる．）Q から NS に垂線を引き，半円と交わる点を P とする（図 2.11 参照）．線分 NP を引く（これが正四面体の稜の長さになる）．これで四面体の一部の「正面図」と見なせるものができたことになる．では「見取り図」を作図しよう．

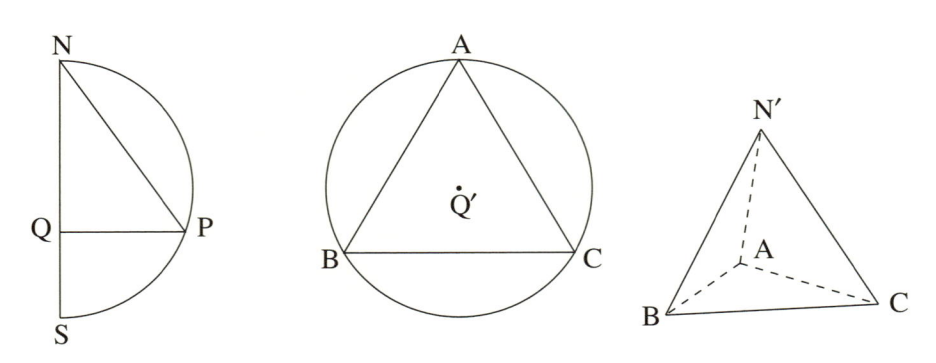

図 2.11：正四面体の作図．

QP と同じ長さの半径を持ち Q' を中心とする円と，それに内接する正三角形を描く．三角形の角（かど）を A, B, C とする．三角形 ABC を含む平面に直交し，Q' を通る直線を立て，Q' の両側に点 N' と S' を $N'Q' = NQ$ かつ $S'Q' = SQ$ となるようにとる．ここで，4 点 A, B, C, N' が正四面体の 4 頂点になり，これらをつなぐことにより 4 つの三角形の面 ABC, ABN', BCN', CAN' ができる．

まだこれらの三角形が等しいことを示す必要がある．問題の核心は AN' の長さと AB の長さが等しいことを示す点であるが，この問題はこれ以上考えないことにしよう．

外接球を作図するため，三角形 $N'Q'A$ と三角形 NQP が等しいので A は $N'S'$ を直径とする半円上にあることに注意しよう．点 B と C も同様に $N'S'$ を直径とする半円上にあることがわかる．よってこの半円を $N'S'$ の周りに回転させることによりすべての頂点を含む球ができる．■

作図 正八面体の作図．
NS を直径とする半円を描き，Q を NS の中点とする．Q で NS と直交する直線と半円が交わる点を P とし，直線 NP を引く．これで「正面図」はできあがりである．

A, B, C, D を角（かど）とし辺の長さが NP と等しい正方形を描き，Q' をその中心とする（対角線の交点となる）．Q' を通り正方形の乗っている平面に直交する直線を立て，点 N' と S' を Q' の両側に $N'Q' = NQ$ かつ $S'Q' = SQ$ となるようにとる．N' と S' をそれぞれ 4 点 A, B, C, D と結ぶ．6 点 A, B, C, D, N', S' が正八面体の頂点になり，その 8 つの面は $ABN', BCN', CDN', DAN', ABS', BCS', CDS'$, お

プラトン立体の作図　**67**

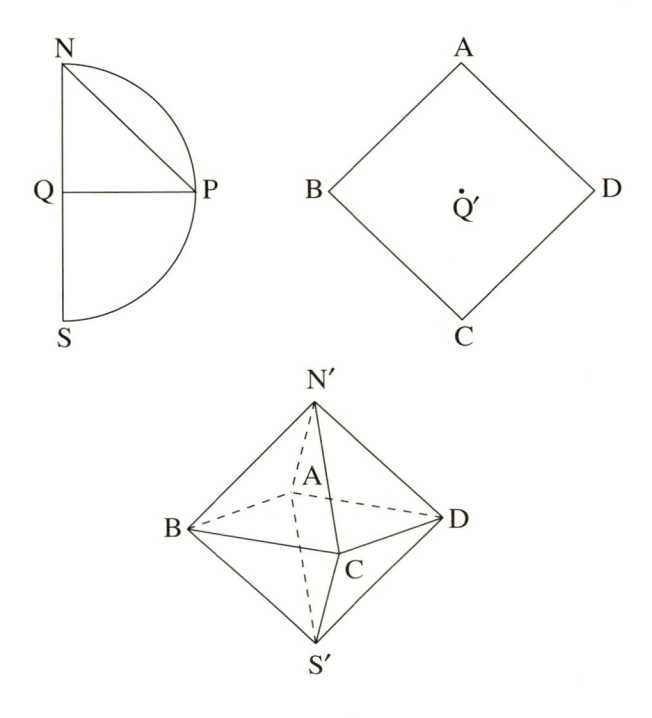

図 2.12：正八面体の作図.

よび DAS' である．後はこの三角形がすべて正三角形であることを示せばいい．

正四面体のときと同様に半円を直径 $N'S'$ の周りで回すことにより頂点を全部含む球が得られる．■

作図　立方体の作図.
NS を直径とする半円を描く．NS を $NQ:QS=2:1$ に分ける点を Q とする．Q で NS に直交する直線を引き半円と交わる点を P とし，直線 NP を描く．

A, B, C, D を角（かど）とし辺の長さが SP と等しい正方形を描く．A を通りこの正方形の乗っている平面に直交する直線を立て，その直線上に $AE = SP$ となる点 E を取る．これを B, C, D について繰り返し，それぞれ点 F, G, H を正方形に対して E と同じ側にとる．E, F, G, H を結んで正方形を描けば立方体のできあがりである．

この立方体は NS を直径とする球に内接させることができる．この外接球を得るためにユークリッドは，直角三角形の直角の角（かど）は斜辺を直径とする半円上にあるという事実を使った（図 2.14 参照）．よって，例えば $\angle GCA$ は直角だから C は AG を直径とする半円の上にある．同様に 5 つの角（かど）B, D, E, F, H はそのような半円状にある．AG の周りに半円を回転させてできる球は立方体のすべての頂点を通る．■

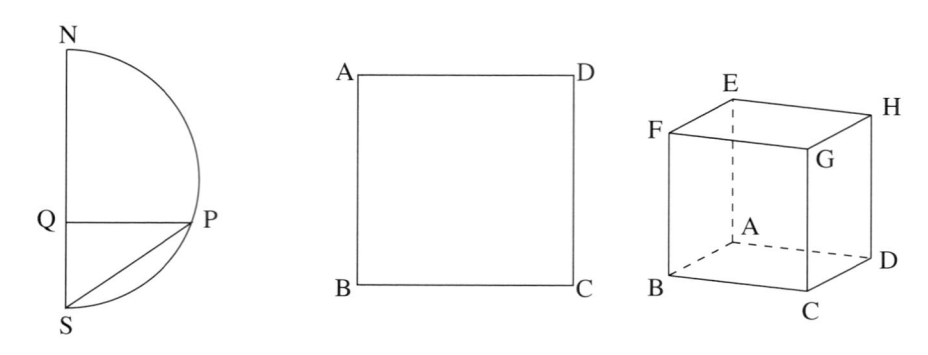

図 2.13：立方体の作図.

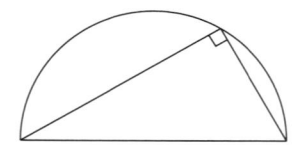

図 2.14：直角三角形の直角の角（かど）は，斜辺を直径とする半円の上にある．

　線分 AB を点 C によって，2 つの線分 AC と CB に分ける．そのとき，もとの線分の長さと分けたうち長い方の線分の比が，長い方の長さと短い方の長さの比に等しくなるように，つまり $AB:AC = AC:CB$ となるようにできる．ギリシャ人はこの分割を外中比と呼んだ．ルネサンスにおいては神聖なる比率と呼ばれ，また黄金分割や黄金比としても知られている．この比はおよそ 5:3 である．一方，正五角形の対角線と辺の比が黄金比であることが知られており，第 1 章でこれは整数の比ではきちんと表せないことを示した．比の正確な値は $(\sqrt{5}+1)/2:1$ である．

作図　正十二面体の作図．
ユークリッドによる正十二面体の作図方法は，立方体から始めて「屋根」の形をしたものを各面に乗せるというものである（図 2.15 参照）．問題はこの屋根の高さと大棟（背の部分）の長さを正しく知ることである．

　屋根を作図するために A, B, C, D を角（かど）とする正方形を描く．AB と CD の中点をそれぞれ E, F とし，この 2 点を線分で結ぶ．G を EF の中点とする．EG を黄金分割する点を H とする．ただし，EH の方が短いものとする．FG を同様に分割して J を取る．H と J を通り正方形の乗っている平面に直交する直線を 2 本立て，点 K と点 L を HK と JL の長さが HG と等しくなるようにとる．点 K と点 L が屋根の大棟を決める．

　立方体の面である正方形すべてにこの作図法を（屋根の向きが合うように注意しながら）適用することにより，正十二面体を作ることができる．これを証明するためには，

プラトン立体の作図 **69**

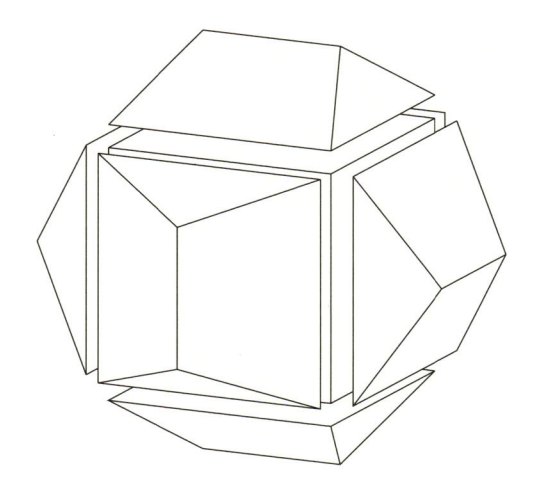

図 2.15：正十二面体は正方形の各面に「屋根」をつけ加えることで作図する．

1つの屋根の三角形片と隣り合った屋根の四角形片が同じ平面上にあり，合わさって五角形になっていることを示す必要がある．また，この五角形が正五角形であることも示さなければならない． ■

ユークリッドによる正二十面体の作図は最初の3つの立体と同じように行われる．次に示す作図法は正十二面体の作図の方法に近く，12個の頂点は立方体の表面上にある．

作図 正二十面体の作図．
正二十面体の12個の頂点は立方体の表面に位置し，各面には2個ずつある．A, B, C, D を角（かど）とする正方形上でその2点の位置を決めるために，AB と CD の中点をそれぞれ E と F とおき，それらを線分で結ぶ．EF の中点を G とする．EG を黄金分割する点を H とする．ただし，EH が短い方である．FG を同様に分割し J を取る．H と J が求める点である（図 2.16 の左図参照）．

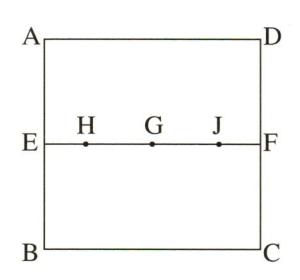

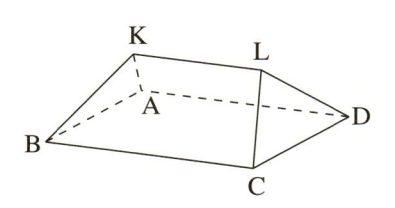

図 2.16：「屋根」の作図．

この 12 個の点は，正二十面体の頂点であるだけでなく，互いに直交する黄金長方形（辺の比が黄金比になっている長方形）も定める（図 2.17 参照）． ■

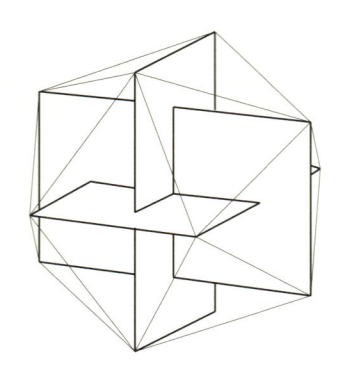

図 2.17：互いに直交する 3 つの黄金長方形は正二十面体に内接できる．

正多面体の発見

　正多面体に出会ったものはほとんどすべて何か魅力的なところを見つけたであろう．ギリシャ人が正多面体に関してこんなにも詳しい持続的な研究を行ったということは，おそらく思いもよらない有限性と関係があるだろう．つまり，正多角形がいくらでもあるのに対し正多面体は 5 個しかないのである．これらの立体に魅せられてケプラーとプラトンは自分たちの宇宙論に正多面体を使うことにした．その美的性質はルネサンス期の芸術家や工芸家を惹きつけた．正多面体は，群論に現れる代数から幾何学的特異点の研究にいたるまで，現代数学における多くの分野の考えとも関係している．このように正多面体は広く使われているので，その起源を確定するのに少し時間を費やしてもいいのではないかと思う．

　正多面体に関する現存する最古の記述はプラトンの『ティマイオス』に残されているが，発見したのはプラトンではあるまい．立方体や四角錐のような立体は基本的な形なのでとても古くから知られていた．もっと驚くべきことに，おそらく正十二面体も古くから知られている形である．イタリアで発見された，十二面体の形をしたエトルリアの魔よけや装身具はおよそ紀元前 500 年にまでさかのぼる．こういった装身具はおそらく黄鉄鉱の結晶を見て思いついたものであろう．「愚者の黄金」としてよく知られている黄鉄鉱（FeS_2）は，最も一般的な硫化物であり，今日では硫酸を作るための硫黄の原料として主に使われている．黄鉄鉱は銅鉱のそばでしばしば発見されるため，昔の鉱夫に馴染みの深いものだったであろう．その結晶はたいてい立方体であるが，12 個の五角形の面を持った形も一般的である．この五角形は完全な正五角形ではないがプ

ラトン立体の形を容易に想像できる．一群の黄鉄鉱の結晶がカラー図 2 に示されている．それぞれの結晶は互いの方向に伸びているがそれでも十二面体の形を確認できる．

ピタゴラス学派の学校があったイタリア南部は，特に黄鉄鉱の埋蔵が豊富なところである．人目を引く結晶はきっとピタゴラス学派の人々の関心を集めたに違いない．実際シリアの哲学者イアンブリコス（約 250 年〜約 330 年）は，ヒッパソスが「12 個の五角形を持つ球」について記述したと記録している．

ギリシャの数学の歴史を追っていて困るのは，多くの結果がピタゴラスに帰することである．ピタゴラス学派の仲間は自分たちの結果すべてを創始者のものだとし，あとで起源のわからない資料に直面した歴史家がこの慣習に従った．例えば『エウデモス要約』[1] として知られているものの中に次の一節がある．

> 整数の比では表せない量という題材と宇宙図形の構造の発見は彼（ピタゴラス）による．[h]

運のいいことに正多面体の歴史に関しては別の情報源がある．『原論』第 13 巻の注釈に次のように書かれている．

> この第 13 巻では 5 個のいわゆるプラトン立体を扱っているが，これはプラトンによるものではない．前述の 5 個の図形のうち 3 つ，つまり立方体，正四面体，正十二面体はピタゴラス学派によるものであり，正八面体と正二十面体はテアイテトスによる．プラトンがティマイオスにおいてこれらに言及したためにプラトンの名前がついたのである．この巻にユークリッドの名前も載っているのは，彼がこの巻を『原論』に収録したからである．

この 2 つの引用は入手できるうちで一番よい説明である．前者は言い伝えに基づいた類の歴史を記している．後者はそういった伝統にそむいている分信用が置ける．その詳細は，歴史的に込み入った知られていない部分を埋めるために作り上げたといった種類の憶測による事実ではない．また，ピタゴラス学派が正四面体，立方体，正十二面体を知っていたことを記しており，これは今まで見てきたようにありえる話である．他の 2 つの多面体の発見は，プラトンの友人であるテアイテトス（前 415 頃〜前 369）による．この一節が提示する一番の難問は正八面体の時期である．なぜこんなに遅いのであろうか？

正二十面体は自然界では発見できないので，この発見が遅れたのは意外ではない．しかし正八面体は，立方体やほとんど正多面体である十二面体のように結晶として現れる．ピタゴラス学派はきっと知っていただろう．

ウィリアム・ウォーターハウスが指摘したように，この問題は正多面体の歴史のある大事な点を見落としていることに気づけばすぐに解決される．ある時点で，正多面

---

[1] エウデモス要約は『原論』第 1 巻へのプロクロスによる注釈の序文の中で引用されている．そこにはギリシャ数学の発展の短い説明があるが，これはロドスのエウデモスによって書かれ今は失われた『幾何学の歴史』をもとにしていると考えられている．

体という概念自体が発見されたのである．正多面体を定義する性質が抽出されるまでは，正四面体，立方体，「12 個の五角形を持つ球」だけが便利な，あるいは，興味深い形だったのだ．つまり，その共通する特徴が抽象されるまでは，これらは無関係な別個の立体であった．（正多面体の定義になじみのない読者は，正多面体を特徴づける性質を見つけたいと思うだろう．それは思うほど簡単ではない．）

　正多面体の概念が抽象されるべきものであることがわかれば，正八面体が遅くなったことは不自然ではないようだ．正八面体の形はなじみ深いが，他の立体との関係が認識されて始めて研究する価値が出てきたのである．正多面体の概念が作られたあとでやっと重要になったのだ．ウォーターハウスは次のように説明している．

> （T.L. ヒースが）きわめて正確にいったように，正八面体は『正方形の底を持つ角錐をくっつけたものにすぎない』．そしてこれが誰も正八面体を気にかけなかった理由を大変うまく説明している．ある意味で正十二面体を構成できた人が同じ意味で正八面体を構成できたことを認めるのはたやすいが，なぜ正八面体を構成しなければならなかったのか？ 角錐に精通しているものなら，それらの特定の組み合わせに特別な価値は認めないだろう．正八面体を組み立てることはできた，美しい外観だと思った，しかし**数学的には何も述べようとしなかった**．正多面体という概念を持ったものだけが正八面体を選び出そうとした．
>
> （水晶の結晶と比較してみよう．水晶（SiO_2）は地上で最もよく見かける鉱物であり，その結晶は大きく，紛れもない六角錐と六角柱である．水晶を表すギリシャ語がまさに『結晶（crystal）』という言葉の語源である．ギリシャのあらゆる幾何学において，まだ六角錐や六角柱を特に研究することはなかった．形は十分に知られていたが，単に言及するほどのことはなかったのである．）
>
> だから，正八面体の発見はいわば 5 番目の完全数の発見のようなものであった．発見に必要だったのは対象そのものよりもその重要さである．バビロニアの会計士の中には 3355 0336 を記録した人がいるかもしれないが，だからといって 5 番目の完全数を発見したわけではない．それはこの数が他の数と違った性質を持っているとは気づかなかったからである．同様に正八面体はその役割を誰かが発見するまで特別な数学的研究対象とはならなかった．[i]

正八面体を正多面体として認識するのが遅れたということは，正多面体という概念自体の発見と密接に関係しているはずである．

　上の引用での証拠に加えて，この考え方を指示するさらなる証拠が 5 つの形の名前の語源にも見られる．これらの立体の今の英語名は 4, 6, 8, 12, 20 という数字と「座部」を表すギリシャ語からきている．だから正八面体を表す英語は 8 つの面という意味である．

　この術語の使い方は単なる説明的な名前づけではない．ギリシャ人はこの名前をプラトン立体と関係したものにしか使わなかった．（例えば，8 つの面があるにもかかわらず六角柱を決して八面体とは呼ばなかった．）これらの名前が図形を区別するのに十分であるという事実から，多面体にこのような名前をつけた人が誰であっても，その

人はいくつかの重要な事実を知っていたことがわかる．つまり，この5つの図形が共通の性質を持ち，その意味である族をなしているということを認識していたのである．しかも，こういった性質を持つ多面体が列挙されすべて見つけられてから，系統だった名前がつけられた．そのときになって初めて，どの2つも同じ数の面を持たないことが明らかになった．これは数学の歴史において最も初期の分類の1つとして歴史に残っている．

　専門的な名前以外にも，古くから知られた3つの立体には，ピラミッド形，さいころ形，「12個の五角形を持つ球」という通称がある．しかし他の2つ（正八面体と正二十面体）はこれまで科学的な名前しか持たなかった．これは，正八面体と正二十面体が，正多面体に属するものとしてしか知られていないことを示唆している．そしてそれらが認識または発見されたのは，正多面体の概念が抽象化されたのとほぼ時を同じくしている．そしてこの点において上に挙げた『原論』の注釈者の説明はそんなに誤っているようには思えない．

　注釈者が，この発見がテアイテトスによるものであるとしたのには状況証拠もある．『原論』第13巻は黄金比と円に内接する正多角形に関する命題というすでに前の巻で扱われているもので始まっている．これがユークリッドによる説明であったとしたらかなり短くしていたであろう．これは第13巻がより古い時代の文書に依っていて，未校正，未編集の状態で『原論』に組み込まれたことを示唆している．

　学者は第13巻と10巻の，数学上に加えて文体上の強いつながりを発見した．その関連は両巻が同じ著者の仕事をもとにしていることを示唆するのに十分である．そしてテアイテトスが第10巻の基礎を作ったというのは広く受け入れられていることである．

　最後に正多面体の歴史に関する情報を少し挙げておこう．11世紀まで存続した伝承はビザンチンの作家スイダスによって記録されている．彼は現在『スダ百科事典』として知られている百科事典を編集した．それは歴史，文学，哲学，科学といった多くの題材を扱っている．そこには次のような注釈が載っている．

> 天文学者であり哲学者であるソクラテスの弟子のアテネのテアイテトスはヘラクレアで教えていた．彼はいわゆる「5個の立体」について初めて著述した．[j]

　全体的に見て正多面体の歴史に関する伝承は一致している．初期の頃はこれらの立体はそれぞれ別々に研究されていたが，まだ族としてのつながりは認識されていなかった．概念が知られていなかったので，**正多面体として研究されたのではない**．正多面体の研究はその抽象化から始まった．そしてこれを成し遂げたのがテアイテトスであるとするのはほぼ間違いない．

正則性とは何か？

　テアイテトスが定義したとき正多面体から抽象した正則性は何であろうか？残念ながら我々にはわからない．『原論』の第 11 巻で 5 個それぞれの立体の定義が与えられてはいるが，それらが共通に持つどの性質が族としてのつながりを決定するかについてはユークリッドは述べていない．『原論』の最後の命題から多少わかることがある．この命題はユークリッドあるいは注釈者によってつけ加えられたものであり，この巻の他の部分と違って元の論文の一部ではない．

命題　前述の 5 個の図形以外に，互いに等しい，等辺で等角の図形に囲まれる図形はない．

証明：起こりうるいろいろな立体角を調べることで証明を進める．最初に，どの立体角でも少なくとも 3 つの多角形が合わさっていること，それに，1 つの立体角の周りのすべての平面角の和は 360 度より小さいことを注意しておこう．

　もしその多面体が正三角形から作られているとすれば，立体角は 3 つ，4 つ，あるいは 5 つの多角形に囲まれている．これらは正四面体，正八面体，正二十面体の立体角である．正三角形が 6 つだと平面上の点の周りに集められるので立体角とはならない．7 個以上だと角の和が 360 度を越えるので，1 点の周りに集められない．

　1 点の周りに正方形を集めると立方体の立体角になる．4 つの正方形を 1 点の周りに集めると平面にぴったり収まってしまい，それ以上だと 1 点の周りに集められない．

　3 つの正五角形は正十二面体の立体角をなす．4 個以上の五角形だと角の和が大きすぎて立体角にはならない．

　その他の正多角形では角の和の制限によって立体角にはならない．■

　この命題の主張から正則性には次の 2 つの性質が携わっていることは明らかである．

(i) 面は等しくなければならない，そして
(ii) 面は正多角形でなければならない．

しかしながら，これらの条件では不十分であり，この命題の主張はこのままでは間違っている．プラトン立体以外にも等しい正多面体に囲まれた多面体がある．実際それらは全部三角形で囲まれている．図 2.18 に示された図形に，正四面体，正八面体，それに正二十面体をつけ加えたものは 8 つの (凸) **三角面体**をなす．「三角面体」という名前はマーティン・カンディーによって使われたものであり，正三角形で囲まれた多面体を表す[2]．正多面体でない 5 個の三角面体のうち 2 個は両角錐である．もう 1 つは三

---

[2] 訳注：「三角面体」は 'deltahedron' の訳語であり，原著ではここに 'delta' という大文字のギリシャ文字 (Δ) が三角形に見えるという注意が添えられている．

正三角両角錐　　　　　　　正五角両角錐

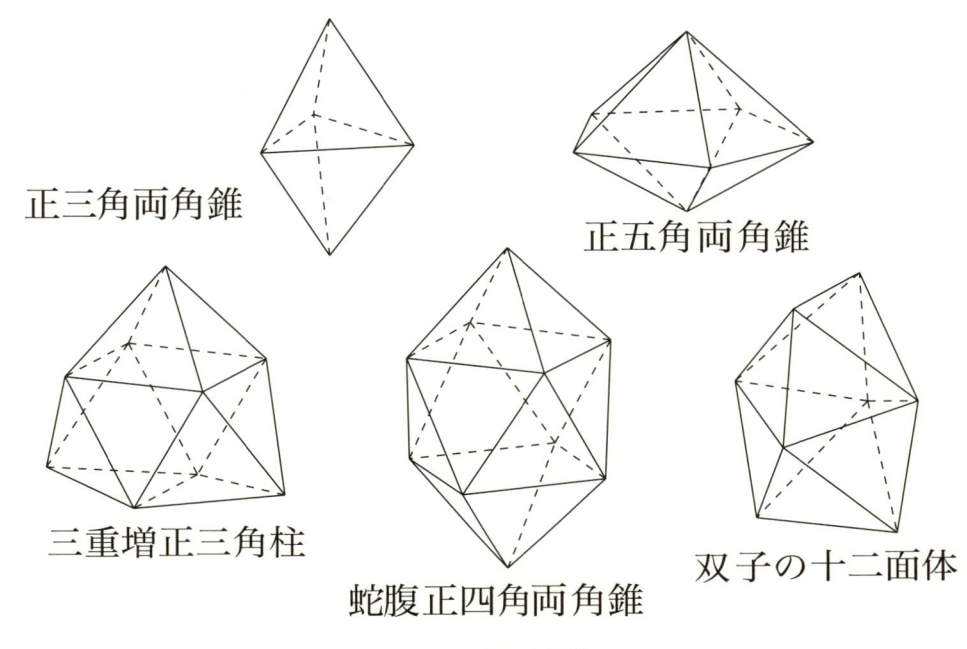

三重増正三角柱　　蛇腹正四角両角錐　　双子の十二面体

図 2.18：凸三角面体．

角柱の正方形の面に正方形を底とする角錐を貼りつけた形をしている．4番目は正方形を底とする反角柱の2つの正方形の面から角錐を立てた形をしている．これら2つの三角面体の名前はノーマン・ジョンソンによる．彼は正多角形の面を持った多面体に系統だった名前をつける方法を開発した．これについては後でもう少し考えてみよう．残りの立体は簡単には説明できない．これは12個の面を持ち**双子の十二面体**と呼ばれることもある．この名前はH. S. M. コクセターによって考案された．ジョンソンは**歪両楔体**と呼んだ．

　これらの例からユークリッドによる正多面体の特徴づけは不完全であったことがわかる．プラトン立体は確かに等しい正多角形の面を持つが，これらだけがそういう性質を持つ多面体というわけではない．プラトン立体には見られるが三角面体は持っていないような，正多面体の持つの美的な量を正確に捉える条件がまだ必要である．

　ユークリッドの著作のある部分に見受けられる不明確さは好都合であった．正多面体の定義が不完全であったので，自由にそれぞれの定義を提案することができた．これによって正多面体にさまざまな説明を与えることができ，それらを研究するための既存のものにとらわれない方法を与えることになった．異なった仮説をさまざまな方法で弱めることができ，「準正則な」多面体に関する考えを豊かにした．（ちなみにユークリッドは「多面体」も定義していないため，この術語の解釈も多岐にわたるようになった．これについては第5章でまた取り上げることにする．）

さて，正多面体の元来の定義を再び探ることにしよう．ユークリッドはすべての正多面体が外接球の中に収まることを慎重に示したことを注意しておこう．プラトンもまた，正四面体は外接球の表面を面積の等しい相似な部分に分割する最も簡単な図形であることを注意している．プラトンの記述した他の図形は同じ性質を持つもっと複雑な立体であった．この特徴は正多面体を定義するのに必要な3つ目の鍵であったように思える．等しい面を持ち球に内接する多面体は5つの正多面体にほかならない．

もっと現代的な多面体の定義は，面と頂点型が正多角形であるというものである．（この場合，面の合同性は特に述べる必要はない．それは他の条件から従う．）大雑把に言うと**頂点型**というのは，頂点の周りを各稜から同じ長さを除くように切ったときに現れる多角形のことである[3]．

「正多面体」の多くの定義は，等しい正多角形を面に持つことを課している[4]．正多面体を特徴づけるもう1つの条件についての提案のいくつかは次の定理に集められている．5つの条件のどれを採用しても正多面体の定義は完全なものになる．つまり，この定理はこれらの条件がすべて同じ正多面体の集まりを定めることを示している．

定理 P を合同な正多角形の面を持つ凸多面体とする．そのとき，P に関する次の条件は同値である．

(1) P のすべての頂点は1つの球面上にある．
(2) P のすべての二面角は等しい．
(3) すべての頂点型は正多角形である．
(4) すべての立体角は合同である．
(5) すべての頂点は同じ数の面で囲まれている．

証明：(1)⇒(2)⇒(3)⇒(4)⇒(5)⇒(1) であることを証明する．
(1)⇒(2)：多面体の隣接する2つの面の頂点が同じ球面上にあれば，その2面のなす二面角はそれらの外接円の半径と共通する稜の長さによる．P の面はすべて合同であるから外接円はすべて同じ大きさである．しかもすべての面は正多角形だからすべての稜の長さは等しい．よって，すべての二面角は等しい．
(2)⇒(3)：1つの頂点の周りの平面角はその頂点型の辺の長さを決める．つまり，大きな角だと辺も長くなる．P の平面角は等しいので，すべての頂点型は等辺多角形である．しかも頂点型の角は P の二面角によって決定される．二面角がすべて等しいと

---

[3] もっと正確にいうと，頂点型というのは頂点を中心にした小さな球と，その頂点を囲む面の交わりからできる球面多角形のことである．

[4] この仮定や凸性をも明確には要求しない定義の例が，H. S. M. コクセターによって提案された．それは次のようなものである．すべての頂点を含むもの，すべての稜の中点を含むもの，すべての面の中心を通るものという3つの同心球が存在するとき，正多面体であると定義する．

すると，頂点型は等角多角形である．等辺であり等角でもある多角形は（定義により）正多角形である．

(3)⇒(4)：頂点型は多面体から立体角を切り取る．もし頂点型が正多角形であればその立体角は正多角錐の形をしている．頂点型の角は多面体の二面角を決定し，逆もまた正しい．すべての頂点型が正多角形であればすべての二面角は等しいはずである．つまり，すべての頂点型は同じ数の辺を持つことになり，立体角がすべて合同となる．

(4)⇒(5)：立体角がすべて合同なら同じ数の面で囲まれている．

(5)⇒(1)：残りの部分の証明は（この種の証明でよくあるように）もっと深い内容である．実際，条件(5)をみたす多面体をすべて列挙し，それらがすべて条件(1)をみたすことを示さなければならないように思える．『原論』の最後の命題（74 ページ参照）によると正多面体には少なくとも 5 つの異なった立体角があることがわかる．前述の命題で，それぞれの種類の立体角を持つ 5 個の多面体が外接球の中に構成された．

しかしこれで議論が終わるわけではない．なぜ 1 つの種類の立体角には多面体が 1 つだけ対応するかはすぐには明らかではない．正多面体の形は各頂点の局所的な様子で決まり，たった 1 つの可能性しか残らないのであろうか？

各頂点が 3 つの面で囲まれているときには，この問いの答えは簡単である．この場合は立体角が固定されていて 1 つの形しかとり得ない．この方法に従って多角形を組み合わせればできる結果はただ 1 つである．よって，正四面体，立方体，正十二面体だけが，各頂点の周りで 3 つの合同な正多角形を貼り合わせてできる多面体である．

しかし，各頂点の周りに 4 個以上の面があるときにはこのような制御はできない．この 2 つの状況の違いは多面体の模型を作る途中で明らかになる．頂点型が三角形の場合は構造が固定されているので，半分作られた正十二面体を曲げたり動かしたりはできない．一方，完成されていない正二十面体の模型は動かすことができる．つまり，実際に完成するまで，頂点の局所的な条件で安定するわけではないのだ．

模型で実験することにより，おそらく正二十面体と正八面体が唯一のものであることが納得できるであろうが，それを厳密に証明するのは簡単なことではない．証明を完了させるためには剛性定理を使う必要がある．この話題は第 6 章で再び論じる．■

規則の修正

正多面体は各頂点で同じ数の合同な正多角形が合わさったものとしてしばしば定義される．ジョン・フリンダーズ・ピートリー（1907～1972）（第 1 章で言及した考古学者の息子）はこの条件の別の解釈を発見した．彼と H. S. M. コクセターは学校時代からの知り合いで，コクセターは友人の発見を聞いたときの様子を次のように物語っている．

第 2 章　規則と正則性

1926 年のある日，J. F. ピートリーが非常に興奮した様子で新しい正多面体を 2 つ発見したと言った．頂点が無限個あるが，おかしな頂点はないというのだ．私の不信の念が収まりはじめると彼は説明してくれた．1 つは各頂点に 6 つの正方形が集まっていて（図 2.19(a)），もう 1 つは 4 つの六角形が集まっている（図 2.19(b)）．頂点の周りには 4 つより多くの正方形を集める余地はないという異議は無用であった．こつは「水平な」面に隣接する面が「上」と「下」交互になるよう，ジグザグに上下させることである．これを理解したとき私は 3 つ目の可能性を指摘した．各頂点に 6 つの六角形を集めるのである（図 2.19(c)）．[k]

(a)

(b)

(c)

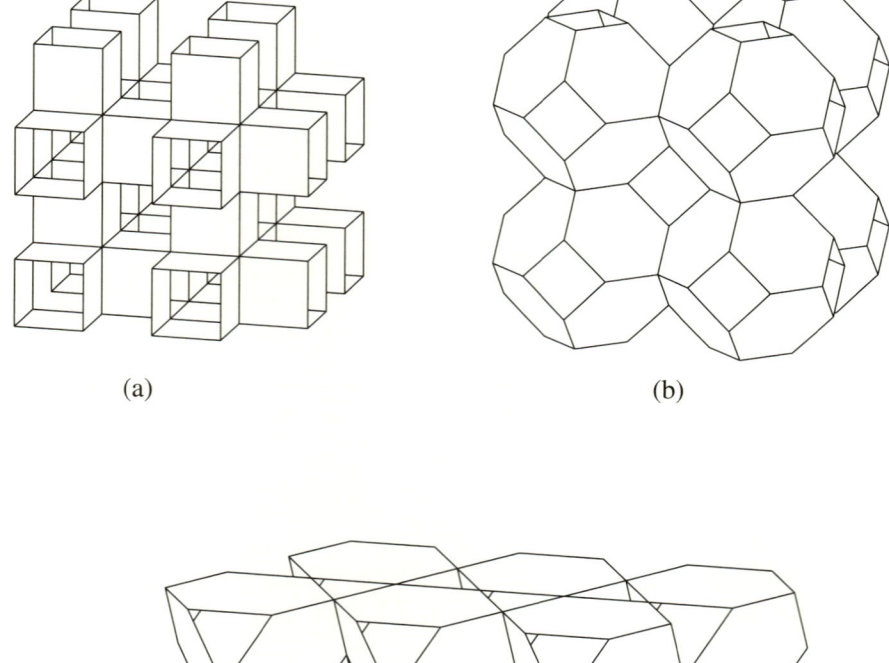

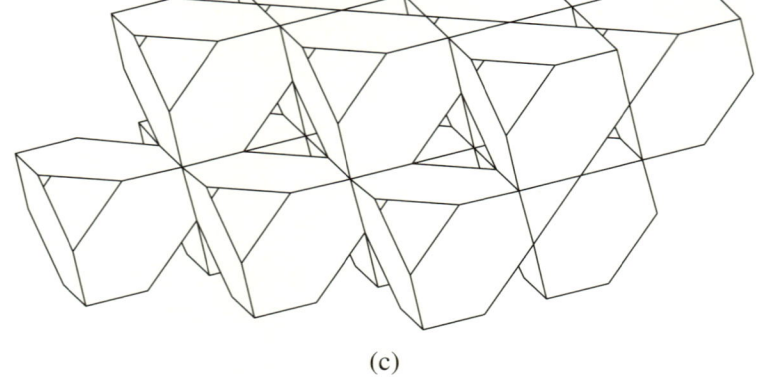

図 2.19：3 つの正蜂巣状多面体．

これらの構造は慣習的な意味では多面体ではない．何が内側にあって何が外側にあるかというような自然な意味を持つ構造をなすように閉じているわけではない．その代わりどの方向にも無限に伸ばすことができる．これらの「完全」多面体は無限に多くの面を持つ．しかもそれぞれは空間を 2 つの互いに同じ形の果てのない迷宮に分ける．これらの「多面体」は**正蜂巣状多面体**または**海綿状多面体**として知られるようになった．

アルキメデス立体

パップスは著書の『数学全集』の第 5 巻の中で 13 個の多面体の発見はアルキメデスによるものとしている．

> すべての種類の面を持つ多くの立体を思いつくことはできるが，正則的に構成されたように見えるものは最も注目に値する．これには，神のようなプラトンの中に見られる 5 つの図形だけでなく … アルキメデスによって発見された，等辺で等角だが相似ではない多角形に囲まれた 13 個の立体も含まれる．[l]

パップスは続けて 13 個の図形の説明をしている．彼は面の総数の順にその図形を並べて，各多面体を形作る面の種類を列挙している．この情報は表 2.20 にまとめられている．アルキメデス自身による説明は今や失われているが，図 2.21，カラー図 3，カラー図 4 に示された 13 個の多面体は**アルキメデス立体**として知られている．（準正多面体と呼ばれることもある．）

面	三角形	四角形	五角形	六角形	八角形	十角形
8	4			4		
14	8	6				
14		6		8		
14	8				6	
26	8	18				
26		12		8	6	
32	20		12			
32			12	20		
32	20					12
38	32	6				
62	20	30		12		
62		30			20	12
92	80		12			

表 2.20：アルキメデス立体の組成．

80　第 2 章　規則と正則性

切頭四面体　　　立方八面体　　　切頭八面体

切頭立方体　　　斜立方八面体　　　大斜立方八面体

二十・十二面体　　　切頭二十面体　　　切頭十二面体

歪立方体　　　斜二十・十二面体

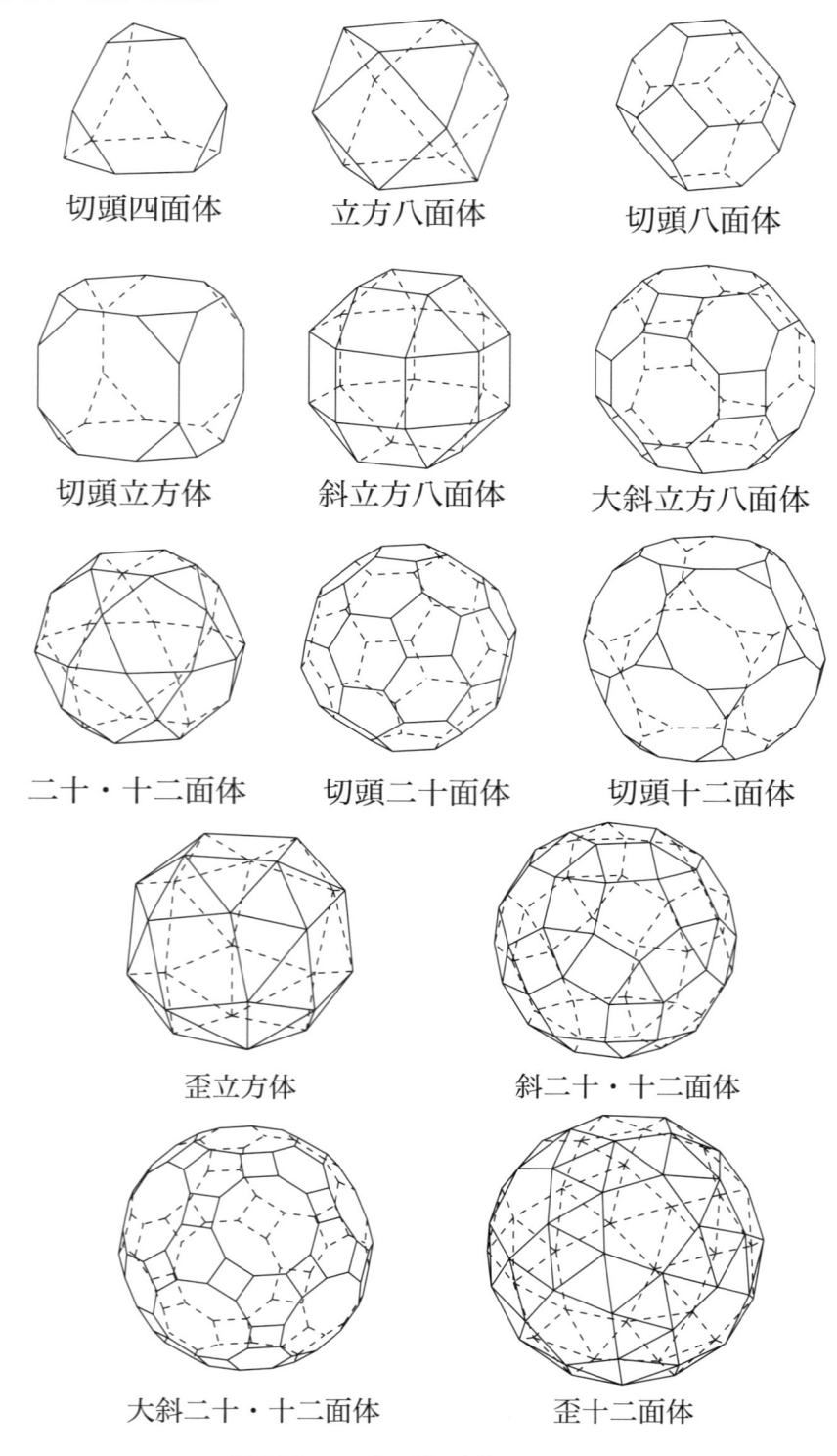

大斜二十・十二面体　　　歪十二面体

図 2.21：アルキメデス立体.

これらの多面体の中には何度も発見されたものがある．ヘロンによるとプラトンはパップスの表の3番目の立体（立方八面体）を知っていた．ルネサンス期，特に遠近法が美術に導入されてから画家や工芸家はプラトン立体の絵を描いた．構図に変化を持たせるため彼らはプラトン立体の頂点や稜を切り取り，結果としてアルキメデス立体のいくつかを自然に作ることになった．すべての頂点を対称的に取り除くことを**切頭**と言う．

　ケプラーは13個の立体を再発見し今日知られている名前をつけた．プラトン立体を切頭して得られる5つのアルキメデス立体は明白な名前をつけられている．例えば「切頭四面体」などである．ケプラーにとっては稜の一部は常に切頭された立体の中に残っている．もっと深く切り取ってよいのであれば，14個の面を持つアルキメデス立体3個は，すべて立方体か正八面体をさまざまな深さで切り取ることによって得られる（図2.22参照）．切頭立方体と切頭八面体はそれぞれの名前のついたプラトン立体から明らかに得られる．ウィリアム・トムソン（ケルビン卿）がその空間充填性を研究したことにより，後者の多面体はケルビンの立体としても知られている．ケプラーは立方体と正八面体の中間の立体に立方八面体という名前をつけた．

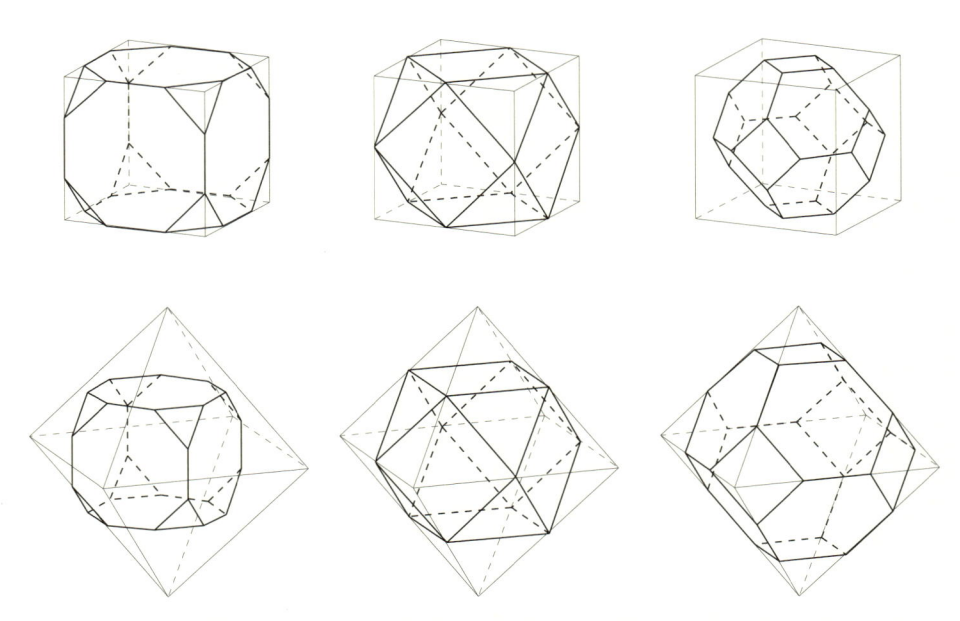

図 2.22：切頭立方体，立方八面体，それに切頭八面体はすべて立方体か正八面体を切り取ることで得られる．

　32個の面を持つ立体3個，切頭十二面体，切頭二十面体，それに二十・十二面体も同じような状況である．（あとの2つ，特に切頭二十面体はサッカーボールの模様でおなじみであろう．）

第 2 章　規則と正則性

　ケプラーが切頭立方八面体，切頭二十・十二面体と呼んだ立体は本当の切頭多面体ではない．図 2.23(a) に立方八面体を切頭したものが示されている．正多面体ではない面が含まれている．アルキメデス立体はこの立体の長方形を正方形に変形することによって得られる．ケプラー自身はこのことを認識していた．

> (⋯ 多面体を) 私が切頭立方八面体と呼ぶのは切頭することで作られるからではなくて，切頭された立方八面体に似ているからである．[m]

この食い違いにより別の名前が提案された．一番一般的なものは「大斜立方八面体」である．

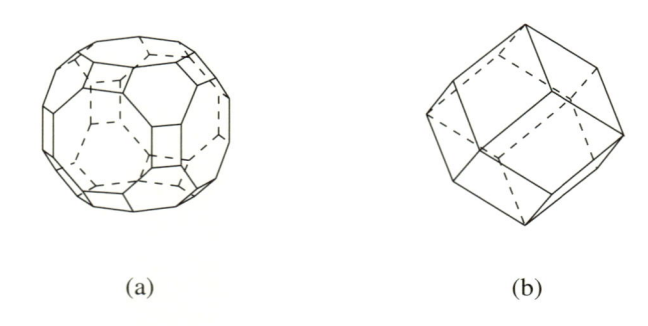

(a)   (b)

図 2.23

　ケプラーが斜立方八面体[5]（時には「小」をつけて呼ばれる）と呼んだ立体は，立方体，正八面体，それに菱面多面体（図 2.23(b) 参照）の 3 つと面を共有する．この様子は図 2.24 に示されている．このアルキメデス立体に彼がつけた別の名前は「sectus rhombus cuboctaëdricus」というものであった．これはこの立体が菱形多面体の頂点を切り取ってできることを示唆している．この名前は「切頭菱形多面体」と訳すことができるが，ケプラーはここでの切頭を他とは区別していた．それは他では「sectus」の代わりに「truncus」という形容詞を使っているからである[6]．

問題　斜二十・十二面体は，後で出てくる菱形の面を持つ他の立体と面を共有する．それがどのような形であるか考えよ．

　残りの 2 つのアルキメデス立体はいくつかの点で他とは異なる．まず，これらはプラトン立体から簡単な切頭操作では得られない．よって比較的わずかな人にしか発見

---

[5] これらの語のハイフンのつけ方は一般的な習慣ではないが名前がこんなに長くなるとこの方が見た目にわかりやすいと私は思う．（訳注：英語名では例えば 'rhomb-cub-octahedron' のようにハイフン付で綴られている．）

[6] 訳注：'sectus', 'truncus' ともに「切り取られた」を表すラテン語．

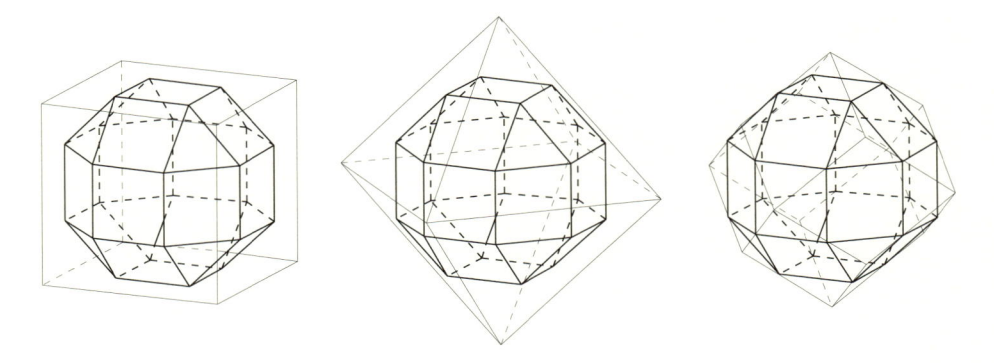

図 2.24：斜立方八面体は他の 3 つの多面体と面の乗っている平面を共有する.

されなかった．また鏡像対称性も持っていない．このためこれらはねじれたように見え，また左手と右手のように互いに他の鏡像となるような 2 つの形を持っていることも示している．このような関係にある多面体は**対掌体**であると言う．

ケプラーが歪立方体と呼んだ立体は，実際は立方体や八面体と面を共有する．このため「歪立方八面体」の方がより適切であると指摘する人がいるが，この名前は定着していない．同様に歪十二面体は正十二面体と同じくらい正二十面体と関係がある．

問題 なぜ「歪四面体」がないのか説明せよ．それを作ろうと思っても，よく知られた多面体になるはずだ．

ケプラーは正多面体から作られる多面体の族をあと 2 つ研究した．**角柱**は，輪状の n 個の正方形をはさむ 2 個の n 角形から作られる．反角柱も 2 個の n 角形を含むが今度は $2n$ 個の正三角形をはさんでいる．それぞれの例（五角柱と反四角柱）は図 2.25 に示されている．

問題 四角柱と反三角柱は別の名前でよく知られている．それは何か．

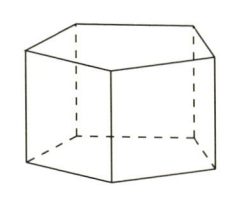

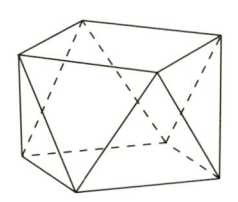

図 2.25：五角柱と四角柱.

正多角形の面を持つ多面体

　パップスによる「等辺で等角だが相似ではない多角形に囲まれた」立体という，アルキメデス立体の説明は十分な特徴づけを与えていない．正多角形に囲まれた立体という，ユークリッドにより与えられた正多面体の説明が不完全であったのと同じように，パップスの条件は多面体が正多角形の面を持つことしか要求しておらず，どのように配置するかについては何も言っていない．

　正多角形で囲まれた多面体は多くあり，すべての面が合同なものは 10 個ある．プラトン立体と三角面体である．13 個のアルキメデス立体に加えて，2 種類以上の正多角形を面に持つ凸多面体が 87 個ある．そういった多面体を多く作る 1 つの方法はプラトン立体とアルキメデス立体を小さく切ることである．例えば，正八面体は 2 つの正四角錐に分けられる．正二十面体からいろいろな方法で五角錐を削ぎ落とすことで 5 個の異なった破片体ができる（図 2.26 参照）．

　ノーマン・ジョンソンは正多角形を面に持つ多面体の一覧表を経験的方法で作った．ビクター・アブラモヴィッチ・ザルガラーはコンピュータの助けを借りた計算によってこの表が完全であることを示した．こういった多面体の多くは正多角形の面を持つ小さな多面体を互いにつなぎ合わせることで作られる．ジョンソンはこの性質をもとにして規則的な命名を行った．正多角形の面を持つ部分に分けることのできない多面体は基本要素となり，ジョンソンはこれらを**基本多面体**と呼んだ．正多角形の面を持つ多面体は，平面によってより小さな正多角形の面を持つ多面体に 2 個に分けられないとき，基本的である．他の正多角形の面を持つ多面体はすべて，これらの基本単位をさまざまに貼り合わせることにより構成される．

　正四面体，立方体，それに正十二面体は基本的であり，アルキメデス立体のうちの 9 個も基本的である．角柱と，正八面体を除く反角柱は基本多面体の別の例となっている．

　立方八面体と二十・十二面体はともに「半球」に分けられる．ジョンソンの命名法によると前者の半球は**屋根型多面体**の例であり，後者は**天井型多面体**の例である．一般の屋根型多面体は，平行な平面上にある n 角形と $2n$ 角形 1 つずつを，輪状に交互に並べた n 個の三角形と n 個の正方形でつないだものである．立方八面体の半球は三角屋根型多面体である．四角屋根型多面体と五角屋根型多面体は，それぞれ斜立方八面体と斜二十・十二面体から取り外した「帽子」である．これらの多面体から帽子を取り除くことにより他の基本多面体が得られる．向かい合った四角屋根型多面体を斜立方八面体から取り除くと八角柱が残る．斜二十・十二面体から五角屋根型多面体を 1 個，2 個，あるいは 3 個取り除くことによって「削る」ことができる．これらアルキメデス立体の破片体は図 2.27 に示されている．

　プラトン立体とアルキメデス立体の破片体以外にも基本多面体があと 8 個ある．そ

正多角形の面を持つ多面体 **85**

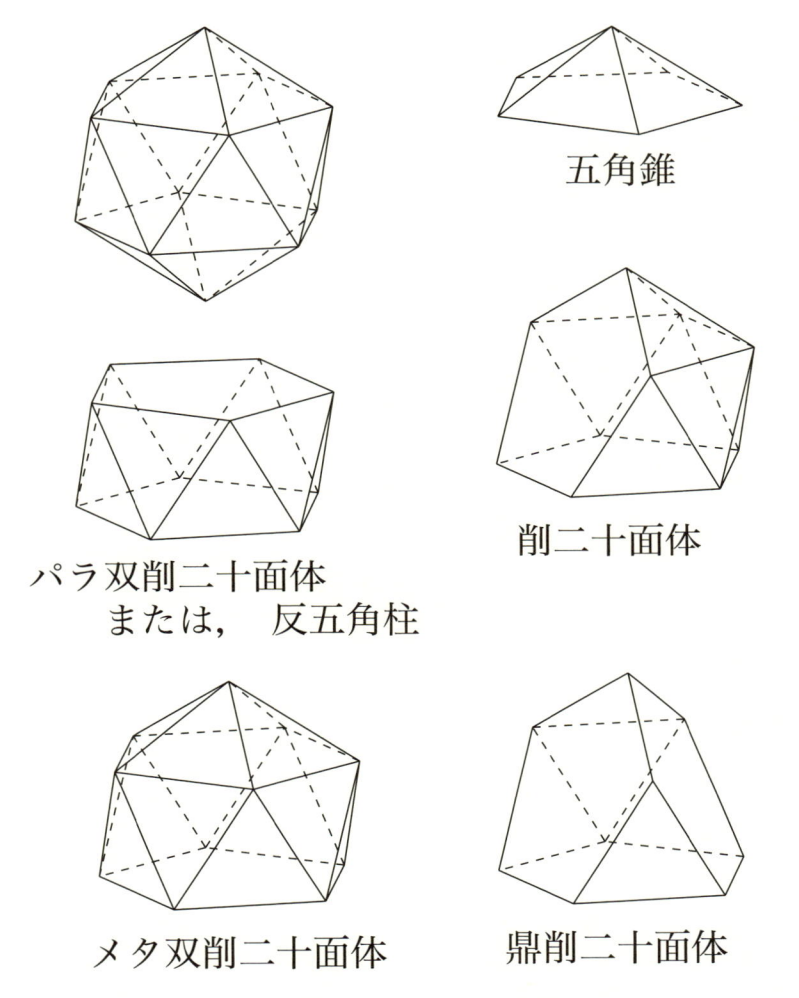

五角錐

パラ双削二十面体
または，反五角柱

削二十面体

メタ双削二十面体

鼎削二十面体

図 2.26：正多角形を面に持つ正二十面体の破片体．

の 1 つは双子の正十二面体 (12 個の面を持つ三角面体) である．他の 7 個はジョンソンによる名前とともに図 2.28 に示されている．

　正多角形を面に持つ多面体のさまざまな族の相互関係の概要は図 2.29 に図解されている．

　31 個の基本多面体が組み合わさって，正多角形を面に持つ多面体があと 71 個できる．同じ組み合わせでも貼りつけ方が 1 種類以上になるときがある．例えば斜二十・十二面体を構成する面は他に 4 通りの方法で貼り合わせることができる．これは「帽子」を 36° 回転させるとどうなるかで非常に簡単に説明できる．

86　第 2 章　規則と正則性

三角屋根型多面体

四角屋根型多面体

五角屋根型多面体

八角柱

（五角）天井型多面体

パラ双削斜二十・十二面体

メタ双削斜二十・十二面体

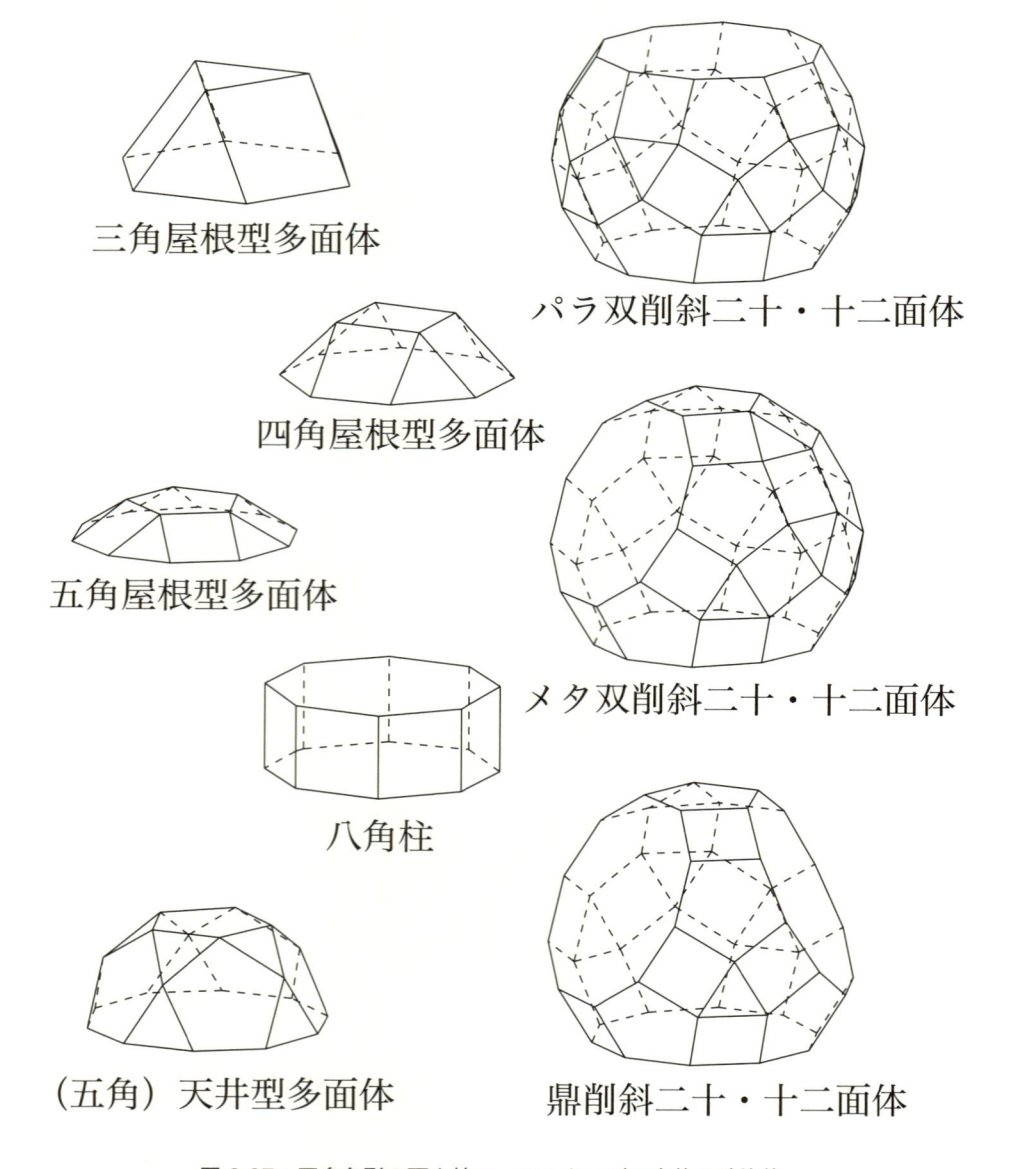

鼎削斜二十・十二面体

図 2.27：正多角形の面を持つ，アルキメデス立体の破片体．

正多角形の面を持つ多面体 **87**

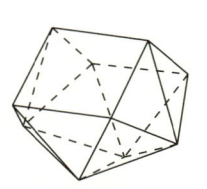

楔冠多面体

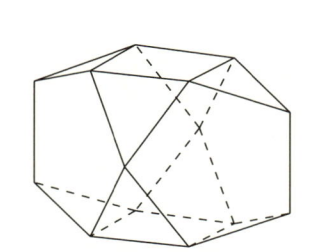

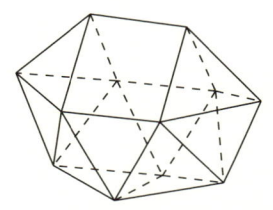

双月双屋根型多面体

楔大冠多面体

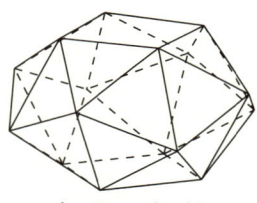

歪反四角柱

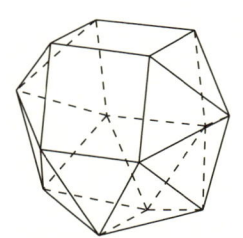

重楔大冠多面体

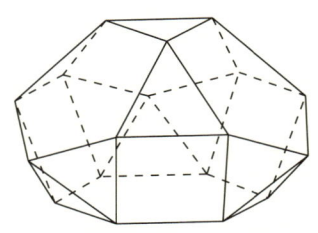

三角柔楔天井型多面体

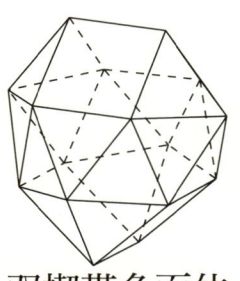

双楔帯多面体

図 2.28：正多角形を面に持つ他の基本多面体.

88　第 2 章　規則と正則性

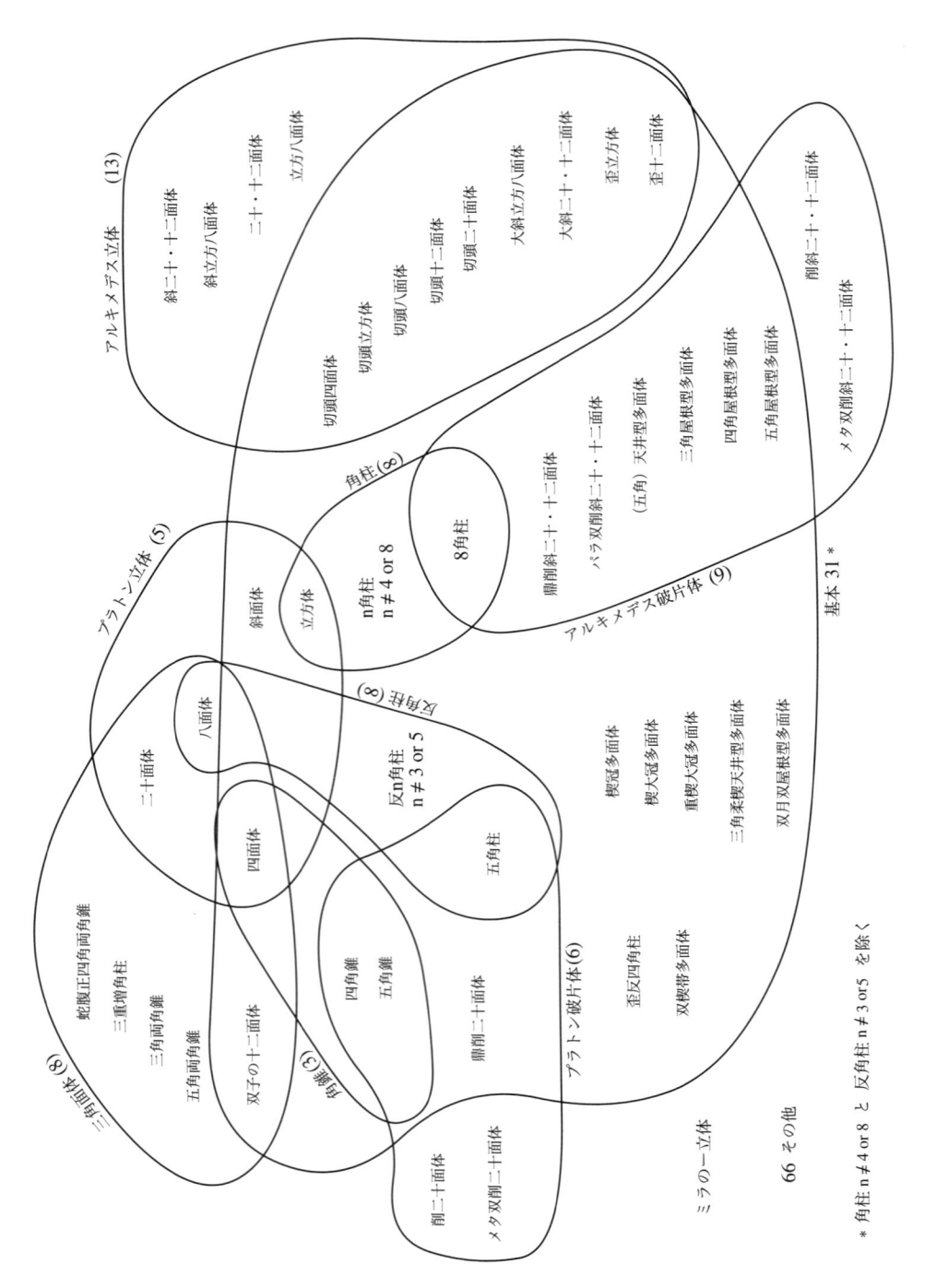

図 2.29：正多角形を面に持つ凸多面体の族.

(i) 1つの帽子をひねる，
(ii) 向かい合った2つの帽子をひねる，
(iii) 向かい合っていない2つの帽子をひねる，
(iv) 3つの帽子をひねる．

化学者は**異性**という言葉で同じような状況を表す．同じ原子の集まりから構成されていても分子の構造が異なることがある．このような関係にある分子のことを**異性体**（「同じ部分」を表すギリシャ語からきている）と言う．この用語を使うと斜二十・十二面体は5個の異性体を持っていると言える．鏡像異性は異性の特殊な場合である．

アルキメデス立体の異性体で大変よく知られたものがある．（小）斜立方八面体の模型を作ろうとしていてJ. C. P. ミラーは部品を間違って組み合わせたことに気づいて驚いた．彼の作った多面体は図 2.30 に示されている．この多面体は何度も何度も発見また再発見を繰り返してきた．ケプラーはこの図形をよく知っていた可能性がある．これはさまざまな名前で呼ばれてきた．擬斜立方八面体，ミラーの立体，そして蛇腹両四角屋根型多面体である．最後の名前はジョンソンによるもので，この立体が基本多面体からいかに構成されるかを示唆している．つまり，四角屋根型多面体を2個用意し（**両四角屋根型多面体**），互いにひねりそれらの間に角柱を入れる（蛇腹）．簡単のためにこれをミラーの立体と呼ぶことにする．

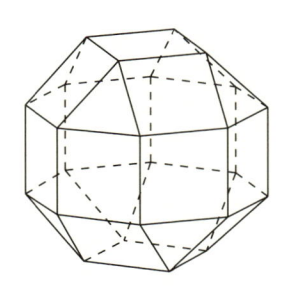

図 2.30：ミラーの立体は合同な立体角を持つがすべてが同等なわけではない．

「等辺で等角だが相似ではない多角形」に囲まれた立体という風変わりなものの集団の中で，アルキメデス立体は何が特別なのであろうか？ 何が他とは違っているのか？ パップスの「正則的に構成されたように見える」多面体の中に含まれるという言葉の中にヒントがある．これは確かに正しいが「正則的に構成された」とは実際は何を表すのであろうか？

この章の最初の部分でユークリッドによる正多面体の特徴づけには他の条件が1つ必要であること，また，外接球の存在から頂点の合同性までの5つの条件のうちのどの1つでもよいことを説明した．パップスの条件に何をつけ加えればアルキメデス立

体を特徴づけるのであろうか．外接球を持つ多面体というだけでは十分ではない．それは角錐とすべてのアルキメデス立体の異性体はこの性質を持っているからである．驚くべきことに，すべての立体角が合同であるというもっと強い条件でも不十分である．ミラーの立体がこの性質を持っている．このために，この多面体は14番目のアルキメデス立体と見なすべきであるとする著者もいる．しかしながら，これは肝心な点を見逃している．本当のアルキメデス立体はプラトン立体のように美的に訴えるものを持っているが，ミラーの立体はそうではない．この魅力はその高い対称性からきている．対称性は直感的な段階で容易に味わうことができ理解できる性質である．重要な特性は立体角の合同性というより，むしろ立体角が互いに区別がつかないという事実である．アルキメデス立体の頂点は同じように組み合わされた同じ面に囲まれており，各頂点は全体として多面体の中で同じ役割を果たす．ミラーの立体はそうではない．ひねりによって「赤道」付近にあるものと「極地」にあるものとの2種類の頂点を区別することができる．この多面体を横に寝かせてみればこれは明らかであり，実際動かしたことがわかる．本物の斜立方八面体を同じように横に寝かせてみても，まるで触っていないように見える．もし動いているところを見ていなければ変化したことがわからないであろう．

　こういった考察により対称性の詳しい探求が始まった．対称性を質的に確認するのは簡単だが定量化するの大変面倒である．対称性の数学的解析については第8章でもっときちんと調べる．そこで詳しく説明する考えを使って第10章ではアルキメデス立体が「頂点に関して推移的」であることがわかる．今のところは，アルキメデスとパップスがそうであったように正則的に作られた図形の自然な美しさを認識すれば十分である．

From Livre de Perspective by Jean Cousin, 1568.

第3章

多面体幾何の衰退と復活

　アレクサンドロス大王は20歳で父フィリッポス2世（Philip II）の後を継ぎマケドニアの王となった．その2年前，紀元前338年にこのフィリッポスは南のギリシャに領土を拡大し，アテネを占領している．アレクサンドロス大王も父の始めた領土拡大を継続し，5年も経たないうちに東はインドから西はエジプト，シリア，ペルシャにまで至る大帝国を築いた．そして北アフリカ沿岸のほどよい位置にある港町に新しい首都を置くことにした．アレキサンドリアである．

　アレクサンドロス大王が紀元前323年に死んだ後，この帝国は分裂し，エジプト王国はプトレマイオス朝によって支配されることになった．プトレマイオス王国もこの都市にアレクサンドロス大王が託した夢を引き継ぎ，アレキサンドリアは文化や学問の中心地として発展するようになった．科学と哲学を振興するため，学校と図書館が建てられ，紀元前300年までにはこの「大学」に優秀な研究者たちが集まった．多面体の歴史にはその後1000年もの空白があったが，その前の最後の重要な業績と見なされる研究も，まさにこのアレキサンドリアにおいて行われたのである．この章では，多面体に関するさまざまな糸がときほどかれ，その後眠りこんだまま広い空間と長い時間が過ぎ去り，再び多面体の研究が復活する時代で再会する様子を見ることにしよう．

アレキサンドリア人

　アレキサンドリアはさまざまな貿易の経路が交差する，豊富でにぎやかな都市になっていた．そこには商人や貿易者としてユダヤ人が移り住み，プトレマイオスI世とともにギリシャ人も移住してきた．また，ペルシャ人，アラブ人，インド人もこの都に住むようになった．プトレマイオス王国の人たちはピタゴラス派，プラトン派，アリストテレス派の学問の重要性を認識し，学問が栄えるような環境を築こうと努めた．ここ，この大学の教官には，一流の文化中心地から学者が集まり，その多くは数学に通じていた．また，数学以外にも文学，医学，天文学が学生に教えられた．医学は占星学を用いたので，医学や天文学にも数学的内容が含まれていた．教育内容は多くの場合，ギ

リシャの学問を基本としてできていたが，他の文化，特にエジプトやバビロニアの文化も影響が大きかった．ギリシャ幾何が定性的な関係を重視したのに対し，アレキサンドリア人たちはもっと数値的で実際に役立つ応用的なものを求めた．数学の帰納的構想，つまりエジプトやバビロニアで初期の書物に見られたような「やり方」，「作り方」中心のアプローチが，特に算術において復帰した．

この大学では有名な幾何学者が数多く教え，学んだ．ユークリッドがあの幾何学の『原論』を著作したのも，偉大なる図書館を利用できたこのアレキサンドリアだと思われる．実はこの『原論』の最終巻こそが，多面体の古典的研究においての最高峰なのである．正多面体の基礎的性質，その構成に関する数学，体積の比較などの基本的関係がそこに見出せるのである．このユークリッドの古典書はあまりに権威が高くなったため，その他の本がこれに追加されるということがその後何度か起きた．そのうちの最初の書物の1つが『原論の第14巻』と呼ばれるもので，紀元前2世紀にヒュプシクレスによって書かれたとされている．このヒュプシクレスもアレキサンドリアの教官のひとりであり，この本にも正多面体に関する性質がいくつか書かれている．これはアリスタウエスとアポロニウスの仕事を基礎としたものであり，パップスによるとこの2人の数学者はユークリッドとともに「解析に優れた3人の幾何学者」と呼ばれていたという．

第14巻の序では，作者の父がティルスのベシレイデスとアレキサンドリアで会ったときの模様が描かれている．

> あるとき，アポロニウスの書いた数学書を2人が見ていると，同じ球面に内接した十二面体と二十面体の比率，つまりその体積の比に関する問題についての記述が，その書では間違っていることに気づいた．父の説明を私が理解したところによると，2人はその誤りを修正し書き直した，ということである．しかし私自身もその後，アポロニウスが書いた別の本に接し，やはりこの問題に関する説明を読むことができた．そしてこの問いに関する彼の研究に大いに惹かれた．今，アポロニウスの書いたこの書物は，その後の詳しい研究の結果と思われる形式で，多くの部数が出ているので，誰でも手に入れることができるようになった．[a]

どうやらヒュプシクレスの父はアポロニウスの初期の書を見たようであり，完全な証明は少し時がたってから『十二面体と二十面体の比較』という題で多くの人に読まれるようになったようである．アポロニウスの業績とされているこの定理は，この2つの多面体の表面積の比がその体積の比と等しいことを証明している．

アリスタウエスの第14巻での貢献は，今ではなくなってしまった彼の書『5つの図形の比較』で証明された定理である．これは，二十面体と十二面体が同じ球面に内接している場合，前者の三角形面と後者の五角形面に同一の円が外接する，という定理である．

数学と天文学

　数学の発展を実現する一方，ギリシャ人はもう1つの科学分野の基礎も築き上げていた．天文学である．時間の経過を調べるため天の観察をした文明は他にも多くあり，惑星や星の位置によってそれぞれの文明で暦が作られた．天体の変化の記録，観察への興味は必然的に球面の幾何学の研究へと発展していった．大円の性質を研究したピタゴラス派の数学者にとって，天文学と球面幾何学は同一のものであったのかもしれない．「sphaeric」という言葉が両方の意味で使われていたからである．自然は数学によって理解できるというプラトンの信念や，完全な天の星は完全な形(つまり円)の軌道に従って動くという考えはやがて遊星構造の発展へとつながっていった．

　数学者たちの多くは天文学の問題も，時間をかけて研究した．ユークリッドも『天文現象論』という書物で球面幾何について記述を残しており，ヒュプシクレスとアポロニウスは数学者としてだけでなく天文学者としても知られている．アポロニウスも遊星理論によく通じており，惑星がその軌道の中で静止しているかのように見える位置を見つけ出した．『星の出』という書物でヒュプシクレスは，円を360等分するバビロニア式の角度測定法を使い，その1度を60等分，さらにその1単位を60等分する，という方法を用いた．ギリシャ語書物で「度」という単位が用いられたのは，これが最初である．ギリシャ人が完璧な関係のみに興味を示したのに対し，アレキサンドリア人は物理的な測定値の使用も好んだようである．

　天の物体の位置を計算したい，というこの思いは，やがて三角関数の発展へとつながっていった．これはロードスの天文学者ヒッパルコスが中心になって築き上げられた学問である．彼は円の直径を120の単位に区切り，さらにその各単位を60等分し，この分割を繰り返した．この区切り単位と円周の角度を用いて彼は弦の表を作った．——現代の正弦関数の数値表に値するものである．

　三角関数と，天文学におけるその応用に関する業績は，クラウディオス・プトレマイオス[1](100年～168年頃)によって収集されたものが多い．彼の著書『数学的集大成』は現在ではそのアラブ語題名『アルマゲスト』として普通知られている．この書は『原論』と同等の権威を持つ書物としてこの分野では数世紀の間，重要な参考書とされていた．地球を中心とする惑星の理論はそこに記されているが，これは1000年以上の間，書き換えられなかった．

　天文学者たちは三角関数の発明だけではなく，別の数学問題にも挑んだ．それは，丸い形の物体上の地図をいかに平らな平面上に描くかという問題であった．ヒッパルコスは正射投影(または平行投影)を使って天体の地図を作った．半球である天を，平らな円盤に写像する作業を必要とする方法である．彼はもしかすると平射投影の方法も知っていたかもしれない．いずれにしてもプトレマイオスが知っていたことは確かで，

---

[1] 支配者一族の者ではない．

アストロラーベ(古代の天文観測儀)の構造の基礎ともいえる数学を説明した『地理学入門』という本で平射投影を使っている.

アレキサンドリアのヘロン

前にも述べたように,アレキサンドリア時代の数学は,古代ギリシャ人の築いた数学とは別の見方をしていた.純粋な幾何学でなく実際の応用問題に関心を持っていたのである.このアレキサンドリア的アプローチを代表するひとりの数学者がヘロン(紀元62年ごろ)である.彼はユークリッド幾何学は知っていたものの,古典的幾何学者ではなく,どちらかといえば実際問題に挑戦するすばらしいひらめきを持ったエンジニア,発明家というべき人物であった.古代の著者は数多くの定理や原理をヘロンの業績として記しているが,この中には今でもちゃんと残っているものもあれば後に手直しが加わってオリジナルとは異なった形式になっているもの,また完全になくなってしまったものもある.ヘロンの仕事には大きく分けると数学的なものと機械学的なものとがある.後者の中には有名な水・流動機構の自動機械を記述した『気体学』,『機械学』や,土地の測定に使うセオドライト(経緯儀)の種類について触れている『ディオプトラ』などが含まれる.この最後の著書の中でヘロンは日食について詳しい説明を残しており,この記録によってこの本の書かれた年代を概算することができるのである.

ヘロンの書いた数学書で最も重要なのは『測量術』と呼ばれている書である.これには面積の測定,それから発展した体積の測定,さらに与えられた比に形を分割する問題についても書かれてある.また,「ヘロンの公式」と呼ばれる三角形の面積を求める次の式も記述されている.三角形の辺の長さがそれぞれ a, b, c と仮定し,$s = 1/2(a+b+c)$ を三角形の外周の長さの半分と定義すると,その三角形の面積は,

$$面積 = \sqrt{s(s-a)(s-b)(s-c)}$$

になる.またこの書には,ピラミッド(の頂点)を切り落とした立体の体積を求める公式を一般化したものも含まれている.図3.1にある立体は底面が長方形で上面は底面と平行な平面上にある.辺の長さは各々,図のように a, b, c, d,また高さが h であるとする.この場合,体積は

$$体積 = h\left(\frac{1}{4}(a+c)(b+d) + \frac{1}{12}(a-c)(b-d)\right)$$

で表される.

問題 これが正しいことを証明せよ.

一口で言うと,ヘロンの辞典的書物で表されている結果はギリシャやアレキサンド

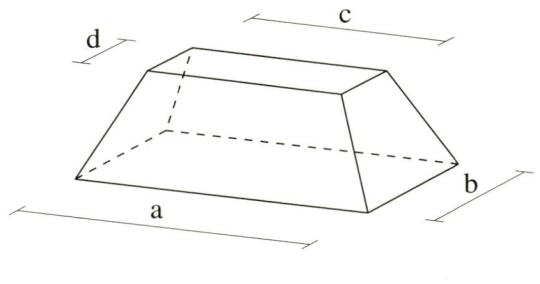

図 3.1

リアの数学者たちの業績からのものである．イドフの銘文（図 1.1 を参照）からも明らかなように，彼らの数学はエジプトの祭司たちによって受け継がれていた教えよりははるかに秀でたものであった．また数量の間の関係のみを表して満足していた古典的学者と違い，ヘロンは数値を使った解答を求めた．証明つきの完璧な公式もあれば中にはだいたいの近似値を求めるだけの式もある．このような近似値の公式は，根号計算の苦手な職人などには喜ばれるものであったに違いない．ヘロンは，後に代数学の発展を続けたアラブ人たちのように，ギリシャ的な幾何代数に制限されることがなかった．彼にとって，現在で言う x^2+y や $x^2 \times y^2$ などの代数的表現を考えることは異議のないことであった．しかしギリシャ人にとって，これらの式は忌み嫌うものであった．最初の式は面積と長さの和を示しており，次の式は幾何学的に解釈のできない 4 次元の数量を表しているからである．

アレキサンドリアのパップス

アポロニウスからクラウディオス・プトレマイオスまでの 300 年の間，我々のこの物語にとって大切な数学者はヒュプシクレスとヘロンの 2 人だけである．同時代のその他の数学者たちについては，別の注釈者の著書に頼らない限りあまり知ることができない．オリジナルの著書が残っていないからである．4 世紀はじめの注釈者パップスの『数学全集』について前にも触れたが，アルキメデス立体の真の発見者を知ることができるのはこの作品のみによるのである．パップスはまた，『原論』やプトレマイオスの『アルマゲスト』，『地理学入門』についても解説を残している．

『数学全集』は我々に多くの情報を提供してくれる貴重な書である．これはまさに古典作品のハンドブック，ギリシャ数学の最も重要な業績の系統的記録であり，歴史的解説はもちろん，今ではなくなってしまった多くの著書の内容までも記述してくれている．パップス自身でこれらの内容を自ら書き記す必要があったということから，多分彼の時代においても，これらの著書の多くがすでになくなっていたか，または手に入れにくいものであったと推測できる．オリジナルの書が簡単に得ることができる場

合には，パップスは別の証明を書いたり結果を拡張したりしている．例えば，第3巻で彼は正多面体について説明しているが，ユークリッドがまず各々の多面体を作ってその後で外接球面を作っているのに対し，パップスは各々の多面体を，与えられた球面にいかに内接させるかという観点から記述をしている．後の巻では等周問題にも触れており，そこでは同じ境界面積を持つ立体の比較を用いている．例えば，同じ表面積を持つどの正多面体よりも球体の方が体積が大きいことを証明している．

パップスはまた，証明の前に，その構造がどのようにして考え出されたのかについて説明をつけ加えている．古い時代の著者たちはたまに変なヒントを書く以外，なぜこういう問題が研究されたか，また結果がいかにして得られたかなど，まったく書く習慣がなかったので，このパップスのアプローチは珍しいものであった．当時の著者の第1の目的は得られた結果を系統的にまとめることであり，またその結果を成立させるために必要な証明を，形式的に磨き上げて書くことであった．確かに簡潔であるが完全に演繹的なこのスタイルには短所もいくつかあった．数学はこのようにして創造されるものなのだ，というイメージを与えかねない．しかし，そのような証明が書けるようになる前に多くの試みが行われさまざまな道が探検されたことを忘れてはならない．予想があってこそ証明があるのである．

ユークリッド的表現スタイルのもう1つの短所は，証明がどのようにして発見されたかを知るのが難しいという事実である．証明を細かいところまでよく理解できたとしても，同じような問題をどのように解けばいいか，まったく見当もつかない場合がある．原論の命題の証明はすべて**総合的**である．すなわち「下から上へ」のアプローチが使われており，すでにわかっている命題から始めて結論を築き上げていくのである．論理的な基礎を示すにはこのやり方もいいかもしれないが，どのようなステップを経てそこへたどり着くのか，というようなヒントはほとんどの場合，読者は期待できない．実際は多くの場合，逆のアプローチが使われる．**解析的**アプローチでは，「上から下へ」の考え方が使われる．つまり証明したい結論から始めて，逆に道をたどり，すでにわかっていることにたどり着くのである．運がよければ，その各過程は逆にしても構わないプロセスとなる．古典的な著書のこのような短所を考えると，解説書がなぜこれほどまでに幅広く読まれたか，よく理解できるのである．

プラトンの遺産

3世紀末になって，プラトン哲学への関心がアレキサンドリアで復帰してきた．この新プラトニズムは急速に広まり，その創立者プロティノスはローマに移り自らの学校を築いた．またこの哲学はギリシャやコンスタンチノープルにも広がった．2000年間にもわたってこの新プラトニズムの一流権威として名が高かったイアンブリコスは

いくつかの観念に魔術的解釈を加え宗教的行事の重要性をさらに強調した．

新プラトニズムの最後の重要人物はプロクロスである．アレキサンドリアで教育を受け，プラトンのアカデミーでプルタルコスの下で学んだプロクロスは後に同アカデミーの校長となりディアドコス（「伝統継承者」という意味）という肩書きを受けた．彼はまたギリシャ文化のさまざまな面について解説や評論を書いた．彼の書いた，ユークリッドの原論第1巻の解説書は，そこに記されている歴史的解説のゆえに，非常に貴重なものである．エウデモスの書いた幾何の歴史書のように，今では損失してしまった多くの作品をプロクロスは参照することができた上，ゲミノスの著書にある歴史的証明も手にしていた．また彼は，『ティマイオス』や『国家』を含め，プラトンの多くの対話編についても解説を書き残した．

『ティマイオス』は古代書かれた作品の中でも最も重要性の高い書物となった．ギリシャ語の理解がしだいに失われていくにつれ，オリジナルの大切さは低下し，ローマ帝国が分裂してからは西ローマ帝国でギリシャ語は失われアジア西部ではシリア語が代わって使われるようになった．しかしながら，プラトンの対話編の最初の部分はカルキディウスによるラテン語版でヨーロッパに伝わり，別の箇所もキケロによって保存された．プラトン派思想は中世の暗黒時代の多くの思想家に強い刺激となり，宗教的思想にも大きく影響した．合理的な説明と目的論，その創造主である神，という考えはキリスト教的教理にも共通しており，キリスト教に導入されたプラトン派思想も多い．西ローマ帝国ではアウグスティヌスによる影響が強く，東方ではビザンチンの学者らが同じような影響を与えた．

カルキディウスの著書の写本は，中世期の多数の修道院図書館で見つけることができた．修道僧たちはまた，ボエティウス（約475〜524年）の書いた新プラトニズムに関する書物も持っていた．このボエティウスはラテン語，ギリシャ語に詳しい教養高いローマ人で，『哲学の慰め』という著書で特に有名である．またアリストテレスの論理学書のほぼ全書，ユークリッド幾何学の一部，それにニコマコスの『算数入門』の一部をラテン語に訳したのも彼である．物事を簡潔に書くことでも有名であり，それを代表するのが幾何のテキストで，これには『原論』の第1, 3, 4巻からいくつかの命題が証明なしに出てくるだけである．しかし後に，これらの命題が数学の最高峰と考えられるようになるのである．

幾何の衰え

6世紀になって，ユークリッドの書に第2の追加書が現れた．ユークリッドの第13巻，ヒュプシクレスの第14巻と同様に，この「第15巻」と呼ばれている書には正多面体に関する新しい命題が書かれている．別々の時に書かれたことを暗示するように，

3つの部分から構成されている．パップスの時代に書かれたと思われる第1部には，正多面体が他の正多面体に内接する様子が記されている．第2部では5つの正多面体についてその稜の数や立体角のことが述べられている．第3部には任意のプラトン多面体における二面の間の二面角の計算方法が説明されている．それは，立体角が二面角となる二等辺三角形の構造による方法である．このような三角形の描き方については「我々の偉大なる恩師イシドロスによる」と記されている．これはミレトスのイシドロスのことで，コンスタンチノープルの聖ソフィア大聖堂の建築した1人である．またこの都市に学校も持っており，『原論』の解説書も書いた人物である．

　この第15巻は，これを追加する前の『原論』の高い水準には至らないものである．数学全体，特に幾何に関しては，1世紀初頭から衰えが見え始めた．新しい結果はほとんど発見されず，数学といえばそれまでの数学者の業績，勉強，別の証明の発見，失われた写本の穴埋め作業くらいのものでしかなかった．ギリシャ人は幾何に集中し，これを直線と円の性質からの演繹法のみに制限した．その主な理由は存在問題を解消するためであった．定義が矛盾しないように，図形は簡単な操作によって作図されなければならなかったのである．このように視野を狭く絞って完全性をここまで強調することによって，小さな分野の極めて詳しい研究が可能になったのである．しかしこのようなギリシャ的数学思考には決定的な限界があった．抽象的数学の美的性質のみを評価し，自分たちの知識が，明らかに正しい公理というしっかりした土台の上に築かれていることを確認したかったのである．このため，彼らは無限に大きいもの，無限に小さいもの，また無限の行程など，無限に関わるものはすべて否定した．単位正方形の対角線の長さでさえ，数としては完全に受け入れなかった．無理数という概念は幾何学的解釈としてのみ考えられた．したがって，ギリシャの貢献した分野は主に数論と幾何学であった．直線と円の幾何という鉱脈をあまりにも深く完全に掘り尽くしたため，それ以上どうやって続けていけばいいのか，理解するのは困難であった．同じ方向に進行するのは極めて難しいことだった．

　アレキサンドリア人たちや，その後の世代が進歩するには，その視野を広げる必要があった．幾何も研究はされたがこれという発展はまったく見られなかった．

　代わりに算術や代数学（ギリシャ人らが懸念を感じた分野）や三角関数（天文学に使われた数学）に重点が置かれるようになった．これらの分野は研究するにも新しく，比較的簡単に発展することができる分野であった．

　アレキサンドリアの発達に伴い，ギリシャの学問は退化し始めた．イタリア中心部と北部，またイタリア南部とシチリアのギリシャ植民地までも支配していたローマ帝国は，紀元前146年にギリシャを，さらに紀元前64年にはメソポタミアも征服した．アフリカ北岸の偉大な力として無視するわけにはいかなかったアレキサンドリアもローマの的となり，攻撃を受けた．街の港でエジプト軍艦にローマ軍が火を放った際，図書館の一部も焼け落ちてしまった．また，この悲劇では運よく残ったが，後のキリス

ト教徒やイスラム軍による攻撃で失われてしまった図書も多い．

　このうちの最初の攻撃は，392年にテオドシウスが「帝国内すべてのギリシャ神殿を破壊せよ」と下した命令によるものである．コンスタンティヌスがキリスト教の拡張に従ってこれを公式宗教と定めたため，キリスト教徒の影響は著しく浸透していった．キリスト教徒はギリシャ的思想のほとんどを含め，他宗教の学問に強い反対の意を示し，これを滅ぼそうと努めた．プラトンのアカデミーは529年まで続いたがビザンチン皇帝ユスティニアヌスがギリシャの学校をすべて閉鎖したとき，アカデミーも門を閉ざされることになった．

イスラム教の発展

　5世紀中期のローマ帝国の崩壊によりヨーロッパは暗黒時代に突入した．東西の貿易は途絶え，建築中の建物なども未完成のまま放っておかれるようになり，さまざまな技術も失われていった．教会の勢力がますます強まり，生活の多様な面までその影響を伸ばし始めた．教会の公式言語であるラテン語が学問上の言葉となり，それまでの学問の中には修道院に残されたものも少しはあったが物理的世界に対する関心は一般的にうすれていった．

　霊的なことに興味が高まったのは，何もヨーロッパ特有のことではなく7世紀にはアフリカや西アジアでも宗教に対する熱心な関心が強まった．フン族，ゴート族，ヴァンダル族などの民族がヨーロッパ中を侵略していく中，アラブ民族はマホメットをリーダーとしてイスラム帝国を築き上げていった．640年にはエジプトとアレキサンドリアが占領され，残っていた多数の写本が焼失し学者も多くはこの都から逃げ去っていった．比較的安全な場所を求めて，多くの学者は大切な写本・書物を自ら携えてコンスタンチノープルへ移住した．

　642年までにイスラム教徒によるペルシャ征服は完了した．この後，100年にわたってイスラムは，東はインドを超えて中国の国境から西は北アフリカ，南イタリアを超えてスペインやフランス南西部までにも勢力を伸ばすことになる．この帝国の政治的首都は，もともとダマスコスであったが，755年に帝国は分裂し，2つの王国ができた．ウマイヤ朝の統治領はスペイン南部のコルドバを再び自国の領土とし，アッバース朝はそのまま東部に残ったのだが，アッバース朝の2代目のカリフ，マンスールは首都をバグダッドに移した．この都市は後に，文化と教育の中心地として非常に栄え，第2のアレキサンドリアとなるのである．この大規模な計画を実行したのはカリフのハールーン・アッラシードとマームーンである．この2人は図書館を建て，天文台を築き，「知恵の館」として知られる翻訳・研究機関を創立した．このような施設とともに，当時を代表するような最高レベルの学者たちが集まっていた．またギリシャの有

名書物なら，原語のギリシャ語版もしくはシリア語，ヘブル語の翻訳書がすべてそろっていた．この帝国は当時残っていたアレキサンドリアの学識，知識をすべて吸収していった．写本，書物を探し出し購入するために使者が他の国へ派遣された．実際マームーンは，写本を平和条約の一部として手に入れることもあったほどに書物を価値あるものと見なした．科学，数学の古典書はこうして翻訳され，アラブの文化遺産の一部となっていったのである．

　イスラム幾何学は主にユークリッド，アルキメデス，ヘロンなどの著者を基盤としたものであるが，ギリシャ以外の文明からの貢献も大きかった．例えば外接円の中に正七角形を概作図する方法は「インド・ルール」として知られており，その起源を暗示するものと思われる．これは同じ円に内接する六角形によってできる 6 個の正三角形の 1 つをとり，その高さを正七角形の辺の長さにする，というものである．（ユークリッドの道具のみを使うと，この多角形は作図不可能であることを思い出していただきたい．）

サービト・ブン・クッラ

　サービト・ブン・クッラ(836〜901)は優秀な翻訳者であるとともに，代数や幾何学で自ら新しい業績も残した数学者であった．彼はバビロニア文明と同じような占星学を持っていたと思われるマンダ教徒で，マンダ教には多くの天体学者や数学者が生まれた．サービトは言語や数学において相当な才能を持っていたものと見られ，最も優れた翻訳書を，よくわかる図も入れてアラブ文化に紹介した．あまり数学の能力を持っていない他の翻訳者が写本をするときには，よく図の箇所を丁寧に空白にしておいたのだが，多くの場合は何も書かれないまま終わったようである．

　サービトの『データの書』は中世では非常に有名な書で，ナシール・ウッディーン・アットゥーシーの編集した書物にも，『原論』や『アルマゲスト』とともに含まれている．この本には初等幾何学や幾何代数学，いくつかの作図問題などが記述されている．また，『平面・立体図形の測定書』という題のもう 1 冊の本には，平面図形の面積や立体図形の表面積，体積の求め方についてのきまりが書かれている．例えば，切頭した（頂点を切り取った）ピラミッド（角錐）や円錐，つまり切頭錐体の体積の計算法について，サービトによる公式が（証明までは残っていないが）記述されている．切頭錐体の立体があり，A と B を，それぞれその底面・上面の面積とし，h をその高さとすると，この立体の体積は次のような式で求められる：

$$\text{体積} = \frac{1}{3} h \left(A + \sqrt{AB} + B \right).$$

また彼は，球に内接する十四面体（立方八面体）の構造についても説明している．

アブー・アルワファー

　バグダッドの数学者を代表する最後の偉大な人物はアブー・アルワファー(940〜998)である．ペルシャ人の子孫として生まれ，959年にバグダッドに移ったこの数学者は，その著書『書記と商人に必要な計算法についての本』が非常に有名であった．この本には，商売人や金融関係者が使う計算方法が系統的に説明されている．また地理測定に使う方法も紹介されており，$\frac{1}{2}(a+b)\frac{1}{2}(c+d)$ という四角形の公式について，明らかに間違いである上に実際にはほとんどの場合当てはまらない，と指摘している．

　また，別の著書『職人に必要な幾何学の本』では2次元，3次元の構造に関する説明が出てくる．この本の内容にはオリジナルなものも含まれているが，多くのものはユークリッド，アルキメデス，ヘロン，パップスに書かれていることである．作図の中には球面に内接するプラトン立体やアルキメデス立体も登場する．これらの作図のほとんどは正確な数値を使っており，ユークリッドの方法が利用されているが，七角形の作図など少数の箇所では高度な概算が使われている．だがアブー・アルワファーといえば何といっても，一定の長さに固定したコンパスと定規を使った作図が最もよく知られている．これは「さびついたコンパス」の作図と呼ばれており，以前にも研究されてはいたがこの分野でアブー・アルワファーは飛躍的な探求を行い，数多くの問題を解いた．これらの作図が職人のためのこの本に記述されたことは，それほど驚くべきことでもない．実際の応用で考えると，こういう作図のほうが標準的ユークリッドの方法よりも正確だからである．

ヨーロッパ，古典を再発見

　11世紀の到来とともに，キリスト教がスペイン北部で再び力を伸ばし，東洋ではセルジュク朝トルコがその支配を広げていった．その後200年の間に十字軍も現れ，これらの歴史的背景や地中海貿易ルートの復活により北部の人々は多くの新しい思考や構想と遭遇するようになった．また古典ギリシャの学問にも興味を示し始め，西欧にギリシャの古典知識が広まるにつれて，アフリカ，スペイン，中近東などに写本を買いに旅に出る学者も出てきた．彼らはギリシャ書物のアラビア語翻訳書とイスラムの学問書の両方を求め歩いた．トレドがキリスト教徒の手によって再占領された1085年からはこのような書物を手に入れることが大変容易になった．9世紀と同様，12世紀も翻訳の世紀ということができる．ユークリッド，プトレマイオス，アルキメデスが書いた本のラテン語翻訳が出たのもこの頃である．イスラム人が科学関係書を求めたのと同じように，ヨーロッパ人も文学などにはほとんど興味を示さず，ひたすら科学の書物に集中していた．

　こうしてギリシャ学問が流入してくるにしたがって，学者たちは身のまわりの物理

的世界を探求し始めた．さまざまな現象の論理的説明を思考する，という試みが著しく広まっていった．『ティマイオス』の前半はすでに4世紀の頃からそのラテン語訳が存在していたが，実際にはあまり知られていなかった．しかしこの頃から教会内の学校などで学習されるようになり，数学を通して自然を理解するというプラトンの見方によって，世界を見る新しい考え方はさらに強化されていった．カルキディウスの翻訳書にはプラトンの幾何的宇宙理論（正多面体に基づくプラトンの原子論）は含まれていなかった．この理論を知るための情報源となったのが，『天体論』の中でアリストテレスが行った批判である．これは13世紀初期にラテン語に翻訳され，アリストテレスによる激しい批判はほぼ世界中で受け入れられた．

　『ティマイオス』の中で中世の学者が比較的重視した部分は，光と視覚についてのプラトンの説明であった．光学という科学は中世期の欧州ではほとんど未知のものであったが，ルネサンスの頃までに大学での専門分野に成長していた．

光学

　光や視覚の性質・正体についての予想は古くから存在していた．この分野におけるギリシャ的思想はユークリッドによって紀元前3世紀に収録され，『光学』という書物に記されている．これによると，光は直線に沿って進み，目に見える物体と目の間を光が連結しているとされている．物が見えるという現象についての説明は，哲学の学派によって異なっていた．ある学派によると，目が光の源であってその光が物体と反応して物が見えると説明され，また別の教えでは物体そのものが画像のような物質を発生し，それが全方向に伝わって目にその物体の形態を伝達している，と言われていた．これに対し，ユークリッドは視覚の哲学にではなく，それに関する幾何学に目を向けていた．物体が目に見えるための仕組みにかかわりなく，光が本当に直線に沿って進むのであれば，物体の像を目に伝達する光線は，目を頂点，物体を底辺とした一種のピラミッド（錐体）として考えることができるからである．このピラミッドに幾何学の理論を応用することにより，目に見える物体の大きさがこの頂点での角に依存することをユークリッドは証明した．つまり，この角が大きいほど物体が大きく見える，ということである．

　クラウディオス・プトレマイオスも光学について書き残しており，反射や鏡，それに屈折などに触れ，色の区別・視覚についても記述している．平面から反射した光の線が色を構成し，物体は距離が遠くなるほどぼやけて見えると説いた．プトレマイオスの時代の画家たちも，この後者の現象を絵画に応用し，近くの物は明るい色で，遠くの物はそれより暗い色彩で表した．この方法は今では空気遠近法と呼ばれている．

　イスラム教徒も鏡やレンズ，球体光学収差，虹のでき方などについて研究をしてい

た．中でも最も強い影響を与えたのがアルハーゼンという名でも知られるイブン・アルハイサム（965～1040）である．この科学者の主張によると，光は太陽やろうそくなどから発生し，物体がこのような光源によって照らされたとき，その光の一部が反射し，目に至るというのである．多くの実験にもかかわらず，屈折の性質については十分な説明をつけることができなかった．しかしこの屈折という現象を使って彼は物の見えるまでのプロセスを理論づけた．アリストテレス，ユークリッド，プトレマイオス，ガレノスなどの記述を基にし，彼は視覚のピラミッドと光学的幾何学の法則によって，画像がいかに目に伝達されるのかを論じ，目からその物体の形が脳によって認識されるものであるという説明を与えた．アルハーゼンの著書『視覚論』は『Perspectiva』という題のラテン語訳でヨーロッパにも伝わった．1265年ごろ，ジョン・ペッカムが『光学総論』という題の書物を書いているが，これは実質的にいうとアルハーゼンの業績をまとめたものに過ぎないにもかかわらず，非常によく知られるようになり広い地域で読まれるようになった．

　この頃ラテン語の単語「perspectiva」は光学という学問および視覚という感覚の両方を意味していた．今日，英語で言うperspective，つまり空間を平らな面の上に描くときに使う美術的表現方法などを指す「遠近法，投影」という意味ではなかった．絵を見ることが，開いている窓から外の景色を眺めるようなものであるべきだ，という考えは後になって，目に収集される光線から成る視覚ピラミッドとつながっていった．ここでは，美術的プロセスを正当化するために数学が応用されたのである．すなわち，絵画が視覚ピラミッドの断面であるのなら，**自然遠近法（光学）**によって**人工的遠近法（美術）**に使われる幾何学的作図も説明できる，ということである．後にも触れるが，美術は立体幾何学の再発見において重要な役割を果たす要因となったのである．

カンパヌスの球面

　12世紀における科学・数学的著書の翻訳は主にアラビア語からの訳であった．『原論』はバースのアデラードやクレモナのジェラルドなどによって翻訳された．後者の翻訳は，最も質の高いアラビア語を原本として訳されただけあって，かなり信頼性の高いものであった．その原本となったアラビア語版とはサービトによるものであった．しかし，『原論』の翻訳書のうちルネサンス以前に最も広く使われるようになったのは直接の翻訳書ではなく，ノヴァラのカンパヌスが1250年代後期に書いたもので，それまでに出たいくつかの版を改訂した書であった．この中の少なくとも1つの版は，アデラードの翻訳書に基づいているものと見られる．カンパヌス自身は才能のある数学者で，ユークリッドの幾何学をよく理解し説明している．全15巻すべてについての彼の記述・説明は極めてわかりやすく，中世に読まれたユークリッドとしては文字通

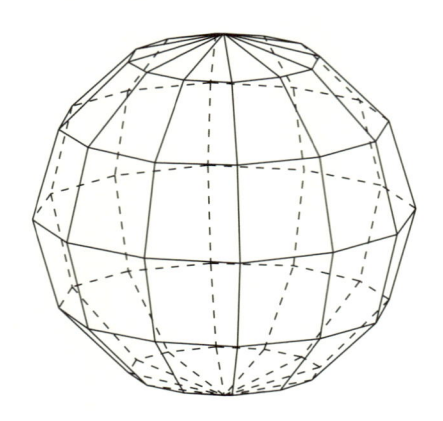

図 3.2：球面を概する多面体.

り，標準版となった．また後にユークリッドの書として初めて印刷されたのもこの版であった．こうして知られるようになった彼の書物は，再びギリシャ語からの翻訳が現れる16世紀になるまで，原論の標準版としての位置を保つことになった．

ユークリッドは第12巻の命題17において，2つの同心球面の間にきっちりはさまる多面体の作図について記述している．（ユークリッドはここで，エウドクソスの取り尽くしの方法を応用して，球の体積が直径の3乗に比例することを証明している．）この構成によってできる多面体には，n個のリングがあり，それぞれが$2n$個の面を持っている．すなわち，この多面体球面には合計$2n^2$面がある．この中でnを6として構成した七十二面体の例（図3.2）はカンパヌスによって記録されている．ルネサンス期にはこの多面体が，プラトン立体に優るとも劣らないほど有名になったことについては，また後に述べることにする．この多面体球面の構成は簡単に説明すると次のようになる．

命題 球面を概する多面体の構成方法.

NとSをそれぞれ，球面の北極，南極とし，Cを同じくその赤道円とする．このCに内接するような，偶数本の辺を持つ正多角形を構成し，その辺数を$2n$とする．次に，この正多角形の反対に位置する頂点一対と北極，南極を通るn個の円を描き，このそれぞれの円に内接するような正$2n$角形を構成する．このとき，各々の$2n$角形がNとSをそれぞれ頂点として持つようにする．これらの多角形は球面状の経度線と考えることもできる．これから多面体を作るには，今作ったn個の多面体の頂点を，赤道と平行な平面状に位置する緯度線とつなげばよい．$n=6$としたときの結果は図3.2の示す通りである．■

古典の収集と普及

　13世紀になって，学問の中心は修道院ではなく新しくできた大学へと移り変わった．アリストテレスの作品はあらためて知られるようになり，数学への関心・興味も復帰し，学問的な物理学へと研究を導いていったのである．この頃，地中海を横断する貿易も増加し，イタリアがヨーロッパの玄関口となった．アジアや北アフリカからの商品がイタリアの港に入港し，銀行のおかげでイタリアは金融の中心地としての位置を固めていった．産み出された高額の資産によって，学問や芸術の振興が支えられるようになった．

　昔書かれた古典作品を再発見したい，という情熱により15世紀には図書館が急激に成長した．この時代の図書館は中世の図書館よりもはるかに規模が大きく，収集された書物も古典的作品への情熱を反映しており，ギリシャ語の写本まで揃えていた．またこの傾向は特に数学において強かったようである．中世にはユークリッドやアルキメデスの著書がラテン語でしかなかったのに対し，この時代の人文主義派学者たちはアポロニウス，ヘロン，プロクロス，パップスなどを含む数学作品のほぼ全巻にあたる書物をギリシャ語で入手したのである．このような努力はビザンチン帝国の崩壊によって実を結んだと言える．1453年にトルコ人によってコンスタンチノープルが滅ぼされたことが要因となって多くの学者たちが大切な写本を手にしてイタリアに逃れて行ったからである．

　15世紀にはこのほかにもさまざまな変化がヨーロッパで起きた．紙の製作方法や火薬の秘密が中国から伝わった．特に，この火薬によって戦争の実態が飛躍的に変化したのであるが，これによって防御要塞の設計も新しく改善しなければならないようになった．空中を飛ぶ発射体についての研究も重要性が高まった．またそれまでの羊皮紙に替わって紙が使われるようになり，さらに可動活字による印刷術が発明されたことも重なり，情報の伝達は画期的な革命を迎えたのである．こうして古典書や新しい書物が毎日ヴェネチアで印刷されるようになったのであるが，数学のテキストが書物として出たのは30年後のことである．その原因の1つは，図を印刷することが困難だったという事実であったが，エーアハルト・ラートドルトによってこの問題も解消された．1482年にカンパヌスによる『原論』の翻訳が，数学書として初めて印刷物となって発行された．

『原論』の復活

　『原論』を初めてギリシャ語から訳したのはバルトロメオ・ザンベルティ（1473〜約1539年）であり，1505年に出版されたその書には，『原論』をもともとの状態で復元しようとする努力が見られ，カンパヌスの不正確さに対して厳しい批判が書かれて

いる．ザンベルティは第14巻と第15巻が元からあったものではなく，ヒュプシクレスによって書かれたものであると考えた．しかしカンパヌスと彼の数学の浅はかな知識に対するザンベルティの批判は，逆に報復を促すことになった．カンパヌスの訳書はルカ・パチョーリが擁護し，補正を加えた形で1509年に再出版された．パチョーリの考えによると，カンパヌスの著書に見られる間違いの数々は，作者によるものではなく，作者が当時手に入れることのできた写本の質が原因であるというのである．写本の作成者の軽率なミスが多く入り込み，特に図に関してはそれがひどかった，という訳である．

　ザンベルティがギリシャ語版からの正確で忠実な翻訳を目標にして努めたことは確かであるが，数学上のミスに関しては気づかないものが多かった．ザンベルティやその他の翻訳者が数学者としてのレベルに欠けていたという事実により，まだまだ質の高い数学翻訳書が必要であることを多くの学者が悟るようになった．理想的に言えば，ギリシャ語に通じた数学者がこれらの新しい翻訳書を書けばいいのである．そもそも数学において書物の復活が可能であるというのは，数学という学問の持つ美の一面であると言える．数学以外の分野でも同じように，間違いを含んだテキストから翻訳者がミスと知らずに訳し続けてきた例が多くある．もちろん，数学でもその分野の専門家が翻訳者である場合が少ないので同じことが起きたのであるが，数学上の論理的展開や論理の一貫性などから，ミスが必然的に明らかになってくる．これによって，オリジナルの語句が失われた場合でも，テキストの最初の意味を復帰させることが可能になるのである．

　当時のイタリア人数学者たちは，数学という学問を復活させたいという意志を持ち，古典テキストを修正することに没頭していた．フランチェスコ・マウロリーコ（1494～1575）もそういう数学者のひとりであった．彼の父親はコンスタンチノープルの出身だったがシチリアに移り住み，そこで息子に数学と天文学を教えた．マウロリーコはギリシャ語にも数学にも知識を持っていたので，言語的にも技術的にも古典的テキストを再構成するだけの能力を身につけていたのである．『原論』は彼が15巻すべてを訳したのだが，残念ながら数学の復興までには彼の業績は及ばなかった．彼の翻訳はほとんど全部，写本の形式で残されているが，出版物になったのは立体幾何学に関する第12巻から第15巻までのみであり，それも彼の死後のことである．『原論』の翻訳で最も重要な業績を残したのはフェデリーコ・コンマンディーノ（1509～1575）である．彼は，16世紀におけるギリシャ語古典書物の翻訳者・編集者としてはリーダー格の人物のひとりであった．彼による『原論』の翻訳書は1572年に印刷され，19世紀に至るまで幾何学を代表する訳となった

物の新しい見方

　古典知識の再発見によってもたらされた，物の新しい見方は，美術の世界にも影響を及ぼした．偶像（人間の刻んだ神の像）は聖書により厳しく禁じられているため，初代教会に見られたようなきらびやかな飾りなどは極めて制限された．美術の目的は神の栄光を示すことであり，聖書的主題が非常にポピュラーであった．また美術作品は飾りだけでなく，教育のためにも使われた．それは教会の信者たちの多くが文字を読めなかったので，教会の教えを覚えるのに絵画が役に立ったわけである．このため物語は簡潔でわかりやすく語ることが必要とされ，大切な要素に重点が置かれた．一般的に絵画の背景は金色に塗られ，何か特別なことが起こっていることを示した．シーンは自然的でなく，非自然的，奇跡的な現象であり，絵に登場する人物も硬く静止している感じがする．そこには感情もなく生命すら存在しないようであり，時には無重力状態にいるようで，この世のものとは思えない，いわば霊妙な感覚を与えるようなものもある．ギリシャ芸術に見られる優れた動きや表現はまったく存在しない．背の高さも，違いがあるとすればそれはその対象の相対的な重要性や社会的地位を示唆するものでしかなかった．例えば，聖者は普通の人間より背が高く描かれている．

　12世紀，13世紀になって，人間とその宇宙や世界が重視されていた古典文化やその知識がヨーロッパに広まってくると，芸術家，学者も影響を受けて，周りの現象を観察，研究するようになった．自然に対する新しい興味，また自然現象を記録しようとする彼らの試みによって，それまでの美術や絵画がいかにリアリズムに欠けているかがわかってきた．それまでの絵に生命が宿っていないという事実も明らかになってきた．しだいに，金色であった背景も青に塗り替えられていき，部屋のインテリアなどのように場所を示すような特徴も絵に導入されるようになった．物に影をつけることにより立体感，量感を表すことも導入された．

　立体感を表すのに芸術家が使った最初の方法は，物体をその実際の形ででではなく，それに対する感じ，感覚で表現するものであった．例えば，長方形のテーブルは図3.3(a)のように描かれた．物体はさまざまな側から同時に見たかのように描かれ，1つの定まった位置から見たものとしては描かれなかった．この結果，見ている者からすると，近くの方の物が小さく見えるような絵ができてしまう．その後に使われるようになった光学的遠近法（透視法）とは対照的なこの方法は，転倒遠近法または反復遠近法と呼ばれることがある．ただし，後に数学的根拠に基づいてできたような定率のスケール縮小はまだ使われていなかった．

　光学的遠近法が美術で導入されてからも長い間，数学・科学系の論文にはそれまでの古い形式の図が使われ続けた．例えば円柱を例にとってみると，図3.3(b)のように，円形の端面2枚と平行に見える側面という2つの代表的特徴が現れるように描かれている．

(a)   (b)

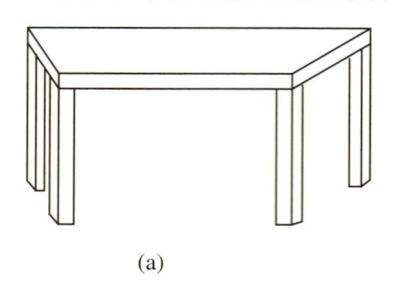

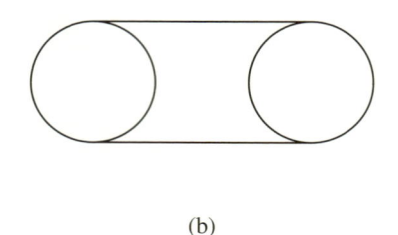

図 3.3

　このような主観的経験に基づく絵画方法は，より客観的なアプローチによって置き換えられていった．画家たちは，描いているシーンから自己を切り離して考え，物体をいろいろな場所から取り巻いているのではなく，ある一定の視点から見る立場で観察をするようになった．また，絵の構成も，物体の配置をより意図的に考えるようになり，それぞれが単独であるばらばらな物の集まりではなく，空間的関係でも一貫性を表すものとなってきたのである．

　14世紀になる頃にはすでに，画家たちは現実的な空間の描き方を知っていたようである．物体には重力もあれば体積もあるし，物の遠近感もよくわかるように描かれ始めた．そこには，やがて実現される幾何的に正確な遠近法が何となく，感覚として存在していたようである．視線より上にある直線は，遠ざかるにつれ下に下りるように見え，視線より下の直線は逆に，上がるように描かれるのである．中心から向かって左の直線は遠ざかるにつれ右へ，また中心から右の直線は遠ざかるにつれ左へ伸びていく．このような一般的な法則によれば，実際は相互に平行である直線は絵の平面ではゆがんで見え，1点でとは限らないが遠ざかるにつれて収束していく傾向があることを意味する．このような作図方法には不正確さがかなり潜んでいることは間違いないが，ここに書いてあるような収束の簡単な原則に従うと，本当に空間に見える満足のいく錯覚を起こすことができることも確かである．建物を斜めから描くと，その収束する直線によって3次元的効果が強く出るため，斜め角度から好まれて描かれるようになった．ジョットとドゥッチョはこの方法で空間の感覚をうまく表現した．この2人の画家は，いろいろな特徴のある建物を実物のような構成で初めて表現したのある．

　ちょうどこの頃，絵画は窓のようなものである，という考えが生まれた．つまり観察している者からすれば，キャンバスに向かって物を見るとき，世界を表現する平面な画像を見るのではなく，言ってみればちょど開いている窓を通して外の風景を見るようでなければならない，ということである．本当の3次元空間的錯覚により，空間をただ暗示するのではなく実際に描こう，と画家たちは努めた．

　中でも，15世紀初期にフィレンツェ聖堂の階段で公に最高の錯覚を演出した画家がいる．現在もこの有名な実演で知られるフィリッポ・ブルネレスキ（1377〜1446）であるが，彼は現実的に見える絵を描いただけでなく，実際のシーンで目が見る画像と同

じ像を正確に再生したのである．彼が描いたのは鏡に映った洗礼堂であり，実際の建物の鏡像の絵である．行き交う人々に彼は，小さな覗き穴をあけた板を通して反対側から実際の礼拝堂を見るように促した．そして自分の絵の前にももう1枚の鏡を置き，反対側から見ている人が絵の鏡像を見れるようにした．こうして鏡を置いたりとったりして，絵と実際のシーンを比較できるようにしたのである．ブルネレスキがどんな動機でこんなことをしたのか，またどうやってその絵を描いたのかはわからないが，この実演は非常に説得力を持っていたと思われ，現在ではこの実演こそが美術における遠近法理論の始まりだとされている．

遠近法

15世紀中期までは，「perspectiva」というラテン語の言葉が空間を表現しようとする美術的方法と関連して使われることはなかった．それまでの書物や論文に出てきたのは「自然的遠近法」であり，光学的・ビジュアルな感覚の表現であった．空間を平らな平面に表現しようとは誰も考えていなかったのである．しかし，絵を見るのが開いた窓から風景を見るようであるべきだ，という考えはいつの間にか目で収束する光線の視覚ピラミッドの構想と関係づけられたようである．すなわち，目が実際のオリジナル・シーンと絵から同じ像を見れるようになるにはその絵が視覚ピラミッドの断面でなければならない，という考えである．

建築家であったブルネレスキは，建物の平面図や立面図について知識が高かった．現実的な絵を描きたいと志願していた彼にとって，このような設計計画に関する情報は，絵の平面と視覚ピラミッドの交差を幾何的に構成するのに十分なものであった．観察者の位置と絵の平面を，設計図に加えるだけでできることである（図3.4参照）．こうすれば平面図（上から見たシーン）は視覚ピラミッドを通した水平断面であり，立面図（横から見たシーン）は視覚ピラミッドを通した垂直断面となる．絵図の平面はこのピラミッドを通した横断的断面であり，平面図，立面図どちらにおいても1本の線分となる．絵の任意の点の横の位置は平面図から読み取ることができ，その高さは立面図から読み取ることができる．これら2つの位置情報を組み合わせると，空間点の像を極めて正確に絵の平面上の点として位置づけることができる．

こうしてできた像は観察者の位置に依存する．観察者と建物の間の距離が変化するとそれにつれて建物の見え方も異なってくる．しかし絵の平面と観察者の間の距離は遠近法の構図そのものに影響しない．ただ，像のサイズが変わるだけで相対的比率は変化しない．この法則こそ，線形遠近法の本質なのである．ただ，観察者と絵の間の距離は実際に描かれる絵を見るときに非常に重要になってくる．実際の風景と同じ像を絵によって目にも届けるためには，視覚ピラミッドの頂点に目が位置していなけれ

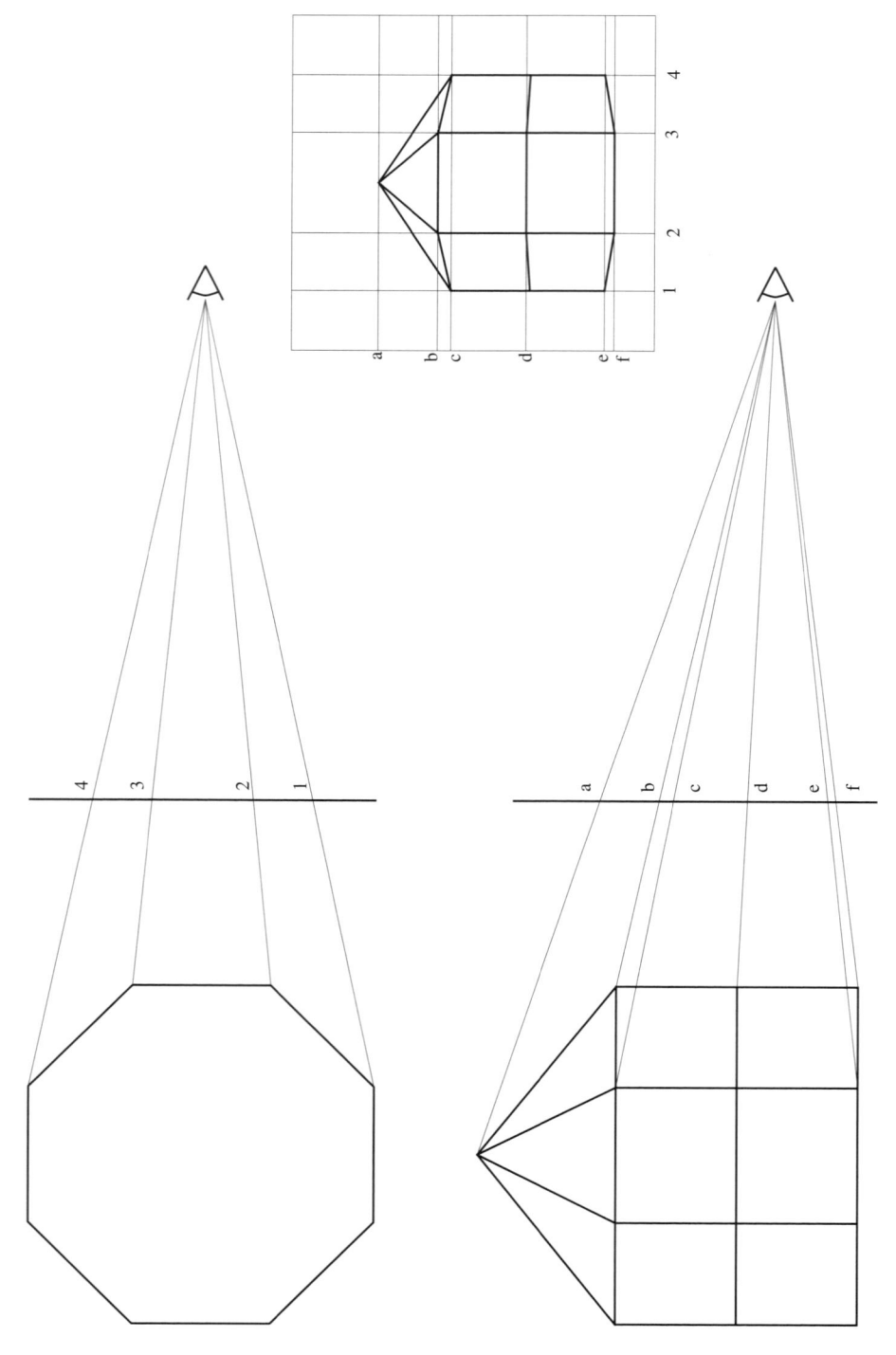

112　第3章　多面体幾何の衰退と復活

図 3.4：平面図，立面図を使って遠近法の図を構成する．

ばならない．このため，現実的な効果を出すためには，絵の幅と観察者までの距離の比率が，絵を描く者と後で見る者にとって，等しくなければならない．

このようにして絵を何枚か構成してみると，もっと簡単な方法があることに気がつく．まず，絵の平面と平行な直線はすべて歪みなしで表される．絵の平面に対して斜めの平行直線はすべて1点に収束する．それだけではなく，こうしてできた収束点(消尽点)はすべて1直線上に位置する(水平線である)．ブルネレスキが人工遠近法を発見したときにこういう行程を使ったかどうかは不明だが，画家たちのためにこのようなテクニックは後に参考書に書き記されたのである．

遠近法を使った初期の画家

ブルネレスキのあの実演からしばらくの間，遠近法を使った絵画のテクニックは画家たちの間で受け継がれていった．その方法は組織的で簡単に覚えることができ，実物のようにリアルな建物を描くために使われた．しかし，これを使ったからといって必ずしも作品が美学的に優れたものであったり芸術的に質の高いものになるとは限らない．遠近法の正しい使用というのは，絵画の与える総合的印象を左右する要素の1つにすぎないのである．一貫性とバランスを持つ構図を考えることの方が，数学的に正しい図を作図することよりはるかに重要になる．遠近法作図構成を最初に使い始めたのは，ブルネレスキの友人であるマサッチョ，マソリーノ，ドナテロの3人である．

マサッチョは，遠近法を完璧に利用しすぎると，かえって味気ない絵ができあがることにいち早く気づき，正確な公式を自分で本能的に調整して，見た感じがより快い構図を作った．15世紀のほかの画家たちも，それぞれ構図に合わせて遠近法の原則を自由に利用したりしなかったりした．ルールをいつ厳守し，またいつ無視するかを判断するのは偉大な画家の才能である．

遠近法を正確に使った場合に起こる，あまりに強烈な距離感に対応するにはいろいろな方法がある．例えば，遠近感を逆に弱めるために空気遠近法を使うという手がある．これは，遠くにある物を明るい色にし，近くの物をうすいカラーにすることである．また，消尽点を何かの物品の後ろに置く(つまり物品の輪郭の中に位置するようにする)，というやり方もある．こうすることにより，視線が直線をたどってどんどん遠ざかってしまうのを防ぐのである．実際，消尽点の位置をうまく決めることによって見る人の視線の焦点を操作することもできる．人間の目は収束する直交線にしたがって，その自然的極限点へと動くのが普通である．この収束点が，何かの動作の中心点である場合には，その動作の重要性が強調される．同じように，消尽点が自然な焦点から離れている場合は，普通では見逃されるような詳細が強調されたり，緊張感や対立感が表されたりする．

遠近法の導入を，ただ美的技術の改善だけであると考えるのは間違いである．マサッチョは自然に垂れている反物，服生地を好んで描いたが，彼より以前の画家たちにも服生地を見る機会は十分あったのである．すなわち，変化していったのは画家たちのテクニックというよりも彼らの意志だったのである．もちろん，美術的スタイルも変わっていったが，それは周りの世界を見る新しい方法が生み出されたからである．

レオン・バティスタ・アルベルティ

平面図，立面図を遠近法的な図面に変換するのはかなり骨の折れる仕事であり，想像するだけのシーンを描くためにはあまり適した仕事でもない．これより簡単な作図方法が1435年に，レオン・バティスタ・アルベルティ(1404～1472)によって『絵画論』という書物で紹介された．人工遠近法を理論と作図方法を説明したものとしてはこれが初めての論文である．アルベルティのこのラテン語著書の読者は，美術鑑賞者たちであった．またこれと対をなすイタリア語の『絵画論』は，その翌年の出版であるが，こちらの方は画家たち自身のために書かれたものである．これらの書物を通じてアルベルティは多くの画家たちにこの新しい美術テクニックを紹介したのである．

アルベルティはその著書の中で光学幾何学を使っているが，それは数学者の使う抽象的な説明ではなく，技芸家や職人によくわかる言葉で表現されている．

> 私がこれらのことを説明してきたのは決して数学者の立場からではなく，画家の立場からであるということを覚えておいていただきたい．数学者というのは頭脳のみで物の形や形式を測定し，実物に対してはまったく別の世界のもののように考える．これと対照的に目に見える物を物語る我々は，もっとありのままの言葉で表現をする．[b]

このアプローチは，ユークリッドの影響と同じく，しだいに広がっていった．彼が最初に挙げる定義は『原論』のはじめに出てくるものを言い換えたようなものである．**マーク**とは，何でも目に見える物のことである．**点**とは，それ以上小さい部分に分けられないマークのことである．**直線**とは，その長さは分けられるが幅は分けられないマークのことである．布地の糸のように近くにある多数の直線が形成するものを**曲面**と言う．

開いた窓のような絵を描くには，そこに登場するすべての物体の位置や大きさを判定することが重要である．アルベルティはまず，タイルを敷き詰めた歩道をキャンバスに描いて，これを基準的な格子として他の物のサイズや位置を決定した．この舗装された歩道(これは地平面と呼ばれる場合もある)は一定のパターンにしたがって部分分割されており，遠くに行くに従って正しく縮小されて描かれている．これにより，そのシーンに出てくる他の物体の位置や大きさの比率を決めることができるのである．遠近法の基礎的公理というのは，物体の像の大きさが距離に従って線形に小さくなっていくということである．その形態・相互比率は不変であるが，規模すなわちスケールが変わってくるということである．

アルベルティの方法では歩道の形が何よりも基礎となり，これを正しく描くのが最も根本的なことである．それ以前の画家たちがうまく答えることのできなかった問題はまさにこれであった．例えばタイルの水平の列の幅を，1列離れるにしたがって，ある比率だけ小さくしていく，というやり方があった．つまり，幅を3分の1ずつ縮めていく，というような方法である．アルベルティは幾何学的方法を使って，このやり方を改善したが，これは「適正な構成」と呼ばれるようになった．

パオロ・ウッチェロ

この新しい遠近法幾何学は，直線や平面などによってできている物を描く場合，必然的に応用されることが多かった．この遠近法の原則は実際それほど難しいものではないが，応用しようとすると多様な問題が出てくる場合がある．この結果，画家たちのチャレンジする対象となった物理的空間や物品もその種類がかなりシンプルな物ばかりとなった．15世紀の絵画ではそれ以前の美術や自然で見られるよりはるかに多くの直角や直線が見られる．建物は引き続き人気のある対象であった．建物の建築外観や室内の様子などは簡単にかつ正確に描くことが可能だからである．この場合，アルベルティが図の構成行程の一部として説明した「格子」は最終的には床や歩道のパターンとして現れたりした．

建物以外で主に直線でできている物として幾何学的立体があった．多面体の形の物体やフレームワークは遠近法構図の練習対象としてよく使われた．パオロ・ウッチェロ（1397〜1475）は特に幾何学や遠近法に強い関心を示した．彼は難度の高いオブジェを丁寧に細かく描き，遠近法の問題の研究にかなりの時間を費やした．ウッチェロの伝記を書いた作者ジョルジョ・バザーリ（1511〜1574）はその著書『最も著名な画家，彫刻家，建築家の伝記』の中でこう語っている．

> パオロは親友である彫刻師ドナテロに幾何学的ないろいろな絵を見せた．例えば投影点や突起点がある多面体的ないくつかのマゾッチオ（原註：トーラスのこと）をいろいろな角度から遠近法を使って見た図，またダイヤモンドのような七十二面体になっている球面（そしてその各面には棒の周りにぐるぐる回りついた削りくずやその他，彼が時間を浪費して描いた奇妙な対象の数々がある）などである．そういうとき，ドナテロはこう言うのである．「パオロ，君はこの遠近法とやらを使って確かでない物のために確かである物を捨て去っている．このようなやり方は丸や四角の小さな部品や飾りやその他の物を必要とする，はめ木細工にくらいしか使えないよ．」[c]

ウッチェロは遠近法構図に時間を浪費しすぎた．代わりに動物や人物像に同じ程の情熱を持って時間をかけて頑張ればもっとよい作品を描けたのに，とバザーリは考えていたようである．ここで，カンパヌスの球面も引用されていることに注意されたい．

1426年から1431年までウッチェロはベネチアにいた．この間彼はサン・マルコ大

聖堂の床パターンのデザインを手がけていたとされている．このデザインの中には大理石の対照的な色合いが配慮深く並べられていて，いかにも3次元的な効果を持つものもある．西側のドアに至る廊下の1つには，六角柱の形をしたネックレスに囲まれた多面体をモチーフにしたパネルがある．（カラー図7を参照．）このデザインは一般にウッチェロの作品とされている．

木工作品での多面体

　上記のバザーリによる引用の中でドナテロははめ木細工と関連して遠近法を述べている．木は新しい美術を表現するのによく使われる材料であった．寄木象眼の職人たちは遠近法の研究に優れており，「遠近法の名人」と呼ばれるほどであった．彼らの美術的レベルの高さを示す象眼の絵は現在でも多く残っている．初期のパネルには遠近法を使って描かれた幾何学的に簡単な物品や建物などが描写されている．モチーフの中にはトレードマークになるほどよく使われた物もあった．多面体の中でも比較的簡単な形の物が特に好まれてテーマとされることがあった．プラトン立体やアルキメデス立体も，カンパヌスに紹介された七十二面つき球面とともによく使われた．もう1つポピュラーであった立体は「マゾッチオ」と呼ばれる一種の多面体的トーラスであった．図3.5がその例の1つである．この名称は頭にかぶる一種の飾りの名前に由来している．その他のポピュラーなモチーフとしては書物や，アーミラリ天球面などのような科学測定器，リュート，オルガンなどの楽器があった．

　図3.6は1470年ごろに作られたフィレンツェの職人によるはめ木細工パネルの静物デザインである．構成をより困難なものにするため，つまりそれによりこの新しいテクニックにおける，より優れた技術や技能を持っていることを示すため，多面体は中が空洞になっていて後ろ側の面もよりよく見えるようになっている．このように稜のフレームワークだけでできたものを**骨格多面体**と言う．他の多面体に内接する多角形もよく使われた．このような多面体の組み合わせには木工技師や象牙技師も目をつけた．1つの多面体をもう1つの多面体の中にはめ込み，自由に回転させたりするのは可能だが決して取り出せない，というような構造を作った．

　今でも最もよく残されている寄木象眼の数々はヴェロナとウルビノにある．フラ・ジョバンニ・ダ・フィエゾレという芸術家はヴェロナのオルガノにあるサンタ・マリア教会の合唱団席と聖具室にとても美しいパネルを何枚か描き残している．この聖具室にあるパネルのうち2枚が，多面体の遠近法的絵画を表している[2]．そのうちカンパヌスの球面，二十面体，その切頭した形を描いている方の絵は，カラー図6に示した．もう1枚の方のパネルも骨格形を表しており，そこには立方体や二十面体をベー

---

[2] もし実際にこれをご覧になりたいという方は，聖具室を見せてくれ，と具体的に頼まなければならない．

木工作品での多面体　**117**

Courtesy of the Ministero per i Beni Culturali e Ambientali, Urbino.

図 3.5：ウルビノにあるフェデリゴ公の書斎の 1 枚のパネル．

スとした多角形や立方八面体なども見られる．
　ウルビノにあるフェデリゴ公の宮殿の書斎にははめ木細工のパネルが何枚か飾られている．この中には，扉の開いている戸だなの中に楽器，科学的測定器，書物などを描いているものもある．図 3.5 に出ているものは多面体的トーラスが見られる．このほかにも，このようなマゾッチオの例はモデナ聖堂の合唱団席などで見ることができる．
　多面体の例はまた，首都マドリードのすぐ外にある王室宮殿エスコリアルにも存在する．この宮殿はもともとフェリペ 2 世(1527〜1598)によって建てられたのであるが，若き王子として数学の勉学に秀でていたと言われている．この宮殿の王座席室のドアは，この王子の義理の父，マクシミリアン 2 世からの贈り物であるが，ドイツの職人によりきめ細かく彫られており，象牙がはめ込まれている．寄木象眼のパネルにはごく普通の物(リュートや書物)や多面体などが描かれた．

118　第3章　多面体幾何の衰退と復活

Courtesy of The Art Museum, Princeton University.Gift of Frank Jewett Mather, Jr.

図3.6：15世紀，はめ木細工パネルのための静物デザイン．

ピエロ・デラ・フランチェスカ

　画家たちが空間を現実的に表現するためにアルベルティが定めた原理だけでは，多面体のような複雑なデザインを構成するには不十分であった．多面体を正確に構成する方法は『絵画論』には記されていなかったが，そういうやり方が世紀の前半までには（あるいはそれ以前に）知られていたことは確かである．この方法を初めて書き残したのはピエロ・デラ・フランチェスカ（1410頃～1492）であり，その後は多面体の遠近法的構成が画家たちの教科書に一般的に紹介されるようになった．バザーリは次のように述べている．

> これまでにも言ったとおり，ピエロは自分の美術を熱心に学び，遠近法を情熱を持って追求した画家であり，ユークリッドのことも大変よく知っていた．したがって彼は，正立体の曲線などについての理解を他の誰よりも持っており，この分野において完全な光を照らしてくれた人物だと言うことができる．[d]

　1470年代初期，ピエロは画家としてのキャリアを完全に捨て，遠近法の数学的理論の研究に専念し始めた．彼の書いた『絵画の透視図法』は1482年から1487年の間に著作されたものであるが，そこに掲載されている構想はそれよりもかなり前に考えられたものである．この書には，平面図で描かれてある物体を絵の平面に遠近法を使って描くための変換法が2つ記されている．その1つは，前にも説明したが，ブルネレスキがビルの遠近法図を構成するために使ったと推測される方法によく似ている．ピエロのもう1つの方法は，正方形のタイルで埋め尽くした道の表面を使うアルベルティの方法を拡張したものである．アルベルティとピエロのふたりは，ウルビノでよく会ったものと考えられる．図3.7はピエロのもので，地面上に置いた正五角形の描き方を示している．点 A は中心の消尽点で，$BCED$ は図の平面に投影した正方形を表す．ここで，この正方形を，図の平面上にある直線からなる図形ではなく，図の平面の後ろに存在する実際のタイル1枚だと考えてみよう．稜 BC をドアの蝶つがい（ヒンジ）と考えればこのタイルは，このヒンジの下に垂れ下がるように回転させてやることができる．ここで（この場合は正五角形を）遠近を使って描く（つまり奥行を縮めて描く）にはまず，紙の上の実際の正方形に描き込むわけだが，問題はそれをどうやってこの正方形の像の中に変換してやるか，ということになる．そこで正方形 $BCED$ にも，またその像にも対角線 BE を引く．

　任意の点の像が図のどこに位置するかを決めるため，頂点 H をこの例では使うことにする．横の座標の変換は簡単にできる．H を通る垂直線を，BC と交わるまで書き，その BC 上の終点を消尽点 A と結ぶ．H の像はこの直線上のどこかの点になるはずである．ここで対角線 BE を使えば正確にこの位置がつかめる．まず，H を通る水平線をとり，これが BE と交わる点を N とする．この点 N の像は，横の位置が H と同じ方法で決まるのですぐにわかるが，直線 BE の像となる直線上に位置することに

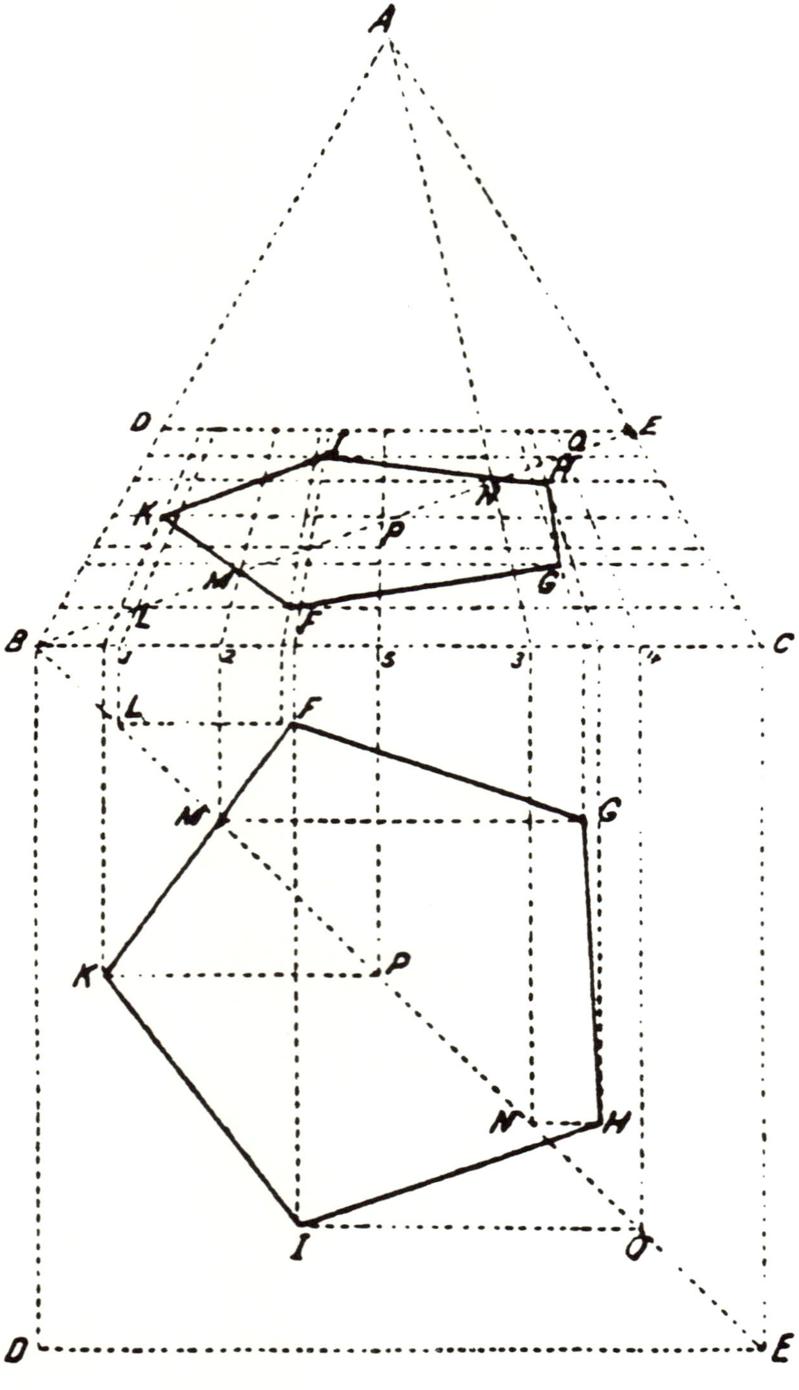

120   第3章　多面体幾何の衰退と復活

図3.7：正五角形を遠近法によって構成するピエロの方法.

なる．また水平な直線 NH の像も水平となる．したがって H の像はこの点を通ることがわかっている 2 本の直線の像の交点となることがわかる．このように継続していくと五角形の頂点すべてを像の平面に変換することができる．ピエロはまた，地面から離れている点の像の位置を決める方法についても述べている．このように各点を 1 つずつ構成していく方法は，時間も手間もかかるやり方ではあるが，決して難しいことではない．忍耐を持ってすれば必ず，どんな点でも像の位置を決定することができ，複雑なパターンであっても正しく奥行を縮めることができるはずである．

ピエロはもちろん画家であったが，同時に優れた数学家でもあった．彼は数学の書も 2 冊書いている．1 冊目は 1450 年ごろ書かれた『算術論文』であり，もう 1 冊は約 30 年後に書かれた『正多面体論』である．この 2 冊目はグイドバルド公に捧げられており，正多角形や正多面体の測定の仕方について書かれたものである．ピエロは幾何学的立体間の決まった比率をとり，これを算術的問題として使った．例えば，直径が 7 である球面の中に内接した立方体の表面積を求めよ，といった問題である．また，各辺の長さが 12 である正方形からなる立方体に内接された八面体の各辺の長さはいくらか，という問題も見られる．アルキメデス立体もよく練習問題に登場する．例えば，4 つの三角形と 4 つの六角形からなる多面体（すなわち切頭四面体）が直径 12 の球面に内接している場合，各辺の長さと表面積を求めよ，というものもある．

ピエロの著書『算術論文』は，もともとフィボナッチという名で知られているレオナルド・ダ・ピサ（1170 頃～1250）が書いた 2 冊の本から始まった『アバクスの書』という一連の書物の一部である．

フィボナッチは北アフリカで教育を受けた後，各地を旅し，その著書『アバクスの書』（1202）において初めてヨーロッパにアラビア数字や計算方法を紹介した人物である．また『実用幾何学』（1220）という書で，もともとギリシャ語やアラビア語で書かれてあった幾何学や三角関数論をラテン語に翻訳したのもこのフィボナッチである．フィボナッチは 5 つのプラトン立体のうち 3 つを挙げており，「興味のある読者はユークリッドを参照せよ．」と記している．ピエロはこれに従ってカンパヌス版のユークリッドを読んだと思われる．それは彼が 5 つの立体すべてについて説明をしており，彼の著書『5 つの正立体に関する本』でもユークリッドの原論第 15 巻から引用された部分があるからである．

アバクスの書というのは，もともと商人を目指す者に商業用数学を教えるために書かれた書であった．公式や方法を書き記したり実際にやり方を説明した例を載せた，応用的テキストもあれば式や法則の論理的理由を説くテキストもあった．当時は重さや容量にも決まった基準がなく，一定の大きさの入れ物すら存在しなかった．さらに，各市ごとに独自の通貨があった．したがって商人たちには比率（為替レート）を使った計算が不可欠であり，大きな缶やその他の入れ物の容量もすばやく正確に測定する必要があった．北ヨーロッパでは大きさを計るための目盛りつき定規があったようだが，

イタリアでは幾何を使った．立体はまず，2つのグループに分けられた．ピラミッド型と柱形である．ドラム缶のような大きな缶の容量(体積)を測るには，これを短く太い円柱と考えるかまたは切頭円錐を2つ底面で引っつけてできた形だと考える．このように，複雑な形をいくつかの簡単な形に分解するという技能は画家たちも使った方法である．体積を簡単に求めることのできる立体は，描くのも比較的簡単である．こうして画家たちと，その絵を鑑賞する人たちとの間に親近感が存在するようになった．見る人は，絵の対象をその形として分析することができたからである．つまりテントは円柱の上に円錐を乗せたようなもの，帽子は角柱のようなもの，という具合に比較することができる．

ピエロが書いた美術本と同様，アバクスの書も，この分野においての同類の著書と比べるとかなり優秀に書かれている．彼は幾何を日常の物体に応用するだけでなく，抽象的な多角形，多面体も研究している．さらに，球面の中に内接できる正多面体やその他の多面体のことについても触れている．言うまでもなく，商人たちにはこれらのことはまったく不必要であった．

ルカ・パチョーリ

ルカ・パチョーリ(1445〜1517)はピエロが仕事場を持っていたトスカナのボルゴ・サン・セポルクロで生まれた．ピエロが若いパチョーリの教育に携わったかどうかは知られていないが，後に友人関係を持っていてフェデリゴ・ダ・モンテフェルトロ公のウルビノにある邸宅でよく会っていたことは確かである．ピエロの業績が広く知られるようになったのはパチョーリに依存するところが大きい．ピエロの仕事は写本としてウルビノの図書館にのみ保存されていたのだが，パチョーリが自分の著書にその写本を部分的に引用したことがきっかけとなってピエロの書が初めて印刷されたのである．

パチョーリの有名な肖像画(カラー図5)はもともとはウルビノに掲げられていたものだが，現在はナポリのカポディモンテ博物館に飾られている．1495年に描かれたこの肖像は，彼が幾何学の講義をしている姿を描いている．この絵の構図は当時，数学書の表紙ページに使われた構図とよく似ており，絵の左上端にはガラスの多面体が，プラトン的構想の世界における数学の純粋で永遠的な真実性を象徴するかのように浮かんでいる．講義する教師はこの完全なる原型を見て，本や図やモデルを使ってこれを学生たちに説明しようとしているのである．もうひとりこの絵に描かれている，講義に無関心であるかのような人物は，誰だか知られていない．グイドバルド公だという説もあれば画家自身であるという説もある．(この絵の作者が誰であるか，という問いにもいろいろな説があるのだが一般にはヤーコポ・デ・バルバーリとされている．)

最近になって，この絵の中の人物がアルブレヒト・デューラーではないかという説がニック・マキノンによって説かれている．

パチョーリは1470年代にフランシスコ会の修道士として任命を受けたが，これも絵の衣装（ローブ）によって象徴されている．この他にもコンパスや十二面体などのような幾何学的道具や「Euclides」と書かれた石板などもこの絵には登場している．この石板に書いた図のもとになっている本のページには「LIBER XIII」という文字が書かれているが，これは多分ユークリッドの原論の最後の巻に説明されている正多面体のことを象徴しているのであろう．

遠近法の幾何学を石板の円に応用すれば楕円になるはずであるが，ここに描かれている形はどう見ても円錐曲線には見えない．この絵に出ているもう1冊の本は，その背に「LI. R. LUC. BUR」という字が見られる．これは「Liber Reverendi Lucae Burgensis」すなわち，ボルゴのルカ師による本，を意味し，パチョーリが1494年に出版してグイドバルドに捧げた数学百科『算術，幾何学，比と比例大全』を表している．この書はピエロの『算術論文』を含む多くの数学書の結果をまとめた図書である．

このパターンはルネサンス期の他の数学者の肖像画にも使われた．ニコラ・ヌシャテルの最もよく知られている作品は，ニュルンベルクの数学者・能筆家であるヨハン・ノイドルファとその息子の肖像画で，1561年に描かれた絵である（図3.8を参照）．ノイドルファが十二面体の模型を手にして，この多面体の幾何を説明している姿が描かれている．息子は熱心にノートをとっている．プラトンの世界は骨格立方体がふたりの上に浮いていることによって象徴されている．

1496年にパチョーリはミラノのルドヴィユ・スフォルツァ公爵邸宅に，数学を教えるために招待された．フランスのルイ12世がこの都市を公爵から取り上げた1499年まで，彼はここに滞在した．彼がレオナルド・ダ・ヴィンチ（1452〜1519）と出会ったのはここでのことである．他にもさまざまなものに興味を持っていたレオナルドは幾何，中でも特に正多面体の構成に大変興味を持っていた．エンジニアや職人が使っていた概算的な方法は彼も知っていたが，自分でも精密・概算の両方の方法を考え出そうとしていた．パチョーリはレオナルドにユークリッド幾何学を教えたのかもしれない．レオナルドがユークリッドの書を勉強したことは確かであるが，ラテン語のテキストは読解に苦しんだと思われる．彼自身のノートによると，第1巻，第2巻で正多角形を学び，第5巻と第6巻で比率の理論を学び，第10巻でまた多角形のことを勉強したと考えられる．

彼の残したノートにはまた，パチョーリの書いた『算術，幾何学，比と比例大全』の第2巻『比と比例』からまとめられた引用が見られる．

パチョーリはこのミラノで『神的比例論』を書き上げた．この著書は多分，肖像画が描かれた頃にはすでに書き始められていたと思われるが，1509年まで出版されなかった．

Courtesy of the Bayerische Staatsgemäldesammlungen, Munich.

図 3.8：ヨハン・ノイドルファとその息子 (1561)．ニコラ・ヌシャテル作．

　この本はイタリア語で書かれており，全3巻からなっている．第1巻は『神的比例論概論』という題で，ルドヴィユ・スフォルツァに捧げられている．
　そこでは「神の比率」もしくは「黄金比」と呼ばれる数の性質と多面体に関する結果がまとめられている．この中で「最もすばらしい」性質は，正五角形の対角線が相互を黄金比で割る，という結果である．また「ほとんど理解不能な効果」が二十面体に関して述べられている．二十面体の頂点で立体角を形成している5つの三角形は，五角形の底辺を持つピラミッドと考えることができる．このような五角形の辺と対角線とを交互になぞっていくと，その4本の線分を辺とする，二十面体に内接する長方

形ができる．したがってこの長方形の辺の長さの比は黄金比になる．こうしてできた黄金長方形は3つ同時に，しかも相互に垂直になるように，1つの二十面体に内接させることができる（図2.17を参照）．

この第1巻にはまた，正立体や正立体から得られる別の多面体に関することも書かれている．例えば，肖像画に表されたガラス製多面体である斜立方八面体である．この立体とカンパヌスの七十二面体球面は，パンテオン（万神殿）のドームなど，半球の形をした建築構造を作るのに応用できるので，建築学に役立つとパチョーリは述べている．

パチョーリは，新しい多面体を生成するのに2つの方法を使っている．切頭と添加である．このうち，切頭の応用は一貫性に欠けている．三角形を面として持つ立体の頂点をピラミッド型に切り落とすと，一般的な切頭四面体，切頭八面体，切頭二十面体ができる．パチョーリがこれ以外の2つの正多面体を切頭してできた立体は，現在では立方八面体，二十・十二面体と呼ばれている立体である．添加は，これの双対的なプロセスで，逆にピラミッドを多面体の面に貼りつけるやり方である．パチョーリは添加した多面体を「持ち上げた」多面体と呼んだ．添加は5つの正多面体，立方八面体，二十・十二面体，斜立方八面体に応用され，レオナルドはこれらすべての多面体をデッサンしている．これらの多面体は，骨格（パチョーリの言い方では「中空」）としても立体としても描かれている．図3.9にいくつかの例が見られる．添加された八面体は，いくつかの観点から解釈することができ，後の章で何回も繰り返し登場することになるであろう．これは八面体の各面にピラミッドを貼りつけてできた立体であると同時に，2つの四面体が互いに突き抜けてできた立体とも考えることができる．

神的比例論の第2巻はローマの建築家ウィトルウィウス建築に関するものである．第3巻はピエロの『正多面体論』のイタリア語翻訳書である．モンテフェルトロの公爵たちはいずれもピエロ，パチョーリの後援者であり，パチョーリはウルビノ図書館にあったオリジナルの写本を手に入れることができたはずである．パチョーリは，ピエロの業績をピエロの名前なしに引用したとしてよく剽窃者と言われるが，実際のところ，もしパチョーリが自分の著書でピエロの考えや結果を紹介しなければ，ピエロの数学はそれほど広い範囲で評価を得なかったであろうと思われる．

アルブレヒト・デューラー

その後まもなく，この新しい絵画スタイルがイタリア全土，さらに外国にまで広がっていった．北ヨーロッパに遠近法の知識を紹介した第一人者はアルブレヒト・デューラー（1471～1528）である．彼はまだ20代の初期の頃ヴェネチアを訪れ，イタリアの美術に直接遭遇し，これが将来の彼の作品すべてに大きく影響した．こうして彼は遠

126　第3章　多面体幾何の衰退と復活

Reproduced from the *Companion Encyclopaedia of the History and Philosophy of the Mathematical Sciences.*

図3.9：パチョーリの神的比例論のためにレオナルドが描いた図の例.

近法にしだいに関心を持ち始めた．彼の故郷ニュルンベルクの都市に疫病が広がった1505年，多くの住民が街を後にして避難した．このとき彼は，この機会を生かしてもう一度ヴェネチアを訪問した．翌年の秋，彼が書いた手紙によれば，「遠近法の秘密」を彼に教えてくれると約束した人物がいるのでボローニャに行く，と言っている．この人物がいったい誰であるかはわからないが，ミラノ派もピエロ・デラ・フランチェスカの仕事もよく知っていた知識ある人物であろうと思われる．それはドナート・ブラマンテかもしれないし，数学を教えていたシピオーネ・ダル・フェロであるかもしれない．パチョーリはこの頃，フィレンツェにいたが，彼がこの人物である可能性もある．いずれにしてもデューラーがボローニャで得た知識は理論的なものであったはずである（応用的なテクニックや方法だけを学ぶために彼がこれほど遠いところにまで行くとは考えられない）．方法の基本となる幾何学，また正確な図を構成するための視覚ピラミッドや交わる絵の平面に関する数学などについての理解を彼は身につけた．1507年に故郷ニュルンベルクに帰ったデューラーは，遠近法の研究にかなりの時間を費やした．このとき，ヴィアトール作の『透視図法』が彼の参考書となっていたかもしれない．この本は1509年に地元の出版者によって再版されていた．

　デューラーがアルベルティ作の絵画に関する書のことを知っていたのは確かであり，ユークリッド，アルキメデス，アポロニウスなど有名なギリシャ幾何学者の数学も熟知していた．北方の職人がわかるような言語で書かれている美術理論の本がなかったという事実が彼の動機になったかどうかはわからないが，彼は自分でハンドブックを書こうと決心したようである．イタリアに2度目の訪問をする以前に彼はすでにそう考えていたようであるが，実際には故郷に帰るまで実現しなかったと思われる．彼は美術に関するすべての面（すなわち，実用的，理論的，道徳的観点）について述べようと計画した．

　ピエロと同じくデューラーもその人生の最後の数年間，理論的研究に没頭した．彼は大きな目標を抱き，古典的テキストを総合的に勉強した．そして彼の仲間である画家たちのための説明書はついに1525年に完成した．これは4巻からなる書物で，『コンパス，定規を使った直線，平面，立体の測定の芸術に関する手引き』という題で出された．

　第1巻は幾何の基本的構想（点や直線など）に関する説明で始まり，コンコイド，外サイクロイド，螺旋などのような複雑な曲線へとしだいに困難なものを取り上げる展開になっている．円錐曲線の説明の中でデューラーは，自らの構成方法を使えば正しく対称な形を持つ楕円ができるにもかかわらず，円錐を斜めに切ればその切り口は卵形になるはずだ，という直感的な考えを捨てることができなかったようである．

　第2巻では正多面体の説明があり，デューラーは理論的に正確な構成と近似的な構成を両方論じている．近似的構成については長い間，いろいろな方法が知られていたにもかかわらず，印刷されたのはこれが初めてのことであった．この本では，当時職

人たちが使っていたやり方で概算的な九角形を描く方法，円に内接する七角形を近似的に作図するインド・ルールなども紹介されている．また，プトレマイオスから伝わった理論的に正しい五角形の作図方法の他に，近似的方法を2つつけ加えた．このうち1つの方法は，今でも最も速くできる方法の1つとして知られている[3]．デューラーはまた，正多角形がどのように飾りや床の寄せ木細工，歩道のタイル貼りなどに応用できるかまで触れている．第3巻は建築や工学関係の問題に関するもので，実用的問題も取り上げられている．

第4巻では再び幾何学的テーマに戻り，立体幾何から始まる．プラトン立体や一部のアルキメデス立体についての説明が記されており，さらにデューラーの考え出した別の多面体もいくつか登場する．彼はここで，3次元の物体に関する情報を，紙を折ることによって平面状で示すという，現代ではネットと呼ばれる方法を導入している．これは，多面体の面を1枚の紙に展開して，その連結な展開図を切りとって折ってやるともとの多面体の模型ができる，という方法である．彼の十二面体に関する説明図は図3.10に示す通りである．

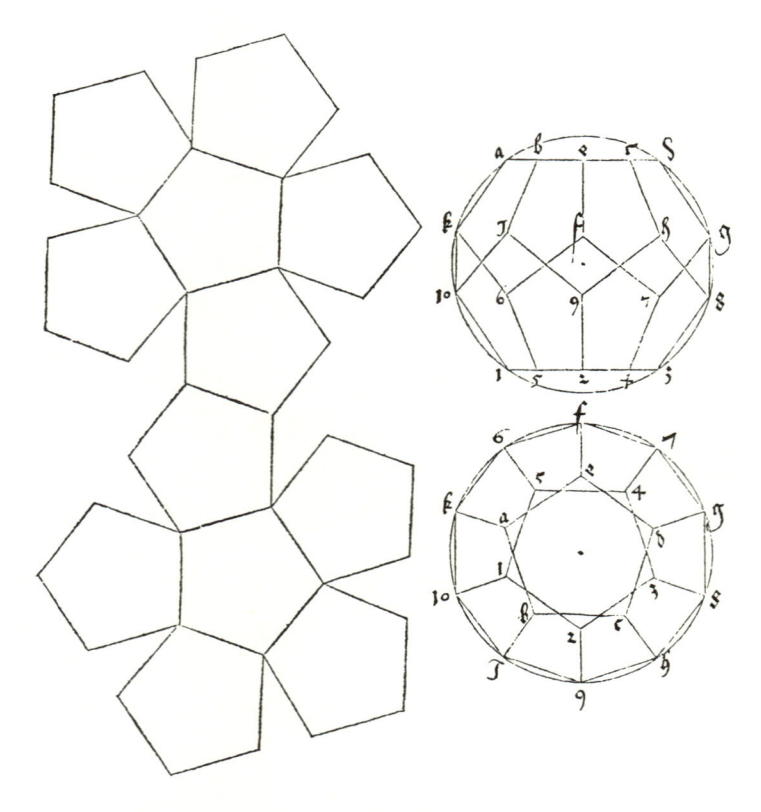

図3.10：デューラーの十二面体のためのネット．

---

[3] 詳しくは，Dan Pedoe, *Geometry and the Liberal Arts*(Penguin) 1976年 pp.66〜67 を参照．

遠近法を使った正しい絵の描き方もこの本に書いている．見ている者の目の位置を頂点とした視覚ピラミッドと絵の平面の交点こそが絵である，という考え方は，いくつかの木の彫刻によってあざやかに表現されている．その中の1つには，テーブル上の小さなオベリスク上に目を位置させて視点を定めた人物が，反対側に座っているもうひとりの男の特徴をガラスのスクリーンに描いている場面が表現されている．画家のためのこの手引き書では遠近法を使って簡単な形をどう描くかが説明されているが，もっと複雑なデザインを描くときには何らかのデッサン用道具がよく使われていたようである．

ガラス上に絵を描く，という方法には限界がある．まず，絵の平面と目の間の距離が高々，腕の長さくらいでなければならない，という制限がある．これでは，描く対象の物が奥行深い場合，目で見てもわかるほどの歪みが生じる．（例えば長いフィンガーボードのあるリュートなどがそうである．）スクリーンに近い部分が大きく見えすぎるのである．これを修正するには，例えば対象をスクリーンから少し離せばいいのだが，そうすると像のサイズが小さくなってしまう．

また，目の位置つまり視点をスクリーンから遠ざける方法もある．このアプローチは，例えば仮の目の位置を定めてそこから対象の物体までの光線の軌道をロープか何かで結んでやると可能である．このタイプの道具はケイセルによって発明されたと言

図3.11：遠近法の原理を示したデューラーの木彫刻の1枚．

われている．デューラーの2番目の彫刻（図 3.11 に掲載されている）ではそういう道具を使って2人の男がリュートの絵を遠近法で描いている場面が見られる．リュートは，よく使われた静物モチーフである．最も複雑な正多面体，十二面体でもたった 20 の点を構成することによって完全に定められる一方，デューラーのリュートには 150 以上の点が存在することからも，この仕事がいかに大変だったかが理解できるであろう．

ヴェンツェル・ヤムニッツァー

　美術の理論と応用におけるデューラーの影響は極めて大きなものであった．特に，ドイツのグラフィック・アートではこの影響が著しく現れた．パチョーリとデューラーの後を継ぐかのように，ニュルンベルクの画家たちは遠近法の勉強に多面体を使い始めた．プラトン立体やアルキメデス立体をはじめ，これらの立体から得られるさまざまな立体の遠近法的デッサンを載せた本が数多く出版された．アウグスティン・ヒルシュフォーゲル著の『幾何学』(1543)，ローレンツ・シュター著の『遠近法』(1567)，ハンス・レンカー著の『遠近法』(1571) などがその一部である．

　このジャンルで特に秀でた著書に，1568 年に出版されたウェンツェル・ヤムニッツァー（1508〜1585）の『正立体の遠近法』がある．今，読者の読んでいるこの本の章の扉に，この著書からの図版を使っている．

　ヤムニッツァーとその兄弟は腕の切れる金細工師・宝石師であった．16 世紀のニュルンベルクといえば金の細工で有名な街であり，この街の金細工師は近くの彫刻師や版画師などの美術家たちと深く協力して働いた．1561 年，最も腕の高いグラフィック・アーチストの1人だったヨスト・アンマン（1539〜1591）がこの街にやってきた．彼は版画師かつ宝石・金のデザイナーで，ヤムニッツァーと何回か協力して仕事を行った．スタジオで幾何学的構造を手がけていたこの友の肖像画を彼は彫った（図 3.12 を参照）．

　ヤムニッツァーの遠近法的多面体デッサンを，出版画にして出版できるようにしたのはアンマンであった．アンマンの作品のレベルの高さと，ヤムニッツァーのバラエティーに富んだデザインが統合されたことにより，この『正立体の遠近法』は名作となった．この本のタイトルページは図 3.13 の通りである．この絵には算術，幾何，建築，遠近法がそれぞれのシンボルで象徴されている．視覚ピラミッドが遠近法の代表的要素として表現されていることに注意されたい．ここで見られる分野は，「美術に携わる者，その作品が自然でバランスあるものになるべく，幾何学と比率（算術）を理解すべし．」というデューラーの信念を表している．ヤムニッツァーはデューラーを非常に尊敬していて，彼の版画はすべてオリジナル版を揃えて所有していた．

　この本の中心的な部分は6つの章からなっており，それぞれに章扉がついている．こ

Courtesy of the British Museum, London.

図 3.12：研究室でのウェンツェル・ヤムニッツァー

のうち最初の 5 つは，プラトンの『ティマイオス』の影響を受けており，5 個の正多面体と，4 つの元素（火，空気，地，水）および天との間の対応を示している．八面体に関する章の章扉は本書の第 2 章の章扉に掲載しているように，中心にある立体が，それに関係する元素を示すいくつかの物体によって囲まれている．このパターンは他の章の章扉にも繰り返し使われている．四面体的立体に関する章の章扉には火を表すシンボルとしてろうそく，ランプ，竜，大砲が描かれている．第 3 章では地のシンボルとして果物，野菜，ウサギ，雄羊，農具が使われている．カニ，貝殻，魚，海蛇が水のシンボルとして，また星，雲，天体学道具，黄道帯十二宮が十二面体的立体の章を幕開けするシンボルとして描かれている．

　各章を構成している絵はプラトン立体の絵（立体，骨格の両方），またこれら基礎的な立体から添加や切頭で得られた立体，その辺や面に刻みなどを入れ込んだ立体，またそれらの組み合わせでできた立体の絵である．どれをとってみても，正則な立体になるように作られている．これらのバリエーションのテーマは，次から次へと飾り物のように順序よくアレンジされている．図 3.14～3.16 では，立方体，十二面体，二十面体をもとにしたバリエーションを示す，一般的なプレートが複製されている．図 3.14 の右下の方に，立方八面体の正しい切頭立体（図 2.23(a)）があることに注意していただきたい．

図 3.13：ヤムニッツァーの『正立体の遠近法』の章扉.

図3.14：立方体から得られる多面体を示したヤムニッツァーの『正立体の遠近法』の中の1ページ．

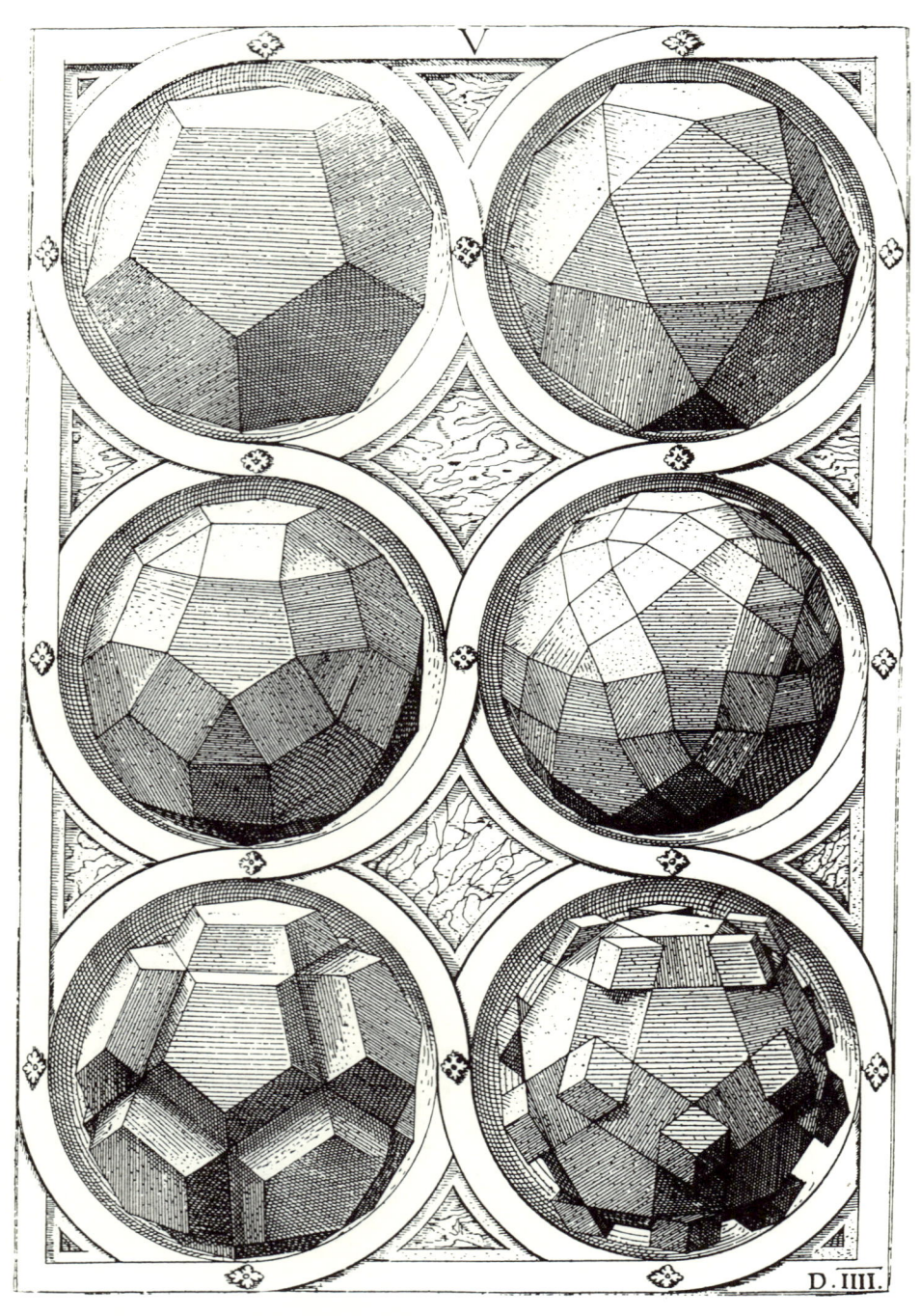

図 3.15：十二面体から得られる多面体を示したヤムニッツァーの『正立体の遠近法』の中の 1 ページ．

ヴェンツェル・ヤムニッツァー　　**135**

図 3.16：二十面体から得られる多面体を示したヤムニッツァーの『正立体の遠近法』の中の 1 ページ.

最終章はマゾッチオ，円錐，球面，多面体の記念碑（とでも呼んでおこう）についての章である．記念碑とはいっても実際には絶対に構造として作れないものが多い．1つの頂点でバランスのとれるものもあれば，頂点だけで連結しているものもある．中には，まったく支持されなく宙に浮いている部分を持つものもある．本書第8章の章扉ページに一般的な例が掲載されている．

ある意味ではヤムニッツァーの書はピエロやデューラーの開拓した一連の研究のまとめの役を果たしたが，彼の目的はこのふたりの目的とはかなり相違していた．彼の幾何学的なファンタジーは，完成したデザインそのものとして描かれているだけである．どうやって構成したかなどは，まったく説明していない．ただし，我々にも彼の使ったと思われる方法を推測することはできる．絵そのものが，彼の技術について説明してくれるからである．まず，奥行が極めて浅いのだが，これはかなり遠くの視点から対象を見ているという感じが窺われる．デューラーが述べた，一種の仮の目か何かを使った可能性が高い．実際，アンマンの描いたヤムニッツァーの肖像でも，幾何的立体をスケッチするため，ヤムニッツァーがデューラーやケイセルの道具に似たものを使っている姿が見られる．多彩な科学的道具を製作していた彼は，その独自の目的を果たすための道具を簡単に作れたはずである．しかし，もしそうだとしても，これらバラエティーに富むデザインのすべてをモデル化したとは思えない．彼の遠近法機械といくつかの模型さえあれば，彼のデッサンの大まかなフレームワークはできあがる．その他は，純粋に想像力だけである．

遠近法と天文学

パチョーリとヤムニッツァーが非常に興味を示したプラトン的テーマには，ダニエル・バルバロ（1514〜1570）も関心を示した．彼は遠近法について，ほとんどタイトルの同じ2冊の本を書いた．そのうちの1冊『実用遠近法』という本は，正則多面体（プラトン立体），半正則多面体（アルキメデス立体）についての書物で，写本の形でしか残っていない．もう1冊の方は，1559年に出版された『実用遠近法』で，遠近法の多様なトピックを説明している．バルバロが遠近法幾何学を習ったのはバルトロメオの兄弟ジョバンニ・ザンベルティからであるが，ピエロやデューラーの本からも知識を得ていた．この2人に従って，彼も構成方法を2つ記述し（平面図，立面図による方法とアルベルティの舗道タイルの方法），それから多面体について，それ以前の本よりもより綿密に説明をしている．また正則立体，半正則立体，マゾッチオ，これらから得られる多面体などの構成にも触れている．ネットについても述べており，色彩の濃淡，影の構成などの説明も加えている．

バルバロは影の投影に加えて，日時計に関する光学的幾何学，また天球における位

置の表し方なども説明している．この頃になるとすでに，遠近法の幾何学が天文学で使われる立体投影と深く関係しているということがはっきりわかっていたようである．実際，この2つの構想は同値なのである．この事実は，（プトレマイオス原作の）『地理学入門』をコンマンディーノが書きまとめて1558年に出版した書の序論ではっきりと書かれている．このテキストは，アルマゲストの作者が書いた本としても注目を浴びたがアストロラーベ（古代の天文観測儀）の基礎となる数学に関する資料としても有名になった．これは，天の南極を投影の中心点として北回帰線，南回帰線，横道の円を，赤道を通る平面上に投影するやり方である．ここで必要となる3つの要素，つまり不動の目の位置（南極），絵の平面，投影される物体は，遠近法における3つの基本的要素でもある．正射影（または平行投影）は日時計や影の幾何でも基底となる要素である．コンマンディーノはこの構想を，もう1冊の本（これはプトレマイオス原作『アナレンマ』の注解書）で説明している．

　遠近法と天文学の関係がいつごろ知られるようになったかは不明である．もともとこの関係自体が，発見に一役かっているのではないか，という説もある．ブルネレスキは金細工師として，職人が使うような応用数学，つまりアバクスの書に出てくるような数学を学んでいたはずである．また彼は科学的道具の製造者でもあったのでアストロラーベを作るために必要な投影幾何学の知識も必要であった．しかし遠近法を科学の他の分野と結ぶ糸はたくさんあり，ブルネレスキがその中のどの糸を結び合わせてこの革命的発見をしたかは，いつまでも謎に包まれることであろうと思われる．

多面体の復活

　15世紀，16世紀は，ヨーロッパの再興期であった．人文主義者たちが古典の有名書物を収集，翻訳，注解し，学問が復興された時代である．新しい構想を完全にマスターすることは，新しいステップを踏むのに不可欠なことである．しかしこれは単に新しいアイディアを吸収したり間違っている考えを正しいものと入れ替えるという簡単なプロセスでは決してなかった．新しい哲学，考えに真剣に取り組む必要があった．例えば，数多くの資料の間に存在する不一致を除く必要がある．しかしこのような不正確さ，あいまいさの中で堅く信頼できる足場のような知識があった．数学の公理的真実である．数学テキストの出版は新しい科学の広まりに重要な役目を果たした．立体幾何学は特にそうである．また貿易が盛んになるにつれ，容器の体積の求め方に関する学問（「求積法」と呼ばれる）に注目が集まった．

　15世紀にプラトンの考えが再発見されると，ピタゴラス学派の「数がすべての物の基礎である．」という信念，そして自然は数学によって理解できる，という考えがよみがえった．

新プラトン派プロティノスの著作が 1492 年にラテン語に翻訳された．ルネサンスの思想家たちが中世期の学問を捨て去ろうとする中，プラトニズムは高い評価を受け始め，アリストテレスに対抗する大きな勢力となった．プラトンの影響は，西洋では完全に失われたことはなかったが，創造者(神)の数学的デザインを通して神学と論説的にうまく融合できるので，新しいさまざまな思想もつけ加えられた．ルネサンスの哲学者たちにとって，宇宙のことを考え，神の計画を発見しようという考えは非常に魅力的なことであった．このうち，最も多くの書を書き残した思想家のひとりについて，次の章で詳しく述べることにする．

Johannes Kepler.
Courtesy of the Deutsches Museum, Munich.

第 4 章

幻想性，調和性，一様性

> 純数学におけるケプラーの最大の貢献は，正多角形と正多面体の幾何に関することである．[a]
>
> H. S. M. コクセター

　ヨハネス・ケプラー（1571～1630）は変化の時代を生きた．変動激しいヨーロッパでは宗教的，政治的構造が乱れ，中世から現代へと移り変わろうという時代であった．彼は神が創造者であるという神学的信念とピタゴラスのような神秘主義とが重なり合って，自然現象の基礎を築いている数学的秩序，つまり設計された自然の背後にある神の幾何を探求するようになった．以前の哲学者たちとは違って，ケプラーは自分の理論が事実と一致することも求めた．

　ケプラーの業績で特に知られているのは天文学であるが，結晶から光学に至るまで幅広い分野でたくさんの著書を残している．また彼は生涯にわたって多面体に興味を示している．最初に彼が書いた本『宇宙の神秘』にも，また晩年の主要な著作の 1 つである『世界の調和』にも，多面体が登場する．どちらの著作にも，宇宙の姿を数学的に描写し，偉大なる建築家(神)がこの世を創造する際の調和的・統一的な思想，構造を解明しようとする彼の願いがはっきり覗える．

ケプラーの生涯

　ケプラーはシュツットガルトの近くにある小さな町ヴァイルで生まれた．学校を卒業した後，チュービンゲンの大学に奨学金を受けて入学した．丁度ビュルテンベルクの公爵たちがプロテスタントに改宗し，改革派教会のリーダーを育成するためにチュービンゲンとウィッテンベルクに大学を創立したときのことで，ケプラーの教育も，ルーテル派の宗教奉仕を目的としたものであった．

　ここでケプラーは幾何学と天文学を天文学者ミヒャエル・メストリンから学んだ．メストリンとはチュービンゲンを離れてからも連絡を取り続けた．メストリンはケプラー

との間ではコペルニクスの思想を討議したが，少なくとも公の場では当時受け入れられていた天文学だけを教えた．ケプラーは芸術学部から神学部へ移ったが，その課程は修了しなかった．スティリア州グラーツにあるプロテスタントの学校で，空いている教師のポストがあるので，誰か候補になるような者がいないか推薦してくれという依頼が，ケプラーの通っていた大学にあったのである．さっそく大学側はケプラーを推薦し，1594年にケプラーは大学での学問を一旦中断して天文学と数学を教えるためオーストリアのスティリア州に移った．

このグラーツでケプラーは，新プラトン派の著者プロクロスが書いた，ユークリッドの『原論』の第1巻の注釈（これはその60年ほど前に出版されたギリシャ語版である）を読んだ．また，アルキメデス，アポロニウス，パップスの書をコマンディーノが訳したラテン語版も学んだ．

さらに，『原論』のフランシスコ・カンダーラによるラテン語版も手にしていたようである．このラテン語版はギリシャ語版をもとにして翻訳されたということになってはいるのだが，実際はカンパヌスやザンベルティの版に基づいているところも，原書の写本に基づいているところと同じくらい多い．カンダーラは，正多面体を他の正多面体にいかに内接できるか，という問題に関する命題など，自分の仕事も原本につけ加えたようである．もしかすると，これがケプラーの多面体に対する興味を掻き立てたのかもしれない．そして，ケプラーは生涯ずっと多面体についての興味を持ち続けたのである．

ケプラーはこのグラーツで初めての著書を出版した．これには宇宙の謎に対する彼の解答が書かれている．惑星の軌道モデルによって，この宇宙の大きさを説明しようとし，彼は正多面体こそが宇宙の神の計画を具体化するのに重要な役を果たすものであると信じていた．もう将来を教会の奉仕のために過ごすこともなくなったケプラーにとって，自然界に見られる神の完全なる計画を明らかにし，そして創造主のみこころを理解することが，彼に召された使命だと考えるようになったのである．

彼はこの『宇宙の神秘』の写しを，ガリレオやデンマークの天文学者ティコ・ブラーエを含むヨーロッパ中のたくさんの一流の学者に送った．中でもティコは，この論文がオリジナルで想像性に富んでおり，ケプラーに数学的素質があると感じた．やがてプロテスタントはグラーツから追放されることになり，1600年の元旦，ケプラーはプラハに移りティコの助手になった．しかしこの共同研究は，わずか18ヶ月後，ティコの死によって幕を閉じることになった．ケプラーは，ティコの後を継ぎ，ルドルフ2世の宮廷数学者に任命された．こうして，ケプラーはティコが生前集めていた多くの天文学上の観察データを入手することができるようになったのである．ケプラーは，師から託された問題に努力を傾け続けた．それは火星の動きの分析であった．火星は，惑星の中でも最も真円からはずれた軌道をとり，そのため円形軌道説から見ると最も大きな問題を抱えた惑星であった．研究によってついにケプラーは，最初の2つの法

則を導き出すことができた．すなわち,「惑星は楕円の軌道に沿って動く.」という第 1 法則，そして「太陽から惑星へ引いた直線は，一定の時間に一定の面積を被覆する.」という第 2 法則である．これによって，「等速円軌道」という説は崩壊したのである．この 2 つの法則をケプラーは 1609 年に『新天文学』という著書で発表した．

　数年後，政治的状況が悪化する中，皇帝の死後，ケプラーはオーストリアのリンツに移り数学者としての職を得た．ここでケプラーは 2 冊の重要な本を書いた.『コペルニクス天文学概要』（1618～1622）と『世界の調和』（1619）である．このうち前者は，題とは対照的に，コペルニクス天文学の本ではなく，ケプラー自身の天文学的法則を説明した教科書である．後者は『宇宙の神秘』の続編ともいえるような著書で，この最初の本が書かれた 3 年後，1599 年にもう考えとしては誕生していたようである．この本でケプラーは，幾何学，音楽，占星学，天文学の壮大な統一を図った．宇宙に潜んでいる秘密の調和を明らかにしたいという意志があったのである．彼の研究に現れる現象を「唯一かつ永遠なる幾何」から説明しようとケプラーは試みた．全 5 巻のこの書の最初の 2 巻は，正多角形とその組み合わせの数学を説明している．第 2 巻には多面体に関するケプラーの研究がほとんど全部含まれており，プラトン立体の各々になぜ決まった元素が対応しているか，ということも説明されている（第 2 章参照）．しかし，この『世界の調和』は純粋数学の書物ではなく，幾何学的立体の性質自体が研究の目的ではない．ケプラーがしようとしていたことは，与えられた多角形が，他の多角形と組み合わせて，タイリングや多面体を構成できるかどうかという，言わば「多角形の社交性」とでも呼べる性質によって多角形に序列をつけることであった.『世界の調和』の後の巻では，この多角形の序列を使って占星学的現象が説明されている．

　音楽については，周波数の比率によって音が調和したりしなかったりするのはなぜか，という疑問に対して，多角形の幾何を使って解答を出している．ピタゴラス学派はすでに，弦の長さの比が簡単な整数の比であるとき，快適な和音になることを発見していた．オクターブ違う音の比は 1：2，第五音では 2：3 である．それなら，なぜ 1:7 や 3:7 では不調和な音になってしまうのか．ケプラーによれば答えは算術ではなく幾何学にあり，正多角形の作図可能性と関係しているというのである．七角形は定規とコンパスでは作図できない．だから本当は知られざるものであり，宇宙の調和的な計画の中では使われなかったはずである，というわけである．ケプラーはまた，惑星間でもその角速度に調和的比率があることを見出した．このようにさまざまな記述の中に，ケプラーの第 3 法則と呼ばれる法則をこの本で見つけることができる．これは惑星の動きに関する原理で，軌道を一周するのに要する時間，つまり周期と，惑星の太陽までの距離とを関係づけた法則である．

　その後ケプラーは，何年も前にルドルフ 2 世から任を受けた仕事を完成させるのに力を入れた．これは，もう古くなったアルフォンソ表に替わる，新しい天文表を作成する仕事であった．この偉大なる業績は，1626 年に成し遂げられた．ケプラーは自ら

ドイツへ渡りこの表の印刷行程の監督をした．そして 1628 年初め，彼はこのルドルフ表という新しい表を，皇帝フェルディナンド 2 世に手渡した．

ケプラーはその後 3 年間生き，彼が書いたオリジナルの原稿は，さまざまな危機に遭遇した後，ようやく安全な保管場所に収められた．現在もこれが存在しているということは極めて幸運なことである．火事の中から救出されたにもかかわらず，質に出され，やがて行方不明になった．しかし驚くことに 150 年も経った頃，再発見され，新しい所有者はこの原稿を売りに出した．いくつかの大学や科学団体に声がかかったのだが誰も興味を示さず，結局セントペテルブルグのロシア科学アカデミー（レオンハルト・オイラーもその一員であった．第 5 章でも述べるが，この人物も多面体の歴史には大変重要な数学者である）の学者らが皇帝エカチェリナ 2 世にこの原稿の値打ちを説明し，説得し，皇帝はこれを購入するに至ったのである．現在この原稿はアカデミーの図書館に保存されている．

解かれた謎

> 歴史の中で，これほど間違った書物がこれほどまでに未来の科学躍進を方向づけたのは，稀なことである．[b]
> O. ギンガリッチ

> 5 つの幾何学的正立体によって示される，天の軌道間の驚くべき比率とその数，大きさ，周期的運動の真で妥当な理由に関する宇宙的謎を含む，宇宙論の先駆の前版

これが，ケプラーの著書『宇宙の神秘』のフルタイトルであった．ケプラーはこの著書で宇宙全体を創造した神の計画を再現しようとしたのである．この世界がなぜこのようになっているか疑問を持った，とケプラーは記している．なぜ惑星が 6 つあるのか．各惑星の距離や速度は，どうやって決まったのか．このような疑問を投げかけることが独創的であることは，見落とされやすい．ケプラー以前の天文学者たちは，ただ空を観察し，見たものを記録したに過ぎなかった．ところがケプラーは記録するだけではなく，理由を説明しようと試みたのである．

ケプラーはまず，惑星軌道の大きさの相互の数値的関係を調べようとしたが，成功しなかった．いろいろと工夫をこらして，時にはいくつかの惑星の軌道サイズを足し合わせてまで，きれいな比率を導き出そうとしたが，失敗に終わった．ひらめいたのは，講義をしている時であった．ケプラーは土星と木星の合が十二宮を通過する様子を説明していた．このようなの合の起こる点を円上にとっていき，順にこれらの点を線で結んでいった．こうしてできたのは，図 4.1 のような図である．それぞれの線は十二宮を 8 つ横切っているので，線分 3 本が形成するのはおおよその三角形である．これがきっちりとした三角形として閉じないからこそ，こうして合が続いていくのであ

解かれた謎 **145**

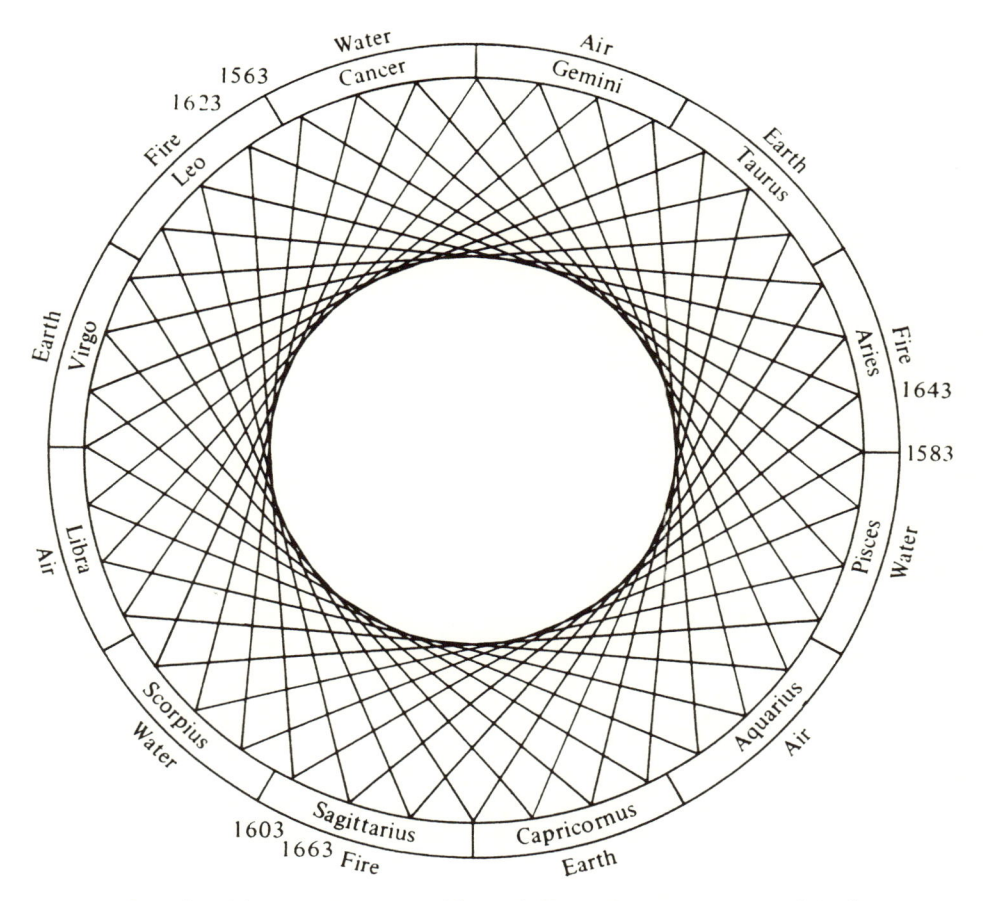

Reproduced from the *Dictionary of Scientific Biography* withpermission of the American Council of Learned Societies.

図 4.1：十二宮を通る土星と木星の合の進路.

る．このように何本もの線分を引いていくとやがて中央に小さな円ができる．この図をじっと見ていたケプラーは突然，あることに気づいた．数値的な関係ではなく幾何学的な関係を使うことができるという事実である．正三角形の外接円と内接円の大きさの比は，土星と木星の軌道の比に等しいということである．この 2 惑星は最も外側にある惑星 2 つであり，三角形は最も初等的な図である．それなら木星と火星の関係は次に初等的な図，すなわち正方形に対応しているはずだと即座にケプラーは推測した．そしてこのパターンを継続することができるはずだと思った．結局，この考えも失敗に終わったのであるが，ケプラーは幾何学的な方向で思案を巡らせ続けた．そして，宇宙の軌道は 2 次元のモデル内で考えるよりも 3 次元のモデルを使う方が自然であると気がついた．ここに答があったのである．正多角形なら無限にできるが，正多

面体は 5 つしかない．つまり，惑星の間の空間も 5 つしかない．だから惑星は 6 つしか存在しないというわけである．ケプラーはこう書いている．

> ここで考えているのは秩序の整った創造物のことだけなので，正でない多面体や，立体は除外する．残るのは 6 つの立体だけで，これは球面と 5 つの正多面体である．球面は外天に対応しており，運動する世界は，平たい面を持つ立体で表現される．このような立体は 5 つしかない．しかし，これを境界とみなすと，この 5 つの境界によって 6 つの異なる物体が存在することになる．これが太陽の周りを回転する 6 つの惑星である．[c]

なぜ惑星が 6 つあるのかという自己の質問に対する回答だけではなく，惑星間の距離についても説明できる理論をケプラーは発見したのである．土星の軌道を持つ球面に立方体を内接する．そしてその立方体に内接する球面には木星の軌道がある．木星と火星の軌道のある球面の間には四面体が入り，火星と地球の軌道のある球面の間には十二面体，地球と金星の軌道のある球面間には二十面体，金星と水星の軌道のある球面間には八面体がそれぞれ入る．これらの多面体は，古典の時代から「コスミック・フィギュア」（宇宙形）と呼ばれていたことが，宇宙の創造にこれら多面体が導入されている考え方に信憑性を与えたのかもしれない．図 4.2 はケプラーのこの本に掲載されている有名な図を複製したものである．レオナルドがルカ・パチョーリの著書『神的比例論』のために描いた絵と同じく，この図でも多面体が骨格の形で表されている．図では現実の 1 つの立体模型を描写しているように見えるが，実際には構成する個々の立体が相互に支えあうことはないので不可能である．

ケプラーはまた，それぞれの立体がなぜ各惑星間にこのように配置すべきかを説明するため，惑星とそれに対応する多面体の共通点を記している．各惑星が対応するのは，地球に近い側のすぐ隣りの立体である．すなわち，土星は立方体，木星は四面体，火星は十二面体，金星は二十面体，水星は八面体とそれぞれ対応している．各惑星の示す占星術的特徴が，それぞれの対応する立体とマッチしているというのである．例えば，土星は孤独を愛するという意味を持っており，それは立方体の持つ直角（角の中でも特殊で一意的な角）と関連している．対照的に木星は，多数ある鋭角の中から角を選ばれている．

占星学は地動説を基礎としているので，地球には占星的特徴がない．地球の，多面体との位置関係は次のように説明されている．一般に多面体は 2 種類に分けることができる．自然に「浮く」ような多面体（八面体と二十面体）と自然に「立つ」ような多面体である．前者を無理にその面で立たせようとしたり後者を無理にその頂点で浮かせようとしたりすると，「我々が目をそむけたくなるようなあまりにも不快な状態」になる．中世の人間中心的な宇宙論に戻って考えを進めたケプラーは，神の形に作られた人間のふるさとである地球にとって最も妥当な位置は，この 2 種類の多面体を分離する場所であると説いた．このような論理でケプラーは自分のモデルについて信じたことをすべて正当化していった．

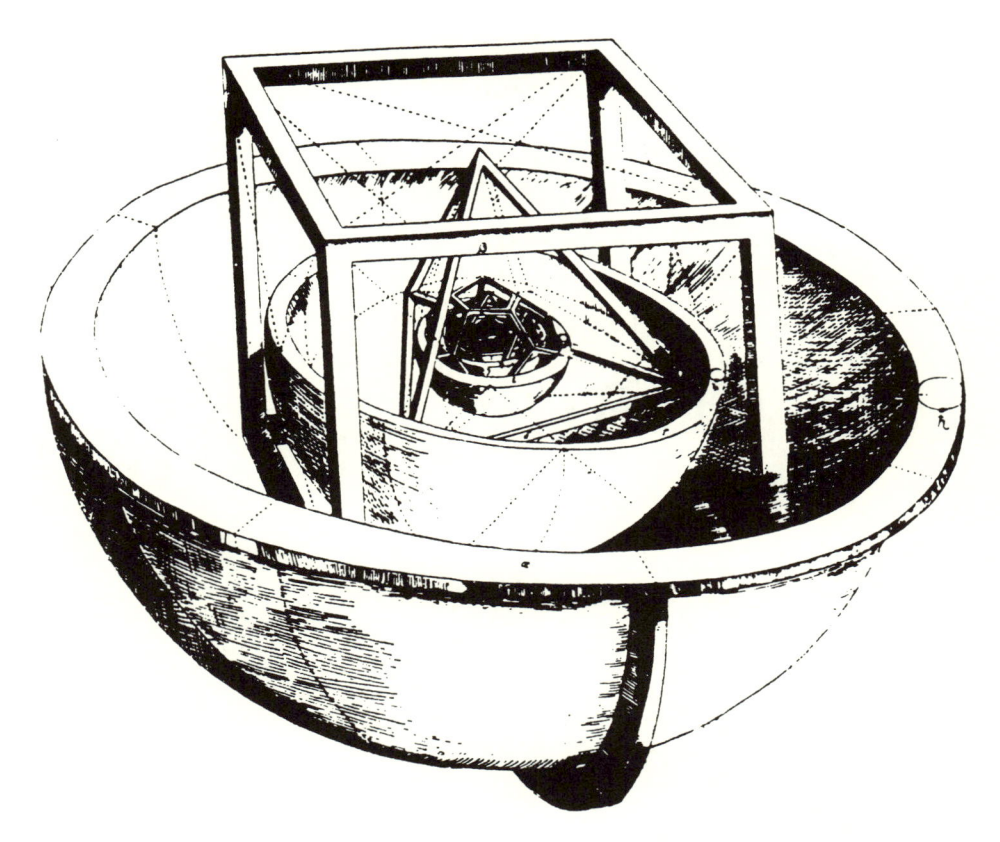

図 4.2：ケプラーの書『宇宙の神秘』で，宇宙のモデルを示したプレート．

　こういう空想的な推論を長く述べた後，突然ケプラーは記述のスタイルを変え，「自分のモデルは観察的データと一致しなければならない」と主張する．彼は，惑星の軌道が円ではなく楕円であることを知っていたのである．惑星が運行する球面は，楕円軌道を含む十分厚みのある球面(シェル)で，惑星軌道の太陽からの最短距離(近日点)が内側の壁に，最長距離(遠日点)が外側の壁にあると考えなければならなかった．このようなシェルは図 4.3 に記されており，『世界の調和』にも描かれている．このモデルは，現実的なところもあればかなり非現実的なところもある．木星についての誤差は，その距離の大きさが原因とされた．水星のシェルはあまりにも小さすぎるので内接球面の代わりに八面体の中点球面が使われた．中点球面とは各稜の中点を通る球面である．これは図 4.4 に見られるように，太陽に最も近い 4 つの惑星の絵で描かれている．

　ケプラーはコペルニクスのデータを使ったが，惑星の距離は太陽の平均的な位置(地球の軌道の中心)から測定されている．コペルニクスが太陽のこの位置を原点として使ったのは，計算を簡素化するためであった．ケプラーは，自分のモデルをもっと現

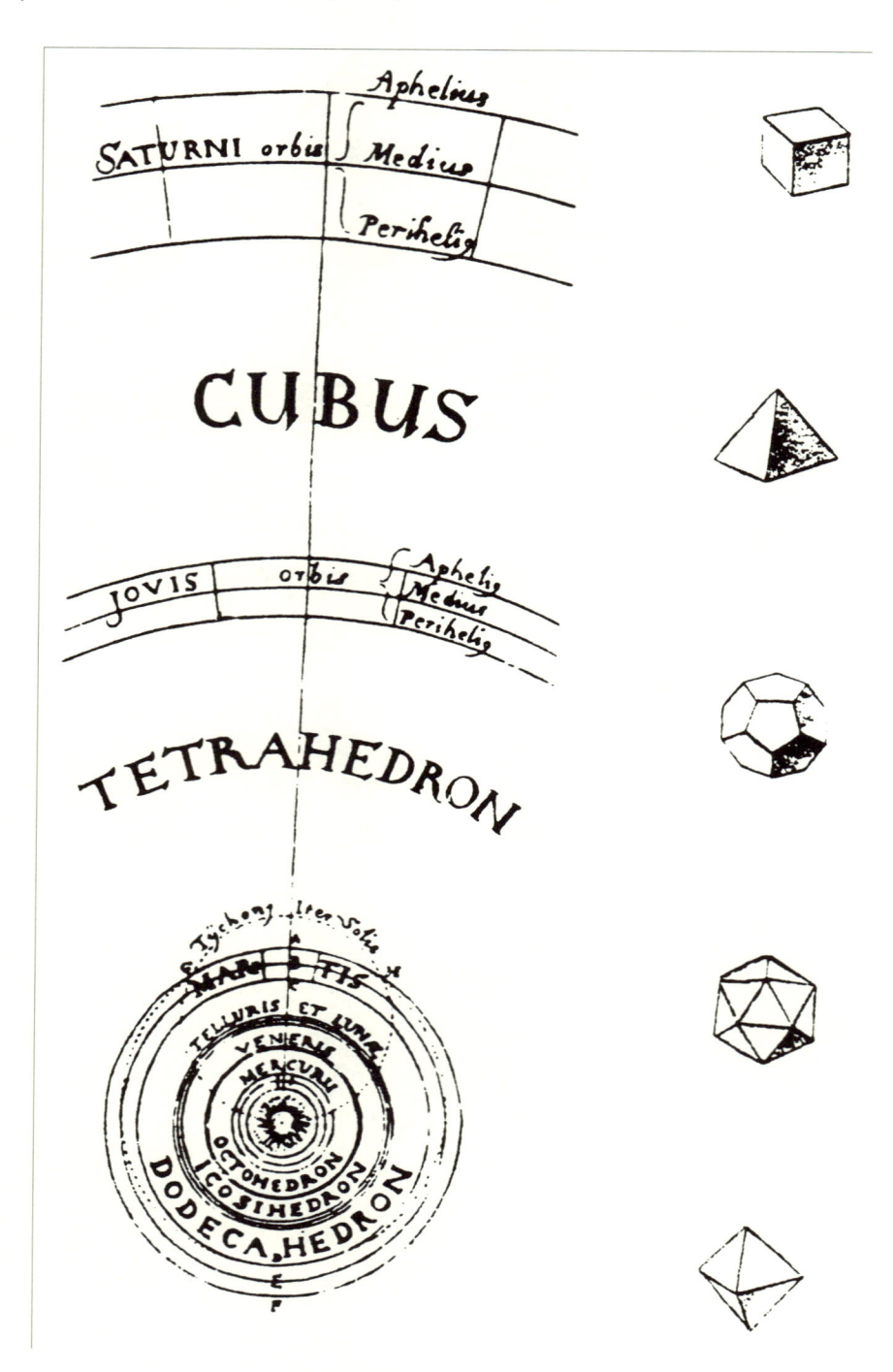

148   第4章　幻想性，調和性，一様性

図 4.3

図 4.4

実に一致させようとして，メストリンに実際の太陽の位置から惑星の距離を計算し直すよう頼んだ．こうしてデータを再計算した結果，モデルはほとんど改善されなかったのであるが，それでもケプラーはこの新しいデータを使用し続けた．彼が追求したのは実際の宇宙とその性質であり，物理的に有意義なデータの使用を好んでいた．地球のシェルに月の軌道を含むべきか含まないべきかを決定する際，ケプラーはどちらでも都合の良い方を選ぶであろうことを認めた．自分のモデルが正しいと確信したケプラーは，現実とモデルが一致しないところについてできる限り説明を与えたが，説明しきれなかったところはすべてコペルニクスの誤ったデータのせいであるとした．アーサー・ケストラーは『夢遊病者』という本の中で，このケプラーの説明を「宇宙にある動く輪にボールを通そうとする不思議の国のクローケー」の試合のようだ，と言っている．

　ケプラーは自らの本を出版するために，下書きをヴュルテンベルクに持ち帰った．持ちまえの熱心さで彼はヴュルテンベルクの公爵フリードリヒに，宇宙の模型を銀で造るように説きつけた．これは 5 つの正多面体それぞれの位置を示し，各惑星のシンボルとして宝石を入れるという模型であった．これを何人かの銀細工師に部分ごとに別々に作らせ，完成した模型をまず最初に公爵に見ていただくという計画であった．この計画が本当に有意義なことを確かめたかった公爵は，模型をまず銅で造るよう命じた．ところが貧乏だったケプラーは，模型を色紙で造った．完成した模型について，公爵がメストリンの意見を聞いたところ，メストリンは称賛した．こうして公爵は，この

模型を造るように命じたのであるが，実際には完成に至らなかった．どうやら，銀細工師がデザインを理解するのに苦しむ中，公爵の方は計画を打ち切ることをいやがり，結局何も進歩しないまま年月が過ぎ，模型はできなかったようである．

宇宙の構造

　ケプラーが宇宙の多面体モデルを考えついたのは，数学的な原理を見出し，創造者が宇宙を構成した際の計画を見極めたかったからである．ケプラーもピタゴラス派と同じく，神の計画は創造主である神の判断を明示するような調和の整った幾何学的な関係で表現できると信じていた．ケプラーのモデルは，宇宙の構造を説明しそのいろいろな性質を統一的に記述しようとした試みであった．このように系統だった試みがなされたのはこれが初めてのことであった．多面体や水晶の球面が実際に宇宙に存在するとケプラーが考えていた訳ではない．ケプラーはこれらが神の完全な計画の一部をなす目に見えない骨格であると考え，その計画に従って各惑星にそれぞれの空間区域が授けられているとしたのである．

　この惑星モデルが幻想であり誤っているということは，ケプラーの死後，新しい惑星の発見で明らかになった．天王星は1781年に，海王星は1846年にそれぞれ発見され，冥王星も1930年に発見された．天文学者たちは現在,「x」と呼ばれる第10の惑星を探している．この新しい惑星が存在することは，すでに知られている惑星の予測されている軌道と観察されている軌道データの違いから推定されている．これと同じような，重力に関するデータの違いによって，海王星が発見されたのである．

　これらの新しい惑星がケプラーの生きている間に発見されたとしても，彼のモデルは少し改めるだけでまだ通用したかもしれない．プラトン立体が5つしかないのは事実だが，「正則」ということばの意味を少し広げてやると，正則多面体があと4つ増える．ケプラーはそのうち2つの多面体を発見していたし，そのうちの1つを自分のモデルに取り入れることができるかどうか考えたことがあったようである．

　現代の素粒子物理学でも，素粒子の数や性質を説明しようという試みがあるが，ケプラーの惑星モデルはそれと比較されることがある．ちょうどケプラーがプラトン立体の正則性を尊び，このようなエレガントな形式で自然が構成されているはずであるという思想に惹かれたように，近代物理学者も対称性を崇拝する．ケプラーは正多面体の持つ高レベルの幾何学的対称性を直観的に悟ったが，物理学者は自然界に存在するより抽象的な対称性を探求している．現在の素粒子物理学のモデルはユニタリー対称性に基づいているが，これは回転対称性と深い関わりを持っている概念である．

　ユニタリー対称性理論によると，素粒子はみな，その性質によりグループに分類することができ，これらにははっきりとしたパターンがある．1960年代に提案された初

めての分類方法は，特殊ユニタリー群SU(3)の表現を基礎とするものであった．この方法で，当時知られていたすべての粒子は分類でき，さらに後に発見された新しい粒子の性質さえも正しく予測できた．さらに驚くべきことに，ケプラーでさえ，自分の宇宙モデルに基づいて正しい予測をしたのである．ガリレオが新しく発明された望遠鏡で新しい惑星を4つ発見したと聞いたとき，ケプラーは，それが太陽の周りを回っている惑星であることを信じようとしなかった．自らの理論では惑星が7つ以上存在するはずがなかったからである．そこで，この新しい4つの天体は，地球の周りを回っている月のように，すでに知られている惑星の周りを回る衛星であると考えた．ここでガリレオの見つけた4つの惑星というのは，何と実際，すべて木星の衛星だったのである．

　SU(3)モデルが示すパターンによって，陽子や中性子が基本粒子ではなく，さらに小さな粒子からできているという説が生まれてきた．この小さな粒子はクオークという名称で呼ばれるようになった．SU(3)に関連する最初のクオークのモデルには「アップ」，「ダウン」，「ストレンジ」という3種類のクオークが存在することが必要とされた．これらのクオークが3つ揃って組み合わさると，陽子や中性子のようなバリオン（重粒子）ができ，クオークとアンチ・クオークが1組となってパイオン（パイ中間子）やケーオン（K中間子）のような中間子を構成するのである．

　1970年代中期，当時のモデルに一致しない新しい種類の粒子が発見された．この問題を解決するために，第4のクオーク「チャーム」が存在するという仮説がたてられ，ユニタリー対称性理論では今度は群SU(4)の表現を使ったモデルが考えられた．ここがケプラーの多面体予想と違うところである．ケプラーの場合は，新しい外側の惑星が発見されたことによってそのモデルがまったく意味のないものになってしまったが，素粒子物理学で新しい粒子が発見されても，それほど大きな問題とならないのである．それは，正多面体が5つしか存在しないのに対し，対称群は多数存在するからである．

いろいろな形の貼り合わせ

　多面体の数学についてケプラーが書いたことは，その著書『世界の調和』の第2巻にほとんど全部書いてある．最初の2巻に，多角形のことや多角形が「合同」（注：ここでいう「合同」とは下にあるとおり，合同な多角形を張り合わせてできる平面あるいは立体のこと．）を形づくるいろいろな条件などが書かれている．第1巻でケプラーは，正（正則）多角形を「辺の長さがすべて等しく，角の大きさもすべて等しい多角形」と定義している．次に「半正則[1]」な多角形を定義しているが，これには「辺の長さが等しい多角形」という定義が与えられ，四角形のみを考えると制約している．つまり，

---

[1] 彼の定義したものは今ではふつう「準正則」と呼ばれているが，ここでは「半正則」という言葉を使うことにする．これは，後にケプラーが，半正則な形からなっている多面体を「半正則な多面体」と定義した

ケプラーの半正則多角形とは簡単に言えば，菱形のことである．

第2巻では，正多角形や半正則多角形が点のまわりにどのように組み合わされるかが述べられている．これは平面のタイル貼りや多面体の構成へとつながっていく．ケプラーは「合同」ということばを「ぴったりはまる」という意味で使い，平面上での合同(つまりタイル貼り)，そして空間上での合同(すなわち多面体)の両方のことをさした．(つまり，彼は多面体を「合同」と呼んだ．) ケプラーは「調和」という言葉をかなり広い意味で考えていた．「調和」という言葉は，ギリシャ語で「ぴったりはまる」という意味の言葉から派生しているからである．またケプラーは，空間を埋めつくすように多面体をたくさん空間に置き並べるのも合同の1つの形式であると記している．このように多面体によって空間を埋めていくことは『6つの辺の雪片』という著書で説明している．

ケプラーによると多面体とは次のように定義される．

> 空間での合同つまり立体があるというのは，いくつかの平面の形の各角が立体角を作り，正多角形または半正則多角形が辺の間にすき間を残さずにきっちり貼り合わさり，立体の反対側でもつながっているか，あるいはすき間ができた場合はここで使われたような多角形の一種で(あるいは正多角形で)それをふさぐことができるということである．[d]

つまりケプラーにとって多面体とは，正多角形や菱形が各稜でぴったり貼り合わされてできた3次元的な形であった．また完全に閉じない多面体のことを**準立体**と呼んだ．

ケプラーはさらに定義を並べていき，それを調べていくと彼がどんな多面体に興味を持っていたかを知ることができる．彼の分類方法は図4.5にまとめられている．

「完全」な合同というのは各頂点が相似なパターンになっていることと定義したケプラーは，さらにこの完全多面体を「最も完全」なものと「やや低いレベルで完全」なものとに分けている．前者はすべての面が同じ形の多面体を指すが，さらにこれも

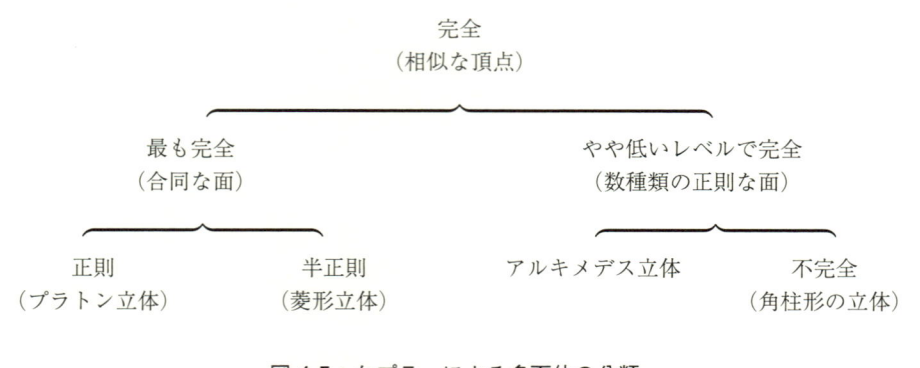

```
                           完全
                        (相似な頂点)
            ┌───────────────┴───────────────┐
         最も完全                      やや低いレベルで完全
        (合同な面)                      (数種類の正則な面)
       ┌────┴────┐                  ┌────────┴────────┐
      正則      半正則            アルキメデス立体       不完全
   (プラトン立体) (菱形立体)                          (角柱形の立体)
```

図 4.5：ケプラーによる多面体の分類．

からである．一方，「準正則な多面体」と今日呼ばれている多面体は，アルキメデス立体やカタラン立体をふつう指すので，一般の訳に従うと，誤解を招くおそれがある．

いろいろな形の貼り合わせ **153**

「正則」なものと「半正則」なものの2種類に分けられている．これは，各面が正多角形か半正則多角形かによる分類である．ところが実際には，菱形多面体は完全多面体の部分集合ではないはずである．各頂点で等しい数の多角形が貼り合わさっていないからである．ケプラーはこのことをちゃんと知っていて，こう書き残している．

> この合同については，「最も完全」と呼べない理由はまったくない．なぜなら，この合同が完全でない原因は面にあるのであって，立体であることの結果ではなく強いて言えば偶発的なことだからである．[e]

「やや低いレベルで完全」とケプラーが呼んでいる多面体は面が異なった種類の正多角形からなっている．現在ではアルキメデス多面体，角柱や反角柱と呼ばれている多面体である．ただ，角柱形の多面体の中でも反三角柱と正四角柱が最も完全な多面体に属している（前者は正八面体，後者は立方体）こともケプラーは記載している．これ以外の角柱形の多面体はすべて「不完全」な多面体とされている．不完全とは角柱のように平面図形に近い多面体や図形の全体ではなく一部と見なす多面体のことである．「バラバラにした二十面体」というケプラーの図を見ると，彼の考えがわかってくる（図 4.6）．中央部分は反五角柱である．

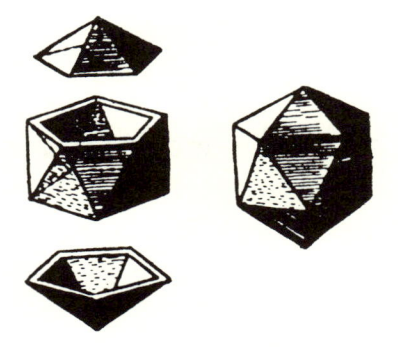

図 4.6：ケプラーによる，バラバラにした十二面体のスケッチを見ると，この多面体が 1 つの反角柱と 2 つのピラミッドから構成されていることがわかる．

定義の後，ケプラーはさまざまな種類の多面体の例を示している．可能なものすべてを見つけようと努め，多くの場合，それ以外は存在しないことを証明している．まず最初にケプラーが数えたのは正多面体である．この分類が，ユークリッドの『原論』にある最後の定理であることを述べ，ユークリッドの証明に従っている．すなわち，まず多面体をある点で貼り合わせる組み合わせの中で角の和が 360 度を超えるものを除外する．残るのは 5 つだけで，これがプラトン立体 5 つと対応するというものである．ケプラーはこの方法の証明を多面体の研究に一貫して利用した．頂点で可能なすべての組み合わせを考え，角の和が大きすぎたり必要なパターンの繰り返しができないなどの理由から不可能なものを除外する．このようにすべての可能性を考慮する証明方

154   第4章　幻想性，調和性，一様性

法は，長くなってしまうが効果的である．巧妙な工夫を凝らした短い証明よりも，スタイルに一貫性があり，それがエレガントなのである．

菱形多面体

　ケプラーは自ら半正則多面体と呼んだもののうち，2つの例を知っていた．図 4.7 に見られるとおりである．1つは，対角線の比が $1:\sqrt{2}$ である菱形を 12 個組み合わせて作ったものである．もう 1 つの例は，対角線の比が黄金比になっている菱形を 30 個組み合わせてできた菱形多面体である．これらはそれぞれ，菱形十二面体，菱形三十面体と呼ばれる多面体である．

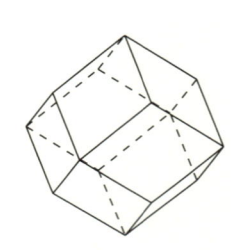

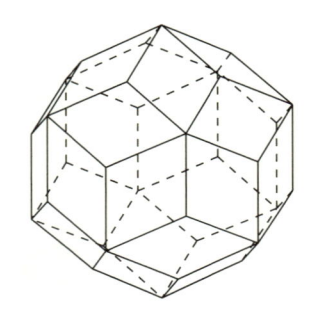

図 4.7：ケプラーの 2 つの菱形多面体．

　ケプラーは初期の著作の中で，この 2 つの多面体をどうやって発見したかのヒントを書き残している．1611 年にプラハのルドルフ王の宮廷の顧問へのお正月祝いとしてケプラーが書いた『6 つの辺の雪片』という書物は，題名では雪の結晶がなぜ六角形になっているのかを説明する本となっているのだが，実際は他のトピックにも多く触れるなど，しばしば記述がわき道にそれている．このように脱線した部分の中に，自然界で見られるもう 1 つの六角形，すなわち蜂の巣についての説明がある．ここでケプラーは，蜂の巣一部屋が 3 つの合同な菱形に分けられることに触れており，次のように書いている．

　　　これらの菱形によって，私は幾何学的な疑問を思いついた．5 つの正多面体や 14 個のアルキメデス立体と似た多面体で，菱形だけによってできるものがあるだろうか，という問題である．答は 2 つ見つかった．1 つは立方体と八面体を合成した立体で，もう 1 つは十二面体と二十面体を合成した立体である．立方体自身でも，四面体 2 つの合成と考えて第 3 の例と言うことができる．第 1 の例は 12 個の菱形から，第 2 の例は 30 個の菱形からできている．^{f}

　ここでヒントになるのは，立方体を第 3 の例として挙げている理由である．2 個の

合同な四面体は，それぞれの稜が相互に垂直に交わるように，つまり稜の交点がそれぞれの稜を 2 等分するように，空間で交わることができる．このように交わった四面体は，図 4.8(a) のようになっている．ケプラーはこの立体を星型八角体と名づけたが，パチョーリやヤムニッツァーなど，以前から知っていた者も多かったようである．パチョーリはこれを「高架八面体」と呼んだ．この複合多面体の 8 つの頂点は立方体の 8 つの頂点と対応し，四面体の各稜は，立方体の各面の正方形の対角線となっている．

八面体と立方体は，その大きささえ妥当であれば，同じように各稜が垂直に相互を 2 等分するように交わることができる（図 4.8(b) を参照）．菱形十二面体とこの複合多面体の関係はちょうど，2 つの四面体の複合多面体と立方体の間の関係と同じである．つまり，菱形多面体の頂点が，立方体と八面体の複合多面体の頂点と一致しているのである．また，複合多面体の交わっている 2 本の稜が菱形面の対角線となっている．正十二面体や二十面体も組み合わせて複合多面体を作ることができる（図 4.8(c) を参照）．この複合多面体が菱形三十面体と類似な多面体である．

これらの菱形多面体にはプラトン立体と似ている点がいくつかある．プラトン立体と同じように，菱形多面体もほぼ球面に近い形をしており，面はみな合同で，いろい

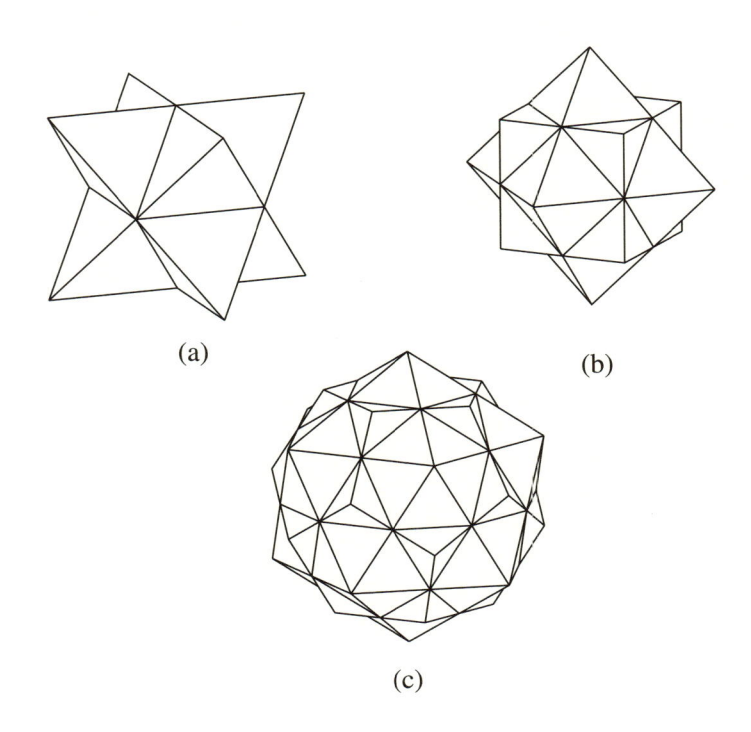

図 4.8：プラトン立体の複合多面体.

ろな対称性がある．また，プラトン立体はその幾何学的性質によって可能なものが5つと限られている．ケプラーは菱形多面体についてもその数が限られていることを示し，そのすべてを発見しようとした．ものの数を数えるためにはまず定義が必要である．そこでケプラーは次の定義を与えた．

> 半正則な平面図形からなる立体を半正則と言う．その立体角はすべて同じではなく，頂点に集まる線の数は異なる．ただし角はすべて高々2種類のものしかなく，それらは同心の高々2つの球面上に配置されるものである．それぞれの種類に属する角の数は，正則な立体の持つ角の数と等しくなければならない．[9]

この定義をした後，ケプラーは自分の発見した2つの多面体以外にはこの定義を満たすものがないことを証明しようとした．

まず，どんな菱形でも向かい合う角の大きさが等しいことを述べた．1組が鋭角でもう1組が鈍角である．またその鋭角と鈍角の和が180°であり，鈍角というのは90°より大きい角を指すので，頂点に4つ以上の鈍角が集まることが不可能であることを示した(4つ以上だと角の和が360°を超えてしまう)．そこで，頂点で集まる角がすべて鈍角である場合は，ちょうど3つの菱形がその立体角を構成していることになる．

菱形の鋭角が3つ集まって立体角を構成することも可能である．このような角を2つ組み合わせると，図4.9のような扁長菱面体ができる．この多面体の8つの頂点は2つの同心球面上に位置する．6つは内側の球面に，2つは外側の球面上にある．しかし，半正則多面体のケプラーの定義の中で，最後の箇所にひっかかって，この多面体は半正則ではないことになっている．頂点が2つしかない多面体が存在しないからである．また，どの頂点を見ても同じ数の多角形が集まって角を作っているので，この点からも定義を満たしていない．ところがケプラーは，これに加えてさらに別の理由

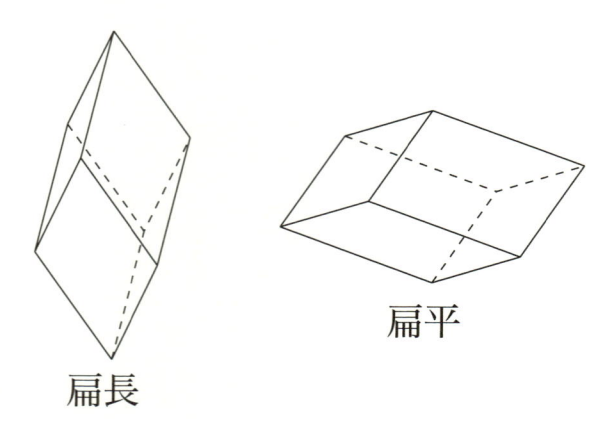

図4.9：2つの菱面体．

を1つ挙げてこの多面体を除外している．それは，赤道上にある6個の頂点が鋭角と鈍角からなる「混じった」頂点だから，この多面体は考慮しないというのである．

> この6つの鈍な立体角はそれぞれ2つの鈍角と1つの鋭角からなっており，このような反正則的な角は定義に反するものである．[h]

このような「反正則的な」ものは実際，定義からは除外されていない．この定義に暗黙のうちにこめられる完全性という観念に違反しているのかもしれない．ケプラーは，この証明の残りの部分でやはり，次のような「暗黙の」条件に依存している．これはつまり，「各頂点では同じ種類の平面角が集まっていなければならない．すなわち，鋭角は鋭角同士，鈍角は鈍角同士，という具合に．」という条件である．

菱形の鈍角が120°より大きい場合は，それが3つ集まって立体角を構成することができない．鈍角がちょうど120°であれば，それを貼り合わせて平面をタイル貼りすることができる(図4.10参照)．したがって多面体の頂点を作るには，菱形の鈍角が120°より小さいことが必要になる．つまり，鋭角が60°より大きくなくてはならない．立体の頂点に集まる角がすべて鋭角であれば，それが6つ以上になると角の和が360°を超してしまうので，角の数は5つ以下，ということに必然的になる．鋭角が3つのケースはすでに除外したので，残っているのは頂点での鋭角の数が4と5のケースだけである．これらの場合，2つの菱形多面体ができる．■

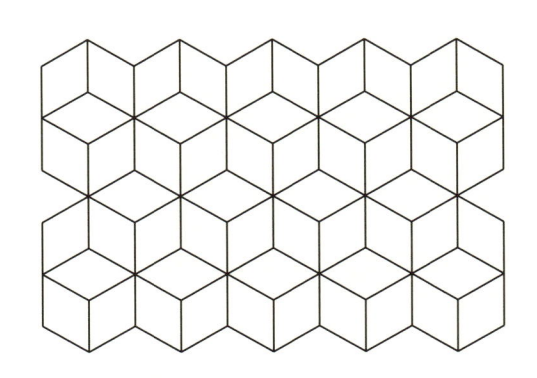

図4.10：菱形のタイル貼り．

この一連の理論で論じるべき点が2つある．まず注意したいのは，この証明が構成的でないという点である．多面体を作るのにどんな形の菱形が必要なのかを述べていない．また，そういう多面体が実際にあるかどうかも論じていない．ただケプラーは，そのような多面体が2つあることを知っており，それ以外にないことを証明しようとしたのである．しかし，そうであったとしても，一意性という問題には触れていない．果たして，このそれぞれの種類の多面体は一意的で他にはないのであろうか．

2番目の問題は，半正則多面体の定義そのものである．ケプラーは自分の見つけた2つの多面体に共通して見られる性質をいくつか並べて定義をしており，このような多面体を特徴づけるにはこれで十分だとしているが，例えば菱面体を除外するために，「各種類の頂点の数は，プラトン立体に現れるその種類の頂点の数と等しくなければならない．」という条件をつけ加えている．（ケプラーはアルキメデス立体に関してもこれと同様の制限をつけて，角柱や反角柱を除こうとしたが，結局その他の多面体も除外するはめになってしまった．）そして証明の途中で彼は，自らの菱形多面体の持っている条件の中で，定義に出てこない別の条件を使った方が便利であることを発見したのである．

　ケプラーの著書の多くの箇所で可能なように，ここでも我々はケプラーの思考行程を手に取るように見ることができる．現代の数学者であればここで，定義に戻ってそれを書き直し，証明に必要な性質をつけ加えるところであろう．このように証明に必要な定義を書くとすれば，次のようになる．多面体が半正則であるというのは，そのすべての面が合同な半正則多角形であり，各立体角の周りに1種類の平面角だけがあることである．定義と証明のバランスをとりながら，正確さを失わず，かつ定理に広い応用範囲を持たせようとするには，かなりの時間を費やして何回も書き直しをする必要がある場合も多い．しかし最終的には，必要な性質を与えることのできなかった定義は覆い隠してしまう．これによって定義が見かけ上やたら複雑になり，定義を導くことになった問題が説明されるまでは明解でないという場合も出てくる．第5章で挙げる多面体の定義も，このようなたぐいのものである．

　ケプラーの説明した2つの菱形多面体と菱面体の他にも，すべての面が合同な菱形である多面体が実はあと2つある．しかし，これらの多面体には，鈍角と鋭角が混ざっている頂点があり，ケプラーの「暗黙の」条件は満たしていない．そのうちの1つは，エヴグラフ・ステファノヴィッチ・フェドロフが1885年に発見した多面体である．これは扁円な二十面体，すなわち菱形二十面体である（図4.11(c)を参照）．これは，菱形三十面体の周りを赤道のように取り巻いているベルト状の菱形を押しつぶしていくとできる多面体である．図4.11(a)～(c)に見られる多面体は，順にこのベルトが押しつぶされていく様子を示している．もう1つの菱形多面体は，このフェドロフの多面体の，別のベルト1本を押しつぶすとできる．この様子は，図4.11(c)～(e)に描かれている．できるのは，別の菱形十二面体である．図4.11(f)はこれと同じ多面体を別の角度から見た図である．この多面体は1960年にスタンカ・ビリンスキーが，菱形立体と網羅するリストを作ったときに見つけたものである．彼はこれを「菱形十二面体第2種」と名づけ，ケプラーの考え出した菱形十二面体と区別した．

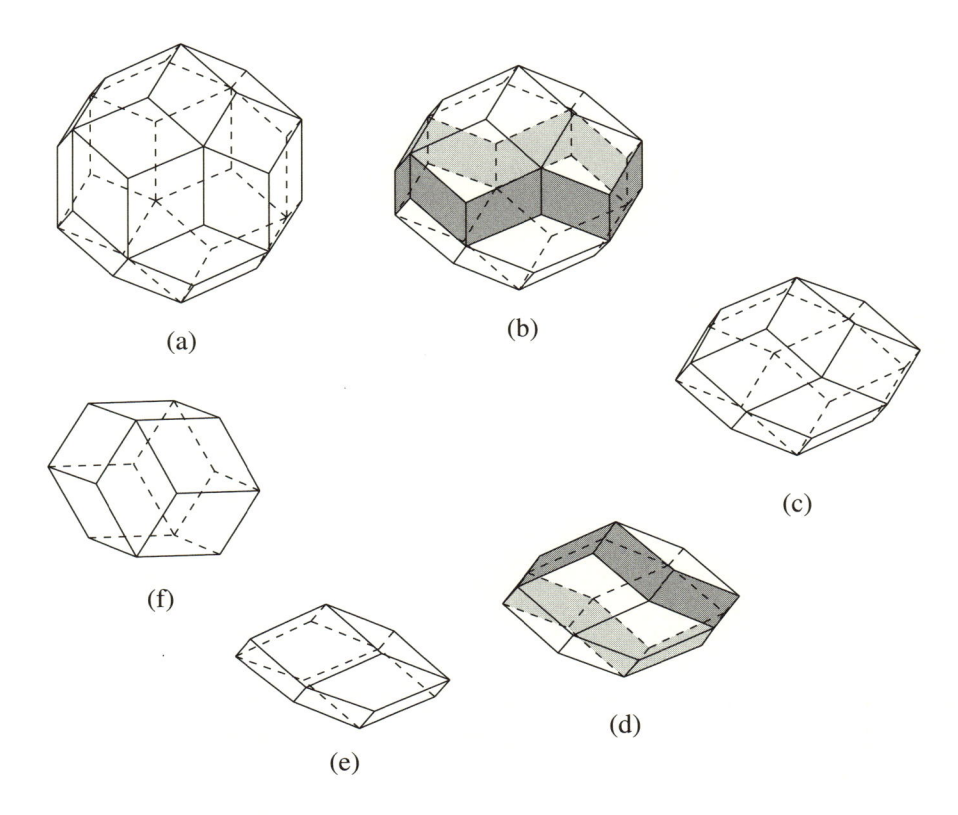

図 4.11：菱形三十面体の「ベルト」を押しつぶして 2 つの菱形多面体を作る過程．

アルキメデス立体

　紀元 4 世紀にパップスが書き残したものの中に，アルキメデスが 13 個の多面体について書いた書物のことが記されている．これらの多面体は，「辺の長さと角の大きさはみな等しいが，相似でない図形で囲まれた立体」，と書かれている．パップスは，彼の著書『数学全集』の第 5 巻で，これらすべての多面体について説明している．立体幾何学に関する興味が再びわきおこり，遠近法を使ったデザインのため新しい図形が創られていくにつれ，アルキメデス立体も再発見されるようになった．パチョーリの『神的比例論』やデューラーの測定法の著書，またヤムニッツァーの『正立体の遠近法』などでもアルキメデス立体が見られる（図 3.14～3.16 を参照）．

　これらの例は，プラトン立体から角を削って（いわゆる，切頭をして）得られるのであるが，アルキメデス立体全部がこのようにしてできる訳ではない．また，ケプラー以前にはだれも全部のアルキメデス立体を再発見していなかったようである．また，アルキメデス立体に近いミラーの立体と呼ばれる立体を見つけたのがケプラーであった可能性もある（図 2.30）．それは，『6 つの辺の雪片』という本の，上でも引用した部分

(154 ページ)でケプラーは，14 個のアルキメデス立体という表現でほんの少し言及しているからである．

　ケプラーが「アルキメデス立体」に触れているということは，彼がパップスの業績を知っており，したがってこの 13 個の多面体を求めればよいとわかっていたことになる．しかし，系統的に調べていくうちにケプラーは，角柱や反角柱も定義を満たすことに気がついた．反角柱については，これまで言及されたことはなかったのである．

　ケプラーはこのような立体について次のような定義をしている．

> 立体が「やや低いレベルで完全である」というのは，全部の面がすべて合同でなくても，それぞれの平面図形(多角形)が正則であり，すべての角が同じ球面上にある相似角であり，それぞれの種類に属する面の数が，ある完全な立体(正多面体)の面の数と同じ数である場合，つまり 4(立体を閉じるのに必要な最低の数)以上である場合をいう．
>
> 大きい方の種類の平面図形が 3 つ以上ないという点を除いて他の条件を満たしている場合，この立体を完全でない立体(図形)と言う．[i]

ここで出てくる，各種類の面の数に関する条件は，最も完全な多面体に現れるそれぞれの面の数と等しくなければならない(つまり，プラトン立体の 4, 6, 8, 12, 20, そしてケプラーの菱形立体も含めば 12 と 30 も入る)というものだが，これによって角柱や反角柱が除外される．ケプラーがこれらを不完全な立体と考えたのは，その形が「円盤的」であり「球面的」でないという理由からであった(球面こそが，最も完全な立体であると考えていた)．各種類の面の数を 3 以上とする(これはやや恣意的な制限のように考えられる)のではなく，より正当な方法と思われる完全な立体の面の数と関連づけることによって，正当化しようとしたのである．しかし，この制限は実際には強すぎ，ケプラーが予期しないものまで除外してしまった．アルキメデス立体の中にもこの条件を満たさないものがあったのである．歪多面体には 30 を超す三角形の面が存在するのである．

　ケプラーによる多面体を数え上げる方法では，立体角でどのように正多角形が集まって立体ができるか，可能な組み合わせをすべて考慮して多面体を作っていく．ここで 2 つの点に注意すれば過程を簡単にすることができることを，ケプラーは証明の本文の前に命題として記している．最初の命題は，頂点でどんな種類の面が何個存在することができるか，というたぐいのものである．

補題 凸多面体の面がすべて正多角形であれば，立体角(頂点)に集まる面の種類は高々 3 種類である．

証明：正多角形を内角の大きさが小さい順に 4 つ挙げると，三角形((60°)，正方形 (90°)，五角形 (108°)，六角形 (120°) である．これら 4 つの内角の和は 360° を超すので，この 4 種類の多角形が 1 つの頂点に集まることは不可能である．これ以外の別の正多角形が 4 種類以上ある場合，その和はさらに大きくなってしまうので，4 種類以上の多

角形が頂点に集まることはない． ■

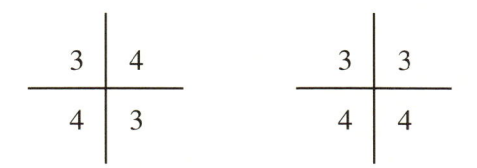

```
3 | 4        3 | 3
--+--      --+--
4 | 3        4 | 4
```

図 4.12：同じ頂点種を持つ 2 つの頂点タイプ．

ケプラーの第 2 の補題は奇数の辺を持つ多角形の，ある組み合わせを除くためのものである．ここで必要になってくるのは，立体角のまわりに集まる面のただの集合と，その集まっている面の順序とを区別することである．立体角の**類**というのは，集まる面を順序に関係なく合わせた呼び方で，これに対し立体角の**タイプ**というのは，頂点の周りにどのような順序で面が集まっているかも示したものである．例えば，三角形と正方形が 2 つずつ集まっている立体角の種類は，反対側の面が同一か異なっているかによって異なるタイプの頂点となる．こうしてできる 2 つのタイプの頂点は，図 4.12 に簡単に示されている．この図では，頂点の周辺が表されており，数字は頂点をとりまく多角形の種類と相互の位置関係を示す．このような頂点の情報は，簡単に (3,4,3,4) や (3,3,4,4) などと書くこともできる．ここでそれぞれの数は，頂点をとりまく多面体の辺の数を順番に表しているのである．ケプラーは種類とタイプの違いをはっきりと区別していなかったようである．ケプラーは頂点の種類のみをリストしており，上のような例についてはこう書き残している．

> 三角形の角 2 つと四角形の角 2 つでは，角の和が 4 直角に足りない．そこで，三角形 8 つと四角形（正方形）6 つを貼り合わせると，私が「立方八面体」と呼んでいる十四面体ができる．これは，ここに 8 番目の多面体として描かれている．[図 4.13 を参照][j]

頂点の周辺で多角形の配列が 2 種類あることについては触れていない．図を見ると，ケプラーの述べている頂点のタイプがわかるが，(3,3,4,4) タイプの頂点は考えられていなかったようである．このタイプの場合は，完全な多面体ができないのである．

3 つの異なった種類の多角形が立体角で集まり，もしその中に奇数の辺を持つ多角形が 1 つでもあれば，完全な立体ができないということもケプラーは記している．また 4 つの多角形が頂点で集まる場合にも同じような結果があり，それを使うと上に書いた (3,3,4,4) のケースを除外することができる．この 2 つの結果はまとめて，次のような補題として書くことができる．

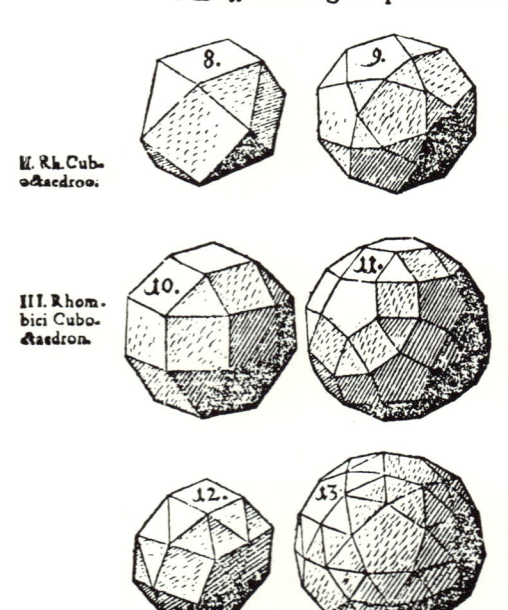

62   DE FIGURARUM HARMON:

Cùm enim misceantur in hoc gradu figuræ diversæ, quare per propos. XXI. miscebuntur aut duarum aut trium specierum figuræ. Quod si duarum, tunc inter eas vel sunt Trigoni vel non sunt.

Igr ex Trigonis & Tetragonis fiunt solida tria, quibus quidem def. IX. competat. Nam illa rejicit formas hasce tres, in quibus solidum angulum claudunt, cum uno Tetragonico plano angulo, tam duo, quàm tres plani Trigonici; aut cum duobus Tetragonicis, unus Trigonicus; quia in primo casu unus solus Tetragonus est, fit q, dimidium Octaëdri, & anguli solidi sunt diversiformes: in secundo duo soli Tetragoni, in tertio duo soli Trigoni: quæ p X, sunt imperfectæ congruentiæ. Restant ergò modi hi, in quibus angulum solidum claudunt 4 lani, Primum, quatuor Trigonici & unus Tetragonicus. Sunt enim minores 4 rectis. Congruunt igitur sex Tetragoni & Triginta duo (id est 20 & 12.) Trigoni, & fit figura Triacontaoctohedrica, quod appello Cubum simum. Hic in schemate sequenti pictus est Numero 12.

Quinq, enim Trigonici plani & unus Tetragonicus superant quatuor rectos; cùm debeant ad solidum claudendum esse minores quatuor rectis, per XVI. Sic etiam quatuor Trigonici & duo Tetragonici. Tres verò Trigonici & duo Tetragonici faciunt quatuor rectos.

Secundò duo Trigonici & duo Tetragonici minus habent quatuor rectis; Hic igitur congruunt octo Trigoni & sex Tetragoni ad formandum unum Tessareskædecaëdron, quod cuboctaëdron appello. Pictum est hic num: octavo. Duo verò Trigonici cum tribus Tetragonicis superant 4 rectos.

Tertiò unus Trigonicus & tres Tetragonici minus habent 4. rectis. Hic ergò congruunt octo Triangula & octodecim (id est 12 & 6) quadrangula, ad unum Icosihexaëdron, quod appello sectum Rhombu Cuboctaëdricum: vel Rhombicuboctaëdron. Pictus est hic numero 10.

In his igr tribus sunt Tetragoni juxta Trigonos: sequitur ut & Pentagonicos ijs seorsim associemus.

Quinq, plani Trigonici juxta unum Pentagonicum non stant, quia neq, juxta minorem eo, Tetragonicum, stare poterant. Quatuor ergò Trigonici, cum uno Pentagonico, minus efficiunt 4 rectis, & congruunt octoginta (id est 20. & 60) Trigoni, cum duodecim Pentagonis, ad formandum Ennenecontakædyhedron, quod appello Dodecaëdron simum. Pingitur hic numero 13. Et in hoc ordine simorum, Icosaëdron posset esse tertium, quod est quasi Tetraëdron simum.

Tres

図 4.13：ケプラーがアルキメデス立体を説明している様子を描いた『世界の調和』の 1 ページ．

アルキメデス立体　163

64　De Figurarum Harmon:

que impari laterarum rejicitur, per XXIII. cum duobus Octogonicis, planum locum implet: cum majoribus etiam superat 4 rectos; nec assurgit ad solidum angulum formandum. Ita transactum est cum Tetragono, cum duæ solæ debent esse planorum species.

Duo Pentagonici cum uno Hexagonico aut quocunq, alio unico rejectitium quid inchoant, per XXIII, quod supra etiam de Trigonico & Tetragonico cum binis Pentagonicis usurpavimus. Insuper cum uno Decagonico planitiem sternunt, nec cum illo aut majoribus assurgunt in soliditatem.

X. Truncum Icosihedron.

Unus ergò Pentagonicus cum duobus Hexagonicis minus facit 4 rectis; & congruunt duodecim Pentagoni cum viginti Hexagonis in unum Triacontakædyhedron, quod appello Truncum Icosihedron. Formam habes signatam numero 4. Nec plura expectanda à Pentagono. Nam unus Pentagonus cum duobus Heptagonicis jam superat 4. rectos.

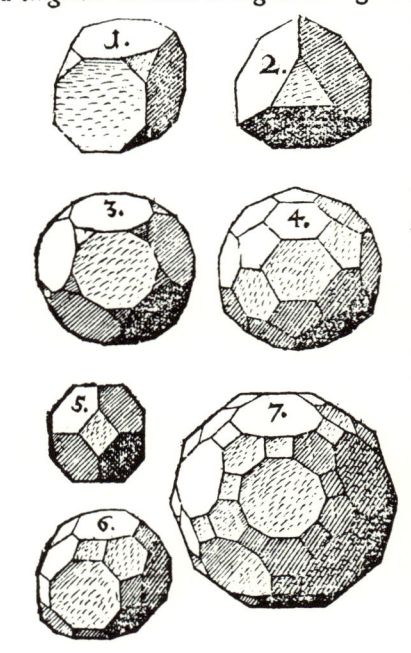

Hexagonicus cum duobus alijs implet planitiem, cum majoribus superat 4 rectos. Itaq, hic finis est mixtorum ex duabus speciebus.

Quod si trium specierum Plana concurrere possunt ad unum angulum solidum: Primum anguli duo plani, unus Tetragoni, alter Pentagoni superant 2 rectos; majores his, multò magis: tres verò Trigonorum trium, æquant 2 rectos: nequeunt igr tres Trigonici admitti, ne summa omniü superet 4 rectos. Duo verò Trigonici cum uno Tetragonico & uno Pentagonico vel pro eo Hexagonico, aut quocunque majori, rejiciuntur, per pr. XXIII. quia Trigonus impari latera figura cingi debet Tetragono & Pentagono, vel pro eo Hexagono &c.

XI. Rhombicosidodecahedron.

Unus igitur Trigonicus cum duobus Tetragonicis & uno Pentagonico, minus efficiunt 4 rectis, & congruunt 20 Trigoni cum 30 Tetragonis & 12 Pentagonis, in unum Hexacontadyhedron, quod appello Rhombicosidodecaëdron, seu sectum Rhombum Icosidodecaëdricum. Pingitur num. 11. fol. antecedentis.

Unus Trigonicus, duo Tetragonici, cum uno Hexagonico, æquant rectos quatuor; cum uno majori, superant; nec ad solidum assurgunt. Mittamus igitur duos Tetragonicos.

Unus Trigonicus, unus Tetragonicus, & duo Pentagonici superant 4 rectos; multoq, magis si bini majores plani anguli admiscerentur. Desinunt igitur misceri anguli plani quaterni ad formandum unum solidum; desinit ergò & Trigonus ingredi mixturam triplicem. Nam unus Trigonicus, unus Tetragonicus &

図 4.13：（続き）.

164   第4章 幻想性，調和性，一様性

補題　すべての立体角が同じタイプである多面体で，次のようなタイプの立体角となるものは存在しない．

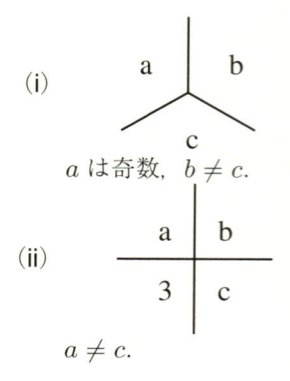

(i)
```
    a | b
      c
```
a は奇数，$b \neq c$.

(ii)
```
    a | b
    3 | c
```
$a \neq c$.

証明：最初のケースでは，立体角すべてが同じタイプであるという性質により，a 角形の境界の周りに，b 角形と c 角形が交互に位置することになる．しかし，a が奇数であるという仮定により，矛盾となる．図 4.14(a) では例として $a = 7$ の場合が示されているが，この図からも明らかである．

(ii) のケースでは，三角形の周りの面に注意をする．どの頂点でも，三角形の反対側にある面は b 角形である．すべての頂点が同じタイプであるので，この三角形の 3 本の辺は，a 角形と c 角形が交互に隣接するはずである．ところが，3 が奇数なので以前の場合と同様に，矛盾となる（図 4.14(b) を参照）．■

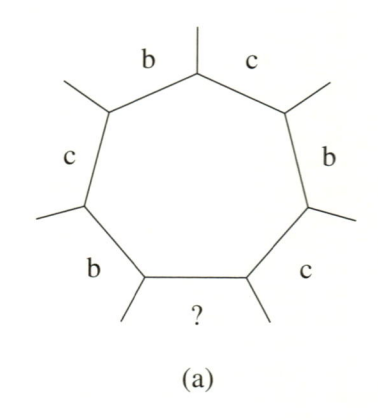

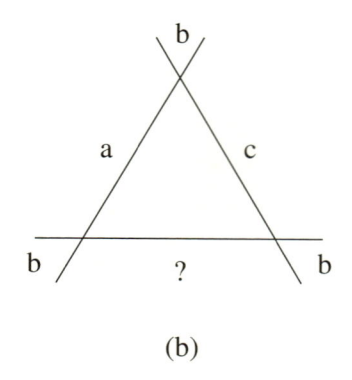

図 4.14

ケプラーは続いて次の命題を残している．

> やや低いレベルで完全な立体は 13 個ある．これら 13 個の立体からアルキメデス立体を得ることができる．[k]

下に書く証明はケプラーの考えに基づいたものであり，ケプラー自身の証明に忠実に従っている．1つの相違点は，ケプラーが区別しなかった頂点の種とタイプを，この証明では区別しているという点である．基本的なアイデアさえわかれば，証明は同じことの繰り返しである．

定理 凸多面体のすべての立体角が同じタイプであるとする．タイプ $(4,4,n)$ と $(3,3,3,n)$ の族の他には，存在可能な立体角のタイプが13ある．これらの可能性は，角柱，反角柱，アルキメデス立体においてそれぞれ実際に現れる．

証明：この定理を証明するにはまず，立体角の周りに集まることのできるすべての面の組み合わせを考え，その中から決められた条件にしたがって拡張していくことのできない組み合わせを除外していく，というものである．上の補題により，立体角の各種には高々3つの種類の正多角形しか存在し得ないことがわかる．また定義により，2種類以上の多角形が存在しなければならない．ケプラーの証明に従って，ここで2つのケースを別々に考えることにする．

まず，2種類の面によって構成される立体角の種類を考慮する．

(1) 三角形と四角形のみで構成される立体角の種類

四角形が1つだけで立体角が構成されていると仮定すると，三角形の数は最大4個になる．言うまでもなくこれは，四角形(正方形)の角1つと正三角形の角5つ以上の和が $360°$ を超えるからである．よって，この場合に可能な立体角のタイプは，歪立方体に現れる $(3,3,3,3,4)$，反正四角柱を構成する $(3,3,3,4)$，そして 上の補題のケース(i)で拡張不可能なことが証明された $(3,3,4)$ の3タイプだけである．

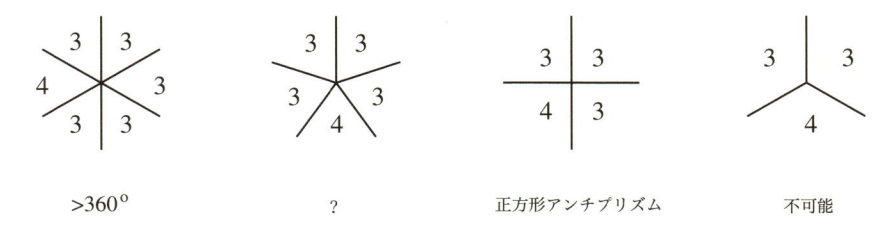

> $360°$?   正方形アンチプリズム   不可能

次に，四角形2個を持つ立体角の種類を考慮しよう．三角形3個と四角形2個を頂点の周りに並べて合わせると平面ができるので，各立体角において三角形は高々2個しかありえない．2個の四角形と2個の三角形からなる立体角の種類には，次のように2つのタイプがある．その1つである $(3,3,4,4)$ は上の補題のケース(ii)ですでに除外された．残りのタイプ $(3,4,3,4)$ は立方八面体に現れるタイプの頂点である．残りのケースは，四角形2個と三角形1個からできるタイプ $(3,4,4)$ であるが，これは反三角柱を形成する．

166　第4章　幻想性，調和性，一様性

　　=360°　　　　不可能　　　　立方八面体　　　三角形プリズム

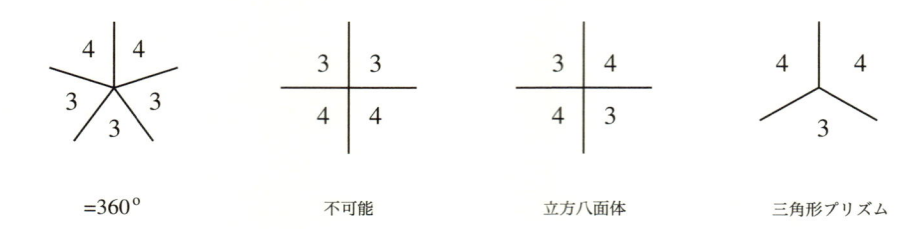

　　四角形が3つ以上立体角にあるとすれば，可能性は1つだけであり，それはタイプ(3,4,4,4)である．これは斜立方八面体に出てくるタイプである．四角形3個と三角形2個以上の角の和は360°を超え，また四角形が4個以上の場合も同じ問題が起こるので不可能である．

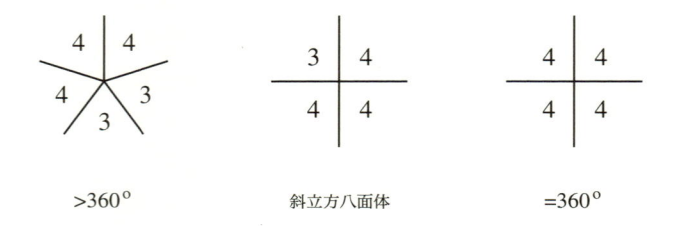

　　>360°　　　　斜立方八面体　　　=360°

(2) 三角形と五角形のみで構成される立体角の種類

　　この場合の分析も上と同様である．五角形が1個だけの場合は，三角形の数が4個までである．ここで可能な3つのタイプの立体角はそれぞれ歪十二面体の(3,3,3,3,5)，反五角柱の(3,3,3,5)に対応する．

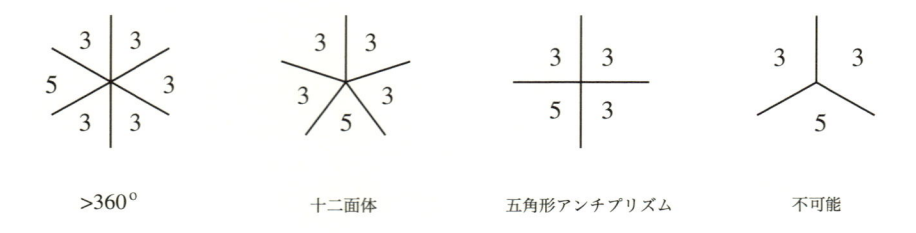

　　>360°　　　十二面体　　　五角形アンチプリズム　　　不可能

　　五角形が2個ある立体角の種類では三角形の数が高々2となる．三角形が2個ある種類にはやはりタイプが2つあるが，補題のケース(ii)によりタイプ(3,3,5,5)は拡張できない．残りのタイプ(3,5,3,5)は二十・十二面体に登場する．残りのケースはやはり，補題のケース(i)ですでに不可能なことが証明されている．

　　立体角で五角形を含む種類はこれ以外に存在しない．五角形が3個以上ある場合には，たとえ三角形1個だけの角を足しても角の和が360°を超すからである．

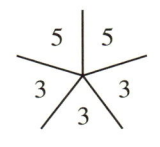

アルキメデス立体　**167**

>360° 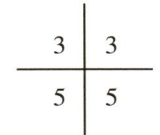　　　　　不可能 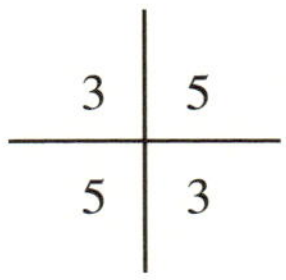　　　　　二十・十二面体 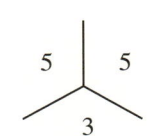　　　　　不可能

(3) 三角形と六角形のみで構成される立体角の種類

六角形が1つだけの種類では三角形の数が4以上あると凸角でなく平面になってしまうので，三角形の数は3以下となる．六角形1つと三角形3つの頂点は$(3,3,3,6)$タイプで，反六角柱に現れる．三角形が2つで六角形が1つの場合は$(3,3,6)$となるが，これは補題でその不可能性が示されている．

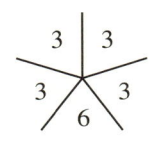

=360° 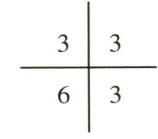　　　　　六角形アンチプリズム 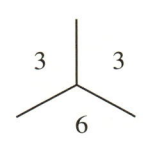　　　　　不可能

六角形が2つ立体角にある場合は，角の和の理由により三角形の数は1と限られる．このケースではタイプが$(3,6,6)$となり，これは切頭四面体の頂点である．立体角に集まる六角形の数は高々2である．

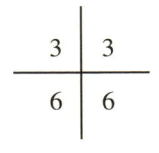

=360° 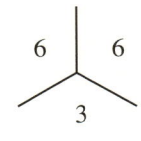　　　　　切頭四面体 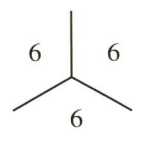　　　　　=360°

(4) $n \geq 7$ である n 角形と三角形のみで構成される立体角の種類

n 角形を1つでも含んでいる立体角を持つ種類は，アルキメデス立体に出てこない．可能なタイプはただ1つ，$(3,3,3,n)$ であるが，これは n 角形の底面を持つ反角柱の頂点で見られる．

>360° 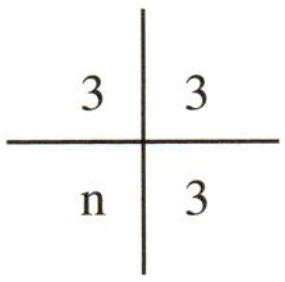　　　　　n角形アンチプリズム 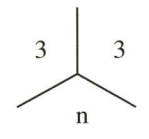　　　　　不可能

n 角形が 2 つ以上，立体角で集まる場合は，n 角形が 2 つと三角形が 1 つという頂点のみが可能なケースである．このとき，n が奇数であれば，補題のケース (i) により立体角の拡張が不可能になる．n が 10 より大きい偶数の場合は角の和が 360° を超してしまう．そうなると可能なのは切頭立方体に出てくるタイプ (3,8,8) と切頭十二面体に出てくるタイプ (3,10,10) だけになる．

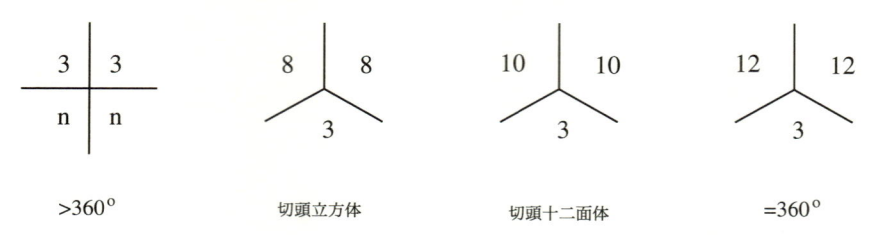

```
   3 | 3        8   8       10   10      12   12
  ---+---        \ /          \ /          \ /
   n | n          3            3            3

   >360°      切頭立方体    切頭十二面体     =360°
```

三角形ともう 1 種類の多角形のみによって構成される立体角の種類はこれですべて分析が完了したことになる．2 種類の多角形のみによって構成される立体角について，次に考えることにする．

(5) ($n \geqq 5$) である n 角形と四角形のみで構成される立体角の種類

n 角形が 1 つしかない場合，四角形が 3 つ以上あると角の和が大きすぎるため，立体角のタイプは $(4,4,n)$ に限られる．このタイプの立体角は n 角形を底辺とする角柱で見られる．

n 角形の面が 2 つ頂点で集まる場合は，四角形が 1 つに限られる (でないと，角の和が大きくなりすぎる)．そうなると，立体角のタイプは $(4,n,n)$ に限定されるが，ここで $n \geqq 8$ であると角の和が大きくなりすぎ，n が奇数であれば補題のケース (i) によって，多面体ができないことがわかる．残るのはタイプ $(4,6,6)$ であるが，これは切頭八面体で見られる頂点のタイプである．

角の和による制限のため，3 つ以上の n 角形と四角形を組み合わせることは不可能である．

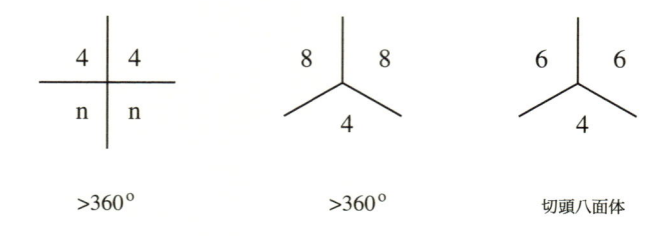

```
   4 | 4        8   8        6   6
  ---+---        \ /          \ /
   n | n          4            4

   >360°        >360°       切頭八面体
```

(6) ($n \geqq 6$) である n 角形と五角形のみで構成される立体角

五角形が 3 つと n 角形が 1 つあれば，角の和が 360° を超えてしまい，タイプ $(5,5,n)$ は補題のケース (i) によって不可能なので，n 角形が 1 つしかない立体角はありえない．

n 角形が 2 つある場合は，再び角の和によりタイプ $(5,n,n)$ しかありえないことになる．この場合，n の最も小さな値を使うと切頭二十面体の頂点 $(5,6,6)$ ができる．n にこれより大きな値を代入すると平面角の和が $360°$ を超すので不可能である．

n 角形が 3 つ以上あると角の和が大きくなりすぎる．

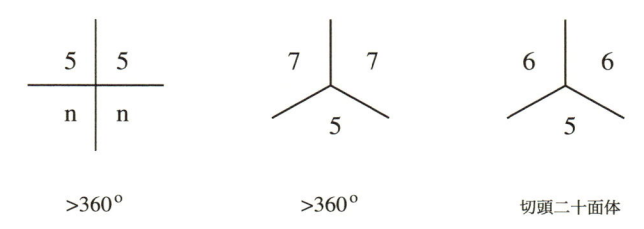

```
   5 | 5            7   7           6   6
  ---+---            \ /             \ /
   n | n              5               5

   >360°            >360°          切頭二十面体
```

この他に，2 種類だけの多角形によって構成される立体角があるとすると，その角の和が最も小さくなるのは六角形 2 つと七角形 1 つの場合であるが，この和はすでに $360°$ を超している．これにより，2 種類だけの多角形によって構成される立体角はこれまでに挙げたものに限られることがわかる．残るのは，3 種類の多角形が集まる立体角の種類のみである．

(7) 三角形，四角形，$(n \geqq 5)$ である n 角形で構成される立体角の種類

最初に，n 角形が 1 つの場合を考える．四角形が 1 つあったとすれば，三角形の数は高々 2 となる．三角形を 2 つ含んでいる立体角の種類は補題のケース (ii) により不可能であり，タイプ $(3,4,n)$ も補題のケース (i) によって不可能なことがわかる．

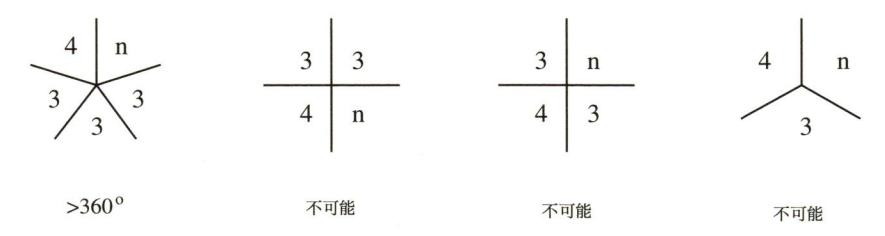

```
    4  n           3 | 3           3 | n           4   n
  3 \|/ 3         ---+---         ---+---           \ /
     |             4 | n           4 | 3             3
     3

   >360°           不可能           不可能           不可能
```

四角形が 2 つと n 角形が 1 つある場合，角の和が $360°$ 以上にならないように保つには，三角形の数が 1 でなければならない．ここで $n \geqq 6$ であれば角の和が大きくなりすぎるので，残るのは 2 つのタイプである．このうち，タイプ $(3,4,4,5)$ は補題のケース (ii) により除外され，タイプ $(3,4,5,4)$ は斜二十・十二面体の頂点として現れる．

```
  3 | 6        3 | 4        3 | 5        3 | 4
  ——+——      ——+——      ——+——      ——+——
  4 | 4        4 | 6        4 | 4        4 | 5

  =360°      =360°      不可能      斜二十・十二面体
```

(8) 三角形でない3種類の多角形で構成される立体角の種類

　　4つの面によって立体角が構成される場合をまず考える．このうち最も小さい組み合わせは，四角形2つと五角形・六角形それぞれ1つずつの場合である．

　　しかし，これでは内角の和が360°を超してしまうので，立体角に集まることのできる多角形は全部で3つに限られ，すべて異なる多角形でなければならない．ところが補題のケース(i)によって，この場合どの多角形も奇数の辺を持っていてはならないことがわかる．

　　そうすると，最も小さい組み合わせはタイプ(4,6,8)となり，これは大斜立方八面体（あるいは切頭立方八面体）で見られる頂点である．その次に小さい組み合わせは(4,6,10)であり，これも大斜二十・十二面体（あるいは切頭二十・十二面体）で見られる．面の組み合わせでこれ以外のものは，角の和が大きくなりすぎ，立体角を構成することができない．

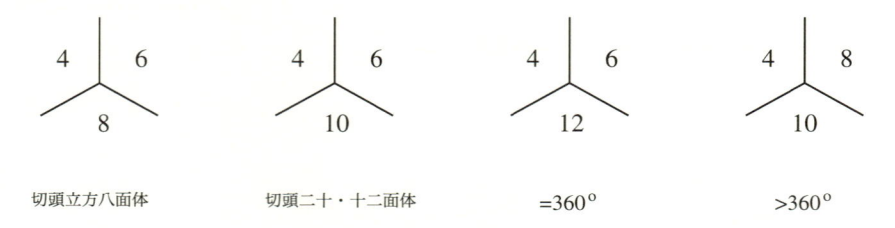

```
   4 \ / 6      4 \ / 6      4 \ / 6      4 \ / 8
      |            |            |            |
      8           10           12           10

 切頭立方八面体  切頭二十・十二面体   =360°       >360°
```

　　立体角を構成する正多角形の組み合わせの可能性をこれですべて考慮したことになる．上の補題による単純な条件で除外されなかった立体角タイプはすべて「やや低いレベルで完全な」多面体の立体角の候補となった．こうしてできた多面体のうち，角柱形のものを除けば，残りは13となり，これらはすべてアルキメデス立体として実際に存在する．これらの多面体を描いたケプラーの絵が，図4.13である．ここで出てくる多面体の順序は，ケプラーの数え上げた順序と異なっていることがわかる．絵では切頭多面体がまとめて描かれている．また，プラトン立体の切頭多面体については，その順序が，宇宙のモデルに出てくるプラトン立体の順序と対応していることがわかる．■

星型多角形と星型多面体

　五芒星形のような星型多角形は古くから知られている．例えば，紀元前7世紀に作られた花瓶で，飾りの一部として五芒星形を使っているものがある．ムーア式のタイル貼りにもさまざまな星型多角形が見られる．特に五芒星形に関してはいろいろな文化や専門職において象徴的，神秘的な意味が与えられ，表彰，魔除け，運を呼ぶ護符などとしても使われてきた．鋳金術，占星学，魔術などとも関わっている．五芒星形の幾何学的性質の中で黄金比が現れることはギリシャ人が気づいていて，パチョーリも記述を残している．

　星型多角形について初めて数学的に研究を行ったのはトーマス・ブラッドワーディーン(1290〜1349)であり，後にシャルル・ド・ブール(1470〜1533)もいろいろと研究を進めた．ケプラーもまた，これらの多角形について調べ，その著書『世界の調和』の第1巻で説明している．彼はまず，正多角形を，「すべての辺の長さが等しくすべての角が外を向いていて角度が等しい多角形」と定義した．また，正多角形を2種類に分類した．最初の種類とは基本的，または初等的と呼ばれる多角形で，辺が交差しない多角形である．もう1つの種類というのはこれより一般的なもので，星状多角形と名づけられた多角形である．この星状多角形は，基本的多角形の隣接していない辺を交差するまで延長して得られる多角形である．ケプラーが星状多角形として考慮したのは，一筆書きで全体を描ける多角形のみであった．したがって図4.15(b)や(c)のように組み合わさった形は星状多角形に含まれなかった．ケプラーはこの方法を一般化し，正多面体にも応用できるような構想に拡張した．

　多角形の場合，星状の形が凸型図形の辺を延ばしてできることは明らかである．し

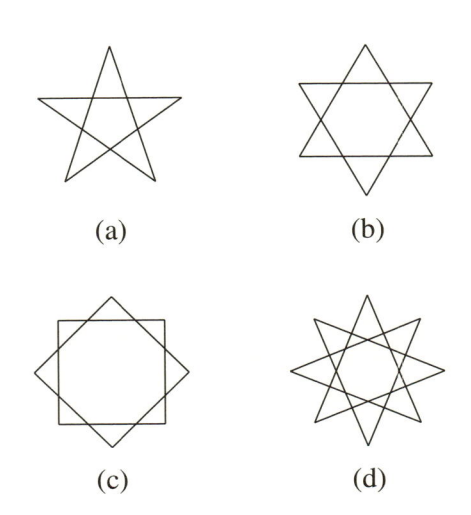

図4.15：星型多角形(a)，(d) と 複合多角形(b)と(c)．

172　第4章　幻想性，調和性，一様性

かし3次元ではいったいどのようにすればいいのか，あまり明らかではない．何を延長するべきなのか．多面体のどの部分が「辺」にあたるのか．ケプラーは一般化するアイデアを2種類考え出した．第1の方法は，多面体の各面の辺を，交差するまで伸ばすやり方である．こうしてできた多面体をケプラーは「エキヌス」（ラテン語で，「ハリネズミ」または「ウニ」を表す言葉である）という名称で呼び，その形態を「とがっている」とか「棘のある」と適確に表現した．もう1つの方法は，多面体の面そのものを交差するまで延ばしていくという方法である．この方法でできる多面体は「オストリア」（貝の「カキ」の意味）と呼んだ．この2つの方法は今ではそれぞれ**稜の星状化**，**面の星状化**と呼ばれている．

　ケプラーの発見した2つの星型多面体は，プラトン立体に最初の方法を適用して作ったようである．できた多面体に関しては，簡単な記述だけが記されており，ケプラーにしては珍しく，どのような過程を経て発見したのか，まったく書いていない．四面体では稜をいくら延ばしてももともとの頂点以外では交わらないので，新しい多面体を得ることはできない．これは立方体でも八面体でも同じことである．しかし，十二面体に稜の星状化を適用するとエキヌスが1つできる．また二十面体の場合も別のエキヌスが得られる．これら2つの多面体は図4.16とカラー図8で見ることができる．ケプラー自身のスケッチの複製は，図4.17に示されている．

図4.16：ケプラーの2つの星型多面体．

　ケプラーは晩年において，幾何学に関する論文の執筆にとりかかった．未完成に終わった原稿ノートの中に，追加の図形という題の箇所があり，そこで星状化について少し書いてある．この書では12個の棘（スパイク）のある星型多面体を「大ハリネズミ二十面体」，20個の棘のある星型多面体を「小ハリネズミ二十面体」と呼んでいる．

星型多角形と星型多面体　***173***

図4.17：ケプラーによる「棘のある」多面体のスケッチ.

　このうち，大ハリネズミ二十面体の方は，第2の方法すなわち面の星状化によって十二面体から得られることもケプラーは気づいていた．実際には両方とも，この方法によって得ることのできる多面体であり，現在ではそれぞれの名称が，この面の星状化の方法からとられている．12個の棘のある多面体は「小星型十二面体」，20個の棘のある方は「大星型十二面体」と呼ばれているのである．この名称はいずれも1859年にアーサー・ケーリーによってつけられたものである．星型八角体とは2つの四面体の合成体のことであり，八面体の面を星状化することによって作ることができる．
　ここに説明した3つの星状多面体は，いずれも凸正多面体の面の上に適当なピラミッ

ドをつけた多面体と容易に見なすことができる．この観点から，凸形図形とそれを追加してできる図形を自然に比較することができるが，ケプラーもこの点に気づき，星状図形に関して次のような言葉を残している．

> 星状図形は，1つは十二面体に，もう1つは二十面体にあまりにも深く関連しているので，この2つの正多面体，特に十二面体の方は，棘のある図形から何かを切頭してできるのではないかと思われる．[1]

凸形多面体にさまざまな高さのピラミッドを添加して新しい多面体を作るという手法はケプラーより200年も前から，よく用いられた．よって，ケプラーの星状立体がすべて，以前に描かれたことがあったという事実は驚くことではない．星型八面体の古いスケッチは，パチョーリやヤムニッツァーの著作の中に描かれている．またヴェネチアのサン・マルコ大聖堂では1420年代に描かれた小星状十二面体の絵を見ることができる（カラー図7を参照）．これは大理石に彫りこまれており，大きな出入り口の1つに床の飾りの一部として残されている．デザインはウッチェロのものであるとされている．大星状十二面体はヤムニッツァーによって彼の多面体記念碑の一部として描かれた．295ページに示したこの記念碑の，中心の棘のある部分はこのタイプの多面体の例である．ケプラーがこれらの多面体に関心を持っていたのはただ美学的な興味からではなく，数学的な対象としての関心があったからである．

十二面体からの星状化によってできるこの2つの星状多面体は，また別の観点からも考慮することができる．小星状十二面体を注意して見ると，三角形の面が，同じ平面上に位置する5つずつのグループに分かれることがわかる．また，各グループは，その平面上で，ピラミッドの下に埋まっている底辺の正五角形を囲むように位置している．この五角形と周りの5つの三角形を合わせると五芒星形ができる．すなわちこの多面体は，合計12個の五芒星形を面として持ち，それぞれの頂点でそのうち5つが集まってできている多面体と考えることができるのである．同様に，大星状十二面体の方も，12個の五芒星形が，各頂点で3つずつ集まってできた多面体と考えることができる．カラー図8ではこれらの多面体の模型を示しているが，それぞれの五芒星形が明確にわかるように1つの色で示されている．

多面体の面に関する解釈をこのように根本的に変えることにより，ちょうど星型多角形の辺の場合と同じように，多面体の面も互いに交差させることができる．星型五角形の面は，ふつうの多面体の場合と同じように辺と辺とで貼り合わせるのであるが，ここで互いに交わることが認められ，その結果，面の一部は外から見ることができるが残りの部分は多面体の内部となって外からは見られなくなるのである．

257ページの図は小星状十二面体を切り出した図であり，それぞれの面がピラミッドの下を通って続いていることがわかる．コンピュータによって描かれたこの図は，オランダの画家モーリッツ・コルネリス・エッシャー（1898〜1972）が1952年に発表した作品『重力』に基づいてイメージ化したものである．エッシャーのこのデザインで

は12匹の動物が各面の上に立ち，カメのようにピラミッドにあいた穴から4本の足と頭を出している様子が描かれている．エッシャーはまたこれとは別に，アクリルグラスでこの多面体全体の模型を作り，その12個の五芒星形の面にそれぞれ1匹のヒトデを彫り込んだ．

　これらの多面体の面を五芒星形として考えた場合，次のような驚くべき結論を否定することができなくなる．それは，これらの多面体が**正則**である，という事実である．なぜなら，これらの多面体の面はすべて合同な正多角形であり，同じ数の面が各立体角の周りにあるからである．星型多面体を正則多面体と見なすことによって，より一般的なタイプの正則多面体を構成することが可能になるのである．この一般化された見方によって自らが発見したこれらの新しい多面体が凸型の正則多面体とまったく同じレベルの地位を占めることになるという事実にケプラーは気づかなかった．ケプラーは正則多面体を初等的なものと星状多面体に分けて考えたように，凸型の多面体は基本的，その星状多面体は2次的なものと分類したのである．それは，彼が「ただの添加十二面体（しかし添加は最も正則な方法を使った）」という言い回しをしていることからも明らかである．

　ケプラーがこのような星型多面体をプラトン多面体と同等のレベルで考慮したくなかったのはひとつには，それによって宇宙神秘に関する彼の解答が崩されてしまうことを恐れたからかもしれない．惑星の楕円性軌道に関する理論を説いた後も，ケプラーは自分の惑星モデルを使った考察を続けた．『世界の調和』の第5巻でケプラーは，十二面体と二十面体の代わりに1つの「長エキヌス」を置き，その外接球面が火星の軌道を，中点球面が金星の軌道を含んでいるという仮説の可能性について考察している．その球面の間にある地球の軌道は，自由で未定のままになっている．しかしさらに後に書かれた『コペルニクス天文学要約』ではこの考えを否定している．そんな変更をしてしまえば，惑星の数が6個にほかならない理由が無意味なものになってしまい，ケプラーの考え出した全体として調和的な自然のシステムが崩れてしまうからである．

　このようにケプラーは自分のお気に入りの宇宙モデルを崩壊させたくなかったわけであるが，彼がこれら星型多面体の性質をより深く研究しなかった理由がこの辺から伺えるのかもしれない．菱形面を持つ多面体2つに関しては，分析を重ね，この2つ以外には存在しないことをケプラーは自ら証明している．これとは対照的に，彼の星型多面体とよく似た性質を持つ多面体が他にもありうるかどうかという問題には，ケプラーは答えを見つけようとはしなかった．この2つの星型多面体では五芒星形が3つあるいは5つ集まって立体角を構成している．では五芒星形を4つ組み合わせて立体角を構成することは可能であろうか．さらに，五芒星形の頂点の内角が36°であるので頂点の周りにこの角を9個まで集めることができる．それなら各立体角で9個以下の数の五芒星形が集まるような多面体も存在が可能かもしれない．さらに，その他の星型多角形を使えばまだまだ可能性があるかもしれない．ケプラーの作ったもの以

外には星型多面体は存在しないのであろうか．この疑問についてケプラー自身は不思議なほどに何も語らなかった．この問題は第7章でもう一度検討することにする．

半立体的多面体

ケプラーは他の星型多面体についてもいろいろと試みを続けた．五芒星形の面を持つ2つの多面体のほかに彼は，半立体的多面体と呼ばれる2つの多面体を発見した．1つは星型八角形によって，もう1つは星型十角形によって構成される多面体である．

> 星型八角形も星型十角形も，第1の点と第4の点を結ぶ辺を含む直線はあいだの2つの点を通り，この2点を結ぶ辺に沿って2つの星を貼り合わせることができる．星型八角形は立方体に似たような立体，星型十角形は十二面体に似たような立体を構成するが，これらの立体には角のない，耳のようなものがある．これは，平面角が2つ貼り合わせられるときに，閉じることのできないすき間ができるからである．[m]

耳つき立方体と耳つき十二面体は，図4.18に描かれている．面が五芒星形である星型多面体のように，これらの不完全な多面体の面もやはり，稜に沿って貼り合わせられた星型多角形である．これらの稜が相互に交わるので，面も互いを突き抜ける形になる．図の中で陰をつけた部分はそれぞれ，ある1つの面上の見える部分を表している．

多面体がこのように完全に閉じていない場合（境界がある場合）は，すべてのすき間はやはり正多角形で埋めることのできるものでなくてはならない，というのがケプラーの条件であった．この2つの半立体的多面体の「耳」も，正多角形を張って閉じることはできるのであるが，果たしてケプラーがこの方法を思いついていたかどうかは疑問である．彼自身は，この点には触れていない．

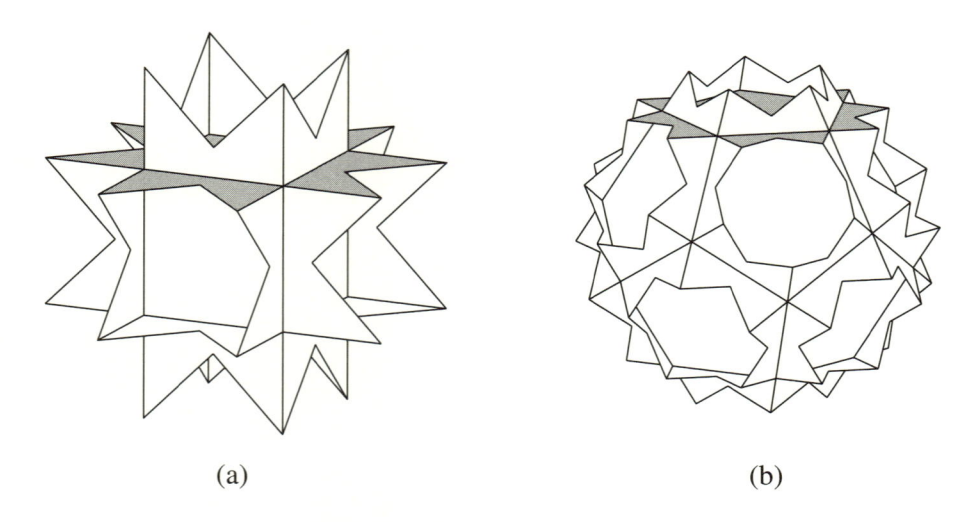

(a) (b)

図4.18：ケプラーの「半立体的多面体」2つ．

「耳つき立方体」は6個ある八線星形に8個の三角形を加えて閉じることができる．すると図4.19(a)のような立体ができる．そのうちの1つの三角形の見える部分に陰を付けている．これらの三角形の辺は，八線星形の使われていない辺と貼り合わせられており，すべての稜は多角形2つの交わりとなっている．しかし，これらの三角形を相互に交わらないようにつけ加えることは不可能である．星型多角形においても辺が互いに交わってできる点を頂点と考えないように，これらの多角形が交わってできる線分は，この多面体の稜とは見なさない．前に述べた多面体の複合体についてもこれと同じことが言える．複合体の場合には，1つの多面体の面がもう1つの面と交差するのであるが，ここでは多面体がそれ自身と交差するのである．

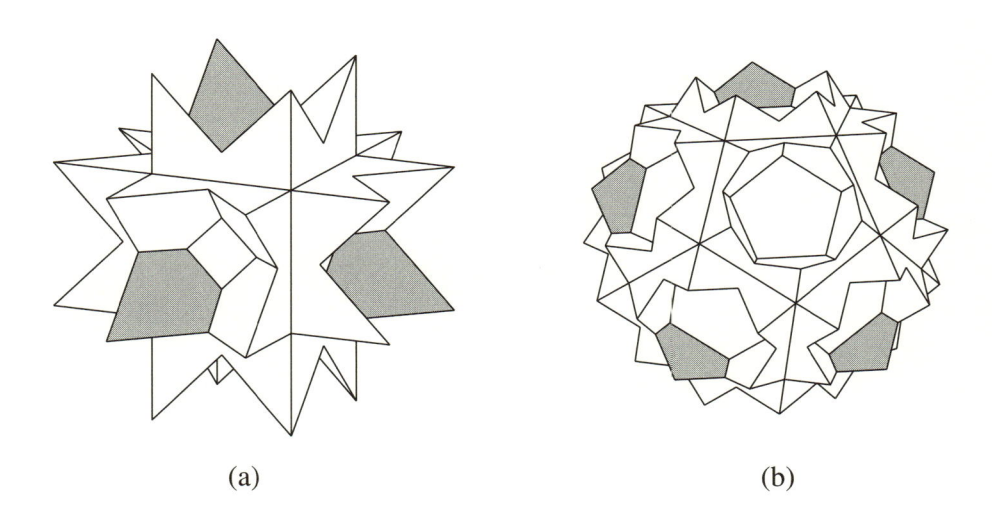

(a)　　　　　　　　　　　　(b)

図4.19：ケプラーの半立体的多面体は閉じて一様な多面体にすることができる．

もう1つの「耳つき」多面体は，12個の五角形を加えて閉じることができる（図4.19(b)を参照）．おもしろいことに，これらの多面体は両方ともアルキメデス立体の稜を延長して得られる多面体である．最初の多面体は切頭立方体に，2番目の多面体は切頭十二面体に稜の星状化を適用して得ることができる．ケプラーは，このようにしてこれらの多面体を発見したであろう．

一様多面体

図4.19にある2つの多面体は**一様多面体**の例である．プラトン立体における星型多面体の役目を，アルキメデス立体において果たしているのがこれらの一様多面体であ

る．どの頂点もすべて周囲は同じようになっており[2]，面はすべて正多角形（星型または凸型）である．ただし，ここでは面が互いに交わることが認められる．この定義に当てはまるものにはプラトン立体，アリストテレス立体，角柱，反角柱，五芒星形面を持つケプラーの星型多面体2個がすべて含まれている．またこの他にも含まれる多面体がある可能性がある．

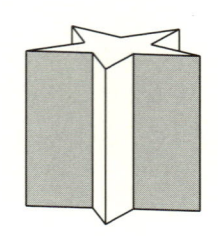

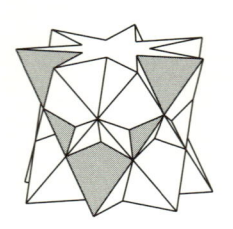

図 4.20：星型多角形の底辺を持つ角柱と反角柱．

まず最初に，星型多角形を底辺とする角柱と反角柱を作ることができる．それぞれの例が1つずつ図 4.20 で示されている．角柱の底辺は五芒星形である．五芒星形の辺は途中の箇所が描かれていないので，上の面を見ると凸型でない十角形のように見える．（この十角形は「ペンタクル」と呼ばれる場合もある．）しかし図 4.19～4.25 にある星型の形をした多角形はいずれも図 4.15 で示されているような星型多角形であると考えることにする．角柱の側面である正方形はそれぞれ，五芒星形の辺に沿って貼り合わせられており，互いに交わっている．この正方形のうちの1つの外から見える部分に陰がつけられている．反角柱の方は星型七角形を底辺としていて，陰のついた部分は，正三角形の面の外から見える部分である．

この他の一様多面体もプラトン立体やアルキメデス立体から構成することができる．例えば斜立方八面体の稜のフレームは，互いに交わる6個の八角形の境界と見なすことができる（図 4.21(a) 参照）．このフレームに 12 個の正方形を加えると一様多面体ができ，また 8 個の三角形と 6 個の正方形を加えても別の一様多面体ができる（図 4.21(b) と (c) 参照）．

八面体の稜のフレームは図 4.22(a) のように，3 個の正方形の境界と見なすことができる．これに 4 つの三角形を加えると別の一様多面体を完成することができる（図 4.22(b)）．これには 7 個の（交わる）面があるので，一般に**七面体**と呼ばれている．

立方八面体からも 2 つの新しい例が得られる．その稜のフレームが 4 つの六角形の境界となっているので（図 4.23(a) 参照），もとの立方八面体の正方形または三角形を加えることで一様多面体ができあがる（図 4.23(b) と (c) を参照）．

---

[2] できる図形の対称性に関する条件をいくつか定めることも必要である．正確に言うと，これらの多面体は頂点推移的でなくてはならない．

一様多面体 **179**

(a)

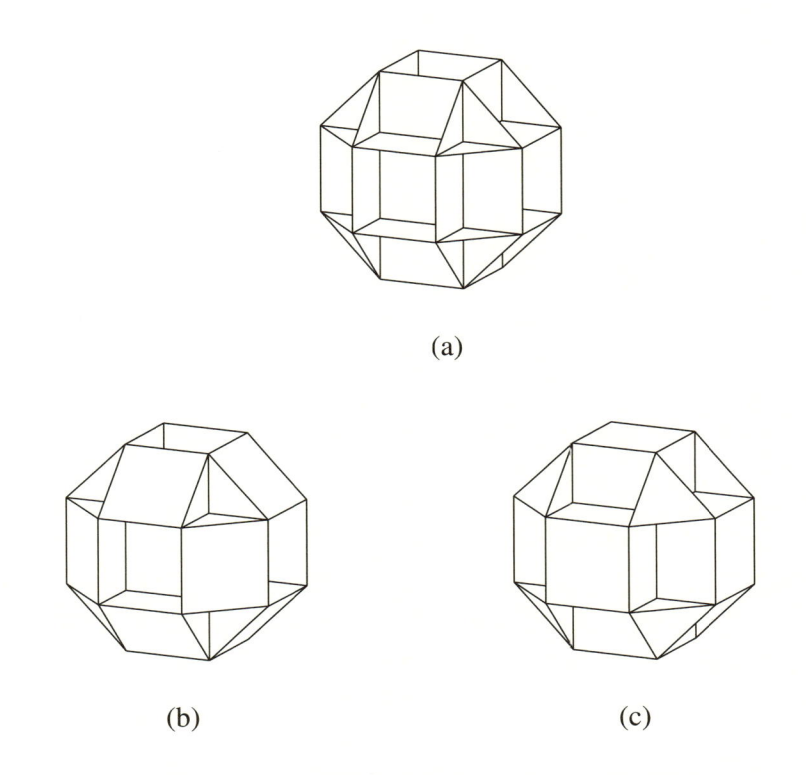

(b) (c)

図 4.21：斜立方八面体と同じ稜の骨格からできた 2 つの一様多面体(b)，(c)．

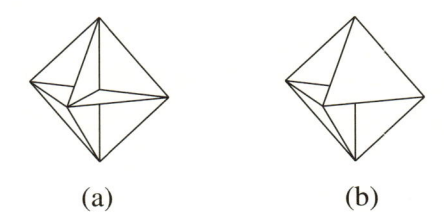

(a) (b)

図 4.22：垂直に交わる 3 個の正方形に 4 つの三角形を加えてできた七面体．

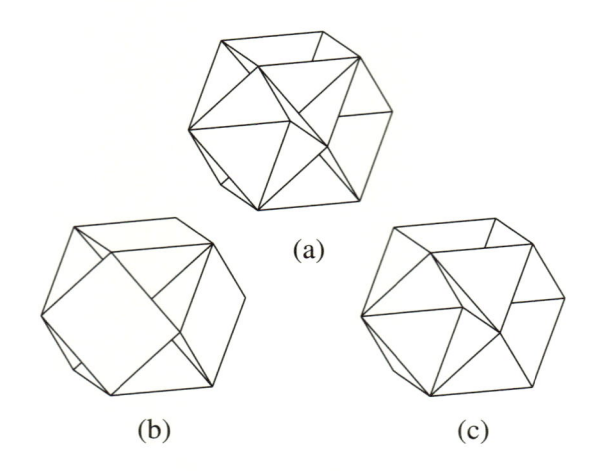

180　第4章　幻想性，調和性，一様性

図4.23：立方八面体と同じ稜の骨格からできた2つの一様多面体(b)と(c).

　ケプラーの半立体的多面体からできた2つの一様多面体の他には，これらの例の中で星型多角形を含んでいるものはない．星型八角形を含んでいる4つの一様多面体が図4.24に示されている．このうち最初の2つでは，6個の八線星形の位置が同じである．最初の多面体(a)は6個の正方形と8個の三角形を加えて完成させたものであり，多面体(b)は12個の正方形を加えて作ったものである．前者の場合は，正方形は八線星形と平行に挿入されている．後者の例では，外枠となっている立方体の反対にある2つの稜を通る平面に平行になるように正方形が挿入されている．図4.24(c)では，八線星形6個の他に8個の六角形と6個の八角形が合わせられており，図4.24(d)では，同じく八線星形6個の他に，12個の正方形と8個の六角形によって多面体が完成されている．最後の図では六角形が隠れてほとんど見えなくなっている．小さな三角形もいくつか見えるが，これこそ，六角形が壁のように形成されている多面体の内部の大きな「洞窟」に入るための洞穴なのである．
　一様多面体はこの他にも多く存在する．ここに挙げたもの以外にも，1種類の多角形によって構成されている例が2つある（第7章でも触れるが，これは1810年にルイ・ポアンソが発見した星型多面体である）．また面の種類を1種類と限らなければ，一様多面体が他にも42個ある．これらの中には1880年代からずっと知られているものもある．フランス人A. バドルーは，稜のフレームが正多角となる立体，あるいは面が星型多角形となる立体を捜し求めるためにプラトン立体とアルキメデス立体を系統的に研究した．その結果，37個を発見した．時を同じくして，オーストリアでも独自にヨハン・ピッチが18個の一様多面体を発見したのだが，そのうちの4個はバドルーのリストにない多面体であった．さらにその50年後，H. S. M. コクセターとJ. C. P. ミラーが新しい方法で一様多面体を列挙し，その結果12個の新しい一様多面体を発

一様多面体 **181**

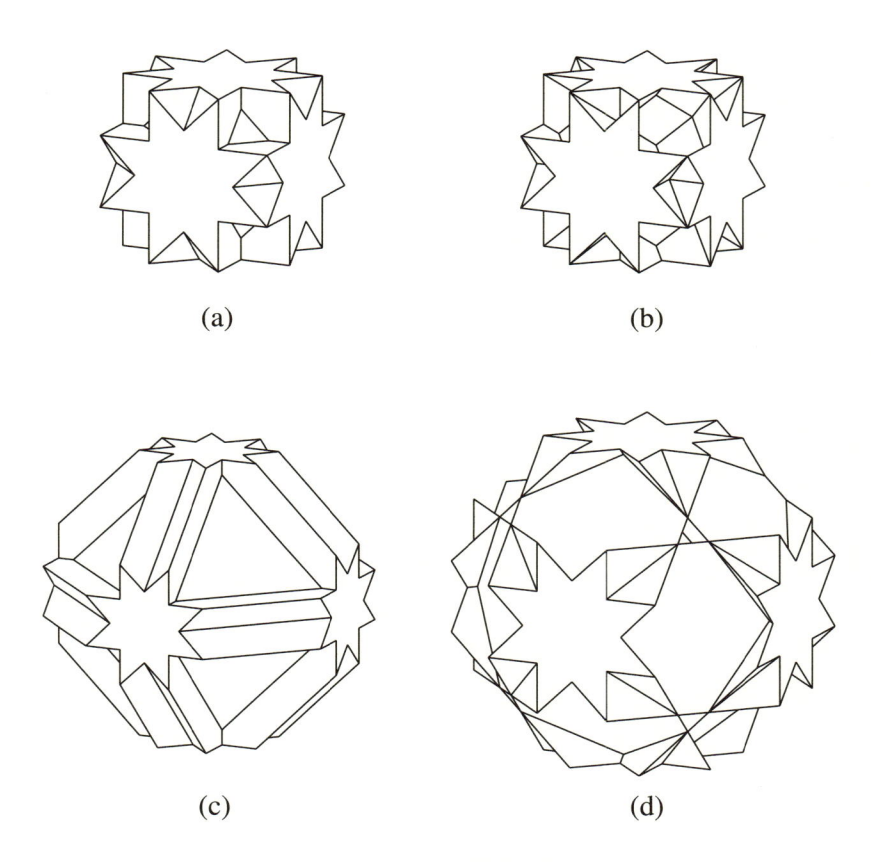

(a) (b)

(c) (d)

図 4.24：4 つの一様多面体.

見した．これにより，合計で 75 個，うち凸型でなく正則でない一様多面体が 53 個となった．しかし，この 2 人はそれですべての可能性を尽くしたということを証明できなかった．さらに 10 年の時間が経ち，M. S. ロンゲ-ヒギンスと H. C. ロンゲ-ヒギンスがこの問題に挑戦し，12 個のうち 11 個を再発見した．またジャン・リサーブルとレイモンド・メルシエはある特別なケースに焦点を絞って研究した．それは，鏡映対称性のない一様多面体を見つけることであり，歪多面体でこのような性質を持つものを 5 個発見した．1954 年になって初めて，この 75 個の一様多面体の一覧表が出版された．しかし，このリストが完全であることを初めて証明したのは J. スキリングであり，それはコンピュータの到来後であった．

　一様多面体は，マグナス・ウェニンガーの書『多面体模型』の中で重要な対象となっている．簡単なプラトン立体，アルキメデス立体から初めて，彼は星状模型へと進み，他の 53 個の一様多面体の説明にまで至っている．この本の中では完成した模型の写真も掲載されており，自分で模型を作るための説明も書かれている．中には非常に複

雑なものもある．また，ウェニンガーはそれぞれの立体に名前をつけた．ケプラーの「耳つき」多面体(図 4.19 を参照)に彼がつけた名称は，「準切頭六面体」と「準切頭小星状十二面体」である．

　その後の数学の発展におけるケプラーの影響は，決して大きなものではなかった．彼の星型多面体に関する業績が 200 年後，ポアンソにまったく知られていなかったことは確かである．さらにその後になって，ユージーン・シャルル・カタランは，アルキメデス立体について誰かが以前に研究したことなどまったく知らなかった．ケプラーの業績があまり知られなかった理由の 1 つは，ケプラーの仕事が科学的記述の一般的な形式で出版されなかったからである．ケプラーの著書はどちらかといえば，発見過程の実験経過を随筆的に記録するというスタイルの物であった．記録の中には，彼の研究動機，試した攻撃方法，失敗と行き詰まり，ひらめきの瞬間，成功した時の感情などが，問題の解答とともに書き残されている．よって，有用な結果がいろいろな記述や説明の中に埋め隠されており，必要な情報だけを分離するのが困難になる．その結果，最も想像力に富んだ人物のひとりであるこのケプラーの業績は何年もの間，まったく日の目を見なかったのである．

From Perspectiva Corporum Regularium by Wenzel Jamnitzer, 1568.

第5章
曲面，立体，球面

> トポロジーにおける重要な概念の一番最初の
> ものは多面体の研究の中から産み出された．[a]
> アンリ・ルベーグ

　これまでに模型をいくつか作ってきた読者なら，つぎのような現象に気づいているだろう．多面体の立体角の個数が増えるにつれてその頂点の鋭さが減ってゆく．たとえば，立方体と正十二面体を比較してみよう．立方体の8個の立体角はすべて鋭角であるが，正十二面体の20個の立体角は鈍角となっている．このような「鋭さ」は，1つの辺で面を切り開きこれが平坦になるように展開したときの開き具合により表現することができる(図5.1)．どのような立体角を考えても，面角の和は常に360°より小さく，この差は立体角の鋭さがどれぐらいかを知るための「不足角」とでも呼べるものである．つまり，この不足角が大きければ大きいほど，そこの角がより鋭角的となる．

　これらの2つの多面体の不足角をもっと詳しく調べると，他の性質も明らかになる．立方体の8個の角それぞれの不足角は90°であり，正十二面体ではこの不足角は36°である．どちらの場合も，すべての不足角を加えると720°となる．これらの性質はルネ・デカルト(1596–1650)により発見された定理に述べられている．

　デカルトの定理は『立体の要素についての教材』と呼ばれる研究の中で述べられており，その論文では立体幾何学における他の性質や多面体数(よく知られている三角数や四角数と類似したもの)についても研究されている．デカルトは5個のプラトン立体やアルキメデス立体のうち9個のものについての多面体数に関する公式を与えている．彼はこの研究を印刷公表しなかったが，幸運にもこの研究内容は忘れ去られることがなかった．

　1649年の秋，スウェーデンのクリスチナ女王の招きでデカルトはストックホルムを訪問した．しかし，そこの気候は彼にとっては厳しすぎ，このためデカルトは6か月後に亡くなってしまった．彼の持ち物は船でフランスに送り返されたが，途中の事故のため彼の手稿の入った荷箱はパリのセーヌ川に流されてしまった．しかし，これらの原稿は川から見つけ出され，ばらばらにされ乾燥された．その後，これらの中のい

第 5 章　曲面，立体，球面

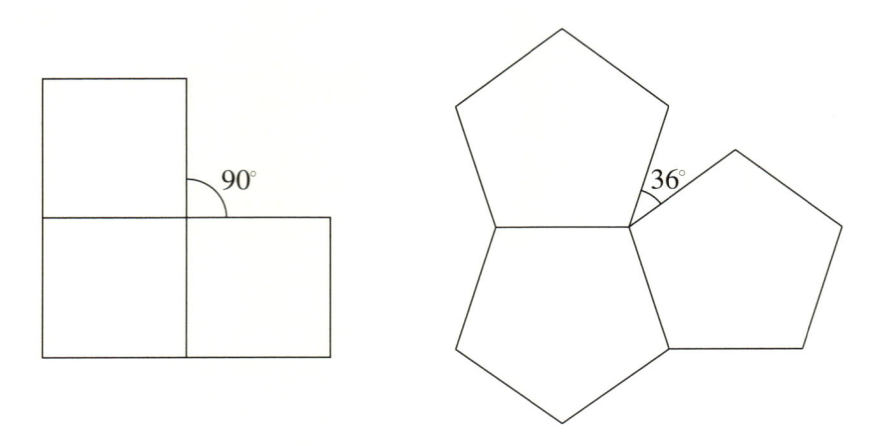

図 5.1：立方体と正十二面体の不足角．

くつかは印刷公表され，残りについては閲覧できるように保存された．1676 年，ゴットフリード・ウィルヘルム・ライプニッツ（微積分学の創始者のひとり）は多面体についての研究を含んだデカルトのこのいくつかの手稿の写本を作った．デカルトのオリジナルの手稿は現在失われてしまっており，デカルトのこの研究についてはライプニッツの写本を通じてのみでしか行えない．このような状況だったので，ライプニッツの未整理の論文の中から，コント・フーシェ・ド・カレイユがこの写本を発見する 1860 年までは，デカルトのこれらの業績は人々に知られることはなかった．

　デカルトは多面体を一般論から研究した最初の人であった．それより以前は，人々は特定の多面体の例に興味を示したり，いくつかの多面体の間に共通した性質を研究し，すべての多面体の集合を全体として調べるというアイデアはどの研究者にも思い浮かばなかったようである．

　デカルトの研究が忘れ去られていた 200 年の間に，もう一人の数学者が多面体の一般論を研究しはじめ，その研究結果ははるかに大きな影響を人々に与えた．レオンハルト・オイラー（1707–1783）は新しい考え方と新しい概念を導入することにより多面体論の研究に革命をもたらした．多面体のさまざまな構成部分の個数についての公式をオイラーは発見したが，彼でもその本質を説明することはできなかった．オイラー以後多くの数学者がオイラーの公式の本質を理解しようと努力し，奥底にひそむ数学的な理由，どのような数学的構造がそこにあるのかを見つけようとした．このように次々となされた議論は数学の発展に大きな役割を演じた．単純なオイラーの公式から幾何学の新しい分野，トポロジーが産み出されることとなった．

平面角，立体角，およびそれらの測り方

　デカルトの定理を理解するためには，角を測るという問題を詳しく調べる必要がある．これさえできてしまえば，いくつかの結果を準備するだけでデカルトの定理の証明はほとんど終わってしまう．

　角とは交叉している 2 本の直線ではさまれた平面の領域のことであり，ここでこれら 2 本の直線の半直線部分と交点はこの領域の境界となっている．この角は 2 本の直線のお互いの傾き具合を測るためにも用いる．古代から，角を測るためには 2 つの単位系が用いられている．バビロニア法（度）は天文学や三角法に使われており，直角法は幾何学に用いられた．

　ユークリッドは直角のみを基本的な角として用い，他の角は直角の倍数として表現した．彼が書いた『原論』の第 10 番目の定義では，1 本の直線が他の直線上に立っていて，その両側の角がお互いに等しいとき，この角は直角であると述べている．また第 4 公準では，すべての直角は等しいと述べている．この準備のもとで，平面角の大きさは直角を用いた分数で表される．たとえば，三角形の内角の和は 2 直角であり，正 5 角形の内角はいずれも直角の 5 分の 2 倍となる．

　プロクロスは三角形の内角和についてのユークリッドの結果を一般の多角形の場合へと拡張した．n 角形を三角形に分割することにより，その内角和は $2(n-2)$ 直角であることをプロクロスは示した．彼はどのような多角形もその外角和は 4 直角となることも証明した．**外角**は頂点で 1 つの辺が，もう一方の辺を延長したときの直線とどれだけずれているかの大きさを測ったもののことである．（図 5.1 (a) を参照）．すると，多角形を一周するときに，このずれ具合をすべて加えると一回転ちょうどになることは当然のように思える（図 5.1 (b)）．プロクロスは外角と内角とが互いに**補角**（加えあわせると 2 直角となる）になることを用いて上のことを示している．つまり，n 角形のすべての内角と外角との和は $2n$ 直角である．内角の総和である $2(n-2)$ 直角を引くことにより，外角の和は 4 直角（ちょうど一回転）となることがわかるのである．

　平面角について関係したもう 1 つは**余角**である．角を作っている 2 直線のそれぞれに垂線を引き，これらが交わるまで伸ばすことによってできる角のことである（図 5.2 (a)）．1 つの角とその余角を合わせると 2 直角となる，つまり互いに補角である（このことは簡単な練習問題である）．よって，1 つの角の余角とその角の外角とは同じになる．これより，多角形のすべての頂角の余角を加えると 4 直角となる．このことの別の証明は図 5.2 (b) と (c) に示してある．余角を示しているすべてのくさび形は，1 点の回りに寄せ集められて一周分になると言い換えることができる．

　角の測り方について古くからあるこれら 2 つの方法とは別に，もっと現代的な第 3 番目の方法がある．2 直線の交点を中心とする半径 1 の円から，角が切り取る円弧の長さを用いるのである．この方法は**弧度法**とよばれ，円弧の長さが 1 単位であるとき（つ

188 第5章 曲面，立体，球面

外角

(a)

(b)

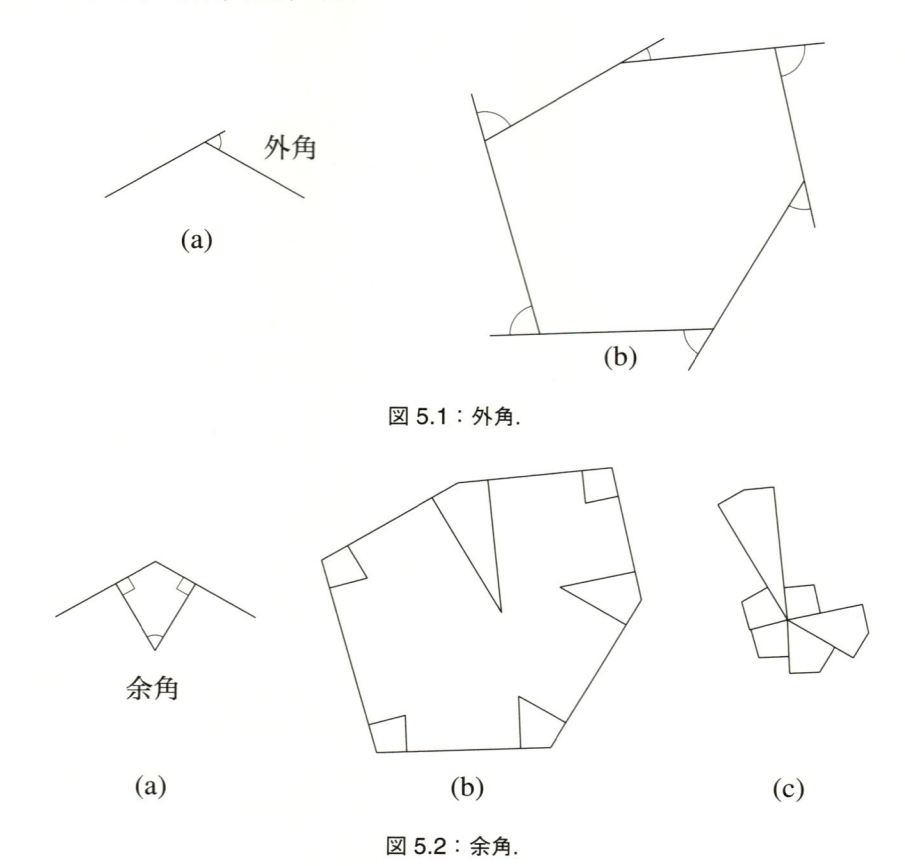

図 5.1：外角．

余角

(a)　　　　　　　(b)　　　　　　　(c)

図 5.2：余角．

まり半径の長さに等しいとき），この角の大きさは1ラジアンであるとよぶ．全周は2πラジアンとなり，また360°あるいは4直角ともいえる．直角は$\frac{\pi}{2}$ラジアン，正三角形の頂角はどれも$\frac{\pi}{3}$ラジアンと表すことができる．プロクロスの定理は次のように言い直すことができる．n角形の内角の総和は$(n-2)\pi$であり，外角の総和は2πである．

『原論』第11巻からは，ユークリッドは立体幾何学を取り扱っている．同一平面にはない3つあるいはそれ以上の平面が1点を共有するとき，これらの平面によって囲まれた部分が立体角である，とユークリッドは定義している．このことから，立体角を構成する平面角の総和は4直角よりも小さくならなければならないことを，ユークリッドは示しているが，立体角の大きさについて評価を与えることはしなかった．このためには困難なポイントがいくつかあるのである．つまり，立体角の**大きさ**をどのようにして測ればよいのであろうか．いくつかの立体角を互いに比較するにはどうするのだろうか．

平面角が円弧の長さから得られるとすれば，立体角は球面上にある部分を用いて測ることができそうである．この方針で議論するために，まず立体角の頂点を中心とす

る半径 1 の球面を考えよう．立体角を構成する平面とこの球面との交わりは，球面上のいくつかの大円からの円弧になっている．これらの円弧は球面上での多辺形を構成していて，この多辺形は立体角の内部にある（図 5.3 を参照）．この球面多角形[1]が立体角の大きさを表すことになる．この球面多角形の 2 辺の間の角は立体角をなす 2 面のなす角と等しく，この 2 辺を 2 面のなす平面角を測るために用いることができる．実際，辺の長さは平面角の弧度法表示を与えることになる．円弧の長さを平面角の大きさを測るために用いたのと同様にして，球面多角形の**面積**を立体角の大きさに用いることができる．この大きさを表すために用いる単位は**ステラジアン**とよばれる．

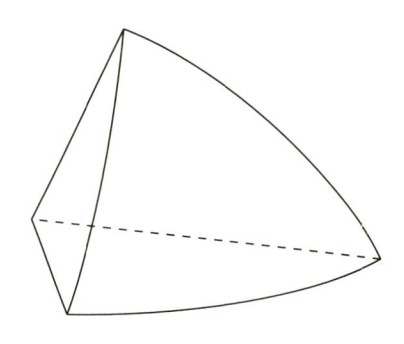

図 5.3

3 つの互いに直交する平面からできる立体角について考えよう．それぞれの平面角と 2 面角（あるいは単に面角）はすべて直角である．この立体角の大きさを測るための球面多角形は全球面の 8 分の 1 を占めている．球面の半径が 1 で，面積は 4π となり，求めたい立体角の大きさは $\frac{\pi}{2}$ ステラジアンとなる．

この立体角は**直立体角**の 1 つの例である（平面角では直角は $\frac{\pi}{2}$ とも表されていたことを思い出そう）．注意しなければならないのは，平面角での直角はどれも相等（合同）になっているが，直立体角をあらわす立体角はいくつもあることであり，これは面積が $\frac{\pi}{2}$ となる球面多角形の種類に限りがないからである．

平面角についての余角は，この平面角の 2 直線に対して垂線を立てることにより構成される．同様にして，**余立体角**については，与えられた立体角の各面と各辺に垂直な平面を作り，これらの平面が 1 点を共有するようにしておいてできる立体角として構成することができる（図 5.4 参照）．この余立体角のそれぞれの面角は，もとの立体角の面角の余角となっている．だから，たとえば，図中で β は α の余角であるので，$\alpha + \beta = \pi$ ラジアンとる．さらに，多角形の余角の場合と同じように，多面体のすべての余立体角を 1 点のまわりに集めて埋めつくすことができる．よって，この余立体角の総和は 4π となり，これは球面全体になる．

---

[1] 訳者注：「多角形」と「多辺形」とは特に区別しないことにする．

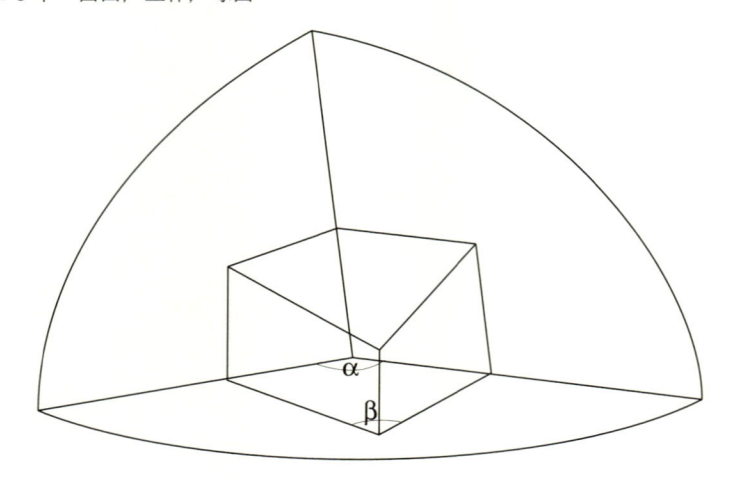

図 5.4：余立体角の構成.

平面幾何学での外角を立体幾何学で考えようとすると，少し違った見方をすると考えやすくなる．1つの直線がある直線方向とどれぐらいずれているかを示すものが外角であるが，この直線方向に向くために，内角がいくら足りないかの差を表すのが外角であると見ることができる．すると，外角はあるものについて不足している量を表すことになる．立体角についても同じような考え方をし，平坦になるために不足している量としてとらえることにする．立体角のまわりの平面角の和が 2π よりどれぐらい小さいかの量を**不足角**と呼ぶことにする．大きな不足角をもつ立体角(たとえば四面体の頂点)はするどい刃先をもっているように見えるけれども，小さな不足角(たとえば十二面体の頂点)は刃先のにぶい鈍器のようになっている．

平面角を考えるときには，外角と補角は等しかったことを思い出してください．立体角の不足角が，その補角の大きさと同じになることは注目すべき事実である．このことは，球面多角形についてのいくつかの性質から導き出される．平面多角形の面積はその形状や大きさによるが，これと違って，球面多角形の場合には，その面積は形状によって完全に決まってしまう．この結果は1629年にアルバート・ギラードの論文集で初めて公表され，その中の3番目の論文, *De la Mesure de la Superfice des Triangles & Polygones Sphericques, Nouvellement Inventée*, では，球面多角形の面積は，その内角の総和から同じ辺数の平面多角形の内角の総和を引いたものに等しくなる，と彼は示している．このことを式で表すと以下のようになる．球面 n 角形の内角をそれぞれ $\alpha_1, \alpha_2, \cdots, \alpha_n$ とする．このとき，この球面多角形の面積は次で表される：

$$\text{面積} = \alpha_1 + \alpha_2 + \cdots + \alpha_n - (n-2)\pi.$$

これは**球面過剰公式**と呼ばれる．

以上で，デカルトの定理の証明で一番重要な役割のある，次の補題を示すことができる．

補題 立体角の不足角は，この立体角の補角と等しい．

証明：立体角が n 個の面からできていると仮定し，この隣り合う平面同士の面角を α_1, $\alpha_2, \cdots, \alpha_n$ としておく．これらの平面と交わってできる半径1の球面上の領域の面積によって，補立体角の大きさが表される．この球面上の領域は球面多角形であり，この内角は補立体角での面角により表されている．これらのそれぞれの面角は，2つの面のなす平面角の補角と等しいことはすでに知っている．つまり，この面角は $(\pi - \alpha_1)$, $(\pi - \alpha_2), \cdots, (\pi - \alpha_n)$ である．

球面過剰公式を適用すると，球面多角形の面積は

$$\text{面積} = (\pi - \alpha_1) + (\pi - \alpha_2) + \cdots + (\pi - \alpha_n) - (n-2)\pi$$
$$= 2\pi - (\alpha_1 + \alpha_2 + \cdots + \alpha_n)$$

となり，これは与えられた立体角の不足角になる．■

デカルトの定理

> 多面体論で一番最初にあげられるべき非常に美しく一般的な定理 [b]
>
> プラウエ

デカルトの著作『立体の要素について』の中で，最も重要な結果は多面体の全不足角についての命題である．彼の幾何学的結果の他のものは，この定理から導き出されると考えてもよい．彼の論文では次のように始められている．

> 直立体角は球面を構成する8個の部分の1つであり，3個の直平面角からできあがっているのではない．…
> 平面図形ではすべての外角を加えると4直角となるように，立体図形ではその外角すべての和は8直角となる．[c]

デカルトは立体外角を定義しなかったが，彼はその性質をいくつか述べている．その中には，4直角から立体角を構成する面の平面角すべての和を引いたものとして立体外角の大きさが得られる，という事実も含まれる．つまり，次の定理である．

定理 多面体のすべての立体角の不足角の和は8直角となる．■

デカルトの論文にはこの定理の証明が書かれていないが，前節で述べた角の大きさに関する結果は，1630年までにはすべて知られており，定理の証明はそれらのことから容易に示される．つまり，多面体の立体補角の和は8直角（つまり全球面）であると知られており，また，前節の補題より補角が不足角と等しい，ということからである．

デカルトは，その定理に1つのシンプルな系をつけ加えている．それは，すべての

立体角の不足角の和がわかれば，すべての面の平面角の和が計算できる，ということである．S を立体角の和とすると，平面角の総和は $4S - 8$ 直角となる．

正則な多面体は高々 5 個しか存在しえないという事実は，この結果とつぎのことから導くことができる．多面体が S 個の立体角を持ち，それぞれが q 個の面で取り囲まれ，各面には p 個の辺があるとする．このとき，各面の内角の和は $2(p-2)$ 直角であり，よってそれぞれの平面角の大きさは

$$\frac{2(p-2)}{p} \; 直角$$

となる．q 個の平面角がそれぞれの立体角に集まっているので，その平面角の和は qS となり，これらの和は

$$qS \frac{2(p-2)}{p} \; 直角$$

である．上の系は，平面角の和は $4S - 8$ 直角になると述べており，つまり，これら 2 つの表示は次の等式を成立させ

$$4S - 8 = qS \frac{2(p-2)}{p}$$

これを S で解くと

$$S = \frac{4p}{2(p+q) - pq}$$

が得られる．この分数表示の分母は $4 - (p-2)(q-2)$ に等しく，これから $(p-2)(q-2)$ は 4 より小さくなければならないことがすぐにわかる．p, q はともに 2 より大きい整数でなければならないので，(p,q) についての 5 個の解は，$(3,3)$ の場合は四面体，$(3,4)$ の場合は八面体，$(3,5)$ の場合は 2 面体，$(4,3)$ の場合は立方体，それと $(5,3)$ の場合は 12 面体となる．

正則多面体が高々 5 個しかないというユークリッドによる幾何学的な証明と比較すると，この証明はまったく代数的な議論により行われる．ここまでは p と q についての計算を行ってきた．デカルトはその論文中で完全な証明を与えてはいないが，正則多面体が F 個の面，S 個の頂点を持っていれば，

$$\frac{2S - 4}{F} \quad と \quad \frac{2F - 4}{S}$$

はともに整数でなければならないことを述べている．さらにこれが可能であるのは $S = 4, 6, 8, 12$ あるいは 20 のときのみであり，つまり，$F = 4, 8, 6, 20$ あるいは 12 であることを述べている．

『立体の要素について』にある結果の，ここに紹介した例だけをみても，多面体幾何学に対するデカルトの研究がいかに独創的なものであるかがわかる．彼より以前には，多面体を一般論から研究しようとしたものは一人もいなかった．ライプニッツによる写本が見つかったのは 200 年たった後であるが，デカルトの研究結果のいくつか

は幾何学者たちにとっては斬新なものであった．ケプラーの研究結果と同様に，デカルトによるこの研究は永い間埋もれていたので数学の発展に直接影響を与えることはなかった．この間，多面体論はまったく異なった方向に発展していったのである．

オイラーの公式の発見

15世紀の印刷技術の導入にともない，情報の流通量が飛躍的に増大した．しかし，数学関係の図書の市場は限られており，図書自体が高価であった．さらに，新しいアイデアを広く知らせるために本というのはそれほど適したメディアではなかった．というのも多くの研究結果は出版物にとって内容が短かすぎたすぎたのである．研究雑誌という新しいメディアが出現し，しだいに勢力を持ってきた学士院や有能な学者たちにより支持されるようになったが，研究論文が印刷されるまでには数年を要したものだった．こんな状況なので，数学者たちは自分の発見を手紙で仲間たちとやりとりしていた．

レオンハルト・オイラーとクリスチャン・ゴールドバッハは長い間お互いに連絡を取りあっていた．1750年11月に書かれた手紙で，オイラーは自分が多面体の研究を始めたことをゴールドバッハに伝えた．一見無秩序ないろいろな多面体に対して，ある種の秩序を見つけ出したいと願っていた．彼は次のように書いている．

> 最近，平坦な面で囲まれてできる多面体の一般的な性質を明らかにしようという思いが浮かんできました．というのは，これらについて一般的な定理の成り立つことが確かになってきたからです．たとえば，平面多角形については次のような性質が成り立っています．
> (1) 平面多角形では辺の個数は頂点の個数に等しい，
> (2) すべての内角の和は，辺の個数の2倍の直角から4直角を引いたものとなる．
> ただ，平面多角形では辺と頂角のみを考察するだけでよいのですが，多面体の場合にはさらに別の構成情報を考察対象としなければなりません．[d]

オイラーが重要であると考えた構成情報とは次である．面と多面体の頂点での立体角，各面の頂角と辺の個数，それと，2面が辺を共有している場所での辺同士のつながり方．オイラー以前には，この最後のような構成情報を取り扱うための用語がなかったので，彼はラテン語で尾根とか鋭い刃物を意味する「acies」を使うことにした．このことによってオイラーは多面体の稜と（多角形となっている）面の辺とを区別した．彼はさらにこれらの多面体の構成部分の個数がお互いにどう関係するかを調べた．次のように記号をきめる．

H は面の個数 (hedrae)
S は立体角の個数 (angulorum solidorum)
A は稜の個数 (acies)
L は辺の個数 (latus)
P は平面角の個数 (angulorum planorum)

第5章 曲面,立体,球面

このときオイラーは以下のことを述べている.

> 各面では辺の総数と平面角の総数は同じである.つまり $L = P$.
> 2つの辺が1つの稜で重ね合わさるので $A = 1/2 L$. よって L（これは P と同じ）は常に偶数である.
> 各面には最低3本の辺があるので $L \geqslant 3H$.
> 最低3つの面が立体角の回りにあるので $L \geqslant 3S$.

これらはほとんど明らかなことばかりであるが,オイラーはさらに2つの関係式について述べており,それらは上のことよりはるかに基本的なものである.まず最初は,

$$S + H = A + 2$$

であり,次に

> 平面角すべての和は $4S - 8$ 直角に等しい

ということである.この2番目の性質はすでにデカルトにより知られていたが,まだオイラーの時代にはこのデカルトの研究は日の目を見ていなかった. 最初の関係式はまったくオイラー独自のものであり,**オイラーの公式**として世に知られるようになったものである（オイラーの名を冠した多くの公式と区別するために,このオイラーの公式は多面体公式とも呼ばれる）.

ここで少し立ち止まり,いくつかの例について確かめてみよう.まず最初に,オイラーの公式はプラトンの多面体すべてについて成り立つことを見る.たとえば,立方体は6個の面,8個の立体角で,これらを加えると14となっており,さらに12個の稜がある.正二十面体では20個の面,12個の立体角と30個の稜である.もっと一般の例として,多角錐と多角柱の系列がある.n 個の母線をもつ角錐は $(n+1)$ 個の面,$(n+1)$ 個の立体角と $2n$ 個の稜をもつ.n 本の側線をもつ角柱は $(n+2)$ 個の面,$2n$ 個の立体角をもち,これらを加えあわせると $3n+2$ であり,さらに $3n$ 個の稜をもつ.

オイラーの公式を具体的な場合に確かめるための例についても,オイラーの手紙の中に書かれてある.自分のこの公式からいくつかの結果を導き出したオイラーは,次のように書いている.

> 立体幾何におけるこのような一般的な結果を私が気づく以前に,他のだれもこのような結果を述べていなかったということに驚いています.そしてさらに,それが重要な関係式であることにも … けれどもむつかしくて,まだ自分でも納得のゆくような証明を与えることができないでいます.[e]

数週間後,オイラーは彼の多面体公式についての2つの論文のうち最初のものをセント・ペテルスブルグ学士院に送った.その中では,すでにゴールドバッハに送っていた要約の内容を拡張し,多面体のいくつかの系列について公式が成り立つことの証明をつけたが,それが一般の場合の証明でないことは自分でも分かっていた.その翌年に提出した2番目の論文で,彼自身による多面体公式の証明を発表した.

構成要素に名前をつける

　オイラーが彼の公式を発見できるようになったキーポイントは，稜と呼んだ構成部品を分離させ個々に区別することにあった．これ以前には，研究者たちは多角形における辺や頂角と同じ考え方で，多面体をその面と立体角を用いて調べ続けていた．オイラーはそれ以前には区別しようとはしなかった対象物に対して名前を与えたというだけではなく，もっと多くのことをやり遂げた．多面体をその構成要素（それぞれが異なった次元である）に分解してしまうというまったく新しい方法を用いるために，名前をつける必要があった．彼の最初の論文では，オイラーは次のように述べている．

> どのような立体多面体でも3種類の構成要素について考察されなければならない．すなわち点，直線それと曲面であり，我々の目的のためにこれらについては特に名前をつけて，立体角，稜，面と呼ぶことにする．これら3種類の構成要素は立体を完全に決定している．しかし，平面多角形についてはこの図形を決めているのは2種類の構成要素だけである．すなわち，点つまり平面角，そして直線つまり辺である．ᶠ

　これらの新しい構成要素はいわば手に触れることができるものであり，手ざわりの違いを表していると言えよう．1つの多面体模型を手に持つと，その平坦な面を触って感じ取ることができるし，2つの面の合わさっている稜や，かどのとがった点に触れることもできる．

　オイラーは「稜」という用語を作りだし，多面体の各面の多角形を構成している辺と区別した．しかし，「立体角」には新しい意味を持たせて使い続けた．「最高点」は角錐の頂上の点の意味で使われ続けていたが，立体角の先端部分を指し示すために特別な用語は用いなかった．アドリアン・マリー・ルジャンドルはオイラーの考え方を継承し，3つあるいはそれ以上の面が集まる点のことを「立体角」と呼んだ．その後，フランスの数学者は「sommet」（山頂を意味するフランス語）という語を導入している．フランスでこの言葉を用いたのは，「稜」に対してルジャンドルがフランス語訳「arête」（山稜を意味する）を用いたからだろう．英国人アーサー・ケーリーは「山頂(summit)」も「頂点(vertex)」も両方用いているが，この後者のほうが英語では一般に用いられるようになった．

　頂点のまわりにいくつの面が集まるかによって，この頂点の種類を区別する必要から別の用語も考え出された．ケーリーは「3面体頂点」という言葉によって，3つの面が寄り集まった頂点を表した．別の状況では，3本の稜が1つの頂点に集まっていることを強調するために，彼はこのような頂点を「3重ろっ骨頂点」（ギリシャ語の「ろっ骨」という単語から由来したもの）とよんだ．分子生物学の発展にともなって別の用語も登場してきた．

　19世紀中ごろまでに，化学者は元素（1種類の原子からなっているもの）と化合物（複数種の原子からできあがっているもの）を区別することができるようになり，化合物の

構成元素はある種の規則によりつなぎ合わされたものであることが明らかになっていた．種々の単純な分子についてこれらの比率を比較してみることで，**原子価**という概念を導入した．これは分子中の原子が他の原子と結合するときの最大収納力とでもいえるものである．これによると，炭素原子は他の 4 個の原子と結合できる能力があり，水素原子だとこれが 1 個となる．このような関係を表示するために，いろいろな図式が用いられ，その中で最も重要なものはアレクサンダー・クラム・ブラウン (1838–1922)により考案されたものだった．彼の考案した図式的な考え方を用いると，化学的**異性体**(構成元素の種類や個数は同じだが異なった性質をもつ化合物) があるという現象をうまく説明でき，非常にわかりやすいものだった．

いくつかの同じ原子が異なる形で結合し，違った形状や構造をもった分子を形作ることがあり得ることを，この図式は明快に説明していた(図 5.5 を参照)．

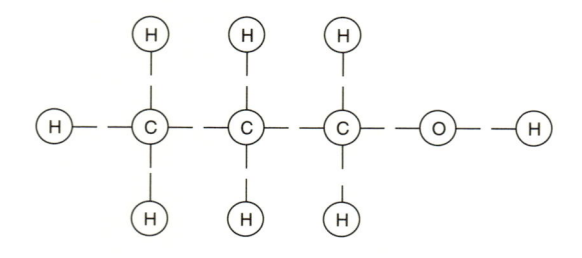

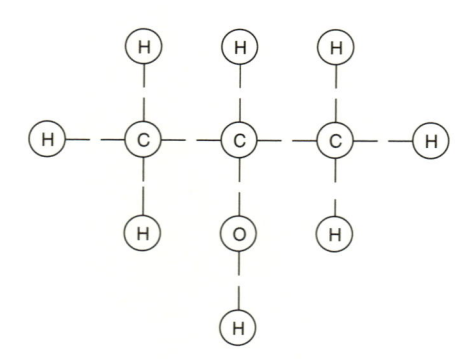

図 5.5：異性体を説明するブラウンによる分子の考え方．

これらの図式表示は化学者が興味を持っただけではなく，数学者によっても研究され，与えられた構成元素から得られる異性体の個数を求めることに興味が持たれるようになった．これらの研究はグラフ理論の起源の 1 つとなり，グラフ理論はネットワークやグラフについて研究する数学の一分野となった．原子価という概念は化学と数学両方にとって共通に使われるものとなった．化学者にとって，炭素原子が原子価 4(あるいは 4 価)であるのは，それが他の原子に対して 4 本の結合手を持つということを

意味している．数学者にとって，ある頂点が 4 価であるというのは，4 本の辺の共通の終点となることを意味している．一般には，頂点の原子価が n である（あるいは n 価）というのは，その頂点が n 本の辺の共有点となるときのことであり，このときその頂点のまわりには当然 n 個の面が集まっている．本書では**面，稜，頂点，原子価**という用語を用いる．（フランスで好まれていたのは「面」であるが，最近では「底面」（ギリシャ語に由来するもの）に取って代わられつつある．）これらの構成要素の個数を書き表す必要のあるときには，それぞれの語（たとえば英単語）の頭文字を使うという（よく用いられる）方法をとる．これは当然用いられている言語によるものであり，オイラーは S, A, H によってそれぞれ立体角，稜，面の個数を表していたし，ドイツでは E, K, F によって立体角(Ecken（英語では corners）)，稜(Kanten（英語では edges）)，面(Flachen（英語では faces）)の個数を表していた．本書[2]では英語に対応する記号を使っているので，オイラーの公式は

$$V + F = E + 2$$

と表され，これは

$$V - E + F = 2$$

とも変形でき，この左辺に現れる各項はこれら構成要素の次元の順に並べてある．

オイラーの公式から導かれるもの

すべての多面体についてオイラーの公式が成り立つことを示そうとした，いくつかの試みを調べる前に，この公式から導き出される結果をいくつか示す．頂点，稜，面の個数をそれぞれ V, E, F として，オイラーの公式は次のように書き表される．

$$V + F = E + 2. \qquad (A)$$

オイラー自身による他の関係式については次のものがある．

$$2E \geqslant 3F \qquad (B)$$

$$2E \geqslant 3V. \qquad (C)$$

これらの関係式から得られる結果の 1 つは，彼がゴールドバッハへあてた手紙にあり，多面体が 7 個の稜を持つことは不可能となることである．なぜなら，$E = 7$ となる多面体が存在したと仮定してみる．すると，不等式 (B) から $3F \leqslant 14$ となる．F は面の個数で，これは 3 より大きい整数でなければならないので，$F = 4$ となる．同

---

[2] 訳者注: 原著書は英語で書かれてある．

様にして，(C) から $3V \leqslant 14$ が得られ，これから $V = 4$ となる．ここで $V = 4$, $F = 4$, $E = 7$ を関係式 (A) に代入すると $4 + 4 \neq 7 + 2$ となり矛盾が生じる．

このような制限が存在するので，対応する多面体が存在しないような V, E, F の他の組み合わせがあるのかどうかという疑問がわいてくる．明らかに $F \geqslant 4$, $V \geqslant 4$, $E \geqslant 6$ という制限がつき，ここで $E \neq 7$ でなければならないことも分かった．しかし，オイラーの公式を満たす V, E, F の他の組は多面体の面，稜，頂点の個数として実現されるのだろうか？たとえば，10 個の面と 17 個の頂点をもつ多面体は存在するのだろうか？実際にはそのような多面体は存在しない．なぜなら，そのような多面体がオイラーの公式を満たしていれば，25 個の稜を持つだろうし，V, E のこれらの値は不等式 (C) を満たしていないからである．

上でのべた関係式 (A), (B), (C) を組み合わせると，F と V についての制限が得られる．関係式 (A) の両辺を 2 倍し，その結果と (B) から

$$2V + 2F \;=\; 2E + 4 \;\geqslant\; 3F + 4$$

となる．これを変形すると

$$2V - 4 \geqslant F$$
$$\text{あるいは} \quad V \geqslant \tfrac{1}{2} F + 2$$

となる．同様にして，(A) の 2 倍と (C) から

$$2V + 2F \;=\; 2E + 4 \;\geqslant\; 3V + 4$$

となり，よって次の関係が得られる

$$2F - 4 \;\geqslant\; V.$$

オイラーはすでにこの 2 つの結果を知っていた．図 5.6 の左側の部分で，2 つの不等式 $V \geqslant \tfrac{1}{2} F + 2$ と，$V \leqslant 2F - 4$ の成り立つ範囲を図中に表した．薄暗く塗ってある領域部分は頂点と稜の個数の組み合わせとしては不可能な部分を示す．白抜き丸印は多面体に対応する可能性のある点を示している．

実際には，各白丸に対応する多面体が少なくとも 1 つは存在する．これを証明するためには，この可能性を示している白丸に対応する面と稜の個数を持つ多面体を 1 つでもよいので構成すればよい．まず最初に，正 n 角形を底面にもつ角錐は $(n+1)$ 個の面を持つことに注意する．これより，直線 $V = F$ 上にある各白丸に対応する多面体が存在することが示された．他の白丸については，今構成した角錐に，次で述べる切頭あるいは添加のいずれかを行うことにより得ることができる．

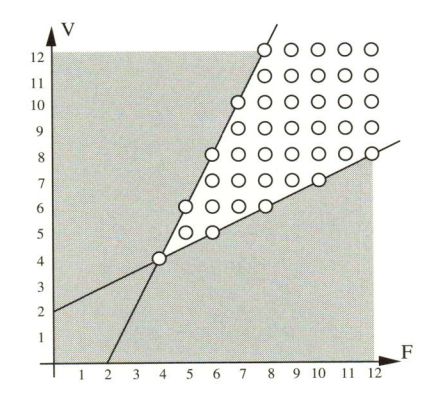

図 5.6

切頭

3価の頂点を切頭すると，面の個数は1個増え，頂点の個数は2個増える．どのような角錐も3価の頂点を持っており，切頭操作により新しい3価の頂点が作りだされるので，この切頭操作はいくらでも繰り返すことができる．

添加

元の多面体の三角形の面上に高さの低い三角形を底面とする角錐を張りつけ，できあがった多面体も凸図形となっているようにしておく．このことにより，面の個数は2増え，頂点の個数は1増える．この操作は角錐が三角形の面を持っているかぎり適用することができ，一回の操作によりあらたな三角形の面を増やすのでこの添加操作も何回でも繰り返すことができる．

図5.7に6角錐についてこれら2つの操作を適用した結果を示す．図5.6の右側にある矢印は，1つの多面体から添加や切頭によって得られる別の多面体への変化の様子を示している．これにより，可能性のあるすべての白丸に対して，対応する凸多面体の例を構成することができる．■

他の性質で，オイラーが知っていた2つの結果は次である．

> 多面体の面の少なくとも1つは3辺からなるか，4辺かそれとも5辺からなっていなければならない．
> 多面体の少なくとも1つの頂点は3価か，4価それとも5価でなければならない．

これらの結果をよりたやすく導き出すために，上に述べた（A），（B），（C）から，さらに2つの関係式を導き出そう．（A）を3倍すると

$$3V + 3F = 3E + 6$$

となり，これと（C）から

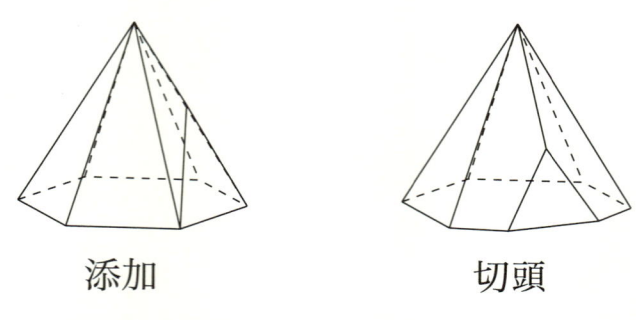

図 5.7：座標 (F, V) は多面体の添加，切頭により変化させられる．

$$2E + 3F \geq 3E + 6$$

が得られる．簡単にすると

$$3F - E \geq 6$$

となる．(A) と (B) を使った同様の議論により，$3V - E \geq 6$ となる

どんな多面体も 3 辺か 4 辺か 5 辺からなる面を含むことを示すために，F_n をこの多面体の n 辺からなる面の総数とする．たとえば，F_3 は三角形となる面の総数である．すると，面の総数は

$$F = F_3 + F_4 + F_5 + F_6 + \cdots + F_n + \cdots$$

となり，すべての面の辺の総数は

$$2E = 3F_3 + 4F_4 + 5F_5 + 6F_6 + \cdots + nF_n + \cdots.$$

$3F - E \geq 6$ の両辺を 2 倍し，F と E に上の関係式を代入すると

$$6(F_3 + F_4 + F_5 + F_6 + \cdots + F_n + \cdots) - (3F_3 + 4F_4 + 5F_5 + 6F_6 + \cdots + nF_n + \cdots) \geq 12$$

となる．左辺は

$$3F_3 + 2F_4 + F_5 - F_7 - \cdots - (n-6)F_n \cdots$$

と表すことができ，これは正（実際には少なくとも 12）でなければならないので，F_3, F_4 または F_5 の少なくとも 1 つは 0 でない．よって，多面体には 3 辺か 4 辺か 5 辺からなる面が少なくとも 1 つなければならない．

異なる原子価を持つ頂点の個数に関しても，同様の計算と不等式 $3V - E \geq 6$ を用いることで，上の 2 番目の結果が得られる．■

高々 5 個の正則多面体が存在するという事実はオイラーの公式を使っても導き出すことができる．これを示すために，多面体のいずれの面も p 個の辺を持っているとする．すると，全体で pF 個の辺がそれぞれ対で合わさって陵となる．よって $pF = 2E$．

どの頂点も q 価であることをさらに仮定する．すると，各稜には両端点があるので $qV = 2E$ となる．2つの関係式

$$F = \frac{2E}{p} \quad \text{と} \quad V = \frac{2E}{q}$$

をオイラーの公式に代入し

$$\frac{2E}{q} + \frac{2E}{p} = E + 2$$

が得られる．これを E について解くと

$$E = \frac{2pq}{2(p+q) - pq}$$

となる．この分数表示の分母は本章の最初に導き出した分数式での分母と同じものであり，そこではデカルトの定理中に現われた正則多面体について考察していた．同じ議論により，$(p-2)(q-2)$ は 4 より小さいことが示され，これによって，p, q について同じ解が得られ，これらの解が 5 個のプラトン立体にそれぞれ対応している．

F と V を p, q を用いて表すことも可能であり

$$F = \frac{4q}{2(p+q) - pq} \quad \text{および} \quad V = \frac{4p}{2(p+q) - pq}$$

となる．これらの関係式に p, q の代入可能な値を入れると，それぞれの多面体の面，頂点の個数を計算することができる．

プラトン立体の個数評価のためにユークリッドやデカルトの用いた方法は，角についての幾何学的な性質を用いている．オイラーの公式を用いたこの議論は，正則多面体が高々5個しかないのはなぜか，ということにもっと深い意味があることを示している．上の証明では，どの段階でも長さに関する情報は使っていない．面が等辺多角形であるとか等角多角形であるということも仮定されておらず，また面がお互いに合同であることすら仮定していない．必要だったことは，どの面も同じ個数の辺を持つ，ということである．このことと，すべての頂点が同じ原子価を持つということだけで十分である．

アルキメデス立体が高々13個存在することもオイラーの公式から導き出すことができる．これらの証明は，5 個の正則多面体や 13 個のアルキメデス立体の存在を示す，というものではなく，単に他の可能性が起こらないということを示しているだけである．存在可能である場合が，等辺や等角多角形から構成されてしまうという結論になるのである．思ってみれば，本当に不思議なものだ．

オイラーによる証明

オイラーは自分の公式の発見を公表して 1 年後に，それが成り立つことの証明を提示した．多面体の一部分を取り除く方法を用いた．この変形方法では，頂点の個数を減

らすが，和 $V-E+F$ は不変のまま保つようにするものであった．この変形を繰り返すことにより，オイラーは頂点の個数が 4 個しかない場合（この最終段階では多面体は四面体）にまで減らすことができるであろうと考えた．四面体の場合には和 $V-E+F$ は 2 であり，この値は切頭操作では変化しないので，もとの多面体も $V-E+F=2$ とならなければならないというものであった．

この方法による証明を解説するために，頂点を除く操作を述べよう．ここでは，状況を単純にするために，今考える頂点に集まっている面はすべて三角形であると仮定する．v_0 を取り除こうとする頂点とし，この頂点が n 価であるとする（図 5.8(a)）．頂点 v_0 と多面体上の稜 1 本でつながっている n 個の頂点を $v_1, v_2, \cdots, v_n$ とする．新しい多面体を作るために，頂点 v_0 を取り除き，さらにこれにつながっているすべての稜と面も取り除く．この結果，n 個の辺をもつ（おそらくは歪んだ）多角形状の穴があくことになる（図 5.8(b) 参照）．平坦な面をもつ閉じた多面体を作るために，$(n-3)$ 個の稜をこの歪んだ多角形を横切るようにして加え，頂点 v_1 が頂点 $v_3, v_4, \cdots, v_{n-1}$ と結ばれるようにする．この穴の修復は $(n-2)$ 個の三角形からできる面を追加することにより，歪んだ多角形とさきほどつけ加えた稜を覆うようにして完成する（図 5.8(c) 参照）．

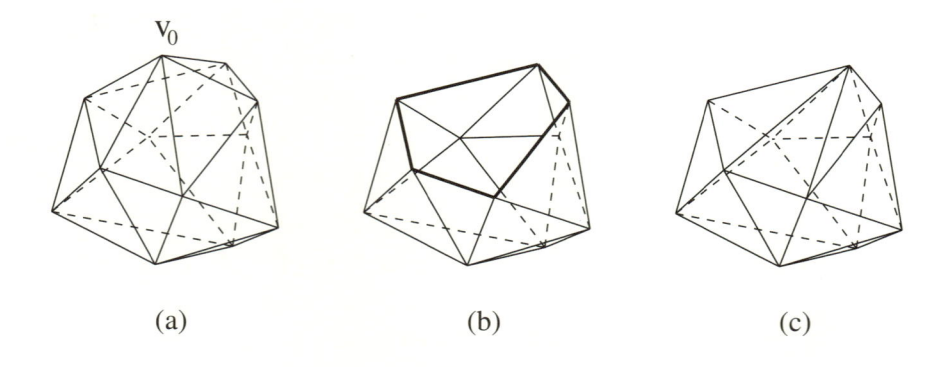

図 5.8：頂点を取り除くためのオイラーのアルゴリズムの適用．

頂点のこの切除操作により V（頂点の個数）は 1 減る．稜の個数は E から $E-n+(n-3)$，つまり $E-3$ に変化し，面の個数は F から $F-n+(n-2)$，つまり $F-2$ に変化する．この操作を続けると V, E, F はいずれも変化するが，和 $V-E+F$ の値はまったく変わらないままである．

もしこの操作がどのような場合にでも適用可能ならば，オイラーの公式がどのような多面体についても成り立つことが，オイラー自身により証明されたことになる．しかし，ある状況下で，頂点を取り除いてから得られたものが多面体としての条件を満たさないことがある．たとえば，1 つの稜に沿って 2 つ以上の面が張りついてしまう

可能性がある．1つの例を図5.9に示した．一番上の頂点を取り除くと，今述べたような多重陵ができてしまう．数学的に表現すると，オイラーのアルゴリズムがその考える範囲内において閉じていない，ということになる．つまり，この操作によって得られた結果のものが，最初に考えた対象物と同じ種類のものになるとは限らないのである．このような場合，いろいろな「退化した」多面体ができあがってしまう．

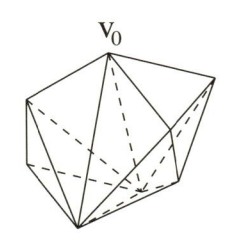

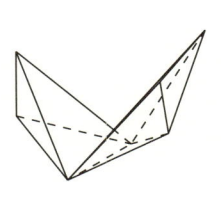

図 5.9：オイラーのアルゴリズムで退化した多面体となり得る．

ルジャンドルによる証明

　オイラーの公式に対する厳密な証明はアドリアン・マリー・ルジャンドル（1752–1833）により，著書『幾何学原本』の中で1794年に初めて与えられた．この本は好評であり何度も改訂され，さらに数か国語に翻訳された．この本がこのように広く出回ったおかげで，オイラーの公式も多くの人に知られるようになった．

　ルジャンドルによる証明は球面の幾何学に基づいたものであり，特に，球面多角形の面積に関する球面過剰公式を利用する．これを適用できるようにするために，まず多面体を球面上の多角形としてできるネットワークに作り直さなければならない．

　凸多面体のすべての面は透明になっているが，陵と頂点は不透明で，その結果ある種の枠組みのように見えているようにしておく．この多面体をある球面内部に置いて，この球面の中心がこの多面体の内部にあると考えることにする．この球面の中心に光源があると，多面体の各陵の影が球面上に映ることになる．球面上に映った直線はまっすぐな線分の影であり，この球面の大円上の円弧となる．これらは球面を分割し，いくつかの球面多角形からなるネットワークを作り，もとの多面体の各面の多角形のつながり具合を正確に反映している．与えられた多面体から，球面上の多角形状ネットワークを構成するこの方法は**放射投影**と呼ばれる．四面体の放射投影の様子は図2.2にある．

　多面体がオイラーの公式を満たしていることを証明するために，ルジャンドルは多面体そのものを考察せずに，球面上へのこの放射投影を考えた．球面上のこの多角形状ネットワークは，もとの多面体と本質的に同じ情報を持つことになる．元と同じ個数の面，陵，頂点（これらはそれぞれ，球面多角形，大円の円弧，そのような2本以上の円

弧が交わる点)を持ち，これらの構成部分は元と同じつながり状況で構成されている．

球面の半径を 1 とする．すると，球面の面積は 4π になる．この球面の面積は，ネットワークのすべての面の面積の総和にもなっている．それぞれの面は球面多角形であり，その面積はこの面の頂角の和から $(n-2)\pi$ を引いたものと等しくなる (n はこの面の辺の個数とする)．これらの面積の総和は以下の 3 つの部分に分けることができる．

(i) すべての球面多角形の頂角すべての和からなる項．この値は $2\pi V$ となるはずである，というのも 1 つの頂点についてのその回りの角の和から 2π が得られるからである．

(ii) すべての多角形の辺の個数の総和は $2E$ であり，これに π をかけた項．

(iii) 各面から 2π として計算できる項．

これらのことを記号として表すとつぎのようになる．

$$\sum_{\text{すべての面}} (\text{球面多角形の面積})$$
$$= \sum_{\text{すべての面}} \Big((\text{頂角の和}) - (\text{辺の個数})\pi + 2\pi\Big)$$
$$= \sum_{\text{すべての面}} (\text{頂角の和}) - \sum_{\text{すべての面}} (\text{辺の個数})\pi + \sum_{\text{すべての面}} 2\pi$$
$$= 2\pi V - 2E\pi + F 2\pi$$

よって，全球面の面積 4π は $2\pi V - 2\pi E + 2\pi F$ とも表される．これら 2 つの値を等号で結び，その両辺を 2π で割るとオイラーの公式が出てくる．■

1810 年，ルイ・ポアンソはルジャンドルによる証明が，凸多面体のみだけでなく，球面上での各点が多面体上のただ一点の像になるように球面上に放射投影された，凸でない多面体についても適用できることを指摘した．このポアンソによる条件は，各面の投影像が互いに重ならないと仮定することである．

ルジャンドルの証明はオイラーによる証明方針とは非常に対照的である．オイラーは，各構成部分のつながり方を調べ，$V - E + F$ が不変のままであるような組み合わせ的変形を行った．ルジャンドルは，球面上での距離に関する性質を使うために，この問題を構成しなおすのである．一見するとこれは驚きである．オイラーの公式が述べているのは，各種の構成部分の個数に関してのみである．さらに，幾何学的性質についてはまったく触れず，しかもこれが成り立つことを示すための球面幾何学の予備知識を，読者に要求はしない．アンリ・ルベーグは次のように述べている．

ある人が「定理: 凸多面体の面，頂点，稜の個数を F, V, E とすると，関係式 $V + F =$

$E+2$ が成り立つ」を見た後，この証明を読み進もうとする前に何か考えたとしても，球面三角形の面積公式のことを思いうかべたりするはずがない．[g]

ルジャンドルの証明は巧妙なものではあるけれど，そこにはまだ何となくしっくりとこない面がある．その証明が論理的に正しいことは容易に理解できるし，この意味では明解である．しかし，これは結論の意味—定理に隠された真実の理由—を**説明**してくれているようには思えない．オイラーの証明はそれが不完全であったが，この公式自身の内なる秘密により近づこうとしたものである．

コーシーによる証明

距離に関しての性質によらずに，構成部分の組み合わせ方に関する議論に基づいた，オイラーの公式に対する証明は，1813年にオーガスティン・ルイ・コーシー (1789–1857) により与えられた．

彼は変形可能性について重要な概念の導入も行った．多面体の1つの面を選び，それ以外のすべての面を「運び出し」て，この最初に選んだ面のなかでモザイク模様を創り出すというのが，彼のアイデアだった．

> 面の1つを基本領域とし，他のすべての頂点を個数を変えずにこの基本領域に移動させることで，与えられた輪郭で取り囲まれた領域内にいくつかの多角形からできあがる平面図形が得られる．[h]

すると，この平面上のネットワークの面（有界な領域），辺[3]，頂点の個数は $V+F = E+1$ を満たすであろう．

ジョセフ・ディアス・ジェルゴンヌはこのことを次のように考えた．凸多面体の1つの面が透明であると想像する．自分の目をこの面に十分近くにまで寄せると，残りすべての面がこの窓を通して内側に見えることになるだろう．ペンを手に持って，この透明な面を紙と思って，すべての稜をなぞって描くこともできるだろう．すると，この透明な面の上にはモザイク模様が書き込まれて，もとの多面体を構成する多角形の組み合わせ方とまったく同じ模様になるであろう．（これは，前に述べた，投影法の説明そのものである．）コーシーは，多面体の連続変形（つまり収縮変形）により，この多面体を平面の上に平らに横たわらせることを考えていたことになる．

コーシーが実際に証明したことは，多角形による平面のどのようなモザイク模様についても $V+F = E+1$ が成り立つということである．このことから，彼は多面体がオイラーの公式を満たさなければならないと結論づけた．この証明は以下のように述べられる．

---

[3] 訳者注：このような平面図形では「edge」は，通例日本語で使われる「辺」と訳した．

三角形でないすべての面に適当な対角線をつけ加えることにより，この結果できあがった平面上のネットワークは，モザイク模様が三角形の面からのみできるように修正できる．この変形は和 $V - E + F$ の値を変えない．なぜなら，もし n 本の対角線が $(n+3)$ 角形に追加されると，辺の個数は n 個増え，n 個の面も新たに作られるからである．

ここでの目標は，ネットワークの境界から三角形の面を取り除き，ただ 1 つの面だけが残るように，この操作を繰り返すことである．一番外側の三角形は，ネットワークの境界線の一部分としての 1 個か 2 個の辺を持つ．この辺が 1 つの場合，この三角形が取り除かれると，この 1 つの辺も取り除かれることになるが，頂点の個数は変化しない（図 5.10(a) を参照）．この辺が 2 個の場合，面を取り除くことでネットワークから 2 つの辺と 1 個の頂点が取り除かれる（図 5.10(b) を参照）．どちらの場合でも，和 $V - E + F$ の値は変化しない．このようにして，ただ 1 つの面が残るまで面を次々に取り除くことができ，最後に残った 1 個の三角形のすべての辺は境界線に属することになる．この最後の三角形の面については $F = 1$，$E = 3$，$V = 3$ であり，$V - E + F = 1$ となる．ネットワークのこの変形は，この左辺の和を変化させず，よって，この関係式がもとのモザイク模様についても成り立たなければならない．∎

どのような多面体も 1 つの面を取り除くと空気が抜けたように縮んでしまって，平面上に平らに横たわるようにでき，これがオイラーの公式を満たしているということである．

コーシーによるこの証明は，オイラーの公式を理解するために著しい前進を示した．あまり明解でない点は，取り除く三角形を注意深く選ばなければならないことである．オイラーのアルゴリズムが，退化した多面体をうみだす可能性があったように，コーシーの方法が「悪い」[4] ネットワークをうみだす可能性がある．しかし，このような場合にも通用するような議論に拡張することが可能である．

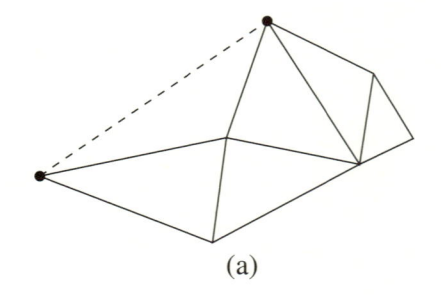

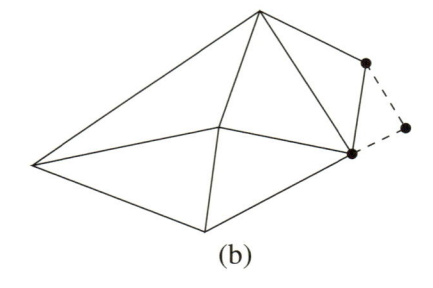

(a)　　　　　　　　　　　　　　　(b)

図 5.10

---

[4] 2 つ以上のブロックをもったグラフのこと．

公式の正当性を示す例外

コーシーが自分の証明を考えていたのと同時期に，スイスの数学者がオイラーの公式をみたさない多面体の一覧をまとめ上げていた．サイモン・アントワーヌ・ジャン・リュイリエ（1750–1840）はジュネーブアカデミーの数学教授であり，彼は3種類の例外的な場合を見つけた．

第1番目の例外は次のような場合に起こった．2つの多面体を合わせて大きな多面体を作るとき，その大きな多面体の頂上に小さな立方体をくっつける，というものだった．もしこの小さな立方体に，どの稜も大きな立方体の稜とは交差していないようにくっつけると，新しくできた多面体は11個の面―小さい立方体からの5個の面と大きな方から6個の面―を持つ（図5.11）．構成部品であるすべての立方体の頂点と稜は，できあがった多面体の頂点と稜にもなっている．すると，この多面体については $V - E + F = 16 - 24 + 11 = 3$ となる．この種の立体は自然界に現われる水晶に見ることができ，リュイリエは鉱物結晶のコレクションを調べさせてくれた友人のおかげだと述べている．同様の例外は，面の中心からくぼみをえぐりだしたような場合にも起こる．よく使われる家用のレンガがこの種の立体であり，これもまた $V - E + F = 3$ を満たす．実際，和 $V - E + F$ の値はいくらでも大きくなるようにすることができる．リュイリエは，角柱を積み上げた塔で角錐の階段のような例を与えている．この塔に n 個の角柱があるとすると，この立体は $V - E + F = 1 + n$ を満たすであろう．図5.11 の右にある円柱状の立体についても同じことが言える．

このような例外的な多面体について，オイラーの公式での食い違いが起こる理由は同じである．つまり，それらは円環状の面を持ち，その面は2つの分離した境界を持っている．以前に考えた多面体はこのような種類の面は持っていなかった．

リュイリエはまた反対の状況も述べていて，$V - E + F$ が0のみではなく負も込めて，いくらでも小さくできるような例も見つけた．彼が与えた1つの例は次のようなものである．1つの角柱を底面に平行な平面で切る．この平面による切り口に多角形を描き，それがこの角柱の内部にあるようにし，この多角形の辺が角柱の稜と平行になるよ

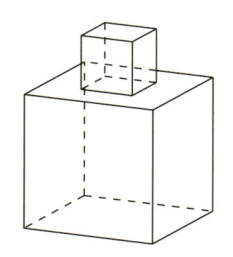

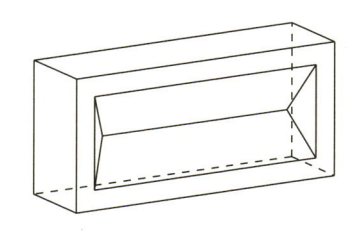

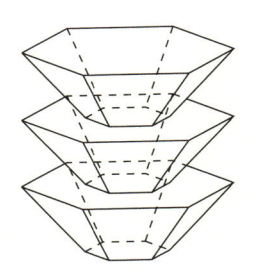

図5.11：オイラーの公式に対する反例．

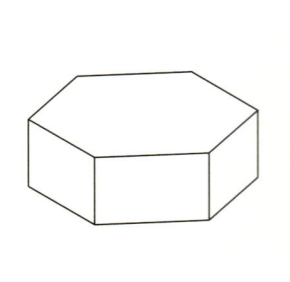

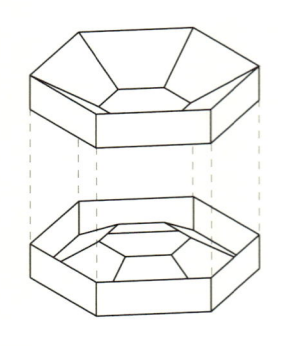

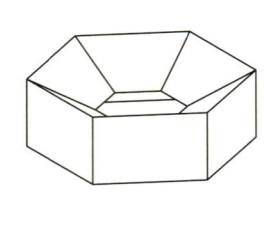

図 5.12：リュイリエの多面体状トーラス.

うにしておく. 角錐の底面とこの内部の多角形の間に, 台形をつけ加えることができる (図 5.12 参照). できあがった多面体は, 2 つの切頭角錐を除いて得られると考えることもできる. この多面体については $V - E + F = 0$ となる. V, E, F についての同様の関係を示す他の例は, 両角錐 (リンゴの芯のように見える) から角柱状の芯を除いて構成することもできる. このような例の場合は, オイラーの公式との食い違いは多面体の中を突き抜けるトンネルが存在することから起こる. もし立体を突き抜けるように n 個のトンネルを掘ると, このときには $V - E + F = 2(1 - n)$ となるはずである.

例外の 3 番目のタイプは, 多面体が内部に空洞をもつ場合に起こる. そのような立体の例として, ある鉱物の結晶が他の結晶を内部に包み込んだときに自然に得られることがある. たとえば, 不透明な硫化鉛の結晶が, 半透明のフッ化カルシウムの結晶内に見つかることがある. この 2 重結晶体の半透明な外囲鉱物は, 空洞のある立体の具体例である. もしこの内部と外部の曲面をともに立方体とみなすと, この立体については $V - E + F = 4$ である. もし立体が n 個の空洞を持っていれば, その時には $V - E + F = 2(1 + n)$ となる.

個々の例外での, $V - E + F$ の値への影響の仕方をそれぞれ寄せ集めることにより, 1 つの公式へと組み入れることができる. A を円環状の面の個数, T をトンネルの個数, C を多面体内の空洞の個数とすると,

$$V - E + F = 2 + A - 2T + 2C$$

が成り立つ. このようにほぼ完成された形の公式は, 19 世紀中を通じて何度も発見, 再発見を繰り返されている.

オイラーの公式について, このような例外のあることを強調しながらも, リュイリエは一方で, 凸多面体に対して成り立つことの証明も与えた. 彼はこの証明を次のようにした. 多面体の中心に頂点を 1 つ加え, その後, このつけ加えた点を頂点とし, 多面体の各面を底面とする角錐がたくさん集まって, 元の多面体ができあがっているいると考えた (図 5.13 を参照). 彼はこのとき, 角錐について公式が成り立つことを示

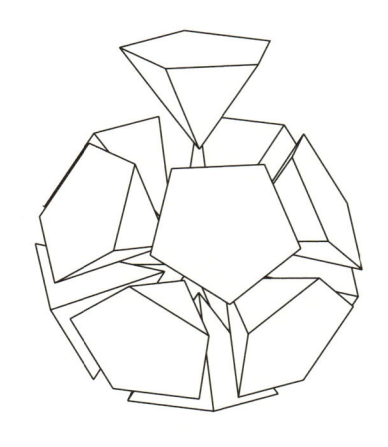

図5.13：リュイリエは多面体を角錐から作り上げてオイラーの公式を証明した．

し，さらにこれらの角錐を張り合わせて元の多面体を形作ったときにも成り立つことを示した．

　オイラーの公式をみたさない多面体のもう1つの例は，ケプラーによる「大きな二十面体状ハリネズミ」—小星形十二面体— がある．この星型の面をもつ多面体については，$F = 12$, $V = 12$, $E = 30$ であり，よって $V - E + F = -6$ となる．これは（1810年に）ポアンソにより指摘されたものであり，彼はケプラーの星型多面体の一対と，さらに別の2個のものも発見した．これらの4個の自分自身で交差している多面体については，2個はオイラーの公式を満たして，残りの2個は満たしていない．もちろんケプラーの多面体について，オイラーの公式の食い違いを生じるのは，それが星型の面を持つものであるとして考えた時のみである．これをその表面に60個の三角形の面を持っている立体として考えると，オイラーの公式との食い違いは生じない．

　1830年代，オイラーの公式に対するまた別の反例が鉱物学者ヨハン・フリードリヒ・クリスチャン・ヘッセルによりつけ加えられた．彼は2重結晶について観察を続けていて，その結果，内部に空洞のある多面体についてのリュイリエの例を再発見していた．（実は，上に述べた複合鉱物の例を見つけたのはヘッセルであった．）彼はまた，トンネルも空洞も円環状の面も持たずしかも公式をみたさない2種類の例外を見つけた．これらの例は，2つの角錐を稜同士，あるいは頂点同士でくっつけて得られたものである（図5.14を参照）．この例のうち最初のものは，3つ以上の面に共有された稜を含んでいる．このように構成された立体は，オイラーによる証明が適用できない具体的なもので，このようなものを考察の対象から外すことは自然であると思われる．つまり，立体が多面体と呼ばれるためには，どの稜にもちょうど2つの面がくっついていなければならないという条件をつける必要があることになる．

　ヘッセルの2番目の反例についてはどうだろうか—これは多面体と呼ばれるべきも

210　第5章　曲面，立体，球面

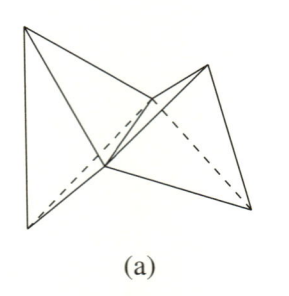

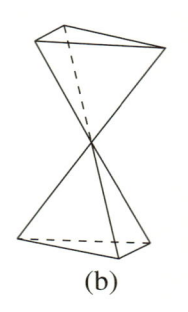

(a)　　　　　　　　(b)

図 5.14：オイラーの公式に対するヘッセルの反例．

のだろうか？ もしそうでないとするなら，なぜだろうか？ 星型二十面体として現われるいくつもの美しい多面体的図形 (第 7 章) はこのようなくっつき方をしている．例外のすべてを，「不適切」な多面体として条件を満たしていないとすべきであろうか？ あるいは，オイラーの公式を拡張して空洞やトンネルを持ったものについても取り扱うことができたという事実は，これらのもっと一般の対象も多面体の例に加えることを意味するのだろうか？ 加えるべきであるとするなら，多面体という概念はまた少しだけ拡張されてしまうことになる．このようなあいまいな表現をしてしまうのは，我々がこれまで「多面体」という言葉をその定義を与えないで，あるいはよく言えば，なんとなく分かったつもりで，使い続けてきたことにある．

多面体とは何か？

> 「我が輩が何かをしゃべるときは」とハンプティダンプティはバカにしたような口調で続けた「我が輩がそういうように考えているからしゃべっているというだけである．それ以上でもそれ以下でもない．」
> 「知りたいのは，言っていることが色んな違った意味なのかしらということなのよ」とアリスは言った．[i]
> 　　　　　　　　　　　　　ルイス キャロル (Lewis Carroll)

　さまざまな時代にさまざまな人々に，「多面体」という言葉はいろいろなイメージを思いいだかせてきた．しかも，中にはお互いに矛盾するものもあった．同じ一人の人でさえ，異なる状況では異なる解釈を用いたこともなかったわけではない．オイラーの公式が有効な範囲についての誤解を招いたのは，正確な定義がなかったからである．この公式が成り立たない例外的な場合を取りまとめていくうちに，この問題が浮かび上がってきた．このような例外は「病的」であるとみなす人々もおり，研究に対して故意の妨害行為や，定理に不信をいだかせるように悪意ある意図で作られた，とみなす人もいた．この定理の適用を意図していない明らかな場合であるとして，これらの例は無視されたり，もみ消されたり，あるい奇妙な構成例であるとして捨て去られたりした．

多面体とは何か？　　*211*

　　オイラーがこの公式を発見したときに，彼が思い描いていたすべての場合に，この公式がなりたつことは多分正しいことであっただろう．古代ギリシャの数学者や，それ以後の多くの数学者は，研究対象を凸多面体のみと制限していた．ルネッサンスの芸術家たちが，いろいろな凸でない多面体図形を産みだしていた後でさえ，数学者たちは依然として凸なものを取り扱い続けた．オイラーの公式の正しいことの証明の多くには，すべての多面体は凸であることが，直接にしろ間接にしろ，仮定してある．このことは慣例上の仮定であったが，しだいに証明のいくつかは凹な多面体についても，同じように適用できることがわかってきた．オイラーの公式に関して明らかになりはじめたのは，それが凸性にはよらず，もっと基本的な条件に対応しているということであった．すべての場合を含む証明が，どのような本質的な性質によるのかを理解しようとする試みは，容易ではなかった．というのも，そのための適切な概念が，まだ開発されるような時代でなかった．1858年のポアンソによる記述に，次のような部分がある．

　　　　多面体論の研究を非常に困難にしているのは，そのことが本質的に新しい科学を必要とすることであり，それは「位置の幾何学」とでも呼べばよいものである．なぜなら，その主な研究対象は図形の大きさや比ではなく，図形を構成するものの配列や（相対的な）位置なのである．[j]

　　実際，この公式の成立を支えている本質を見つけようとする努力から新しい分野が生まれた——それは，代数学が算術に関連したように，幾何学に関連した分野である．それはさまざまな構成要素の間の関係や接続に着目している．つまり，大きさ，面積，角のような詳細情報や，さらに距離に関するすべての性質を忘れることを意味する．それはちょうど代数方程式が数の間の一般的な関係を表していて，個々の具体的な数を取り扱っていないようにである．最初には **位置解析** と呼ばれ，(英語では analysis situs, フランス語では geometrie de situation, ドイツ語では Geometrie der Lage と呼ばれた)．ヨハン・ベネディクト・リスティング がこれを **トポロジー** と命名し，この新しい幾何学はこの名前で現在に引き継がれている．

　　トポロジーを産みだすにあたって重要なステップであった，謎めいたオイラーの公式を解明することに大きな役割をになっているのは，立体から中空の枠組みへのパラダイム的な移行である．何世紀もの間，「多面体」とは「凸立体」と同義語であった．ユークリッドは「多面体」という語を時々用いている．たとえば，第12巻の命題17で，ユークリッドは多面体的立体で，その表面が2つの同心球の間にあるものを構成している．第3章では，我々はカンパナスの球面という例にお目にかかった．しかし，ユークリッドはこの用語の定義を与えないで，そこで述べている命題から理解できるものとして取り扱った．

　　ユークリッドは「立体図形」という語をもっと頻繁に用いた．後世の著者たちもまた，多面体について書いているとき，それを「立体」と呼んでいる．プラトンやアルキメデスの立体については，それらが普通には中空のものであるにもかかわらず，我々

は今だに立体と呼んでいる．デカルトやリュイリエは多面体の研究は立体幾何学の一分野であると認識した．ルジャンドルは多面体を，その表面がいくつかの多角形の面からできるものとして定義している．これと対照的に，他の数学者たちは多面体は曲面そのものであると考えていた．

　15, 16 世紀を通じて，芸術家たちは対象物を含んでいる曲面に着目しはじめ，自分たちの投影法を用いることで，対象物を平坦な部分に分解していった．アルブレヒト・デューラーはこのことをさらに押し進め，多角形的曲面を作り上げるようなネットを考案した．ケプラーは平面上のモザイク模様や空間の合同分割を構成するために，多面体を寄せ集めることができる様子を考察した．中空の曲面についての自分自身の持っているイメージをより明確にするために，ケプラーはこのような方法で模型を作り上げたのであろう．星型面からできる彼の作った多面体は，自分自身を通過する曲面として理解されるべきである．コーシーは多面体を多角形から組み立てられた曲面として見なしたことは確かである．多面体を変形，あるいは収縮させ平面上に平らに載せるということは，立体自身には適用することができないのである．後に書かれた論文の中でコーシーは，蝶番状の稜によって互いにくっつけられた剛体的な多角形全体を解析しており，このモデルはおそらく紙細工のようなものから得られたアイデアだろう．コーシーは多面体を単なる曲面でなくそれ以上のものとして観察しており，潜在的に自在に曲げることができ，変形可能な曲面とみた（しかし，曲がりくねった稜をもった波打った面からなるような「ゴム膜」にまではいたらず，このような発想は 1860 年代までには登場しなかった）．

　オイラーはまた，立体の表面であることも認識しており，このことは重要であった．

　　　ゆえに，立体の考察はその境界に対して向けられなければならない．なぜなら，立体のすべての回りを覆う境界が分かれば，立体そのものが分かるからである．[k]

　コーシーの証明が現われた後，人々の注意は立体から曲面の考察へと向かった．その結果，空洞という概念はもはや無用となった．2 重結晶の例において，外側部分は 1 つの立体ではあるが，その境界は 2 つの異なった部分から成り立っている．その連結でない曲面のそれぞれは，オイラーの公式を満たす．連結な曲面（複数あってもその 1 つずつ）に着目することで，空洞は興味の対象でなくなり，忘れ去られてしまった．

　トンネルのある立体はもっと問題を提供した．トンネルが曲面をつきぬるということだけに意味があるのでなく，立体の中をつきぬけているトンネルという概念を，曲面に対して適用できるように，より一般的な概念に書き換えることをしなければならなかった．しかしトンネルという概念もまだ不明瞭なものである．たとえば，トンネルが枝分かれをするとき，これらをどのように数えるべきであろうか？トンネルの個数を数える前に，これらを検出することが，つまりトンネルが本当に存在するかどうかを知ることができれば便利であろう．ラインホルト・ホッペはトンネルの本質的な

特徴を次のように述べた.

> 多面体を柔らかい粘土のように容易に切り開くことのできるようなものからできているとする. 糸をトンネルに通してから, この粘土を切り裂くようにして引っ張る. その結果, ばらばらに分離してしまうことはない.[l]

立体にトンネルがなければ, 切り裂くと 2 つの部分に別れてしまう.

多面体を分割するという考え方は立体や曲面にも同じように適用できる. 立体を切り開いたり, 曲面上の曲線に沿って切り開く. 曲面上の閉曲線に沿ってその曲面を切り開いても, ひとかたまりのままであるとき, この曲線は**非分離的**とよぶ. 曲面の中には非分離曲線を持つものもあり, そうでない曲面ではどのような曲線もこの曲面を 2 つの部分に切り離す. 曲面の非分離曲線は立体の中を通っているトンネルと対応しており, ホッペは曲面が連結のままとなる切断の最大数を, トンネルの数と定義した.

オイラーの公式が適用できる対象として, 円環面は長い間扱われていたが, そのうち, 空洞と同じように除外されることになった. 便宜的取り扱いをされた「面」には, いくつかの観点から特徴がはっきりしてきた. まず最初に, 円環面上には両端点がこの曲面の境界上にあり, この円環面を分離しない曲線が存在している. この曲線で切り開いても, 曲面はやはり連結な部分が一個のままである. 普通に面として考えてきたものでは, このような曲線はすべてこの面を分離する. 言い換えると, 面というものには境界が 1 つあるというのがこれまでの考え方であるが, 一方, 円環面には連結成分が 2 個の境界を持つ. この観点から, 円環面を除外するということは, 空洞を除外したことと同種の考え方である. つまり, 立体の境界や, 面の境界はどれも連結であるべきなのである.

多面体のつくる立体のいくつかの性質がこれでまとめ直され, 曲面としての多面体の性質とそれぞれ対応づけることができるようになった. トンネルに対しては非分離的曲線, 空洞に対しては連結でない曲面, というようにである. それでも, 最初の問題はまだ未解決のままである——多面体とは何か?

アウグスト・フェルディナンド・メービウスがこの疑問について与えた答えは 1865 年の論文に発表され, その同じ論文では, 彼の名を冠するようになった有名な単側曲面も述べている.[5] 彼は次のように定義することにより, 問題を引き起こすような多面体を排除しようとした. 多面体とは次の条件を満たすように多角形を配列したたシステムである

(i) どの稜についても, ちょうど 2 つの多角形の辺だけがそこに合わさる.
(ii) 1 つの多角形の内部から他の多角形の内部へは, 頂点を経由しないで到達することが可能である.

---

[5] 彼の日記の日付から, メービウスは彼の「メービウスの帯」をすでに 1858 年に発見していたことが知られている. リスティングもほぼ同時期に, 独立にこの曲面を発見している.

メービウスにとっては，多面体とは多角形によってできあがった曲面である．2番目の条件はその曲面が連結となることを保証するものである．

さらに，ヘッセルの反例に見られる種類の特異点(曲面がつまんでつぶされたところ)を除外しようとしている．50年前には普通であった定義「平坦な面からできる立体」ということから，特筆すべき大きな変化がここに見られる．

この定義を用いて多面体を初めて導入したとすると，このメービウスの第2番目の条件を不自然に感じたり，意味があるように思えないかもしれない．この条件を満たさない対象を思いつかなければ，このような制限がどのような目的のためにあるのか想像することは困難である．この背景にあるのは，特異点(図5.14(b)にあるようなもの)を除外することにある．しかし，十分考慮された意図を込めたにもかかわらず，この種の条件についてはその網の目をそれでもくぐり抜けることができるものがある．図5.15にあるクロワッサンの形をした多面体はメービウスの定義を満たす．このことは精密な定義を作り上げようとすることがどんなに困難かを示している．

実際には，メービウスの定義はほとんど完成されたものである．この「クロワッサン」はいつのまにか忍び込んできたものであり，というのも条件(ii)は多面体としての条件を満たしているはずのものに対する制限だからである．この問題は，多面体全体としてながめた**グローバル**なものではなく，各頂点について**局所的**に適用されるように，定義を修正することで解決される．

多面体の定義の問題について，ここで完全な解答を与えることができる．

定義 **多面体**とは有限個の多角形の集まりで，次の条件を満たすものである．

(i) いずれの2つの多角形も，辺あるいは頂点のみを共有する．
(ii) 各多角形のそれぞれの辺は，他の多角形1個の1つの辺とだけ接着する．
(iii) いずれの多角形の内部からも，他の多角形の内部へとたどることができる．

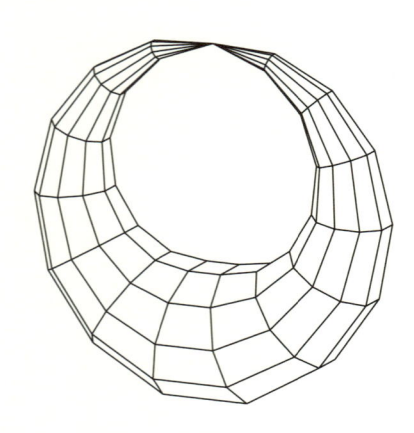

図 5.15：多面体的クロワッサン.

(iv) V を任意の頂点とし，V を共有する多角形は n 個で，それらを $F_1, F_2, \cdots, F_n$ とする．多角形 F_i を通り抜け，頂点 V は通らずに，これらの中の 1 つの多角形から他の多角形へとたどることができる．

　この定義において，多角形とは平面図形であって，いくつかの線分によって囲まれた，位相的には円板と同相なものである．この制限により，ケプラーによる星形多面体が除外され，さらに境界が連結でない円環面も除外される．定義の最初の条件により，ポワンソにより述べられた種類の星形多面体 (第 7 章参照) が除外され，他の自己交差している多面体も除外される．条件 (ii) と (iv) により，特異辺や特異点が除外され，条件 (iii) により多面体が連結でなければならない．オイラーの公式への反例として挙げられた最初の 5 種類のもの——空洞，円環面，トンネル，自己交差，特異点——のうち，まだ 1 つ残っている．しかし，多面体的曲面はトンネルを持ってもよいのである．

　これでうまく定義することができた「多面体」という用語の下で，オイラーの公式は，その多面体的曲面の型 (あるいは種数) によってのみ決まるということが証明される．

　この公式のリュイリエ版は次に与える形に修正することができる．もし多面体的曲面が T 個のトンネルを持っていれば，

$$V - E + F = 2 - 2T.$$

が成り立つ．値 $V - E + F$ が個々の多面体によるのではなく，その曲面自身の位相形のみによって決まることに着目したのが，リスティング による研究の出発点であった．彼の広範囲にわたる研究は大きな影響を持ち，トポロジーが数学において 1 つの分野として独立し，また役立つものであることを確立させるための原動力となった．

フォン・シュタウトによる証明

　オイラーの公式の本質を理解しようとするための研究は，研究者の注意をいくつかの概念，特に凸性と連結性 (トンネルの個数) に向けさせた．前者は幾何学的性質であり，少しばかり回り道をさせてしまったという周辺的な話題にすぎなかった．後者は位相的概念であり，問題の中心に位置している．

　連結性の重要性とオイラーの公式に対する関連はカール・クリスチャン・フォン・シュタウト (1798–1867) により，1847 年に出版された著作『位置解析』の中で初めて説明された．彼の証明は非常にわかりやすいものであり，数学者が考えるよい証明の例ともいえる．それは定理が成り立つことを単に論証しただけでなく，本質とは無関係な考え方を一切導入せずになぜ成り立つかを示している．

　等式 $V + F = E + 2$ は，多面体的曲面のいろいろな構成部分の個数がどのように関係づけられるかを述べている．距離に関する性質は触れられていないので，このような距離に関する記述は証明中では避けられなければならない．ルジャンドルは球面

幾何や球面多角形の面積を用いたので，定理を述べることだけしかできない人にとっては，この証明を理解するために，まったく未知な考え方を必要とする．さらに，多面体を球面上に放射投影する必要があるために，その証明の適用範囲は限られていた．

オイラーの公式のいろいろな証明中には，さまざまな種類の制限が大きな役割を演じている．これらは，定理の仮定を満たす対象物のタイプ(型)を制限することに反映されるべきであるが，「多面体」という用語のあいまいさが，それぞれの研究者にその個人的な事情のもとで，しばしば無意識的に都合良く解釈することを許した．定理の記述は，「多面体の面の個数と頂点の個数を加えると，稜の個数より2大きくなる」にもかかわらず，それを導いた証明の数多くのものには，この定理を証明するのが意図であるとは言えないものも含まれていた．

次に述べる証明はこのような欠陥に悩む必要のないものである．定理の仮定は多面体が公式を満たすための必要十分条件を述べており，その証明の結果として，この定理の基礎にあるものが明らかになる．つまり多面体は「球面的」でなければならない．

定理 P を(上で定義した)多面体とし，以下の条件を満たすとする

(i) 任意の2頂点を稜からできる道(path)でつなぐことができる，

(ii) 曲面上の任意の閉曲線は P を2つの部分にわける．

このとき P はオイラーの公式 $V + F = E + 2$ を満足する．

証明：ここでの議論は多面体の稜を2種類に分類し，それぞれの個数を数えることにより行う．どの稜が数えられたのかを記憶しておくために，稜を2種類の色を使って色づけすると想像してみてください．(実際，具体的に正十二面体を用いて，この証明での各ステップを追うと理解しやすいでしょう．)

P の1つの稜を，たとえば，赤に色づけすると仮定する．(現実には，稜は直線状であり太さを持っていないので，稜の回りにソーセージ状の小さな領域を考えそれに色をつける—図5.16参照．) その色づけした稜の両端の2点にも赤が塗られていると考える．一端が赤で，他端には色づけされていない別の稜を選び，この稜にも同じように赤色を塗る．このことを繰り返し，稜を選ぶことができなくなるまで続ける．

この色づけ作業が終わってしまった時には，すべての頂点には赤色が塗らることになる．なぜなら，もし色の塗られていない頂点が残っていると，仮定(i)より，この頂点と赤色頂点とをつなぐ(稜からできた)道が存在し，この道を赤に塗ることにより赤色辺の個数を増やすことができる．よって，色づけ作業が終わったとき，色づけされていない稜はその両端点が赤色となる．

これまでに色づけの終わってしまった稜の個数をここで求めてみる．最初の稜が色づけされたとき，2頂点もまた色づけられた．引き続く稜に色をつけるとき，その度にちょうど1つの新たな頂点に色がつけられた．すべての稜に色がつけられるので，色

図 5.16

のついた頂点の総数は稜の総数より 1 小さくなければならない．
　この多面体の色のついていない部分は，各面の内部と，色なしの稜から成り立っている．この色なしの部分が連結でないと仮定する．すると，赤色稜からなるループで，多面体を少なくとも 2 つの異なる部分に分けるものが，存在するはずである．しかし，赤色稜のループを作るには，すでに色づけされた 2 個の頂点の間の稜が赤色であることになり，これは許されなかった．よって，色なしの部分は連結でなければならない．
　この多面体の色づけしていない部分の構造を調べるために，各面を（たとえば）緑色で順に色づけすることにする．これを行うために，いづれかの面を選びその内部を色づけし，さらにこの面の辺で P での色なし稜であるものに緑色を塗る．次に，緑色の辺をただ 1 個だけ持つ色なし面を選び，この色なし面を緑で塗る．これを繰り返し，緑色部分を増やし，色づけできなくなるまで続ける――この最後の状況では，すべての面が緑色となるか，色なし面が 2 つ以上の緑色辺を持つかの，どちらかである．2 番目の状況が起こるとする，つまり，ある 1 つの色なし面が 2 つ以上の緑色面と接しているとする．このとき，次を満たす閉曲線が存在することになる．

　　この色なし面を通過する，
　　どの赤色稜も横切らずに，この接している緑色領域内を通過する
　　この色なし面と緑色面とが接している辺を通過する

定理の仮定 (ii) より，ここで存在した曲線は，すべての頂点を 2 つの連結成分に分けてしまうことになる．しかし，すべての頂点は P での赤色部分に属しており，この赤色部分は連結であるので矛盾が生じる．よって，すべての面が緑で色づけされているという，もう 1 つの可能性のみが残ることとなる．
　面を色づけするために使った上の方法から，緑色稜の個数は面の総数より 1 小さくなければならないことがわかる．なぜなら，一番最初に出発した面以外は，色づけするごとに緑色稜を一本加えるからである．

多面体 P の頂点の個数を V, 面の個数を F とする. E_R と E_G をそれぞれ赤色稜, 緑色稜の個数とする. すると, すでに示したことは

$$E_R = V - 1 \quad \text{であり} \quad E_G = F - 1$$

である. P での稜の総数を E とすると,

$$E = E_R + E_G = (V-1) + (F-1) = V + F - 2$$

となり, このことより

$$E + 2 = V + F.$$

が得られる. ■

ここにあげた証明の中では, 与えられた多面体を赤色と緑色で塗ることによって 2 つの部分に分けていた. これら 2 つの部分はいずれも連結であり, その境目部分は 1 つだけである——赤色と緑色の接する部分である. このことは, いずれの部分も円板に変形できることを示している. 2 枚の円板をそれらの周囲に沿って張り合わせてできる曲面は球面であり, もとの多面体が球面にまで変形可能となる. 多面体それ自身の上で考えると, 2 枚の「円板部分」は複雑な模様を描いて入り組んだものになるだろう. テニスボールなどは, 2 枚の(位相的)円板を組み合わせてできる球面の例と言える.

多面体がオイラーの公式を満たすならば, この多面体が球面に変形可能となる. この逆も成り立つ. もし多面体が球面に変形可能ならば, それはオイラーの公式を満たす. これを証明するための 1 つの方法は, そのような多面体が前定理の仮定 (i), (ii) を満たすと示すことである. これが正しいことは, よく知られたジョルダンの曲線定理からの結果として明らかである(ジョルダンの曲線定理「平面上の閉曲線は平面を 2 つの部分に分ける」はトポロジー分野において最初に得られた結果の 1 つである). この定理を用いると最初の仮定もなりたつ. なぜなら, 使われている「多面体」の定義では円環面を除外しているからである.

まったく別のものとして, オイラーが試みた証明を多面体的曲面という観点から再解釈することもでき, この場合についても成り立つことが示される.

問題 オイラーのアイデアを, 球面上のネットワークに適用することにより, オイラーの公式に自分自身で証明を与えなさい. この方針による証明は, おおよそ次のようなステップになる.

(1) 多面体的曲面が球面上のネットワークに変形できることを仮定する.
(2) $V - E + F$ の値を変えずに, ネットワークが三角形分割できることを示す.
(3) ネットワークでの頂点数を減らす方法を示し, しかもその方法では結果もやは

り三角形分割されていて $V - E + F$ の値が変化していないようにする.
(4) 頂点数を 4 個にまで減らし,この場合には公式の成り立っていることを示す.
(5) 公式が最初の多面体の場合に成り立っていることを導く.

(†)オイラーの公式は V と F の間に優位性はないことを示しており,これらはどちらも同等の立場で,公式はこの 2 つの量に関して対称である.しかし,オイラーの公式が成り立つことを示そうとした多くの試みでは,この本質的ともいえる対称性は見過ごされて,明らかにされていない.オイラーは頂点の個数を減らすことに集中し,一方コーシーは面を取り除くという方法を選んだ.滑らかな曲面上のネットワークについての公式であると見なしたとき,フォン・シュタウトによる証明はこの対称性の根本原理を明らかにしたものであると表現することができる.この観点から,赤色領域は辺ネットワークの極大樹の近傍であると見なされ,緑色領域は(組み合わせ)双対ネットワークを張る補完樹の近傍となっている.

補足的な観点

デカルトの定理とオイラーの公式は,多面体幾何学やトポロジーの異なった側面に関係したものに見えるが,この 2 つの公式は実際には非常に強く相互に関係づけられる.つまり,それらは論理的には同値であり,一方から他方を導き出すことができる.

デカルトの手稿にある 2 つの記述を組み合わせた簡単な結果としてオイラーの公式が得られることを,多くの人がすでに気づいていた.

> 立体の曲面上の辺 [稜] よりも 2 倍だけ多い平面が常に存在している,というのも 1 つの辺 [稜] は常に 2 つの面に共有されるからである.
> ⋮
> α で立体角の個数を,ϕ で面の個数を表すのを常としている.⋯ 平面角の実際の個数は $2\phi + 2\alpha - 4$. ^{m}

このことから,デカルトがオイラーの公式に気づいていたと断定する人もいる.しかし,デカルト自身がその 2 つの記述を結びつけたと思える様子はない.そうすることで得られる意味のある結果を表現するための,必要な概念を持ち合わせていなかった.ライプニッツもまた,デカルトの手稿を写したときに何かの関係があるとはまったく思わなかった.

逆に,オイラーはデカルトの定理に気がつかなかったし,後に続いた人々も同様であり,ライプニッツの手稿が明るみにでたときにも幾何学者たちにはまだ未知のことであった.それはまるで同じコインをそれぞれ異なる面から眺めつづけていたようである.多面体を面と立体角という古典的な概念から研究していたデカルトは,多角形との

類比によって距離に関する性質を導き出した．（多くの具体例の観察，一般の多面体への推定という）科学的帰納から情報を引き出したオイラーは位相的結果を生みだした．

オイラーの公式が古代ギリシャで知られていなかったのは驚きである，というようなことを時々耳にする．（アルキメデスはオイラーの公式に気づいていた，という主張すらする人もいるが，そのような証拠はアレキサンドリアの大火で燃え尽きてしまっているだろう．）著者自身はこれはまったくあり得なかったと考える．なぜなら，デカルトと同様に，古代ギリシャ人は位相幾何学的概念を所有していなかったからである．オイラー以前にこの公式を発見できたとしたら，その人物はケプラーである．彼は多面体を曲面として考え，稜を延長することで星形多面体を産み出し，さらにいろいろな物事の間の関係を見つけたいという執念を持っていた．しかし，ケプラーがオイラーの公式に気づいていたと思えるだけの理由は存在しない．

デカルトの定理だけでなくオイラーの公式も，直接に作り上げるには容易ではない．けれども，これらが論理的に同値であることを見るのは簡単である．多面体の平面角すべての和は，面のすべての内角を加えあわせることにより求めることができる．n 個の辺をもつ面の内角の和は $(n-2)\pi$ ラジアンである．すると

$$\text{平面角の和} = \sum_{\text{各面について}} (\text{内角の和})$$

$$= \sum_{\text{各面について}} \Big((\text{辺の個数})\pi - 2\pi\Big).$$

また，すべての面の辺の個数の総和は稜の個数の 2 倍なので，これは

$$2E\pi - F\, 2\pi.$$

と等しい．

平面角の和はすべての立体角の不足角を用いることで表すこともできる．

$$\text{平面角の和} = \sum_{\text{各頂点について}} \Big(2\pi - (\text{不足角})\Big)$$

$$= V\, 2\pi - \sum_{\text{各頂点について}} (\text{不足角}).$$

これら 2 つの表示を等号で結ぶと，立体角の不足角すべての和は $2\pi(V-E+F)$ に等しいことがわかる．

$$\sum_{\text{各頂点について}} (\text{不足角}) = 2\pi(V-E+F).$$

ここで，多面体が $V-E+F=2$ を満たす（つまりオイラーの公式を満たしている）ことが分かっているとすると，上の等式を適用すると，その多面体の不足角の和についても $2\pi \cdot 2$，つまり 4π，とならなければならない．よってこの多面体はデカル

トの定理をみたす．逆に，与えられた多面体がデカルトの定理に従うことが分かっているとすると，そのとき，それはオイラーの公式もみたさなければならない．つまり，これら二つの結果は完全に互いに依存している．

さらに，この同値性を示している議論では，対象とする多面体の位相型について，どのような制限も必要としていない——凸でもかまわないし，凹でもよいし，あるいはトンネルを持っていてもよい．

もし頂点の不足角という概念が，もっと一般な状況の場合(立体角の和が 2π ラジアンより大きいときに負の不足角が許されるというような場合)に解釈されると，その時にはオイラー数 $V - E + F$ と，不足角の和の間に関係のあることがわかる．このことは微分幾何学でのある有名な結果と密接に関係している(微分幾何：数学の一分野で，多面体的であるよりは滑らかな曲面が研究される)．

ガウス-ボンネの定理

1827 年，カール・フリードリッヒ・ガウス(1777–1855) は滑らかな(微分可能)曲面が内的幾何学としての性質をもつというアイデアを導入した．曲面内での弧の長さを測るということにこの幾何学は基礎をおき，その弧長から，角や面積というような他の幾何学的概念を定義することができる．弧長という概念を持つことにより，最短曲線あるいは**測地線**を考察することができるようにもなる．平面上では測地線はまっすぐな線分であり，球面上では大円上の円弧となる．

曲面の形や局所的な性質が，その曲面の幾何学に影響を与える．このような例については本章の最初で出会った．たとえば，三角形の内角和はそれが置かれている曲面に依存する．球面多角形の内角和がその面積と関連しているなどということは，不可解なことであったかもしれない．つまり，そこで用いている量の次元を考えると，違和感を覚えるような関係が起こっているように思える．なぜなら，面積は 2 次元量であり，一方，角は 1 次元量であるからである．しかし実際には，ほとんどすべての幾何学的曲面上では，多角形の角とその面積とは互いに関係づけられる．このようなアイデアが奇妙に思えるのは，一番よく慣れ親しんだ幾何学が**平らな**平面上で行われているからだけのことである．

ガウスは曲面の**曲率**，あるいは非平坦性という精密な尺度を導入した．曲面がある点では他の場所よりも，より平坦であることはあり得るので，この曲率は曲面上の各点に対して定義され，さらに曲面上での場所により変化することができる．平面に対しては，各点での曲率は 0 という値をとり，球面に対しては，各点では正の曲率を持つ．

測地的曲率として知られる別の種類の曲率もあり，これは曲面内の直線について適用される．その直線が測地線となることからどの程度逸脱しているかをこの測地的曲

率は教えてくれる．この直線が測地線であるとき，その測地的曲率は 0 となる．

ここで，滑らかな幾何学的曲面上に多角形 P があるとし，それぞれの辺は滑らかな曲線となっているとする．この多角形の外角をそれぞれの頂点のところで定義することができる．今まで考えていた平面多角形では，外角の和は 2π である．この多角形の周をたどって歩いて行くとき，身体の向きがしだいに回ってゆき，角の総和がいくらであるかを外角和が示してくれる．平坦でない曲面上にある多角形については，平面上での場合の外角だけがこのような角の総和を決めるのではない——この多角形の辺のねじれ具合やひねり具合も考慮される必要があり，それは曲面自身の曲率も同様である．なぜなら，この曲率が P の各辺から次の辺への回り具合に影響を与えるからである．ガウス-ボンネの公式にはこのような情報がすべて寄せ集められている：

$$\sum_{P \text{ の各頂点について}} (\text{外角}) + \int_{\partial P} k_g \, ds + \int_P k \, dA = 2\pi.$$

この等式の最初の項は外角すべての和である．多角形 P の辺上での曲率を計算したものが2番目の項である．k_g は測地的曲率を表しており，これは離散量ではなく連続量なので総和記号ではなく弧長，ds，に関する積分によって表示される．3番目の項は曲面自身の曲率を考慮するものである．k はガウス曲率で，多角形の面積 (dA) について積分される．

2つの例によってこれを分かりやすく述べてみよう．多角形が測地線で囲まれているとすると，$k_g = 0$ であり，2番目の項は 0 となる．多角形が平坦であるならば，そのガウス曲率も 0 となり，つまりまっすぐな直線で囲まれた平面多角形についてはつぎのように言える：

$$\sum_{P \text{ の各頂点について}} (\text{外角}) + 0 + 0 = 2\pi.$$

もし多角形が半径 1 の球面上にあると，そのガウス曲率は $k = 1$ となり，3番目の項は多角形の面積に等しくなる：

$$\int_P k \, dA = P \text{ の面積}.$$

もし多角形が大円の弧によって囲まれているとき，このときには k_g はやはり 0 となる．ガウス-ボンネの公式中の項の順序を入れ換えると

$$P \text{ の面積} = 2\pi - \sum_{P \text{ の各頂点について}} (\text{外角})$$

が得られる．多角形の外角ではなく内角を用いてこれを書き換えると

$$P \text{ の面積} = 2\pi - \sum_{P \text{ の各頂点について}} (\pi - \text{内角})$$

と表される．もし P が n 角形であるならば(当然 n 個のかどを持つ)，このときには

上式は

$$P \text{ の面積} = \sum_{P \text{ の各頂点について}} (\text{内角}) - (n-2)\pi$$

と変形でき，これは球面 n 角形の面積についての球面過剰公式となる．

　幾何学的曲面上に多角形からできるネットワークをかぶせ，全体の面積を求めるために(ちょうどルジャンドルが行ったように)個々の多角形からの情報を加えあわせることにより，次を導き出すことが可能となる

ガウス-ボンネの定理．
滑らかな曲面 S 上の連結なネットワークが V 個の頂点，E 個の辺，F 個の面を持っているとする．このとき次が成り立つ

$$\int_S k\, dA \;=\; 2\pi(V - E + F) \qquad \blacksquare$$

　この定理は非常に驚くべきものであり，我々の直感とは相容れない．というのは，曲面の内的幾何学によって完全に決定される量のみが左辺にある．曲率は距離に関する性質なのである．一方，右辺にあるのは，距離的な情報とはまったく無関係な式である．ここでのネットワークは完全に位相的なものである．このような一見して矛盾する様相がデカルトの定理とオイラーの定理の間の仲を取り持っている．特定のネットワークを選び，曲面の幾何構造を変えることで全曲率が幾何構造と独立であることを示している．逆に，特定の曲面についてネットワークを変化させることで，$V - E + F$ の値がその選んだネットワークに依存しないことを示している．オイラーの公式のまた別の証明ともなっているのである．

Augustin Louis Cauchy (1821)

第 6 章

相等性，剛体性，柔構造

> ユークリッドの「重ね合わせ原理」… 1 つの図形をその内的構造を変えることなく移動可能であるかという問題を提起している.[a]
> コクセター（H. S. M. Coxeter）

　2 つの多面体はいつ同じになるか? 一見すると，この問題は単純過ぎるほどのものに見える. 2 つのものが同じであるというのは，どのように観察したとしても区別することができないことである. 2 つの多面体が異なることを示すためには，一方の性質で他方にないものを見つければ十分である. これは，たとえば正方形の面の個数であるような容易に求まるものであるかもしれないし，面の配列方法を含むようなものかもしれない. しかし，これでは問題に対する一般的な答えとはならない. 違いを見つけることが容易であったとしても，2 つの多面体を区別するために用いることのできる性質として，どのような種類のものまで許していいのだろうか. 考察対象となる多面体の組合わせ的性質だけであろうか，それとも距離的性質も同様に用いてもいいのであろうか? 大きさは，あるいは位置は，それとも関係している空間の向きはどうなのであろうか?

　2 つの対象が同じであると考えられるかどうかを答えるための定義は，**同値関係**と呼ばれる. 同値の定義には，重要であると認められるべき性質を列挙することになる. これらには様々のものが可能である. たとえば，同じ個数の面を持つ多面体が同値であると定義することもできる. 対象物の集まりに対して同値関係があるとき，これらをいくつかの集合に分類し，同一のクラスに属するものはすべて同値であり，異なるクラスのもの同士は異なっている（同値でない）ようにする. ある状況では，かなりきめの粗い同値関係が好ましいこともあり，そこではいくつかの性質だけしか考察せず，大きな同値類が得られる. たとえば，組合わせ的性質にしか興味のないトポロジストは，四角形を底面とするどのような角柱を見ても，それは立方体と同値であると考えたくなる. 一方，結晶学者ならそこには幾何学的情報を込める必要があるだろう.

　「2 つの多面体はいつ同じになるか?」という質問は，多面体の集合上に同値関係を定義するという要求であることになる. 本章での目的は，そのようなある同値関係を

225

見つけることである．しかし，いつかの時代に特定の人々にとって使いやすい同値関係を探るというだけではなく，多面体がいつ「同じ」になるかという我々の直感的な概念に一致するものも調べることにする．

論争された基盤

多面体についての相等性をどのように定義するかには長い歴史がある．初期における言及は，『ユークリッド原論』でのユークリッドによる定義である．

最初に登場するのが共通概念についてのリストである．第 4 公理は次のように述べられている

> 互いに重なり合うものは互いに等しい．

この公理は重ね合わせのための議論を行う証明では基本になるものである．これは，2つの図を紙の上で描いたり，一方を切り抜き他方の上に直接置くというような（直接あるいは想像上の）経験から導き出されたものである．

この方法による証明は**原論**の一番最初の定理で使われている．図形の構成に関する3つの命題が続いた後，第 1 巻の第 4 命題では三角形についての一般的な結果が述べられている．1 つの三角形の 2 つの辺とその間にはさまれた角がそれぞれ，2 つめの三角形の 2 つの辺とその間にはさまれた角に等しいならば，この 2 つの三角形はすべてにおいて等しい．プロクロスは，彼の著書『ユークリッド原論第 1 巻についての注釈』で，この証明の背景に横たわるアイデアを次のように述べている．

> この定理の証明は，誰もが認めるであるように，共通概念 [公理] に完全に基づいたものであり，非常に明快な仮定から自然に発展させてゆくものである．2 つの辺がそれぞれ 2 つの辺に等しいのであるから，それらはお互いに重なり合う．さらに，これらの辺にはさまれた角どうしも同じであるから，これらも重なり合う．角が角に重なり，2 辺が 2 辺に重なるのであるから，これら 2 辺の両端点も重なり合う．さらに，これらが重なっていれば，底辺は底辺と重なり合う．さらに，3 つの辺が 3 つの辺に重なれば，一方の三角形が他方の三角形に重なり，あらゆる所同士が重なり合う．これゆえ，同じ形をした図形についての目に見ることのできる相等性というものが，証明全体にわたる基盤となっていることは明白である．[b]

重なり合うものは等しいという公理を使う一方で，そこの議論ではその逆も仮定しているということを注意しておく．等しいものは重なり合うように作ることができる．

ユークリッドの時代でさえ，第 4 公理とそこに込められた意味については多少の不安はあった．ユークリッド自身も「重ね合わせ議論」を避けることが可能である場合には，極力用いることはしなかった．2000 年後でも，この不安を人々は持っていた．1844 年，哲学者アーサー・ショーペンハウエルは，「重なり合うものは等しい」という公理よりはむしろ，平行線の公準を数学者が精力的に研究したことに驚いている，と

述べた．というのも，重なり合う図形は自動的に同一視されるかあるいは等しいからであり，それゆえなんら公理を必要としない．さもなければ，重なり合うということは経験的事項であり，それは外部感覚的な経験に属し，純粋な直感的経験ではない．さらに，この公理は図形の移動可能性を前提としている．しかし，移動可能であることは重要な問題であり，それゆえ幾何学がおよぶ範囲外のことである．

この定義に対しては，根本的なところで疑問が生じてしまう．図形がある位置から別の位置に動いたとき，この図形の持っている性質（たとえば大きさや形など）がそのまま保持されるという暗黙の了解のもとに，「重ね合わせ議論」が成立している．図形が動き回ったときに，図形の性質が不変のままであると仮定することは，空間の性質に対してかなり強い仮定を課すことになる．

ユークリッドが3次元幾何学を扱いはじめるとき，彼は立体に関係した相等性についてさらに2つの定義を導入している．定義9と10が第11巻で次のように与えられる．

  9．相似な立体図形とは，個数が同じである相似な面によって囲まれたものである．

  10．相似かつ相等な立体図形とは，個数が同じで大きさも同じ相似な面により囲まれたものである．

この最初の定義によると，一方の図形のすべての面が他方の図形の面それぞれに合わせることができて，しかも対応する面どうしが相似な形であり同じように囲まれていれば，2つの図形は**相似**になる．2番目の定義では，さらに対応する面がおなじ大きさであるならば，これらの図形は同一視され**相等**となることを言っている．

これらの定義もまた，多くの批判を浴びてきた．図形の相等性が，それら図形の構成部分の相等性によって定義されていることが問題となった．ここに何ら直感的に不都合なことはない（同値関係は好みに応じたものとして定義することができる）ものの，我々の直感にどの程度合致しているかによって定義としての使いやすさが決まる．ところが，1つの問題が持ち上がってきた．それは定義10によれば相等であるが，我々の直感では異なるように観察されるいくつかの多面体が存在するのである

そのような一組を図6.1に示す．そこでは，それぞれの多面体は20個の面すべてが三角形である．左側は正二十面体であり，右側はその頂上部が押え込まれていてくぼみがある．この場合には，大きさ，形や面の配列についての情報を与えることの他にも，各稜での凸性（つまり，稜が「山折り」か「谷折り」のどちらであるかということ）も明示することにすれば混乱は避けることができる．しかし，そのような詳細な記述でさえ，多面体をただ一通りに決定するためにいつでも十分であるとは限らない．図6.2の最上部に示してある網目（ネット）を，2つの異なる構成例が得られるように折り曲げることが可能である．両方とも，底面に対して最上部をひねることによって得られる三角錐から作り上げられる．実際，薄いボール紙のようなものを使って模型を作ると，

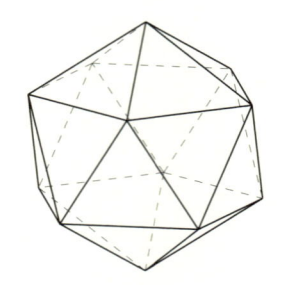

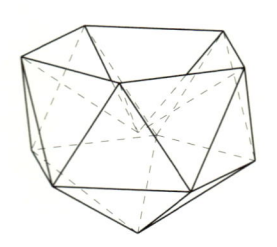

図 6.1: プラトンの二十面体と異性体.

2種類の組合わせ方は交互に入れ替わることに気がつくはずである（できた多面体を軽く押しつけるだけで一方から他方にぱっと飛び跳ねて変わる）．この「ジャンプする八面体」はヴァルター・ウンダーリヒにより発見された．この2つの組立方を図6.2に示し，また両方を真上から眺めた図と，もう少し離れたところから眺めた図も描いた．

2つ以上の方法で組合わせることができるネットの，さらに2つの例がマイケル・ゴールドバーグにより示された．それらは同じような構成と性質を持っている．1つは20個の正三角形からできており，2つの角錐を突き刺したような形をしている（図6.3(a)）．これの安定した3つの組み方それぞれが，軽く押しつけることにより交互に入れ換え可能となる．2番目の例は12個の2等辺三角形の面からできていて，この各2等辺三角形の頂角は103°より少しだけ大きいものとなっている．これの3種の安定した十二面体を図6.3(b)に示す．

「柔構造」をもつ三角面体の例がポール・メイソンにより発見された．これは，立方体の各面に角錐を立ち上げ，その中の1つを切り離してその間に正方反角柱を入れて作られるものである（図6.4）．（実際には，この模型の場合この1つだけ離れている角錐を正方形の面と取り替えても，まだ柔構造を保っている．）この多面体模型は容易に変形させることができ，これを手にして遊んでいると，本当に安定した形状が，一体いくつあるのか答えられないほどである．しかし数学の強力な道具を使うと，この模型を変形させているときに，ある部分はほんの少しねじられていなければならないということを証明できる．このような例は時には**振動多面体**と呼ばれることがある（あるいは微小柔軟であるとか，あるいは微小柔構造を持つともいう）．

ユークリッドがいろいろな定義を作ったとき，彼が凸立体のことだけしか考えていなかったことは確かであろう．しかし，凸図形のみに注目していたとしても，同じ面が同じように配列されている二つの図形が必ず相等となるかどうかは明らかなことではない．凸であるという仮定で考えているとしても，上で述べてきたようなことが起こらないと，どのようにして確信することができるのか？模型を使った我々のこれまでの経験から，凸な図形は2種類以上の方法では組み立てることができないように思

論争された基盤　229

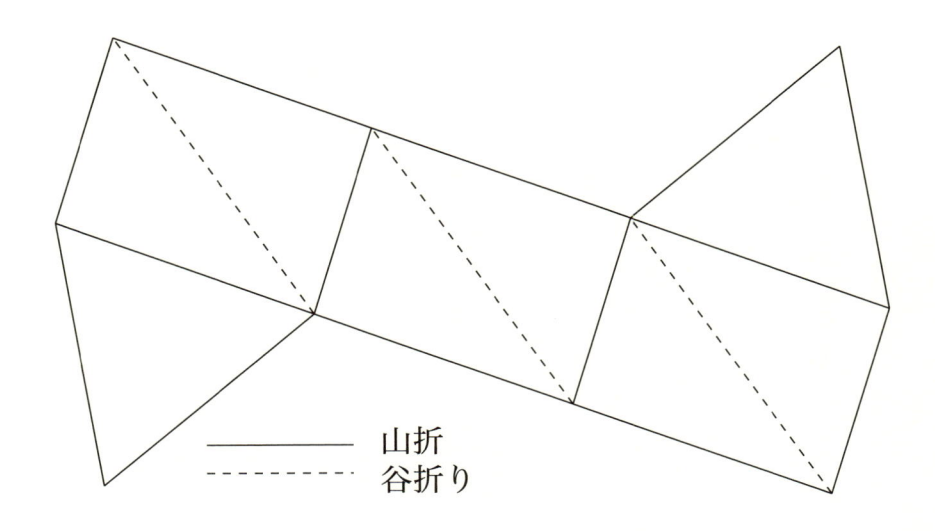

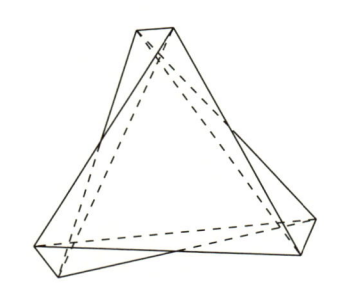

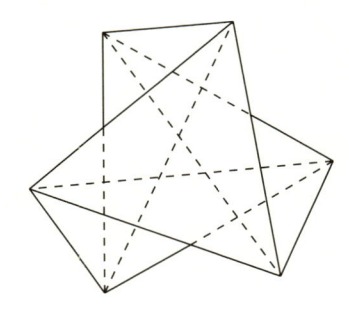

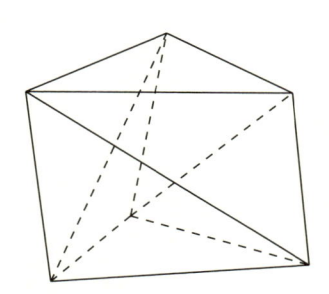

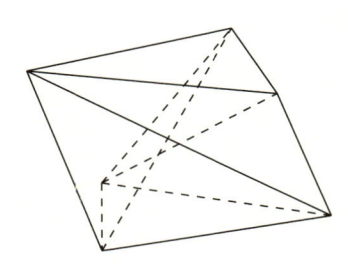

―――― 山折
------ 谷折り

図 6.2：ウンダーリヒの双安定八面体.

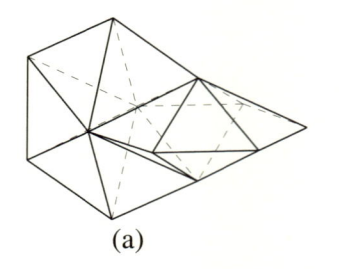

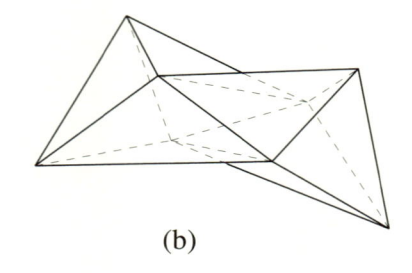

230　第6章　相等性，剛体性，柔構造

(a)　(b)

図 6.3：ゴールドバーグの 3 安定多面体.

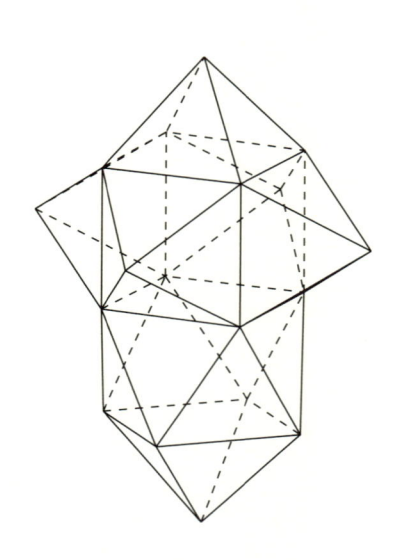

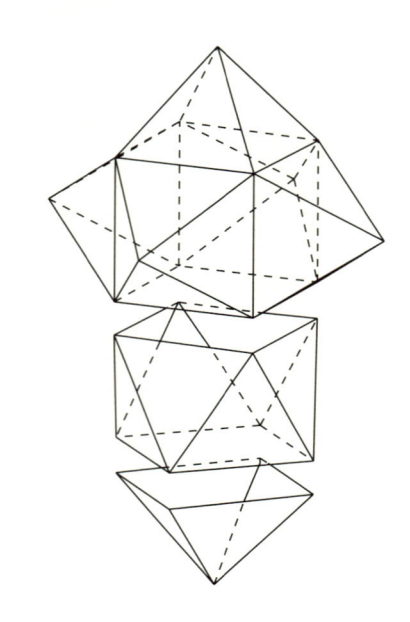

図 6.4：メイソンの柔構造をもつ三角面体.

える．そうであったとしても，定義 9，10 は他の定義や公理ほどに自明であるとはいえない．数学を支えているイデオロギーでは，どのような主張も直ちに容認されないものは，証明されなければならないことが求められる．エイドリアン・マリー・ルジャンドルは次のことを述べた．

> 定義 10 は本来の定義ではなく，定理であり証明する必要がある．というのは二つの立体が，同じ個数からなる同じ面を持っているというただ 1 つの理由から，それらが相等であることは明らかではないからである．もし正しいのなら，重ね合わせ議論か，その他の方法で証明されるべきである．[c]

ルジャンドル自身はこの定義を定理として書き換える試みの中で，特殊な場合に成り立つことを証明することで少しは進展を見せた．この研究を基礎として，オーガスティン・ルイ・コーシー (1789–1857) は，ユークリッドの定義が凸多面体の場合にはまっ

たく問題ない，ことを示すことができた――つまり，同じ方法で構成さた凸図形はお互いに重ね合わせることができる．

立体異性体と合同

　コーシーの研究を話題にする前に，ユークリッドの定義の内容をより正確に表現し定式化するため，我々独自のいくつかの定義を導入しなければならない．

　第2章では，面の構成が同じであるような2つの多面体の間の関係を述べるために，**異性体**という概念を化学用語から借用した．ミラーの立体と斜立方八面体とは異性体となる一組の例であり，その他のアルキメデス立体のいくつかにも種々の異性体がある．ウンダーリヒのジャンプする八面体に登場する2つの異性体は，どちらの面もまったく同じ様子で寄せ集められてできている．さらに化学用語を取り入れて，このように関係しあう2つの多面体は**立体異性**であると呼ぶことにする．つまり，それぞれの面の多面体内での相対的な位置関係は同じであるが，空間内での位置関係だけが異なっている．立体異性体は同じ結合関係を持つ同一のネットに展開することができる．

　図6.1での二十面体のペアーは立体異性の例である．ゴールドバーグの3安定多面体からできるいろいろな形のものも，立体異性となっている．ミラーの立体と斜立方八面体は立体異性ではない．それらは同じ面からできあがっているが，同じネットから作ることができない．ネットを裏返し，「谷折り」を「山折り」に変更することが許されるならば，2つの歪立方体のような鏡像多面体が立体異性となる．

　図6.1での2つの二十面体は分解した後，再び組合わせをしなければ，お互いに入れ替わることはできない．このタイプの異性体は**形状異性**であると呼ばれる．ジャンプする八面体の2つの形は入れ換えることができる．このシステムにエネルギーを注入すると，それはもう1つの状態へと強制的にひっくり返させることができ，その途中のすべての状態は不安定なものとなっている．この模型を作っている材質が容易にお互いに変形できるので，このような動きがおこるのである．つまり，模型がジャンプするとき，面はねじ曲がる．もしこの模型が，面をゆがめることのできないような，より丈夫な素材でできていると，この多面体の2つの模型はともに剛体となってしまうだろう．あの「励起状態」にある中間段階はもはや見られなくなってしまう．だから，厳密に言えば，これらの多面体は形状異性体として考えられなければならない．

　この用語もまた化学から借用されたものである．化学では，立体異性は，それらが容易に相互に移り変わるかどうかによって，2つのタイプに分類される．分解して結合部分を再構成することによってのみ相互に移り変わるものは形状異性であるとよばれる．このことは大量のエネルギー（結合部分を壊すために十分な量）の注入が必要であり，その結果異性体のそれぞれの形は安定したものとなる傾向がある．

2つの異性分子の相互変換は，壊される結合部分がなくても起こりうる．結合部分の回りでの単純な回転により，異なる形の分子が得られる．この種の連続的な変形では，ほんの僅かなエネルギーを必要とするだけで，この種類の異性体は比較的に不安定であり，自由にお互いが入れ替わる．このことから，多面体においても，ある種の連続変形運動が起こりえるかどうかという疑問が起きてくる．メイソンの三角面体のようなもので本当に柔構造を持つものが存在するのか？

これまでに模型を作ってきた読者の中には，全体が完成する前の一部分だけができあがっている状態の模型は，しばしば柔軟であると気づいていた人もいるだろう．そこではほとんど努力しないでも変形でき，隣接した面の間にある辺が蝶番のような作用を持っている．最後の面をつけ加えるまでこのような状況が続き，やがてその模型がもっと剛体的で，しかも安定的なものとなる．このような状況は特に，小さな凸多面体模型で，できあがると柔構造がまったく見ることのできないものに見られる．もし模型が多くの面を持つ場合，あるいは角ばっていて凹角をもつ凸でない多面体である場合，ある種の変形の生じることが見つかる場合もある．しかし，これらの多面体の変形では，多面体的曲面は連続的に変化しない．このような変形では，模型のゆがみが通常引き起こされ，しばしば，凹角での面の分離や，稜や面の折り曲げが起こる．ジャンプする八面体の場合がこれである．この場合には，その変形の途中で面は剛体のままであり，いくつかの2面角のみが，蝶番の役目をする稜のところで変化することになる．

多面体模型(少なくとも凸なもの)を作ってきた経験からは，多面体は剛体的である——切り離したりしなければ変形させることはできない——ことが言えそうである．ここでしばらくの間，柔構造のある多面体が実は存在すると仮定しておく．すると，それは1つの状態から別のものへと連続的に変形できることになる．その最初と最後の形は重ね合わせて一致したものとならないだろうから，ユークリッドの第4公理から，この2つの形は相等ではない．しかし，この2つの形は同一の多面体の柔構造によりできあがったものだから，この2つは同一の面を同じ配列状況で持っていなければならない．よって，第11巻の定義10から，これらは相等であることになる．この2つの多面体は相等であり同時に相等でないことになる——つまり，同じであって，しかも異なる．

このパラドックスから，柔構造をもつ多面体は存在しないと信じる人もでてくるかもしれない．しかし，柔構造のある多面体が存在するという仮定からなにも矛盾は起こらず，2つの定義で用いられている「相等」という言葉が，同義語であり，その2つの間で同じ意味で用いられているという仮定から矛盾が起こる．これまでに見てきた例からは，この2つの定義が必ずしもお互いに適合しているとは限らないということである．しかし，この状況でどちらの定義が感覚的に正しそうなのか明らかでない．

ここでは，「相等」という言葉が使われるそれぞれの場で，この言葉が何を意味しているかを正確に理解することが非常に重要である．これは今求められる定義が何であるかに依存している．『原論』第11巻の定義10では，2つの多面体は，立体異性であ

るならばこれらは相等であると定義されている．もう一方，ユークリッドの第 4 公理は現代での合同という概念に対応している．

「合同」はいろいろな方法で定義することができ，この違いは，どのような基本概念を選択するかによる．合同という用語そのものは，「点」や「直線」の時と同じように，無定義用語として用いることができる．この場合には，「合同」が持つべき性質を述べたリストが与えられなければならない．合同についてのこれらの公理のリストには次のものが含まれている．

> 1 つのものは自分自身に合同である．
> 同じものに合同ないくつかのものは，お互いに合同である．

これらの 2 つを合わせて，第 4 公理と取り替えることができる．なぜならば，これらから，一致するものは合同であることが導かれるからである．合同となるべき基本的ないくつかの対象もまた，その公理はリストに中にのせている．次がそのような 1 つの公理である．

> 三角形の 2 つの辺とその間にはさまれた角が，別の三角形の 2 つの辺とその間にはさまれた角とにそれぞれ合同であるとき，この二つの三角形は合同である．

この最後にあげた内容は，ユークリッドによって定理の形で与えられ，彼はこれを重ね合わせ議論を使って証明した．しかし，すでに見てきたように，このような議論は暗黙の了解を前提にしているものだった．ダーフィト・ヒルベルト（1862–1943）の数学基礎論への研究は，幾何学を含む数学のいくつかの分野に対する公理による形式的システムを導いた．彼は合同が無定義用語としてとらえられるならば，それは公理として取り扱わなければならないことを示して見せた．

もし（図形の）**運動**[1] が無定義用語として見なされるのなら，重ね合わせ議論を厳密に行うことができるし，ユークリッドの第 4 公理は合同の定義であるとして受け取ることができる．もちろん，「運動」についてのいくつかの公理では，「運動」が持つべき性質を明記する必要がある．たとえば，図形は「運動」の途中では，形や長さに関する性質はそのまま保持されなければならない．言い代えれば，**距離**を無定義用語としてとらえることができる．すると，空間の「運動」を，連続な 1 対 1 変換写像（空間の各点がそれぞれただ 1 つの像の点を対応させる）として定義することができる．点の間の距離を保つ「運動」は剛体運動（あるいは等長変換）とよばれ，重ね合わせ議論を形成するために，これらを使うことができる．合同について，これらの形式的な定義のいずれを使うにしても，1 つの図形を切り抜いて他の上に一致するように置くという直感的なアイデアが正確なものとして作り上げられ，しかもその定義は，以後の研究の確固とした基礎を提供する．

---

[1] 「合同変換」ともよぶ．

2つの多面体が合同であるとき，それらは明らかに立体異性にもなる．しかし，この逆は必ずしも正しいとは限らない．「相等」ということを議論しているとき，どんな同値関係を用いているのかを明らかにしておかなければならない．今の状況では「相等」はどの意味であるのか？ユークリッドの2つの定義は2つの異なった同値関係を産み出しており，しかも，柔構造多面体の可能性についてのトラブルが起きたのは，それら2つが混同して用いられたからであった．柔構造多面体の2つの形状について言えることは，それらが立体異性となったであろうことと，合同とはなりそうにならないということである．

コーシーの剛体性定理

> 幾何学に対するコーシーの最も重要な貢献は，合同のもとで，凸多面体はその面から決定されるという命題への彼の証明である．
>
> H. フロイデンタール

　「凸多面体に制限されたとき，「相等」についてのユークリッドの2つの異なる定義がお互いに矛盾しない」ということの証明は1813年に発表され，それはコーシーが剛体性定理として知られる定理「閉凸多面体は剛体である」を証明したときであった．この定理はこの文章の形でしばしば表現されるが，その証明は実際には「凸立体異性体は合同である」というより強い結果を示している．このことから，凸立体の剛体性が容易に導かれる．柔構造をもった凸多面体は微小な変形の後でも依然として凸である．つまり，2つの凸な立体異性体で合同とならないものが存在することとなり，このことは定理に反する．よって，柔構造をもつ凸多面体は存在しない．

定理 閉じた，凸多面体で立体異性なものは，お互いに合同である．

証明：凸である立体異性体の1組で合同とならないものが存在すると仮定し，そこから矛盾を導くことにより，定理を証明する．多面体の局所的な幾何学的性質と大域的な位相的性質の関係を分析することにより，この矛盾を引き出す．

　そこで，二つの凸多面体で互いに立体異性であるが合同でないものが存在すると仮定する．これらは，種類も配列も同様になっている面によって囲まれており，この2つの多面体の間で対応している面は合同である．もし一方の多面体の2面角がそれぞれ，他方の対応する2面角と合同であるならば，この2つの多面体は合同となる．すると，この2つの多面体が合同でないと仮定されているので，これらの多面体は少なくとも1つの2面角で異ならなければならず，これよりいずれかの立体角もお互いに異なっていなければならない．この2つの異性な多面体の間の違いは立体角のところではっきりと現われており，このため，立体角の多様性とこれらの組合わせを調べると，どのような種類の異性体が可能であるかについての情報が得られる．

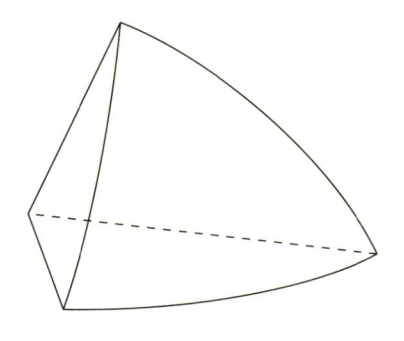

図 6.5

　立体角の性質は球面上の多角形によって表現できる．第 5 章にあるように，半径 1 の球面を立体角の頂点が中心となるように置く．この頂点の回りの多面体の面は，球面とは大円の円弧とで交わり，これから球面多角形が作られる（図 6.5 参照）．この球面多角形の辺の長さは，立体角を構成している面から得られる平面角の大きさであり，この球面多角形の頂角はこれらの面の間の 2 面角と等しい．
　今考えている 2 つの立体異性体の対応する面は合同であり，そのため対応する平面角も合同でなければならない．よって，対応している立体角から作られた 2 つの球面多角形は，同じ長さの辺から成り立つ．この 2 つの多角形の間に違いがあれば，それは頂角だけのはずで，これは多面体の 2 面角が変わるにつれて変化する．
　このような表現方法の有効さを確かめるための例として，凸多面体で各頂点が 3 価であるものを考えよう．この場合，それぞれの立体角では 3 つの面が集まっており，この立体角から上の方法で得られる球面多角形は，いずれも三角形となる．平面三角形の場合と同様に，球面三角形も 3 辺の長さによってただ 1 つに決まる．このことから，この多面体と立体異性となるどのような多面体を考えても，この立体異性の立体角から得られる（上で述べた）球面多角形と，元の多面体の対応している立体角から得られた球面多角形は，合同でなければならない．なぜならば，対応する球面多角形の辺の長さが同じになっているからである．
　この考え方を一般の多面体に適用するためには，各辺の長さが固定されている球面多角形で，どのような種類のものが変形可能であるかを知る必要がある．特に，この球面多角形の頂角がどのように変化するかを知ることは有用である．というのも，このことからもとの多面体の 2 面角の変化の状態についての情報が得られるからである．このようなことから，次の議論と補題をまず考える．
　球面多角形を，丈夫な細い棒をつなげていった鎖状のもので，つなぎ目の頂点は関節のように折れ曲がることができるものとして考えることにする．この鎖を，再びそれが凸多角形になるような（球面上での）異なった配置にしたとき，どのようなものとなる

かは興味深いことであり，またそのさまざまな多角形の対応している頂角の間の関係を調べたい．比較に必要な最初の(上で述べた)鎖の配置は，もとの多面体から得られたものとしておき，他の配置をこれと比較する．このようにした球面多角形のどれか1つの配置を行い，これのそれぞれの頂角が，最初に配置したものでの対応している頂角よりも大きいか，小さいかに従って，この頂角に符号 '+' か '−' をつけることにする．

補題 この多角形の周りを一周ながら，それぞれの頂角の符号を調べると，この符号の変化が少なくとも4回起こる．

証明：多角形の周りを一周したときの符号の変化は偶数でなければならない．なぜなら，符号 '+' の集合と，符号 '−' の集合を全体として入れ換えることができるからである．よって，少なくとも4であることを示すためには，符号の変化が0にも2にもならないことを示せば十分である．

まず最初に，1つの辺以外は辺の長さが固定されている多角形を考える(「棒をつなげた輪状の鎖」のイメージでは，1つの棒が伸縮自在のコードに取り替えられていると思えばよい)．もしこの球面多角形が三角形であるならば，2つの硬い辺の間の角が変化するにつれて，柔らかい辺の長さが，この角が増えるか減るにつれて，長くなるか短くなるということは明らかである．もし多角形が n 個の辺をもち，硬い辺の間の角がすべて変化するとき，柔らかい辺の長さも変化する——このすべての角が増えているなら，この長さは長くなり，すべての角が減るなら，この長さは短くなる．[2] すると，今この柔らかい辺を硬いものにすると，すべての頂角の大きさが同時に増えることはできないし，同時に減ることもできなくなる．

よって，頂角を変化させるとき，いくつかの頂角の大きさは増え，他のものは減らなければならない．このことから，符号 '+' と '−' がともに周の頂角に現われていなければならない．よって，この多角形の周りには少なくとも2回の符号の変化が存在する．ここで，符号の変化が2回のみしか現われないと仮定する．このとき，多角形を直線によって2つのグループにわけ，一方のグループではそれぞれの頂角には符号 '+' がついていて，他方のグループでは頂角には符号 '−' がついているようにできる(図6.6参照)．もしここで，'+' の符号のついた頂角をすべて大きくしたとすると，2グループに分離するために用いた対角線の長さは増える．また，ここで，'−' と符号のついた頂角をすべて小さくしたとすると，この対角線の長さはそれにともなって減る．しかし，この分離するために用いた対角線が同時に長くなり，かつ短くなることはできないので，多角形の頂角がこのような2つのグループに分けられることはできず，よって多角形の周りに沿って符号の変化は最低4回存在しなければならない．

ここまでは，すべての頂角に符号がつけられており，対応する角どうしで同じになっ

---

[2] このことが正しそうなことは容易に信じられるが，厳密な証明を行うには技巧を要し，後の節で述べることにする．

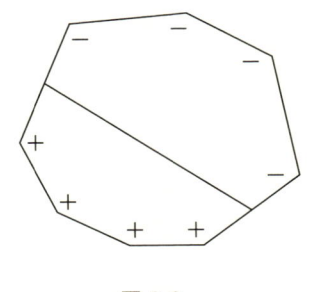

図 6.6

ているものはないと仮定されていた．今度は頂角のうちいくつかは変化し，残りのものは変化していないと仮定する．符号のつけられた頂点を直線で結ぶと，最初の多角形に別の多角形を内接させることができる（図 6.7 参照）．図の中の薄暗く塗った部分は変形しないところであり，なぜなら，もとの多角形と共有している辺が固定されており，この部分の角は変化していないからである．よって，内接している多角形と共有する辺もまた変形されていない．このように，この内接した多角形のすべての頂角には符号がつけられており，このすべての辺は変形していない．上で行った議論と同様のことにより，この内接している多角形の周上での符号の変化が最低 4 回存在することが示され，これより最初の多角形の周上に最低 4 回の符号変化が存在することとなる．■

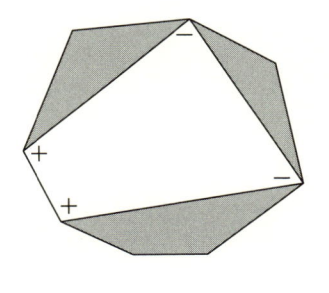

図 6.7

上の補題から，定理の証明を完成するための十分な情報が得られる．

互いに合同でない 2 つの立体異性体の一方を最初のもの，他方をそれと比較するものとしておく．このとき，比較する多面体の 2 面体角について，最初の多面体でのこれに対応した 2 面体角より大きいか，小さいかに従って符号 '+' あるいは '−' を，比較する多面体のほうの 2 面体角につけることができる．これらの符号づけは球面多角形の頂角に対しても行うことができる．なぜなら，この頂角が多面体での 2 面体角と等しいからである．球面多角形の周を一回りしたときに得られる符号変化の個数を，多面体の各頂点で構成した球面多角形について順に求め，それらを加えあわせることで

得られた数 (T で表す) が求まる．これを以下の 2 つの方法で調べ，一方では下界が得られ，他方から上界が得られる．これをさらに解析すると，次の矛盾が導かれる

$$T \leqslant \text{（上界）} < \text{（下界）} \leqslant T.$$

STEP 1. 下界について．
補題から，各球面多角形の周から読み取った符号変化は，それぞれ少なくとも 4 回存在することがわかる．V により球面多角形の頂点の個数を表すことにすると，これから T の下界が次のように与えられる

$$T \geqslant 4V. \tag{A}$$

STEP 2. 上界について．
T の上界を求めるために，多面体の面に着目する．最初に，多面体のそれぞれの 2 面体角に符号がつけられてあると仮定する．多面体の 1 つの面に含まれた隣接する 2 つの稜は，この多面体のある頂点で隣接した稜にもなっている．ある面が三角形で，辺が e_1, e_2, e_3 であるとする．これらの稜での 2 面体角につけられた符号は，稜そのものへの符号づけとして利用することにする．稜 e_1 に符号 '+' がついているとする．頂点での符号変化の最大数がこの頂点の回りで起こるためには，e_1 に隣接した稜には '−' とつけられていなければならない．このことから，e_2 と e_3 両方にも '−' がつけられていなければならない．すると，この三角形 (図 6.8 参照) の 3 番目のかどを共有している 2 つの辺の間では符号変化が起きていない．よって，三角形の面からは，高々 2 回の符号変化が T の値に影響を与える．

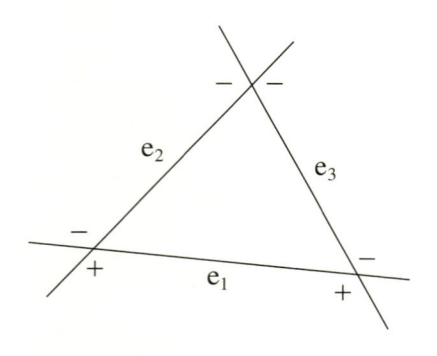

図 6.8

4 辺形あるいは 5 辺形である面からは，T に対して高々 4 回の符号変化の影響の可能性があり (図 6.9 参照)，同様に 6 辺形あるいは 7 辺形からは高々 6 回の符号変化が値に影響することになり，以下同様となる．

これらの面の形からの影響をすべて加えあわせると，T の上界が得られる．記号 F_n

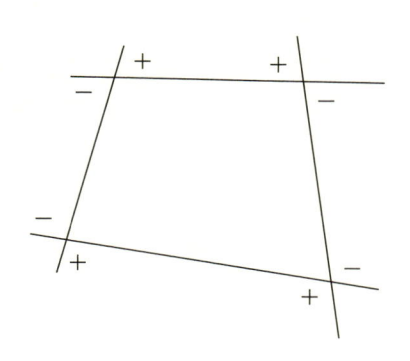

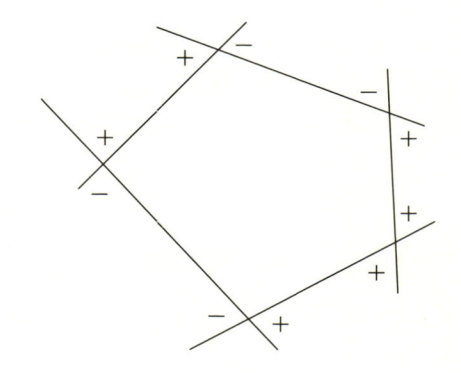

図 6.9

で多面体での n 辺形である面の総数を表すとする．そのとき

$$T \leq 2F_3 + 4F_4 + 4F_5 + 6F_6 + 6F_7 + \cdots. \tag{B}$$

STEP 3. 矛盾について．

(A), (B)で得られた式から矛盾を引き出すために，コーシーはオイラーの公式を利用した(この場合の公式についてはコーシーはあらかじめ証明をしていた)．多面体の稜の個数，面の個数をそれぞれ E と F によって表す．このとき

$$F = F_3 + F_4 + F_5 + F_6 + F_7 + \cdots$$
$$E = 1/2(3F_3 + 4F_4 + 5F_5 + 6F_6 + 7F_7 + \cdots).$$

オイラーの公式は $V = 2 + E - F$ とも表すことができ，この式の両辺を 4 倍し，上の式での E と F に代入すると

$$4V = 8 + 2F_3 + 4F_4 + 6F_5 + 8F_6 + 10F_7 + \cdots. \tag{C}$$

が得られる．直接に比較すると，この式の右辺の値は，(B)で得られた T の上界よりも真に大きいことがわかる．しかし，$4V$ は T の下界であり，これによって矛盾が導かれた．

いくつかの 2 面体角のみが変化している場合(この場合には，すべての辺に符号がつけられているとは限らない)へ上の証明を拡張するには，前補題での多角形への拡張と同様に行うことができる．符号のつけられた 2 面体角に関連させられた辺にはそれ自身符号をつけることができる．1 つの頂点の回りには少なくとも 4 回の符号変化が存在し，そのため，ある頂点に隣接した 1 つの辺に符号がつけられているならば，その頂点に隣接した少なくとも 3 本の辺にも符号をつけることができるはずである．よって，符号のついたすべての辺からできるネットワークは多面体のすべての面をいくつかのグループに類別し，それぞれは剛体的であり変形しない．このネットワーク内のすべて

の辺からなる集合は連結でないこともあるが，この場合にはオイラーの公式をそれに応じて修正する必要があり，このことより $V \geqslant 2 + E - F$ となり，(C)は不等号のついた式となる．先と同じ議論を行うことで，同じ矛盾に行き着くことができる．■

コーシーの初期の経歴

　1805年，コーシーが16才の時，理工科大学（エコール・ポリテクニク）に入学した．2年後そこを卒業し土木工学校に進み，土木技術を学ぶ．学校を終えた後，ウルク運河の建設や，シェルブール港の建設（そこはナポレオンのイギリス急襲のための海軍基地予定地であった）などの，いくつかの大手の建設プロジェクトに従事した．コーシーが数学の道を歩むようになったのはジョセフ・ルイ・ラグランジュの影響であった．多面体についての研究が，コーシーの最初の研究活動であった．ラグランジュは，正則星形多面体の数え上げ方法を調べてはどうかとコーシーに薦めた．この問題はルイ・ポワンソが1810年に出したものである．

　この問題への解答（これは第7章で述べる）とオイラーの公式からの展開とを合わせたものがコーシーの最初の論文となった．彼はこれをフランス学士院（ナポレオン時代には科学アカデミ（アカデミ・デ・シアンス）の機能を引き継いでいたところ）に提出した．この論文を審査する委員会のメンバーはルジャンドルとエティヌ-ルイ・マリュス（1775-1812）であった．彼らは非常に好意的な報告書をコーシーに送り，多面体についての彼の研究を続けるよう提案した．1年後，ユークリッドの「相等」についての2つの定義が，凸多面体に対しては同一のものとなることの証明を提出した．この時には，マリュスを納得させるのは以前より困難であった．コーシーは，仲介の労を取っていた自分の父親に宛てて次のように書いている．

　　私がお父さんに送った証明について，マリュス氏が満足されていないようであったとしたら，それは私がお父さんに注意深く言ったことを，マリュス氏に伝えなかったということではなかったのでしょうか．つまり，私の証明が，容易に示されるいくつかの補題に基づいているということをです．ですから，仮定できないことを私が仮定しているのだとマリュス氏が断定してしまっていても，少しも驚いておりません．けれども，そんなことは問題ではありません．もし私に時間があったなら，私が使った補題の証明をすべて，お父さんに送ろうと思えばできたのです．今日は私の質問は次の一点だけに絞りたいと思います．必要な補題が証明されているとして，私の証明が受け入れてもらえるかどうかを知るということ．私が用いた証明全体として，変更することは困難というよりまったく不可能だろうと思います．私が取り扱っている3次元幾何学での定理と，類似する2次元幾何学でのある定理の幾何学的な議論が，背理法以外の方法ではなされたことがありません．つまり，3辺が互いに等しい2つの三角形が等しいことを証明するための定理のことです．もし，だれかが三角法や背理法を用いずに，この2次元幾何学での定理を証明しているのだとしたら，私の証明が受け入れるべきでないということに

は納得できます．このように，幾何学から背理法による証明を除いてしまうことは不可能だと思います．実際，ある条件のもとで，ただ1つの多面体しか構成できないということを証明するために，与えられた条件を満たす最初の図形が構成された後に，矛盾なしに2つ目の図形を構成することができない，ということを示す必要があります．私としてはこの論法にこだわっております．というのも，私が与えた証明方法は，問題としている定理の本質に内在するものだと思っているからです．さらに，このことこそまさに，ルジャンドル氏が同じ定理のいくつかの特別な場合の証明で用いたものなのです．[e]

コーシーが自分の論文を提出してから4週間後，審査委員会（委員はルジャンドル，カルノ，ビオ）は白熱した議論の末，審査報告を提出した．

ひとたびコーシーの証明が受け入れられ出版されるや，それは高く評価されるようになり，19世紀に出されたいくつかの幾何学書に紹介された．それは独創性と巧妙さに満ちたものであり，また理解するために難解な技巧の習得を必要としなかった．そうではあるものの，すばらしい洞察力を展開させ，実際に論文中に開花させるには，すぐれた数学者としての思考を必要とした．

コーシーはこれ以後，数学のいくつもの分野で多くの貢献を与え続けた．彼の研究発表の多さはオイラーに次ぐものであり，数冊の本と800編におよぶ論文はコーシー全集の24巻の中に収められている．彼の論文発表のあまりの多さによって，科学アカデミーの発行する研究雑誌『科学アカデミー会議週間報告』は論文一編につき最大4ページでなければならないという制限をつくることとなり，それは今でもそのまま残っている．コーシーが論文を非常に頻繁に投稿するので，学士院が出版費用の高騰について行けなくなったのであった．

多面体に関するコーシーの記念碑的なこの2つの論文以外に，彼がこの分野で発表したものはなかった．彼のそれ以後の研究は，主に解析学（無限級数の収束・発散についての研究）におけるものや，実変数や複素変数関数の研究，微分方程式，数理物理学分野のものであった．しかし，彼が数学者によって一番よく記憶にとどめられている点は，彼が解析学や微積分において要求した厳密さであろう．直感的な議論はしばしば誤った結果を導いてしまい，このような議論は捨て去るべきであると，多くの研究者が納得できるようになったのも，このコーシーの厳密さのおかげである．

シュタイニッツの補題

コーシーによる剛体性定理の証明という大きな成功ではあるが，時が経つにつれて，彼の議論の中に小さいけれど欠陥が見つかった．もっとも深刻な欠陥は1世紀あまりも気づかれずにいた．1930年代に，エルンスト・シュタイニッツは，この定理を証明するための非常に基本的な部分に，欠点があることに気づいた．それは多角形の頂角を変化させたときの影響を述べた補題であった．この欠陥は次の結果の証明にあった．

242　第6章　相等性，剛体性，柔構造

平面あるいは球面凸多面体 $ABCDEFG$ において，AG 以外の辺 AB, BC, CD, $\cdots$, FG の長さは変化しないとし，これらの辺の間にある頂角 B, C, D, E, F, G をすべて同時に増やす（あるいは減らす）ならば，辺 AG の長さは増える（あるいは減る）．

この頂角を変化させるとき，1つの頂角ごとに行えば，同時にすべてを変化させた場合と同じ結果になるはずであると，コーシーは考えていた．このため，（ルジャンドルによって証明された）三角形についての類似の結果を繰り返し用いることにより，頂角を順に変えると可変長の辺の長さが増えることを示すことができた．しかし，この補題は凸多角形を取り扱っているので，この証明の途中段階での図形も凸であることを保証する必要がある．図 6.10 にある例はこの点を説明したものである．つまり，このような例では，1つの頂角だけを変化させたときに，できる多角形は凸でなくなるのである．この欠点に初めて気づいたシュタイニッツは，正しい証明を与えた．しかし彼の証明は非常に長く，このため他の研究者はより短い証明を見つける努力をした．次に示すのは I. J. シェーンベルグによるものである．

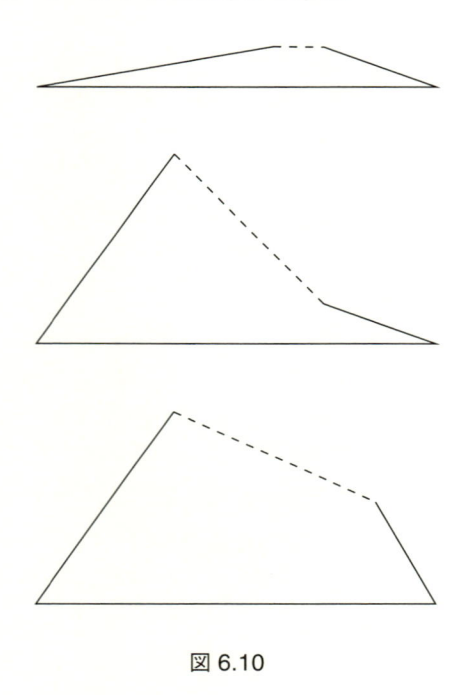

図 6.10

補題　$A_1, A_2, \cdots, A_n$ と $B_1, B_2, \cdots, B_n$ をそれぞれ2つの凸 n 辺形の頂点とし，それぞれの辺は $A_1A_2 = B_1B_2$, $A_2A_3 = B_2B_3$, $\cdots$, $A_{n-1}A_n = B_{n-1}B_n$ となっていて，$\angle A_2 \leqq \angle B_2$, $\angle A_3 \leqq \angle B_3$, $\angle A_{n-1} \leqq \angle B_{n-1}$ を満たすとする．ただし，ここで少なくとも1つの不等式では等号が成り立っていないとする．この時，$A_1A_n < B_1B_n$ が成り立つ．

証明：証明は多角形の辺の数による帰納法を用いる．コーシーが述べていたように，この補題は三角形については成り立つ．つまり $n = 3$ の場合である．次に補題が n 辺より少ないすべての多角形について成り立っていると仮定し，n 辺形について成り立つことを示す．

第1段階．角に関する条件において，少なくとも1つが等式になっていると仮定する．ここで，$\angle A_i = \angle B_i$ であるとしておく．頂点が A_{i-1}, A_i, A_{i+1} および B_{i-1}, B_i, B_{i+1} であるそれぞれの三角形は合同となり，辺の長さ $A_{i-1}A_{i+1}$ と $B_{i-1}B_{i+1}$ は等しい．よって2つの多角形

$$A_1, \cdots, A_{i-1}, A_{i+1}, \cdots, A_n \ \text{と} \ B_1, \cdots, B_{i-1}, B_{i+1}, \cdots, B_n$$

はともに凸であり，補題の仮定を満たす．これらは $(n-1)$ 個の辺を持っており，帰納法の仮定より $A_1A_n < B_1B_n$ となる．

第2段階．次に，角に関する条件式のすべてに等号が成り立っていないと仮定する．つまり $i = 2, 3, \cdots, (n-1)$ について $\angle A_i < \angle B_i$ であるとする．2つの角 $\angle A_{n-1}$，$\angle B_{n-1}$ の間の大きさである角の1つを θ とする．頂点が $A_1, A_2, \cdots, A_{n-1}, A_\theta$ であり，角については $A_{n-2}A_{n-1}A_\theta = \theta$，辺については $A_{n-1}A_\theta = A_{n-1}A_n$ となる多角形を考える（図6.11参照）．この多角形は凸のままであるが，（第1段階より）$A_1A_n < A_1A_\theta$ となる．

どのような θ の値に対しても，多角形 $A_1, A_2, \cdots, A_{n-1}, A_\theta$ が凸であるならば，$\theta = \angle B_{n-1}$ の時には多角形 $B_1, \cdots, B_n$ と1つの頂角を共有する．第1段階を再び適用すると，$A_1A_\theta < B_1B_n$ であることがわかる．よって

$$A_1A_n \ < \ A_1A_\theta \ < \ B_1B_n$$

となる．

第3段階．角 $\angle A_{n-1}$ と $\angle B_{n-1}$ の間の任意の大きさの値 θ について，多角形 $A_1, A_2, \cdots, A_{n-1}, A_\theta$ が凸にならない場合を，取り扱う必要がまだ残っている．多角形が

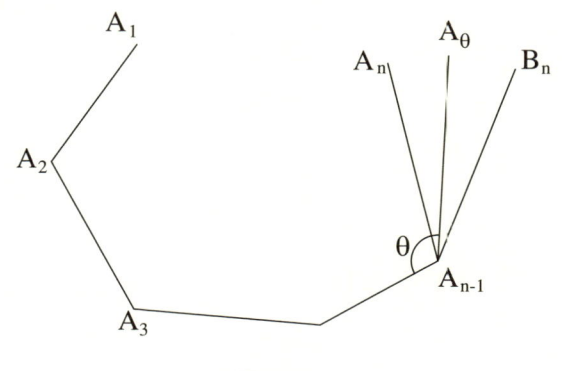

図6.11

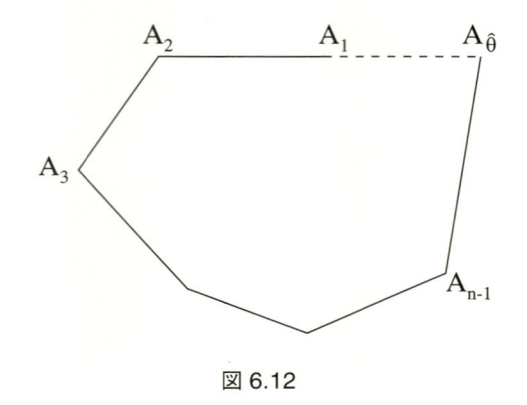

244　第6章　相等性，剛体性，柔構造

図 6.12

凸になるような θ の値のなかでの最後のものを $\widehat{\theta}$ とする（図 6.12 を参照）．第1段階から

$$A_1A_n < A_1A_{\widehat{\theta}} \tag{A}$$

となる．すると頂点 A_1 での角の大きさは $180°$ となるので

$$A_1A_{\widehat{\theta}} = A_2A_{\widehat{\theta}} - A_2A_1 \tag{B}$$

が成り立つ．頂点が $A_2, A_3, \cdots, A_{n-1}, A_{\widehat{\theta}}$ および $B_2, \cdots, B_{n-1}, B_n$ である2つの多角形は凸であり，ともに $(n-1)$ 個の辺を持つ．これらの多角形に帰納法の仮定を用いると

$$A_2A_{\widehat{\theta}} < B_2B_n \tag{C}$$

が得られる．$B_1B_2B_n$ から三角形ができあがるので，これらの辺の間には

$$B_1B_2 + B_1B_n \geqslant B_2B_n \tag{D}$$

が成り立つ．これらを1つにまとめあわせると次が得られる．

$$\begin{aligned}
A_1A_n &< A_1A_{\widehat{\theta}} & \text{(A) より} \\
&= A_2A_{\widehat{\theta}} - A_1A_2 & \text{(B) より} \\
&< B_2B_n - B_1B_2 & \text{(C) より} \\
&\leqslant B_1B_n. & \text{(D) より}
\end{aligned}$$

これで証明が完成した．■

回転するリングと，柔軟な枠

剛体的ではなく，ある種の自由な動きのできる多角形的性質には，いくつかの種類がある．このような柔軟構造のうち，あるものは何回も繰り返して発見されているよ

うである．1つの例がマックス・ブルックナーによって書かれた多角形についての1900年度総目録『多角形と多面体』に述べられていた．この柔軟構造は，合同ないくつかの四面体を鎖状につなぎ合わせることで構成される．1つの四面体が，他の2つの四面体と互いに反対にある辺に沿って張りつけられ，このつなぎ合わせの辺が蝶番のように動かすことができるものである．この四面体からできた鎖が十分に長いときには，この両端部分をつなぎ合わせることにより，1つの閉じた環状のリングにできる．つなぎ目部分の蝶番の柔軟性により，このリングは動くことができ，さらにこの中心に沿って連続的に回転させることもできる．わずか6個の四面体からできるこのリングがこのような注目すべき性質を持っている．図 6.13 にある展開図から模型を作ってこのことを確かめることができる．（この展開図の各列の4個の三角形から1つの四面体ができる．この展開図から自然に鎖ができあがり，この両端をつなぎ合わせる必要がある．）非正則四面体や「楔面体」（スフェノイド）から構成することもできる．不等辺楔面体からできるリングはすこしねじれており，これが回転するときには順に中心に向かって転がるように動く．

　ドリス・シャットシュナイダーとウォーレス・ウォーカーは四面体からできるいろいろなリングの表面に，エッシャーによって描かれた繰り返し模様を（プラトン立体や立方八面体に沿って）コーティングすることを考えた．これらは「カレイドサイクル」（Kaleidocycles）という商品名で売られている．著者は「テクトノサイクル」（Tectonocycle）という，四面体からできたリングの教育用商品も手元に持っている．これは6個の四面体からできたリングで，図 6.13 からできる模型のように，6角形状の形をしている．4個の見かけ上6角形の面それぞれには，歴史上のいくつかの時代の地球の地図が描かれている．このリングを回転させ他の面が見えるようにすると，プレートテクトニクスによる大陸移動の軌跡がわかるようになっている．

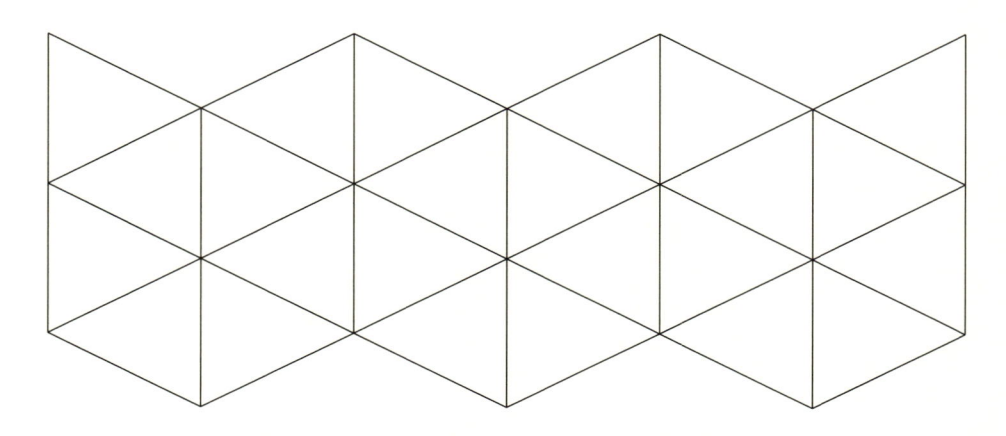

図 6.13：6 個の四面体からなる回転リングの展開図．

246   第6章 相等性，剛体性，柔構造

　フランス人技師ラウル・ブリカールは，通常の多面体で変形させることのできるものを，作ろうと試みた．1897 年，彼はいくつかの柔軟な「八面体」を発見した．しかし，この柔軟多面体の例はすべて自分自身への交差を持っていた．つまり，ある面が他の面を突き抜けることなしでは，この模型を作ることができないのである．これらの多面体の柔軟性は，各面の内部をくり抜いた模型によって実際に示してみることができる．こうしてできあがった骨格のような辺と頂点からできた枠は，頂点で自由に回転することのできるいくつかの棒を，つなぎ合わせたものとして考えることができる．この多面体の各面は三角形で，この面の内部は考えないけれども剛体的となる．ブリカールの3種の柔軟八面体のうちの2つについて以下で述べる．

ブリカールの柔軟八面体（第1種）．

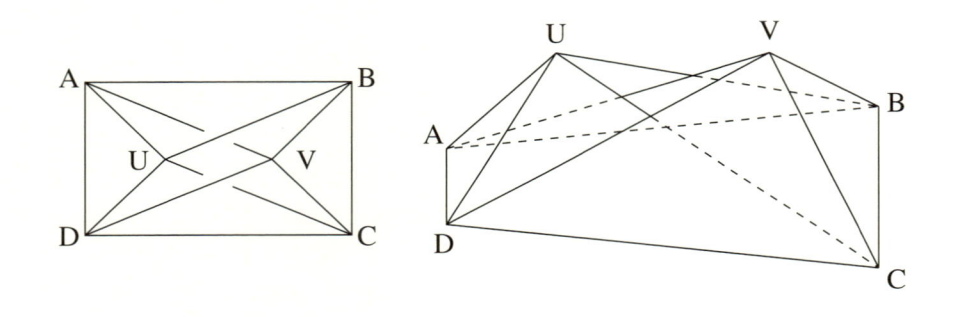

図6.14：ブリカール柔軟八面体（第1種）の構成．

　第1のタイプの八面体の構成のために，次の条件をみたす四辺形 $ABCD$ から出発する．
　(1) 四辺形 $ABCD$ は非平坦であり，
　(2) お互いに反対位置にある2辺 AD と BC は同じ長さを持ち，
　(3) 2辺 AB と CD についても長さが同じである．
　この四辺形は平坦ではないけれども，それは周期2の回転対称を持つ．頂点 U と V は，この四辺形の上方に位置していて，しかも，四辺形の回転対称がこれらの2頂点について存在しているように選ばれている．この八面体の面のうち，4個が底面 $ABCD$，頂点 U とする四面体となる．残りの4個の面は，同じ底面で頂点が V である四面体を作っている．この構成を図6.14で説明してある．三角形をした2つの面 ADV と BCU の辺は絡み合っており，これら2つの面は交差しているはずである．（これらの面は図では描かれていない．）辺と頂点だけからの枠の模型は，ストローと糸を使って容易に作ることができる．ストローはこの枠での棒の部分を構成し，1本の長い糸をすべてのストローを通すようにして作り上げることができ（というのも，この八面体は

各頂点が4価であるからである），糸の結び目はストロー同士のつなぎ目で作る．

ブリカールの柔軟八面体(第2種).

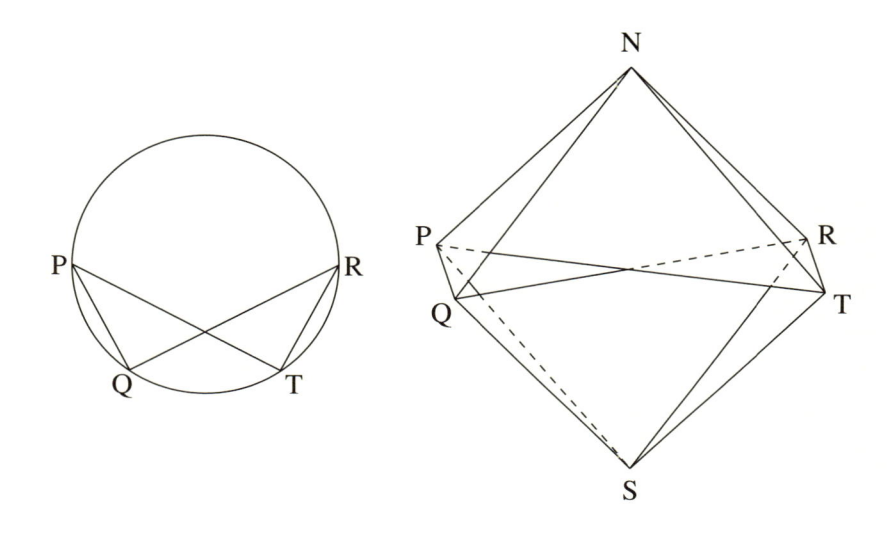

図 6.15：ブリカールの柔軟八面体(第2種)．

第2番目の例を構成するため，まず中心 O とする円周上に4点 P, Q, R, T を選び，円弧 PQ の長さと円弧 RT の長さが同じになっているようにしておく．頂点 $PQRT$ である四辺形は，図 6.15 に示すように，この円に内接させることができる．この円を含む平面に垂直で，点 O を通る直線を L とする．直線 L 上の2点 N, S で，O に関してお互いに反対側にあり，しかも O から等距離にあるものを選ぶ．第1種と同様に，2つの角錐（一方は $PQRT$ を底面，N を頂点とするもの，他方は同じ底面で，頂点が S であるもの）の三角形状面すべてからできあがるものが得られる八面体である．図では2つの面 QRN と PST は省略してある．

すべての多面体が剛体的なのか？

前節で述べた柔構造は，本当の多面体で得られたものではない．ユークリッドの二つの定義が同値であることを示したコーシーの証明では，凸多面体は剛体的でなければならないことが示されている．しかし，一般の多面体ではどうなるのか，これらもすべて剛体的なのか？人々はこれが成り立つであろうと考えていたが，それはコーシーがこの予想が肯定的であることの数学的証拠を提供したはるか以前のことであった．1766年にレオンハルト・オイラーは次のように書いている

空間内の閉図形は，それを引き裂いたりしない限りは変形することができない．[f]

すべての多面体が剛体的であるということを確信していたので，これは後に剛体性予想と呼ばれるものとなった．

人々はコーシーの定理を拡張したいと思っていたので，剛体性に関する研究はいろいろな方向へと発展した．コーシーのアイデアを微分幾何学に適用した人もおり，滑らかな曲面の剛体性に関する類似の結果が証明されている．このことは，**微小剛体性**の研究を導いた．微小剛体的ないくつかのものは，通常の意味での剛体にもなっている．微小剛体的ではない多面体は，微小柔軟的あるいは**不安定**であるとよばれる．メイソンの三角面体はこの2種類の剛体性が同じものではないことを示している．というのも，この例では不安定でもあり剛体的にもなるのである．

研究者たちは，多面体の辺だけに注目した枠組み（骨格）の剛体性についても調べ続けてきた．三角形面からできている凸多面体は，剛体的骨格を持つ．他の骨格，たとえば立方体のようなものは柔軟である．どのような多角形も対角線をいくつかつけ加えた結果，切り離すと三角形ばかりに分解でき，つまりどのような凸骨格も辺を追加することにより三角形分割できる．アレクサンダー・ダニロビッチ・アレクサンドロフはコーシーの定理を改造した結果，凸骨格に辺を追加して三角形分割したものは剛体的になることを示した．ここで，追加する辺の端点は元の頂点であるか，あるいは元の辺上にできる新しい頂点でなければならない．もし，面の内部に新しい頂点が追加されるような場合は，微小柔軟性の現われることがある．

ハーマン・グルックはアレクサンドロフの研究を検討し，1970年代初頭に，凸でない多面体について，三角形からできる骨格のほとんどすべてのものは，微小剛体的であることを証明した．この奇妙な結果は，ほとんどすべての多面体は剛体的であることを示している．つまり，剛体性予想は，ほぼどのような場合にも，成り立つことがわかった．グルックは次のように述べている．

よって，この場合にオイラーの予想は "統計的" には正しいことになる．[g]

「ほとんどすべて」というような表現は，定理を述べるためにはあまりにもあいまい過ぎるというように読者は感じるかもしれない．しかし，このような表現には正確な解釈を与えることができる．このことを説明するための例として，平面に白く塗られている領域を想像する．数学で用いるような点と線からできあがっている図形がこの白い部分にあり，しかもこの図形には黒色が塗ってあるとする．このことは，たとえば本の1ページに描いてある図式というように考えてもいい．「ほとんどすべて」や「ほぼいずれの」という表現は，上で述べたような例と同様に，黒と白の色づけした点の相対的な個数を述べることに用いることができる．そのページにあるほとんどすべての点の色は白である．このページにある点をランダムに選んだとき，それが黒色である確率は，1ページの面積に対する図式の面積の比として与えられる．しかし，数学的

な直線は理想化されており太さをもっていないので，その図式の面積は0である．つまり，「統計的」にはすべての点は白色である．

グルックの定理を数学的に正確に述べるためには，稠密開集合とよばれる位相幾何学概念についての知識が必要となる．（上の例では，白色の点全体は平面上での稠密開集合となる．）グルックの定理は，「すべての多面体全体の集合において微小剛体的多面体全体は稠密開集合である」と述べることができる．グルックの証明は代数幾何学での手法を用いるものである．

イーサン・ボルカーは同じ手法を使って，柔軟多面体が持たなければならない性質を導き出した．たとえば，柔軟変形は，1つの面が他の面にぶつかるまでは止まらずに行うことができる．メイソンの三角面体はこの性質を持っていない．この多面体について，試してみることが出来た変形は，辺を引き裂いたり多面体を分割しない限りは，この性質にあるような状態にまで続けることができない．よって，この多面体は剛体的である．

1ページ中にあるほとんどすべての点が白色であるということから，どの点も白色であるということが結論できないのと同様に，グルックの証明したことがほとんどすべての多面体は剛体的であるからといって，柔軟的な多面体が存在しえないということではない．つまり，もしそのような柔軟多面体が存在するとすれば，それらは極めて希なことであるということを意味している．

このような見つかりそうで見つからない非常に小さな可能性について，アメリカの若い博士課程の学生が興味を持った．それはロバート・コネリーで，ジグソーパズルの行方の分からなかった一片を見つけることに成功した．ほとんどすべての多面体が剛体的であるという事実は，柔軟多面体が偶然に見つかるということはまずあり得ないことを意味している．予想を打ち破るために，そのような例は明確に構成されている必要があるだろう．コネリーは骨格や枠組みを調べることから始めた．中でも特に，平面上の多角形に2つの頂点を，その平面のお互いに反対側に追加することで得られる枠組み（この方法は<u>懸垂</u>と呼ばれる）を研究した．そして，柔軟な懸垂を持つ多角形を見つけようとしていた．

懸垂や他の構成法を用いて，コネリーは柔軟枠組みのいくつかのクラスを発見し，そこにはブリカールの柔軟八面体の骨格も含まれていた．しかし残念なことには，これらのすべてはその面を埋めたものとして考えるわけにはいかない，という問題点を含んだままであった．柔軟変形の途中では必ず面がお互いを通り抜けなければならない，という場面が存在していた．コネリーは，これらの自己交差が存在しなければならないことが，悪いことなのかどうか自分自身に問いかけた．自分の得た柔軟枠組みの一覧表中に，自己交差数が最小であると思えるものが何かあったのだろうか？ブリカールの八面体のあるものから，2個の自己交差のみを持ち，空間にはめ込まれた多面体的曲面を作り出すことができることを見つけ，これらが特に好都合であった．という

のは，いくつかの辺がお互いに交差する場所があり，しかも面の内部での交差が存在しなかった．しなければならないことは，この最後に残った2箇所の障害物を何とかして取り除くことであった．

コーネル大学で開かれた1975年のあるトポロジー研究会議で，コネリーは，数学の他の分野で研究しているある数学者が，同じ問題に挑戦し続けていることを聞き，その数学者はすでに柔軟多面体を見つけたらしい，と知らされた．このニュースに落胆したが，このことについてもっと知りたいと思い，コネリーはそのうわさの出所がどこであるかを調べた．その結果わかったことは，その数学者とは自分自身のことを指しているということであった！

この集会の2年後，コネリーはパリと米国のシラキュースで客員研究員を務めた後，コーネル大学に戻ってきた．自分の作った柔軟枠組みの一覧表についてもう一度取り組んでいた．そのとき，すべてのことをやりつくした後に幸運が微笑みかけるという，あり得ないような時が訪れ，それまでばらばらだったものが，1つにカチッと組み合わさった．コネリーはこのひらめきの時のことを今でも鮮明に憶えていると述べた．それは6月のある暖かい日で，時計を見上げると午後3時を示していた時のことであったそうだ．それからの数週間は，それまで以上の集中力を持って，何か見落としていることがないかどうかを細部に渡って検討し，自分のこれまでの探求の旅がついに終わったことを確信した．それは正しかった．彼は本当の柔軟多面体を構成したのだった．もちろん自己交差のないものである．彼は剛体性予想の反例を作ってしまったのである．白一色のページの中の黒い点を．

コネリーの球面

コネリーは，柔軟多面体的球面を以下のように構成した．

12個の辺と6個の頂点を持つ，図6.16(a)に描いているような平面的枠組みを考える．この図中での，内部にある2箇所の交差しているところは頂点ではない．この枠組みは柔軟的であり，ブリカールの第1種八面体の1つとなる．この場合には，いくつかの辺は他の辺と交わっており，どの面も他の面のある部分と交わっている．多面体を柔軟構造に従って動かすと，もはや平面的でなくなる．この多面体は，自己交差のより少なくしかも柔軟的であるものに，改造することができる．この改造を行うためには，それぞれの三角形面を，底面がなく3個の三角形側面からなる角錐と取り替える．頂点 V を取り囲んでいる4個の面は，この枠組みがのっている平面の上に，4個の山のような角錐と取り替える．さらに，U を取り囲んでいる4個の面は，この枠組みの下にできたくぼみのような4個の角錐と取り替える（図6.16(b)と(c)を参照）．この結果できあがった曲面は，2点からなる自己交差を持ち，この自己交差は1つの

コネリーの球面　**251**

(a)

(b)

(c)

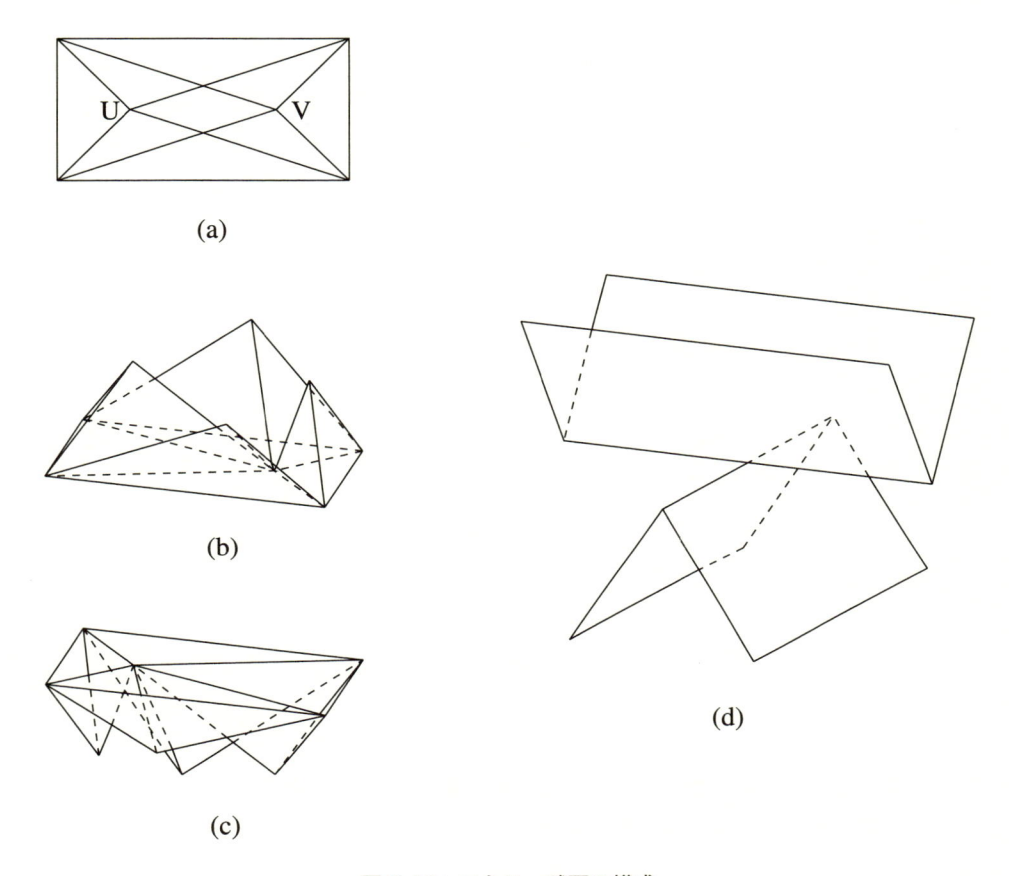

(d)

図 6.16：コネリー球面の構成．

辺が他の辺を突き抜けるところで生じている．この多面体的曲面の，自己交差点の回りの様子を図 6.16(d) で示す．

　構成の次の段階で，まだ残っている 2 個の自己交差点を取り除く方法を述べる．これは，コネリーがしわと呼んでいるものを挿入することにより実現される．「しわ」というのは，ブリカールの第 2 種八面体から 2 つの面を取り除くということから得られたものである．このことから，柔軟的曲面で自己交差のないものが作られ，その曲面は他の曲面に張りつけることのできる境界を持っている．

　「しわ」は次のように，多面体の辺に挿入することができる．E を稜，F_1 と F_2 を E に沿ってつながっている 2 つの面とする．円 C が E と 2 点 P, R で交わり，この円を含む平面が 2 つの面 F_1, F_2 の間の角を 2 等分するとしておく．N を F_1 上の点，S を F_2 上の点で，直線 NS が円 C の中心を通り，しかも C を含む平面と垂直になっているとする．面 F_1 から三角形 PRN を除き，面 F_2 から PRS を除く（図 6.17(a) 参照）．円 C 上の 2 点 Q, T が，Q が E より下，T が E より上で，しかも P から Q への距離が R から T への距離と同じになるようにする．このとき，「し

わ」は点 P, Q, R, T, N, S から作られ，面 F_1 と F_2 の穴をふさいでいるものである．しわ自体は図 6.17(b) のようになっており，折り目に挿入された様子は図 6.17(c) に示してある．しわは柔軟多面体から構成されているので，稜 E につながっている2つの面に対してはこの稜の蝶番としての働きは保たれたままである．

　柔軟多面体の構成は，この曲面のそれぞれの自己交差点において，2つの稜の一方にしわを挿入することで完成する．

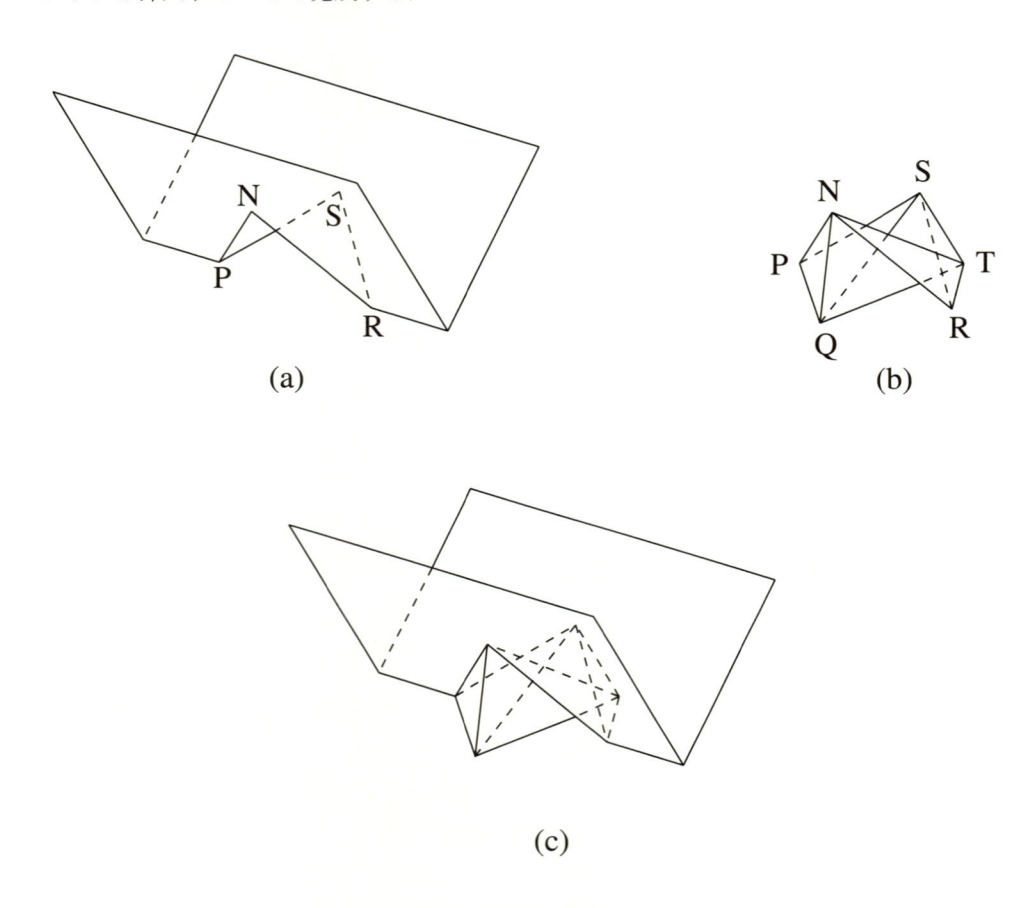

図 6.17：折り目にしわを挿入する．

さらなる展開

　コネリーはこの柔軟的曲面の詳細な内容を，パリの IHES (the Institut des Hautes Études Scientifiques) にいる友人たちに送った．彼らはもっと簡単な例が見つかるかどうかのコンテストを行った．コネリーは自分の作った多面体の複雑さについてはほ

とんど注意を払っていなかった．彼にとっては，ただ1つの例さえ見つかればそれでよかったのであった．ニコラス・カイパとピエール・デリーニュは，しわを拡張し，いくつかの頂点を融合することにより，コネリーの例を改良した．彼らは，18個の面と11個の頂点を持つ柔軟多面体を構成した．クラウス・シュテファンはもっと独立した手法を用い，わずか14個の面と9個の頂点からなる例を見つけた．この多面体の展開図を図6.18に示した．この模型を作り，それがどのような柔軟変形を行うか，読者の方々が試してみることをお薦めする．また，この柔軟変形が，いくつかの面の衝突のためにどのように制限されるかを観察されたい．以前に注意したが，本当の柔軟多面体に対しては，このような現象が起こらなければならなかった．ロシアの数学者マクシモフは最近，三角形状面からなる多面体的曲面で，頂点が9個より少ないものはいずれも剛体的であることを示している．このことから，シュテファンの柔軟多面体は最小頂点個数のものであることがわかる．

知られている柔軟多面体すべてについての興味ある1つの性質は，それらが柔軟変形の間に体積を変えないことである．このことから，多面体的蛇腹を構成することが可能かどうかの疑問が起こってくる．つまり，柔軟多面体で柔軟変形を行うと体積の変化するものが存在するか？デニス・サリバンはそのような蛇腹は存在しない，つまりすべての柔軟多面体は，体積を一定に保って柔軟変形する，と予想した．コネリーはこれを「蛇腹予想」と名づけた．[3]

2つの多面体はいつ相等になるか？

本章の最初で，多面体上で定義された同値関係を調べるという長い旅についた．そして，多面体が同じになるのはこんな時なんだと我々が感覚的に思っていたものを，この同値関係が表現していた．ギリシャ時代に使われた「重ね合わせ議論」は，非常に多くの感覚的要素を伝えているものであり，柔軟多様体の発見までは，合同というのがその同値関係のおそらく最善の選択であった．

しかし，柔軟多面体の存在がわかった今となって，合同が我々の経験にマッチしたものかどうかを，再び検討しなければならなくなった．確かに，このような多面体のあるものは柔軟変形をうけても同じ多面体のままである．もちろん，この柔軟変形の過程では，合同とならないような連続的な途中経過を通じて，最後に至ることになる．我々の考える同値関係は，このようなことも考慮して修正される必要がある．2つの多面体が等しいとは，一方が他方に合同となるか，あるいは一方がある多面体に柔軟変形されて，その多面体が他方と合同となることとして定義する．

---

[3] これは最近証明された．次を参照されよ．R. Connelly, I. Sabitov and A. Walz, 'The Bellows Conjecture', *Contributions to Algebra and Geometry* **38** no 1 (1997) pp1–10.

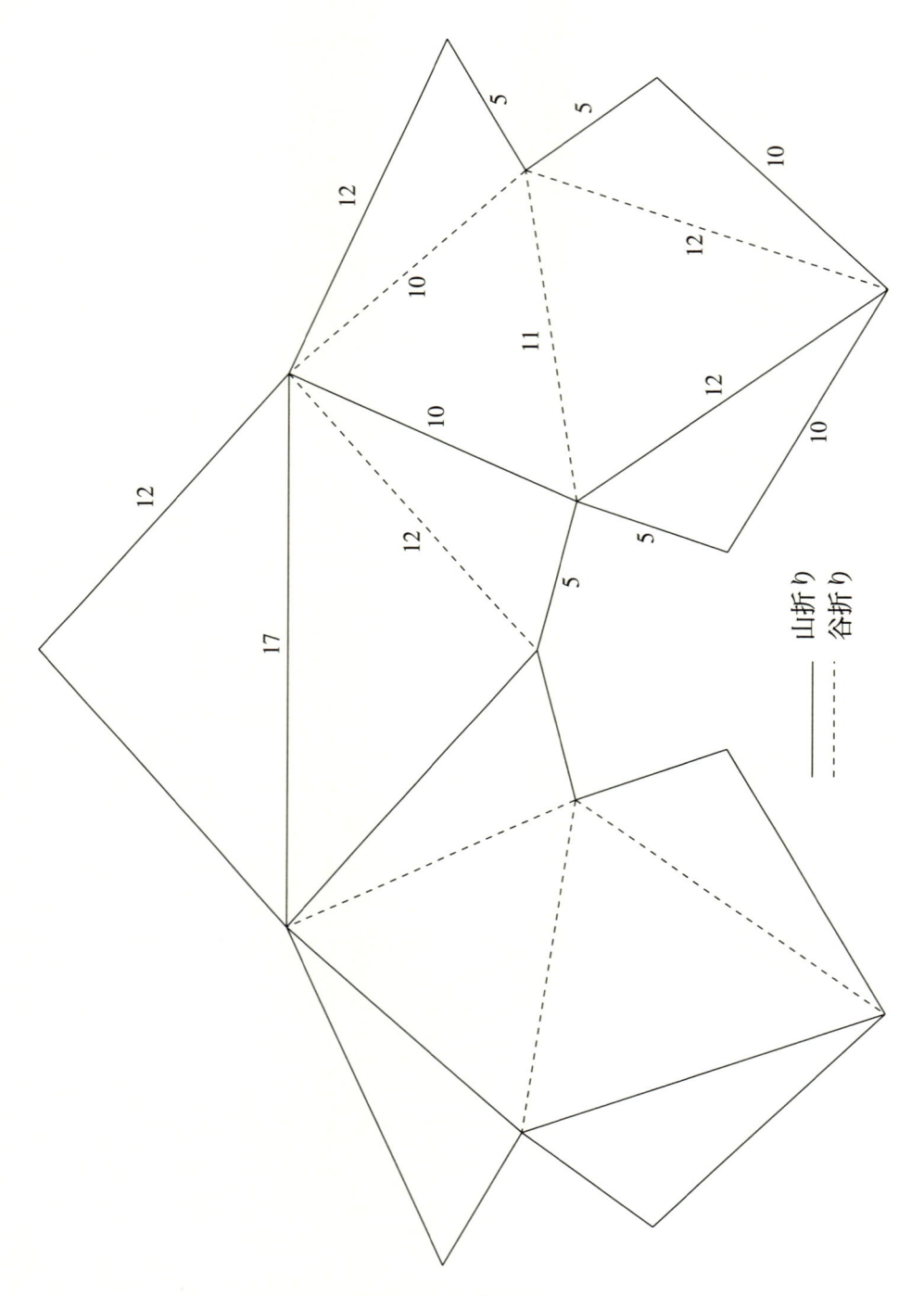

254　第 6 章　相等性，剛体性，柔構造

図 6.18：シュテファンの柔軟多面体の展開図.

定義 二つの多面体 P_1 と P_2 が等しいとは，次のいずれかが成り立つことである．

(i) P_1 は P_2 と合同である．
(ii) P_1 の連続的な変形で次の (a), (b) を満たすものが存在する．
　　(a) 面に関する距離についての性質はすべて保つ．
　　(b) 変形後の多面体が P_2 と合同となる．

この定義によって，剛体的多面体は自分自身のみに等しく，この同値類に含まれるただ 1 つの要素となる．1 つの柔軟多面体の同値類には，この多面体が変形されるすべての多面体を含み，これらはすべて 1 つの多面体と同値な形であると見なされる．合同とあるところを，相似と取り替えることにより，長さの単位に依存したものを取り去ることもできる．すると，異なった大きさの多面体も同値となることができる．この定義による同値関係で，残念な点は，2 つの立体異性体が連続変形でお互いが本当に移りあえるかどうかを確かめるときに，扱わなければならない複雑さである．メイソンの三角面体が剛体的であることを証明するには，高度な数学の技法が多く必要となる．

いくつかの化学用語を転用することで，1 つの柔軟多面体の異なった形をどのように関連づけるかを表現することができる．ある分子の異性体が，その分子の一部分を結合子の回りに回転することによってだけで異なるとき，回転異性体あるいは，回転異性とよぶ．これと類比して，多面体の異性体で，連続変形で移りあえるものを**柔軟異性**と呼ぶことにしよう．

この用語により，我々の定義した同値関係は次のように簡単に述べることができる．二つの多面体が等しいとは，それらが柔軟異性であることである．

Rendered by P. R. Cromwell using POV-Ray.

第 7 章

星型多角形，星型多面体，骨格多面体

　第 4 章において，あるプラトン立体の稜を延ばすことにより，ケプラーが 2 つの星の形をした多面体を構成したことを見た(図 4.17 参照)．これらの図は正多面体と見ることができるが，この図を理解するためには，この図は単に三角形から構成されていると見るのではなく，五芒星形からできていると見るべきである．これら面は稜と稜で接しているのだが，互いを通り抜けているように見える．さらに，アルキメデス立体を拡張したもので，(凸および星の形をした)正多面体から構成され，面が稜以外の場所でも交わるようなものも見てきた．これらは一様多面体と呼ばれるものである(第 4 章でも登場している)．ロシア人エフグラフ・ステファノヴィッチ・フェドロフは，そのような自己交差を持つような，あるいは，凹状の多面体を，コイロヘドラ(ギリシャ語の凹状のものを表す語から由来)と呼んだ．

　これらの例では「多面体」という語は，第 5 章で定義した位相幾何学者の用いる多面体の表面の曲面よりも広い意味で使われている．このより一般的な種類の多面体がこの章の主題である．多面体は，他にも条件がつくとはいえ，常に多角形の集まりであるので，まずは多面体を組み立てるのに使うことができる素材について見ていくことにしよう．

一般化された多角形

　多角形というと，多くの場合平面の一部でまっすぐな線分で囲まれる部分が連想される．しかしながら多角形は，(頂点と呼ばれる)相異なる点とそれを結ぶ直線分の集まりで，2 つの線分は頂点でしか交わらないという条件を満たすもの，とも見ることができる．それらの線分は多角形の辺にあたる．中身の詰まった多角形から稜が 1 周するものである多角形の移行は，第 5 章で議論した中身の詰まった多面体から表面への移行と類似している．

　ここでは，平面的多角形，つまり頂点が平面に含まれる多角形，に注目することにする．例は図 7.1 を見て欲しい．一見すると図の中の多角形には，頂点ではちょうど

2つの辺が会う，という条件を満たしていないものがあると思えるかもしれない．しかしそのような4つの線分が出会う点は頂点ではない．それらは2つの辺が互いを通り抜けている点である．

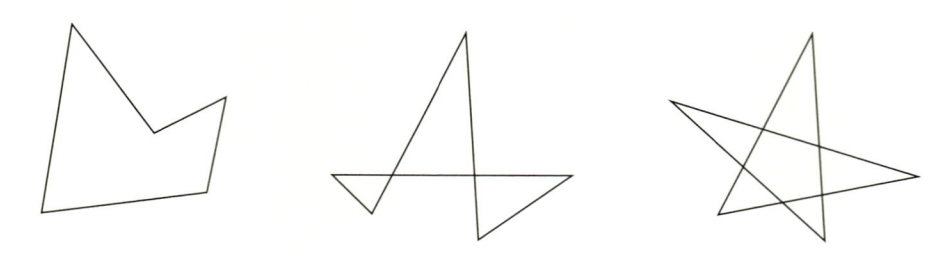

図 7.1：いくつかの一般化された多角形.

正凸多角形という特殊な場合では，すべての頂点は円上に等間隔に置かれている．そして多角形の辺は円上で隣の頂点を結んでいる．もし頂点が他の方法で結ばれたとすると，できあがる多角形には互いを通り抜ける辺を持つようになる．もしすべての辺が同じ長さを持ち，それらが同じ間隔だけ離れた頂点を結んでいると，正星型多角形が得られる．例えば五芒星形では，5つの頂点が円上に等間隔に置かれ，辺は1つおきに頂点を結んでいる．

正星型多角形は，これまでの（凸）正多角形の持つ多くの性質を満たす．つまりすべての頂点での角度が同じであり，辺の長さが同じであり，頂点はある円上にあり，辺の中点もやはりある円上にある．凸多角形を星型多角形から区別する1つの特徴は，内部のある点の周りを回る回数である．正凸多角形の辺に沿って動いてみると，はじめの点に帰ってきたときに多角形の中心をちょうど1周することになる．しかしながらこれを正星型多角形で行うと，同じところを2度通る前に中心を2周以上することがわかる．五芒星形では，2周回ることになる．このとき星型多角形は中心を2重に被覆すると言う．

この被覆数を知るもう1つの方法は，多角形の中心からその外部にまっすぐ線を引いたときに，それが何回多角形の辺と交わるかを調べるというものである．そのまっすぐな線は，頂点や辺が互いに通り抜ける点を避けるようにとるべきである．凸多角形の場合は，外に出るためには1辺を越えていかなければならない．そして星型多角形の場合は2辺を越える．この方法は内角が180度未満の場合には使うことができる．[1]

この被覆数の概念は多面体にも拡張することができる．ここでは多面体のうち，すべての面角が180度未満のものだけ考える．多面体が内部の点を n 重被覆するとは，

---

[1] この方法は，もう少し気をつけて数えることにより，一般化された多角形にも適用できる．その際には多角形に向きをつけ，辺を越える際にその向きを考慮に入れる必要がある．

多面体の中心から外部に引いた直線分が n 枚の面と交差することと定義する．先程と同様に，直線分は頂点や稜，またそれ以外の点で面が互いに通り抜ける場所を通らないようにする．例えば，小星型十二面体の一部を切り取った図 (256 ページ) を見ると，それが内部の点を 2 重に被覆していることがわかると思う．

ポアンソの星型多面体

19 世紀初頭，ケプラーが行った仕事を知らずに，ルイ・ポアンソ (1777〜1859) は，これらの一般化された多角形から多面体が構成できる可能性について研究した．彼は星型多角形を面に使うことを許したが，ケプラーとは違って，頂点型が星型多角形になる場合にも考察を行った．ここで頂点型とは (球面的) 多角形で，頂点の周りで面がどのように配置されているかを表すものであったことを思い出して欲しい．それはある頂点を含む面の集まりと，頂点を中心とする球面との交わりとして作られたものである．図 7.2 は，五芒星形を底にした逆さになった角錐を表している．底の頂点型はすべて二等辺三角形で，頂上の頂点型は五芒星形である．五芒星形は中心点を 2 重に被覆するので，三角形の面の集合は頂点を 2 周回るということにする．一般的に言うと，頂点型がその中心を n 重に被覆すると，それにつながる各面は頂点を n 回回る．

ポアンソは論文のはじめに一般化された多角形の性質を議論している．そして多面体に議論が及ぶと，彼は正多面体が 5 つしかないという証明には以下の暗黙の仮定があると述べている．

> これまで私達はたった 5 つしか完全正立体を知らない．完全正立体とは同じ正多角形から構成され，同じ面角を持ち，各頂点の周りで同じ数だけ集まっているものである．
> 下に挙げる条件がつくと，私達はこれ以上作ることは無理であると信じ，また古代の幾何学者もそれらを完全に数え上げていた．その条件は，まず立体角を作るために少なくとも 3 つの平面が必要であり，そして立体角を作る平面角の合計は 4 直角以下である必

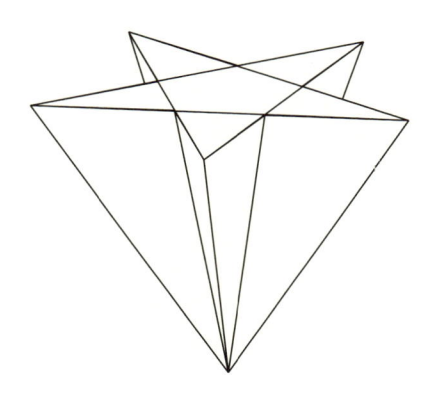

図 7.2：五芒星形を底に持つピラミッド．

要があるというものである．…

しかしながらこれらの 2 つの条件のうち，はじめのものだけが絶対に必要であり，もう 1 つは，一般的には，凸性に関連づけられるものであることに気がついた．それは各頂点の周りの角の合計が 4 直角以下であるという条件が，直線が曲面と 2 回以上交わらない，という凸曲面をいつも導くとは限らないからである．しかし代わりにこの 3 つ目の条件を暗黙のうちに仮定すると，やはり 5 つの組合せしか作ることができず，それらはすでに知っている 5 つの正立体となる．

しかし正立体の全体的な定義を保ったまま凸性の概念を拡張すると，いま考察した新しい多角形だけからではなくこれまでの正多角形からも，新しい正多面体が構成できる可能性が出てくる．[a]

ポアンソは暗に正多面体の凸性を仮定している．上の引用の中で，彼は現代的なとても制限された凸性の定義を用いている．つまり，任意の直線は多面体と 3 点以上でぶつかることはない，というものである．この定義はどんな幾何学的対象にも用いることができるものである．しかしながら彼の多角形の議論の中では，凸性のもう 1 つの定義として，多角形のすべての内角は 180 度未満である，というものを提案している．この凸性のもとでは，正星型多角形は凸であると見ることができる．

彼は多面体についても同様のもう 1 つの定義を提案している．つまり，多面体のすべての面角が 180 度未満であるとき凸である，というものである．この定義のもとでは，ケプラーの対のように五芒星形からできているものは凸であるということができる．ポアンソは他にも例を挙げている．プラトン二十面体は，1 つの五角形の反角錐と 2 つの五角錐に分解されることを思い出して欲しい．これにより，五角形が二十面体に内接することがわかる（図 7.3(a) 参照）．この操作を可能な限り行うと，最後には 12 個の互いを貫く五角形が得られる（図 7.3(b)）．もし 2 つの五角形の辺がつながっているところを稜であると定義し，他の交差を無視すると，多面体を得ることができる．それらの稜と頂点はもとの二十面体のそれらと偶然一致する．さらにそれらのすべての面角は等しく，180 度未満になっている．よってポアンソの定義によると，これはもう 1 つの正凸多面体となっている．面白いことに非常に似た絵がウェンツェル・ヤムニッツァーの『正立体の遠近法』の中のスケッチの中に見つけることができる．図 3.16 にある彼の挿絵の中段左を見て欲しい．

ルジャンドルによるオイラーの公式の証明（第 5 章参照）において，多面体は球面に射影され，球面上の多角形のなすネットワークが作られる．これらの多角形の面積は，もとの多面体の頂点，稜，そして面の数を用いて表すことができる．その面積の合計と球面の面積が等しいという式を立てることで証明がされている．ポアンソは同様の方法を用いて，彼の一般化された正多面体が満たすべき式を得ている．そしてそれを用いて，それらが満たすべき可能な構造を推定している．彼の議論は以下のようなものである．

星型多面体の面がすべて等しい普通の意味での正多角形であり，さらにその頂点型

ポアンソの星型多面体 **261**

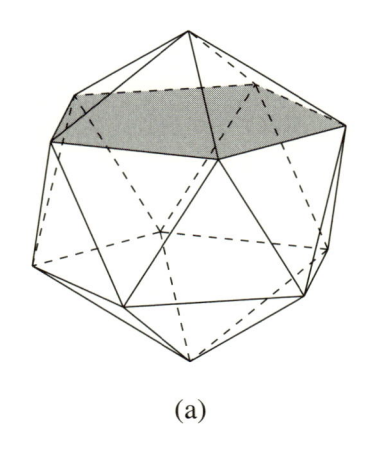

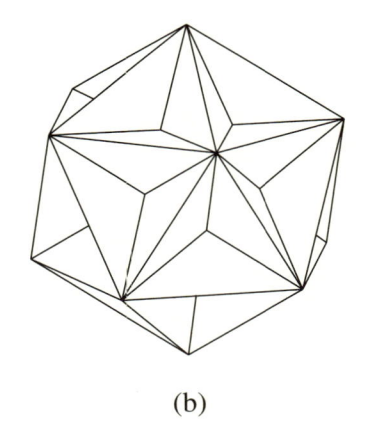

(a)　　　　　　　　　　　　(b)

図 7.3：大十二面体（右）．

が，——単純であれ，星型であれ——任意の正多角形でよいとする．そしてそれらの面がすべて p 角形であり，それらの頂点はどれもその頂点に向かう q 角形の面によって同じように取り囲まれ，それらは n 周回っているとする．さらに多面体全体が内点を N 回覆っているとする．この多面体は内接球に射影することができ，それにより頂点，辺，球面的多角形のなすネットワークを得る．球面的多角形はすべて等しく，正多角形であるので，これらの多角形のすべての内角は等しい．この共通の内角を α と書くことにする．ネットワークの頂点において q 個の球面的多角形が集まっているので，その頂点ですべての多角形に関する合計の角度は $q\alpha$ となる．これらの面は頂点の周りを n 周するので，その合計の角度は $2\pi n$ となる．これらを等式で結ぶことにより以下を得る：

$$2\pi n \;=\; q\alpha \qquad \text{よって} \qquad \alpha \;=\; 2\pi\frac{n}{q}.$$

各球面的 p 角形の面積は以下のように得られる：

$$p\alpha - (p-2)\pi \;=\; p\cdot 2\pi\frac{n}{q} \;-\; p\pi \;+\; 2\pi.$$

多面体が F 個の面を持っていたと仮定する．そうすると，これらの面の面積の合計は，球面の面積を多面体が球面を覆う回数倍したものと一致しなければならない．よって，

$$F\left(p\cdot 2\pi\frac{n}{q} - p\pi + 2\pi\right) \;=\; 4\pi N$$

であり，π で割ることにより，

$$F\left(2p\frac{n}{q} - p + 2\right) \;=\; 4N$$

を得る．

ポアンソはこの最後の式を用いて，星型多面体の可能な形を導き出している．この式は 5 つの変数を持っているので，どのようなものが可能かを調査をするためには，いくつかの変数を止めておいて残りのものを完全に調べるのである．つまりある種の面や，被覆度，その他の変数の任意の組み合わせなどに注目することができるわけである．

まず上の式が普通の多面体の場合に成立することをチェックする．この場合は，多面体はその内接球を 1 重に被覆し面は各頂点の周りを 1 周しかしないので，$N=1$ と $n=1$ を代入することができる．さらにすべての面が等辺三角形であると仮定すると，p は 3 となる．これらの値を式に代入すると，

$$F\left(2 \times 3 \times \frac{1}{q} - 3 + 2\right) = 4 \times 1$$

となる．この式を変形して，多面体の面の数を頂点の数に関連づける式を得る：

$$F = \frac{4q}{6-q}.$$

各頂点の周りに少なくとも 3 つの面がなければならないので，$q \geqslant 3$ である．$q=3$ の場合は $F=4$ となり，正四面体を得る．$q=4$ の場合には $F=8$ となり，正八面体を得，$q=5$ の場合は $F=20$ となり，正二十面体を得る．他の q の値では，F は定義されないか負になってしまい，多面体を構成できない．N と n の値を 1 にしたまま q の値を変えることでは，（またまた）多くても 5 つのプラトン多面体しかないことが得られる．

頂点型として星型多面体を許すことによりこれまでの視点を広げると，新しい可能性が生まれてくる．そのような最も簡単な例は五芒星形である．もし，ある多面体が頂点型として五芒星形を持っているとすると，1 つの頂点に 5 つの面がつながり，それらはその周りを 2 周回る．このことより，$q=5$ と $n=2$ を得る．さらに面が等辺三角形の多面体に注目すると，$q=3$ を得る．これらの値をポアンソの式に代入すると，

$$F\left(2 \times 3 \times \frac{2}{5} - 3 + 2\right) = 4N$$

となり次を得る：

$$7F = 20N.$$

上の式を満たす最小の F と N の値は，$F=20$ と $N=7$ である．これは，20 個の三角形の面を持ち，頂点の周りに 5 つの面が五芒星形の頂点型を持つように集まるような多面体の存在を示唆している．この多面体はその中に含む球面を 7 回覆うことになる．驚くことにそのような多面体は実際に存在するのである！これは図 7.4 と，カラー図 9 に描かれている．図の中の影のついた領域が三角形の面のうちの見える部分である．

三角形の面を持つ多面体の調査を続けていくと，次に簡単な場合の頂点型として星

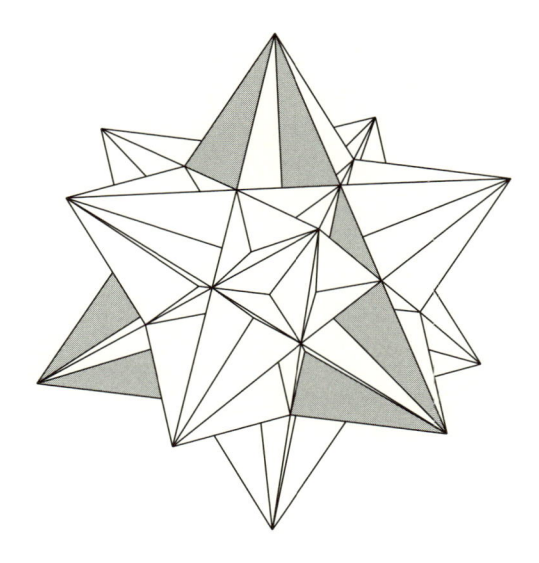

図 7.4：大二十面体.

型七角形が出てくる．星型七角形には 2 種類あり，1 つは内接円を 2 周し，もう 1 つは 3 周する．$p = 3, q = 7, n = 2$ を代入すると，次の式を得る：

$$5F = 28N.$$

また，$p = 3, q = 7, n = 3$ を代入すると，次の式を得る：

$$11F = 28N.$$

ここで，必要な性質を満たす多面体が構成できるかどうか，という問題が起こる．ポアンソの式より，一般化された正多面体が満たすべき条件を得ることができるが，その式を満たす任意の p, q, n, N，および F の組が実際の多面体と対応するのだろうか？特にこの星型七角形を頂点型に持つ多面体の候補は，いずれも実際に実現できるのであろうか？この問題はまた後程触れたいと思う．

この調査は，他の星型多角形を頂点型に用いたり，他の多角形を面に用いても行うことができる．五角形の面が五芒星形の頂点型をなすときには，$p = 5, q = 5, n = 2$ を得る．これらの値を式に代入することにより，$F = 4N$ を得る．$F = 12, N = 3$ というこの方程式の解は，前に紹介した多面体に対応する（図 7.3 参照）．

ポアンソは星型多角形を面として使えるかどうかについても考察し，ケプラーが 200 年以上も前に発見した 2 つの多面体を再発見している．しかしながら，それらは他の 2 つの星型多面体のような注意深い考察を通して作られたわけではなかったが，完結した対象として紹介されている．彼は，それらはプラトン二十面体と彼が新しく作った星型二十面体の中にある五角形の辺を伸ばしていくことにより構成できると述べて

いる．多分彼はこのようにしてこれらを見つけたのであろう．

　よって彼は4つの星型多面体を知っていたことになる．2つは五芒星形を面に持ち，そのうち1つは1つの頂点を3つの面が取り巻き，もう1つは各頂点を5つの面が取り囲んでいる．1つは三角形が5つ集まり五芒星形の頂点型を構成し，もう1つは五角形の面を持ち，五芒星形を頂点型に持っている．

ポアンソの予想

> ここに考察するに値するが，厳密に解くのは難しいと思われる問題がある．^{b}
>
> L. ポアンソ

　4つの星型多面体を見つけた後，ポアンソは当然のことながら，それらですべての可能性を尽くしたかどうかを知りたいと思った．彼はこれら4つの多面体の面を含む平面の集まりが，プラトン立体(十二面体か二十面体のいずれか)のそれらと一致することを観察し，それがすべての星型多面体についても成り立つかどうかということを考えた．彼はその仮説を肯定するような，または否定するような根拠を示したが，どちらであるかを決定することはできなかった．

　まず彼は，どんな正星型多面体のモデルも作り始めることはできると論じている．三角形の面を持ち，各頂点には7つの面が頂点を2周するように集まるモデルを構成することを想像してみよう．まず7つの等辺の三角形を頂点の周りに配置し，それらが互いに同じ角度を持つようにし，さらに三角形同士をくっつけたり，頂点を加えたり，新しい三角形を作るなどしてモデルを作る．もしこの三角形を用いた組み立てが閉じるとすると，その面の数は28の倍数になり，できあがった多面体は内部に含む球面を5の同じ倍数回覆うことになる．重要な点はこの多面体の構成が閉じるかどうか，またはそれが起きずに無限個の三角形を組み立てることができるかである．

　もしそのような多面体が存在するとすると，内接球はすべての面の中心に接することになり，その接点は球面上に均一に一様に配置されることになる．これらの点は球面内にある凸^{2}多面体の頂点と見ることができる．ポアンソはここでジレンマに陥る．一方ではこの球面上に一様に規則正しく配分された頂点を持つ凸多面体が，正多面体でない理由は見つからない．そしてこれは想像した多面体が構成できるかどうかという問題を解くものである．このような多面体が実際に存在したとすると，その面の数は，つまり球面内の凸多面体の頂点の数は28の倍数になる．しかし凸正多面体で頂点数が28の倍数であるものは存在しない．つまりそのような多面体は存在しない．

　他方では点の集合が球面上に規則的に配置されるとはどういうことであろうか？ 凸

---

^{2} ここからは，凸性は現代的な制限された意味として用いる．ある対象が凸であるとは，任意の直線との交わりが多くとも2点以下であるというものである．

多面体でそのような頂点集合を持つものは正立体になるのだろうか？正二十面体の30個の稜の中点は球面上に乗り，それが均一に配置された点の集まりであることは確実である．しかしながら，それらの点はプラトン立体の頂点ではなく，三角形と五角形から構成されるアルキメデス立体——二十・十二面体の頂点になる．他のアルキメデス立体立方八面体も，立方体の稜の中点から構成される．もし正星型多面体の面の中心が，二十面体の30個の稜の中点のように球面上に配置されたとすると，彼の前に挙げた議論は適用できない．

この議論では，ポアンソは2つの対立する思考過程を表している．それは数学者が予想の真否を決めようとするときに行うものである．予想を解くことができるかもしれない手法を考えながら，ポアンソは彼の方法の障害となるべきことを探している．ある方法がうまくいかない状況を知ることは，しばしば大変有用である．時には障害を克服することができるし，時には新しい手法が必要になることもある．他の状況においてそれらは，もとの予想を変更したり廃棄しなければならないような例を導いたりもする．ポアンソが述べたように，多面体の理論を難しくしていることの1つとして，数少なく孤立した容易に調べることができる個別の例を通して，一般の場合の考察や予想を立てることがある．

ケーリーの式

ポアンソの論文の補遺に，オイラーの式を拡張し，頂点型に星型多面体を持つ場合にもできるようにする方法が載っている．多面体がその中に含む球面を N 回覆い，さらに面が頂点の周りを n 周回ると仮定する．ルジャンドルの証明をもとにして，ポアンソは以下を示した：

$$nV + F = E + 2N.$$

ここで，V, E, F は，それぞれ（いつもの通り）頂点と稜と面の数を表す．N と n が 1 に等しいときは，もとのオイラーの式を得る．この式は面が星型多角形のときは用いることができない．

約50年後に，アーサー・ケーリーは星型多面体がその中に含まれる球面を覆う回数の異なる数え方を提出した．この数は，後に多面体の密度と呼ばれることになる．密度は被覆度と同様な方法で計算することができる．つまり，多面体の中心から外部に引いた線と面の交わる数を数えるのである．異なる点というと，各面のどれだけの数の「層」を通ったかを考慮に入れるところである．凸多角形は1つの層しか持たないため，凸である面を持つ多面体の密度は被覆度と同じになる．星型多角形の面については，層の数は線が多角形を通り抜ける場所によって異なる．

平面的多角形の辺は平面を領域に分け，各領域で層の数は一定である．ある領域を

266   第 7 章 星型多角形，星型多面体，骨格多面体

多角形の層いくつが覆うかということを調べるためには，多角形に沿って進み，もとの場所に帰ってくるまでにその領域を何周したかを数えればよい．例えば，五芒星形の角の 5 つの領域は 1 つの層しか持たないが，中心の領域は 2 つの層を持つ（図 7.5 参照）．さらに多角形の密度を最大の厚さと定義する．星型多角形の場合はそれは被覆度と一致する．

図 7.5：五芒星形の層．

　この新しい線と面との交点数の数え方を用いて，星型多面体の密度を数えることができる (257)．その多面体の内部からの線は 1 つの面の中心の領域を通り，他の面の角の領域を 1 つ通る．はじめの交点において 2 つの層を通り，次の交点においては層は 1 つしか通らない．よって，この多面体の密度は 3 である．
　この密度のアイデアを使うことにより，ケーリーは，ポアンソの 4 つの星型多面体が満たすべき，そして V と E の間の対称性を含むような，一般化されたオイラーの式を得た．d_V と d_F を頂点型と面の密度とし，D を多面体の密度とすると，以下が成り立つ

$$d_V V + d_F F = E + 2D.$$

この場合もすべての密度が 1 に等しいと，もとのオイラーの式を得る．
　ケーリーが用いたポアンソの 4 つの星型多面体を表す名前は，その英語名としても受け入れられた．20 個の三角形の面を持つものは great icosahedron（大二十面体）と呼ばれ，12 個の五角形の面を持つものは great dodecahedron（大十二面体）と呼ばれる．12 個の五芒星形を持つ 2 つの多面体は small stellated dodecahedron（小星型十二面体）と great stellated dodecahedron（大星型十二面体）と呼ばれ，小さい方は 12 の頂点を持ち大きい方は 20 の頂点を持つ．

星型多面体に関するコーシーの数え上げ

　いくつの星型正多面体が構成できるかという問題は，オーギュスタン＝ルイ・コーシーによって，1812 年に解かれた．彼のこの解決は，オイラーの式の証明とともに，彼の初めての論文を構成している．今我々が対称性と推移性と呼ぶ概念を用いて，彼

は正則性となるべき概念を新しいものへと翻訳した．しかしながら，対称性の基礎は，19世紀に結晶学者が結晶の形と構造を対称性を用いて説明するまで，完全には発展していなかったことを思い出して欲しい．

コーシーは回転対称の原理を直感力あふれる方法で用いた．彼は，面，立体角，二面角がそれぞれ一致するという正則性の標準的な定義を使うのではなく，すべてのプラトン立体がそれ自身に2通り以上の方法で重ね合わせることができるという観察を用いた．例えば，P と Q を同じ大きさの立方体とする．このときそれぞれの立方体で面を選び，その面同士が重なるように P と Q を重ねることができる．これは立方体の構造において，すべての面がまったく同じ役割を演じているから可能なのである．さらに面を選んだ後にその面の辺を選び，その面とその稜が重なるように立方体を重ねることも可能である．

古典的な正則性の定義によると，正多面体はコーシーの「多重一致」の性質を持つことがわかる．その性質は十分具体的であるので，正多面体を実際に構成する際の説明として用いられる．つまりどの多角形を面に用いるか，そして頂点の周りにいくつ置くかがわかればよいからである．まず正多角形をはじめの面として採用するところから始める．そしてもう1つ多角形を取り，はじめのものに繋げる．どちらの多角形も同じものであり，両方とも正多角形であるので，多角形のどの辺を選んで多面体のはじめの稜を作っても構わない．頂点は適当な数の多角形をその周りに囲むようにして作ることができる．すべての面角が等しくなければならないので，各頂点の頂点型は正多角形でなければならない．よって立体角の選択の余地は残されていない．そしてそのモデルが閉じるまで面を足し続ける．どの仮定においても選択の余地は起きない．それはすべての面が等しく，立体角が等しく，面は決まっており，そして頂点型も決まっているからである．

完成されたモデルを調べるとき，どのようにして多面体が構成されたかは知る由もない．それはすべての面と頂点が同等であるからである．すべてが同じに見えるので，作り方を理解しても助けとはならないのである．そしてどこがはじめの場所かもわからないのである．コーシーが観察したように多面体がそれ自身に重ねることができるのは，その構成法がどの面から始めてもよいものであり，残りの形はルールによって完全に決まってしまうからなのである．

このルールを少し変えることにより，この正多面体の構成方法は，星型多面体やプラトン立体にも適用することができる．ポアンソの多面体を表現するときは，頂点の次数だけを与えるだけではもはや不十分となる．つまり頂点型も与えなければならない．

この正多面体の性質は，逆に正則性の定義にも用いることができる．任意の面が他のどの面にも重ねることができるということは，すべての面が合同であるということである．さらに，各面を回すことによりある辺を他の任意の辺に重ねることができるので，面は正多角形でなければならない．これらの操作を組み合わせて多面体のある稜

を任意の稜と重ねることができるので，すべての面角が等しいということになる．このようにコーシーの観察から古典的な定義が復元できる——よって2つの見方は同値なのである．

この新しい正則性の考え方を用いて，コーシーによるポアンソの問題の解答に目を向けてみたいと思う．

補題 正星型多面体の面平面はプラトン立体のそれと一致する．

証明：今2つの同じ形の正多面体があるとする．その1つをもう1つに一致させる方法はいくつかある．まず一方のある面は，他方の任意の面と重ね合わせることができる．さらに，1つ目の多面体の面の任意の辺は，2つ目の多面体の対応する面の任意の辺と組み合わせることができる．このことは，凸または星型の正多面体両方について行うことができる．

ここで正星型多面体の中心にあなたが入ることを想像してみよう．もし面が不透明だとすると，あなたの視界は限られたものとなり，それはその面が星型多面体の面平面に乗っている凸である核の中だけとなる．

この星型多面体が2つ目の星型多面体に重ね合わされるときに，この核はどうなるだろうか？2つ目の星型多面体の面平面ははじめのものと同じなので，2つの核は一致しなければならない．はじめの星型多面体の任意の面は2つ目の任意の面と重ならなければならないので，はじめの核の面は2つ目の核の任意の面と重ならなければならない．よって核のすべての面が等しくならなければならない．このことより，（オイラーの式の系を用いて）その面は3, 4または5の辺を持つことが示せる．

1つ目の星型多面体の面の与えられた辺を，2つ目の星型多面体の選んだ面の任意の辺と対応させることができるので，核の面は自分自身に複数の方法で重ね合わせることができる．星型多面体の面がn本の辺を持っていたとすると，その核は少なくともn通りの回転で自分自身に重ね合わせることができる．もし核の面がp本の辺を持っていたとすると，pはnの倍数でなければならない．しかし，$p=3, 4$または5であり，nは少なくとも3である．よって，結局$p=n$となる．これにより1つ目の核の面のある辺は，2つ目の核の選ばれた面の任意の辺と重ね合わせることができることになる．よって核は凸正立体となる．∎

この補題はポアンソの問題，「正星型多面体の面平面はプラトン立体のそれと一致するか？」，を肯定的に解決しており，三角形の面を持ち星型七角形の頂点型を持つという彼の2つの仮説的例を除外するものになっている．しかしながら，まだ我々は彼がすべての可能性を尽くしたということを示す必要がある．

星型多面体を数え上げるために，コーシーはプラトン立体の面に着目し，それを延長したときどれが正多面体を囲むかを調べた．立方体の場合には，面平面はそれを延

ばしてもまた再びぶつかることがないのは明らかである．それらはその立方体しか囲むことはない．四面体に関しても同様である．他の場合については，もう少し注意深い考察が必要になってくる．

まず，八面体，十二面体，そして，二十面体の面平面は，平行な2枚の平面の組の集まりとなっていることに注目する．もし，そのうちの1つのモデルをテーブルの上に置いたとすると，底面（テーブルの面と接しているもの）と上面（底面と反対側のもの）が自然と定まる．正星型多面体を構成するために，いくつかの面のグループを延ばして，上面の平面で正多角形を作ることができる方法を調べよう．面平面の集まりが上面の平面といくつかの線で交わりそれらが正多面体を囲むためには，上面と底面の中心を通る軸に対してそれらは対称的に配置されていなければならない．そのように対称的に配置された面の集まりをグループと呼ぶことにする．

八面体の面は4つのグループに分けることができる．上面，底面，上面と隣り合っている3つの面，底面と隣り合っている3つの面である．底面と上面は平行なので，延ばしてもぶつかることはない．上面と隣り合う面たちは上面しか囲わないので新しいものは何も出てこない．底面に隣り合う3つの面平面は上面の平面上で新しい正多角形を囲む—— それは八面体の稜の2倍の長さを持つの三角形である（図7.6参照）．これらの4つの三角形はプラトンの四面体を囲む．八角形のすべての面をこの三角形を作るように延ばすと，ケプラーの星型八角体ができあがる．これは複合多面体であり，我々の探しているものではない．

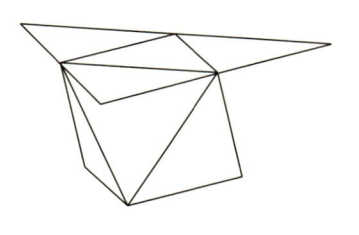

図7.6

十二面体の面も同様に同じ4つのグループに分けることができる．上面，底面，上面に隣り合う5つの面，底面に隣り合う5つの面である．ここでも，底面と上面は平行であるので延ばしてもぶつからない．上面に隣り合う面の平面はやはり上面の五角形を囲み，さらに五芒星形を同じ面平面上で囲む（図7.7(a)参照）．この五芒星形は上面の辺を延ばして作られる．それら12個により，小星型十二面体が作られる．底面と隣り合う5つの面平面も，やはり上面の平面上に五角形と五芒星形を定める（図7.7(b)と(c)参照）．これらは，それぞれ，大十二面体と大星型十二面体の面である．これによって十二面体から作られる正多面体は尽くされる．

二十面体の面たちは8つのグループに分けられる．いつも通り，上面，底面，と上

270   第7章　星型多角形，星型多面体，骨格多面体

(a)

(b)

(c)

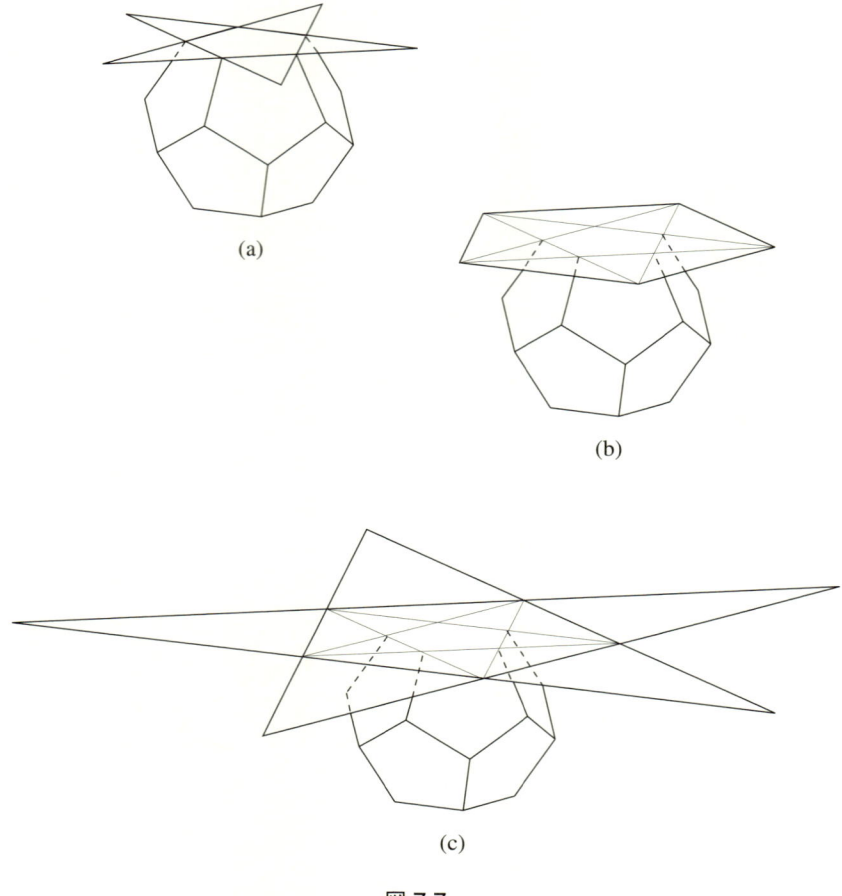

図 7.7

面に隣り合う3つの面がその3つである．残りのものを見るために，底面の隣の面を
'A' とラベルをつけ，その面の上側の頂点の周りに図7.8のように順番にラベルを振っ
ていく．同じラベルが振られた3つの面平面それぞれがグループとなる．上面の平面
内に正多角形を見つけるためには，この5つのラベルが振られたグループの面平面を
見ればよい——他のグループは明らかに新しい多角形を囲まないからである．

　図7.9はグループ 'A'，'C' および 'E' によって作られる多角形を示している．影は
どの面がそのグループに属しているかを示している．ラベル 'A' と振られた3つの面
平面は大二十面体の面となる大きな三角形を囲む（図7.9(c)参照）．グループ 'C' また
はグループ 'D' の3つの面平面は小さな三角形を定め（図7.9(a)），そのうち8つはつ
ながりプラトンの八面体を作る．すべての面がこのように延ばされ，5つの八面体の
複合が作られる（カラー図13参照）．グループ 'B' または 'E' の3つの面平面は中間の
大きさの別の三角形を定める（図7.9(b)）．そのうち4つがつながり，プラトンの四面

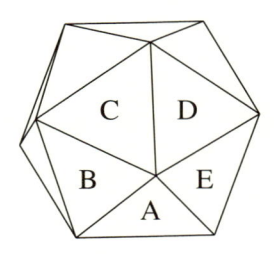

星型多面体に関するコーシーの数え上げ 271

図 7.8

(a)

(b)

(c)

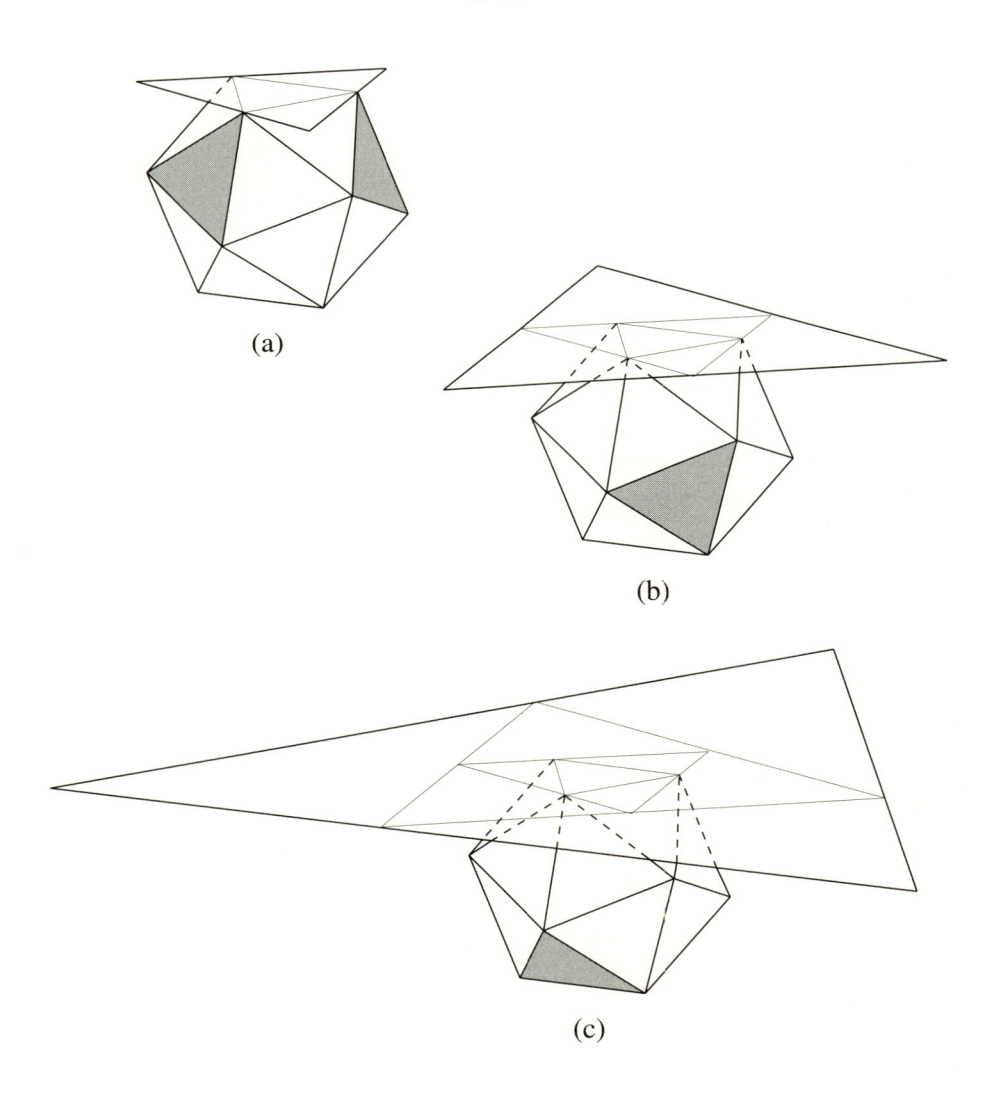

図 7.9

体ができる．すべての面をこのように延ばし，5つの四面体の複合を得る（カラー図12参照）．

これがコーシーによる正星型多面体の完全な探索であり，ポアンソが作った4つしか現れない．

面星状化

多面体の面を延ばすことにより新しい多面体を作る方法を面星状化と言う．この方法はケプラーによってはじめに著された．多分彼は面を延ばすというより稜を延ばすことで彼の星型多面体を見つけたと思われるが，プラトン十二面体の面の星状化により小星型十二面体が得られることを知っていた．

この星状化する方法は十分明らかあるように見えるが，その結果を解釈する方法には少しのあいまいさがある．例えば，大十二面体は12の正五角形から構成されるのであろうか，それとも60の二等辺三角形から構成されるのであろうか．星状化して得られる多面体は，もとの（立体である）多面体と同じ面平面を持つ立体となるだろうか，それともそのような立体を囲む曲面と見るべきだろうか，または多角形が交差しているものと見るべきであろうか．

この解釈の自由さは，面の星状化の過程で考えるに値する他の方法が存在することを意味する．コーシーのアプローチは本質的に2次元のものであった．つまり面平面を選び他のものがそれにどのように交わるかを見るというものである．そしてこの1つの平面の情報から，星型の可能な面を推測するのである．もう1つのアプローチは3次元的なものである．つまり星型は立体の胞の集まりとしてできると考える．これらの異なる表現方法がどのように関連づけられるかを十二面体の星型を調べることにより見てみる．

3次元的アプローチ

凸多面体の各面はある唯一の平面に含まれ，これらすべての面平面の集まりは空間を胞の集まりへと分割する．もとの多面体はそのうちの1つの胞でなければならず，そして必ずいくつかの無限に延びる胞も存在する．状況は2つ以上有限の胞が存在する時に面白いものとなる．これは多面体の面角が90°を越える場合に起こる．

有限の胞は，中心の核となる多面体を囲むように層になって現れる．それらはくっつき合い，もとの多面体と同じ平面に面が含まれるような新しい多面体を構成する．

正十二面体は3種類の有限の胞に囲まれる．はじめの層は12個の五角錐（図7.10参照）である．2番目の層は角錐の間にはまる30個の楔である．図7.11の左側の楔は角錐の裏の右側にはまる．それぞれの層が前の層の面を完全に被い尽くすことに注意して欲しい．最後の胞の層は20個のスパイクであり，それぞれは非対称な三角両錐であ

る．これらは楔によってできたくぼみにはまる．図 7.12 の左側において，スパイクのとがった側は後ろ側を向いており，スパイクは 2 つ目の星型の上右側の隠れたくぼみに取りつけられる．これらすべての絵は同じ尺度で描かれている．

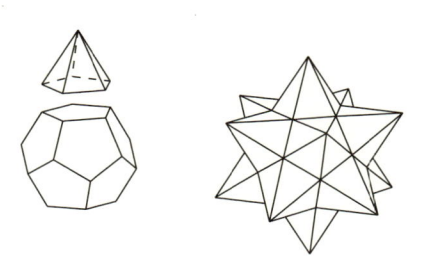

図 7.10：十二面体のはじめの星型は 12 の角錐の層から作られる．

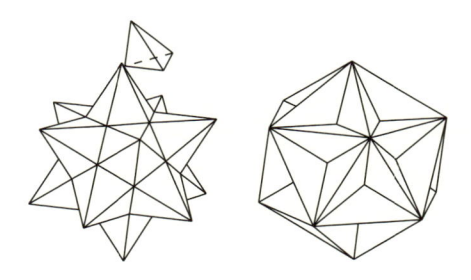

図 7.11：十二面体の 2 つ目の星型は 30 個の楔の層から作られる．

2 次元的アプローチ

十二面体をテーブルに置くと，上面を含みテーブルの表面と平行な唯一の平面が存在する．底面を含む面はこの上面平面とは交わらないが，他の 10 個の面平面は交わる．上面に隣り合う 5 つの平面は上面平面と 5 つの直線で交わる．これらの直線は上面の五角形を囲み，さらに五芒星形を作る（図 7.7(a)）．底面に隣り合う面を含む 5 つの平面が伸ばされ上面平面とぶつかると，この五芒星形の頂点を通る 5 つの直線が追加される（図 7.7(c)）．これら 10 の直線は星型パターンと呼ばれるパターンを形作る．その様子は図 7.13 に描かれている．十二面体は正多面体なので，そのすべての面は同値であり，面平面に作られる星型パターンはすべて同じになる．

　星型パターンは 4 種類の有限の領域を含む．この場合は，各領域の種類は十二面体の形に対応している．各面平面において中心の五角形を取ると，もとの十二面体を復元することができる．各面平面において小さな鋭角二等辺三角形を取るとはじめの星型が現れる．鈍角の二等辺三角形は 2 番目の星型，つまり大十二面体を作る．残りの

274   第7章　星型多角形，星型多面体，骨格多面体

図 7.12：十二面体の 3 つ目の星型は 20 個のスパイクの層から作られる．

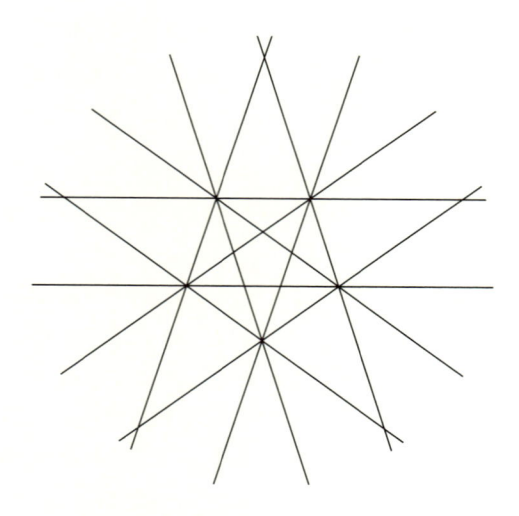

図 7.13：十二面体の星型パターン．

三角形は大星型十二面体を作る．星型パターンの中の直線はそれ以上有限な領域を囲まないので，これが最後の十二面体の星型となる．

より複雑な星型パターンにおいては，例えば二十面体の場合などは，領域は注意深く選ばないといけない．ただ各面平面で対応する領域を選ぶだけでは，稜が他の面とくっつかない非連結の多角形の集合を作り上げてしまうことになるからである．この星型を数え上げるためには，どの領域の集合がきちんと合わさり閉じた多面体を作り上げるかを調べる必要がある．

二十面体の星型

十二面体のすべての星型は偶然にも正星型多面体となった．一方，二十面体から星型を得る場合には，はるかに難しいものとなる．その星型パターンを図7.14に挙げる．ある面平面はそれと相対する位置にある（それと平行な）面以外の面平面と交わるので，それは18の直線を含む．これらの直線は面平面を，二十面体の面である中心の三角形に加え，66個の有限な領域に分割する．これらを異なる方法で組み合わせることにより，どれだけの数の面のパターンができるかを想像して欲しい．

さらにこの豊富な可能性を3次元的視点から考察してみる．二十面体の20の面平面は空間を，473個の有限な11または12種類（鏡像を同じと見るかどうかによる）の胞に分割する．これほど多数のパーツから星型を作り始めるには，どの胞の集合を適切な星型として数えるべきかという判断を下す際に，注意が必要になってくる．空間の二十面体的分割の胞について $2^{12}-1$ 通りの組み合わせがあるにもかかわらず，それは4000を越える二十面体の星型ができるということを意味するわけではない．我々はどの組み合わせが含まれるべきかを決めなければならない．その妥当性を判定しうる基準は何であろうか？ 星型が持つべき性質は何であろうか？

20世紀に入ると，二十面体の星型のいくつかの例は知られるようになり，それが二十面体の星型であるということも認識されるようになった．そのいくつかは1900年に発行されたマックス・ブルックナーの著書『多角形と多面体』に見ることができる．コーシーが知っていた大二十面体（カラー図9）と，5個の八面体の複合（カラー図13）と5個と十個の四面体の複合（カラー図12）の他に6個の例が挙げられている．それらを図7.15～7.33とカラー図10に載せる．それらの絵の星型はすべて同じ尺度，同じ視点で描かれている．

さらに9つの星型がアルバート・ハリー・ウィーラーによって発見され，合計は19個の星型と二十面体それ自身となる．彼のほとんどの星型は図に挙げられている．そのうちの1つ（図7.27）は5つの四面体の複合と同様にカイラルである．

ウィーラーに刺激され，さらに星型の徹底的な探索がなされた．上に述べたように，

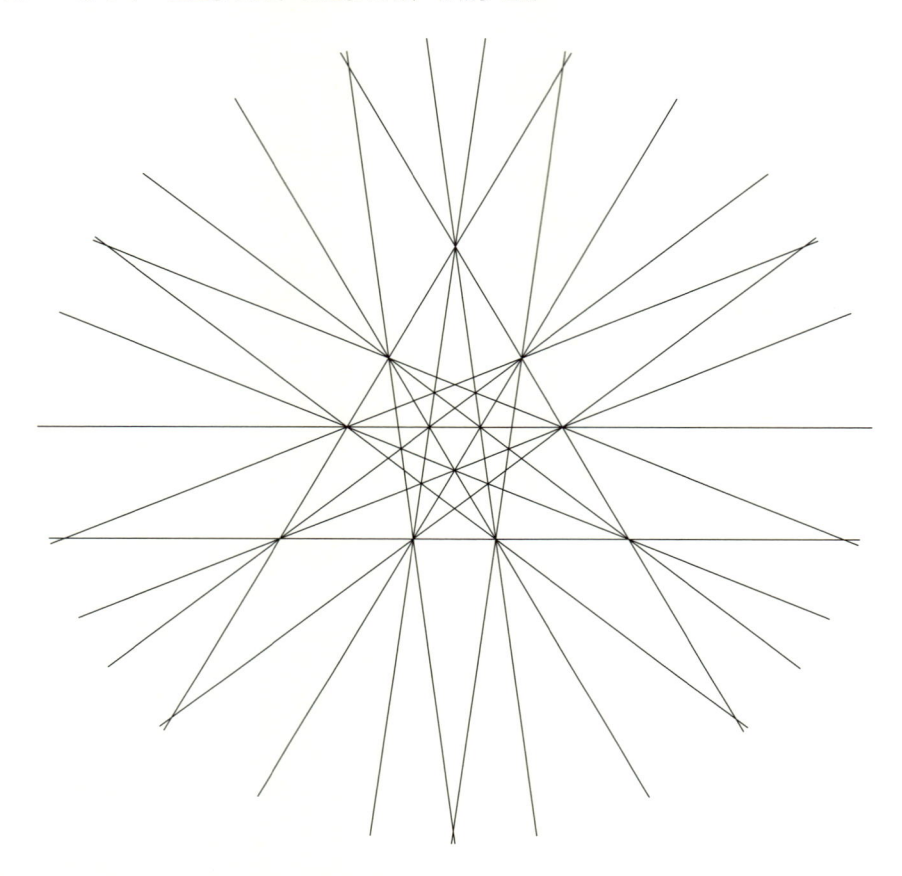

図 7.14：二十面体の星型パターン．

そのような数え上げをするためには，「星型」が何を意味するかという定義が必要となる．次の基準が J. C. P. ミラーによって提案された．

(i) 星型の面はもとの多面体の面平面上になければならない．
(ii) すべての面を構成する領域は各平面で同じでなければならないが，これらの領域は連結である必要はない．
(iii) 平面に含まれる領域はもとの多面体の面と同じ回転対称性を持たなければならない．(ii) と合わせて，これは星型を作る過程はもとの多面体の回転対称性を保存することになる．
(iv) 平面に含まれる領域は完成した星型で見えなければならない．
(v) より簡単な星型の複合は除く．もっと厳密に言うと，鏡像の組合せではない 2 つの星型の面と面が接しない和は許さない．

これらのルールをこの胞の集まりに適用することにより，可能な個数は大幅に減少す

る．残るのは31の鏡映対称を持つ星型と27のカイラルな星型（あるいは対掌体の対）である．

完全なリストは1938年に，『59個の二十面体』という可愛らしい小冊子として出版される．4人の作者の中で，J. F. ピートリーはすばらしい図を描き，H. T. フレイザーは現在ケンブリッジ大学数学科に保管されているそれらすべてのモデル[3]を作り，H. S. M. コクセターとパトリック・デュヴァルは文章を書き，それぞれが異なる方法の数え上げを行った．コクセターは2次元的アプローチを用い，デュヴァルは胞を用いた．

克服しなければならないもう1つの問題は，それぞれの星型を系統的にそして無駄のない方法で記述することである．デュヴァルがこの問題を解くために用いた方法は，胞の数々の種類を分類し，それぞれの星型を構成する胞の種類の組み合わせのリストを作るというものである．例として，その方法を十二面体に用いてみて，どのようにそれが機能するかを見てみる．

各胞には，十二面体それ自身である中心の胞からの距離を表す数字を与えることができる．ある胞の指数を，その胞から中心に向かう直線が面平面と交わる数で与える（被覆度や密度の定義と比べよ）．よって，例えば十二面体の胞は次のような指数を持つ．

0：十二面体
1：12の角錐
2：30の楔
3：20のスパイク．

胞の**層**とは同じ指数を持つ胞すべての集まりである．これら層は一連の同心の殻となり，核を被う．各層は中心から外に向かってアルファベットの小文字を順につけていくことにする．よって十二面体は層 **a** となり，角錐は層 **b**，楔は層 **c**，そしてスパイクは層 **d** となる．星型を記述する際には，ある数と同じかより少ない指数を持つ胞の集合を表す記号があると便利である．それらは大文字を使って表される．指数が0以下のすべての胞（それは中心の十二面体だけであるが）は **A** と表される．指数が1以下の胞の集合（小星型十二面体）は **B** と書かれる．同様に **C** と書かれる大十二面体は，**B** に層 **c** を加えてできるものである．3つ目の星型 **D** は，すべての（有限の）胞を集めたものである．

もとの多面体を任意に取ったとき，星型 **A, B, C, D, E**, ... は，**主系列**と呼ばれる．それらは自然な発展を遂げ，そして納得のいく順番がつけられる唯一の星型の集まりである．つまり **B** がはじめの星型であり，**C** が2番目で，等々である．ウィーラーは二十面体の主系列すべてを発見したわけではない．彼は **E**（図 7.18）を見逃していた．

---

[3] それらは予約をすれば見ることができる．手紙の宛先は，Head of the Department of Mathematics, University of Cambridge,16 Mill Lane, Cambridge. CB2 1SB. England.

二十面体の主系列のすべての星型はここに描かれている．図 7.15(b) は星型 **A**, **B**, **C** を表している．**三方二十面体 B** は，二十面体の各面に角錐を立てることで作ることができる．(「三方」という用語は結晶学から借用した．) **C** は 5 つの八面体の複合である．図 7.17 にこの複合の面をまた出会うまで延ばした結果を載せる．図 7.20 はポアンソの大二十面体としてなじみのある 6 番目の星型 **G** を表している．すべての胞の複合である最後の星型 **H** はカラー図 10 に挙げてある．これは完全二十面体として知られている．

この体系的な命名法は，任意の凸多面体の星型としてできる胞とその組合わされたものに使うことができる．二十面体の場合には状況はもっと複雑であり，より興味深いものとなる．それは 8 つのうち 3 つの層が異なる種類の胞を含むからである．さらに 1 つの層はカイラルな胞までも含む．層 e と層 g は両方とも 2 種類の胞の集まりに分けられる．これらは e_1 (図 7.21) と e_2，そして g_1 (図 7.30) と g_2 である．これら 4 つの星型は，それ以前の星型では現れていなかった変わった表情を持っている．それらは 5 章で述べた多面体的曲面の意味では多面体ではなく，頂点連結となる特異点を持っている．f_1 のような二十面体の他の星型は，1 本の稜に 2 つ以上の面が集まる稜連結となっている．これらは自然に現れる，ハッセルによるオイラーの式の反例となっている (図 5.15 参照)．

層 f は最も変わったものである．f_2 は完全に非連結な集合である (図 7.33 参照)．残りの胞 f_1 は，2 つの鏡像の形に分けることができる．1 つのカイラルな集合を図 7.32 に挙げる．これは f_1 と書かれる．(活字が変わったことに注意して欲しい．) これは 2 つのカイラルな集合のうちの 1 つであり，5 つの四面体の複合 Ef_1 のようなカイラルな星型を作るものである．

図を 1 つ 1 つ比べることにより，異なる構成要素と，それを組み立てる方法を視覚化できるようになるであろう．例えば胞 g_1 (7.30) を Fg_2 (7.31) に加えることにより，大二十面体 **G** (7.20) を得る．胞 g_1 を十個の四面体の複合 (7.22) に加えることにより，非凸三角面体 (7.24) を得る．12 個のスパイクである f_2 が入る様子は非常に見分けやすい．ウィーラーのカイラルな星型 (7.27) はそれらを 5 つの四面体の複合に足したものである．図 7.24 と 7.25 は同様の関係を示している．表 7.16 の最後の多面体 $e_1f_1g_1$ は，それを貫くトンネルを持っている．それは描かれていないが簡単に表すことができる．それは De_2f_2 (図 7.29) から Fg_1 (図 7.25) を取り除いたものである．

これらの例は，それ以外にもたくさんあるにもかかわらず，十分なものである．いくつかは多面体的曲面であるが，それは球面的ではなく，それを貫くトンネルを持つ．いくつかはとても複雑なものであり，簡単な線画ではそれを解釈することが難しい．いつものことであるが，理解する最もよい方法はモデルを使って遊ぶことである．

二十面体の星型

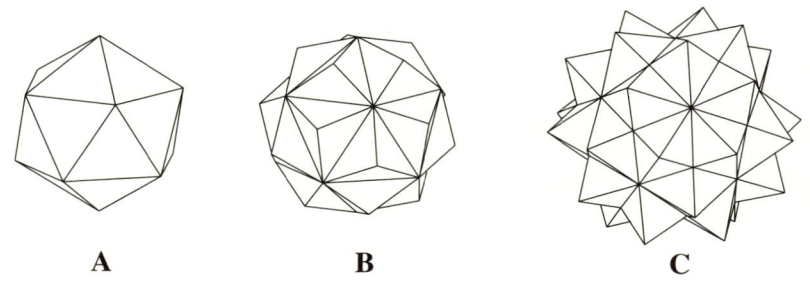

A **B** **C**

図 7.15：二十面体と主系列のはじめの 2 つの星型．デュヴァルの表記ではこれらは A，B そして C と書かれる．はじめの星型は，時に三方二十面体と呼ばれ，2 番目のものは 5 つの四面体の複合としてよく知られている．

ラベル	他の名称	コーシー	ブルックナー	ウィーラー	図
A	二十面体	✓	✓	✓	7.15
B	三方二十面体		✓	✓	7.15
C	5 個の八面体	(✓)	✓	✓	7.15
D			✓	✓	7.17
E					7.18
F				✓	7.19
G	大二十面体	✓	✓	✓	7.20
H	完全二十面体		✓	✓	カラー図 10
Ef_1	10 個の四面体	(✓)	✓	✓	7.22
Ef_2			✓	✓	7.23
Ef_1g_1			✓	✓	7.24
Fg_1			✓	✓	7.25
Ef_1	5 個の四面体	(✓)	✓	✓	7.26
Ef_1f_2				✓	7.27
De_1				✓	7.28
De_2f_2				✓	7.29
g_1				✓	7.30
Fg_2				✓	7.31
e_1					7.21
f_1					7.32
f_2				✓	7.33
De_2				✓	
$e_1f_1g_1$				✓	

表 7.16

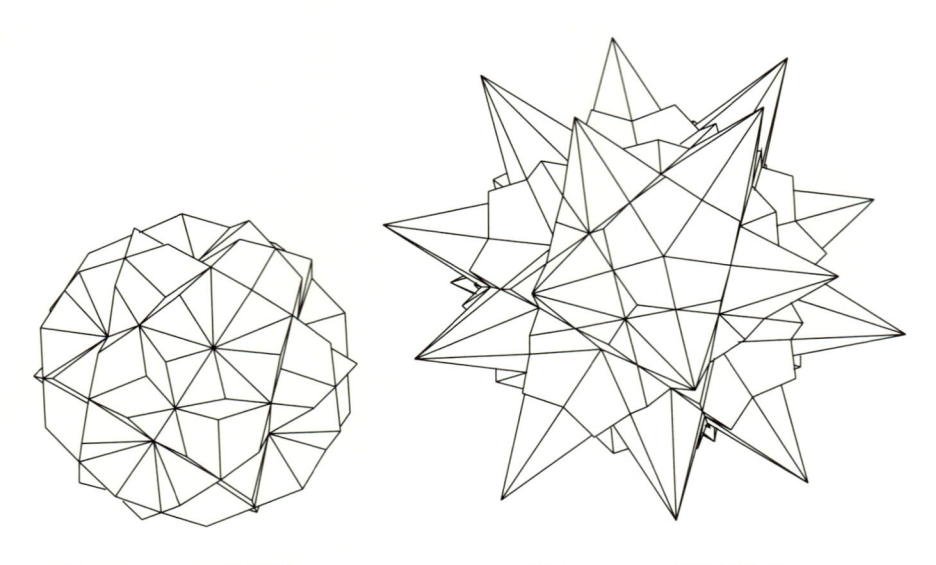

280　第 7 章　星型多角形，星型多面体，骨格多面体

図 7.17：二十面体星型 D.

図 7.18：二十面体星型 E.

図 7.19：二十面体星型 F.

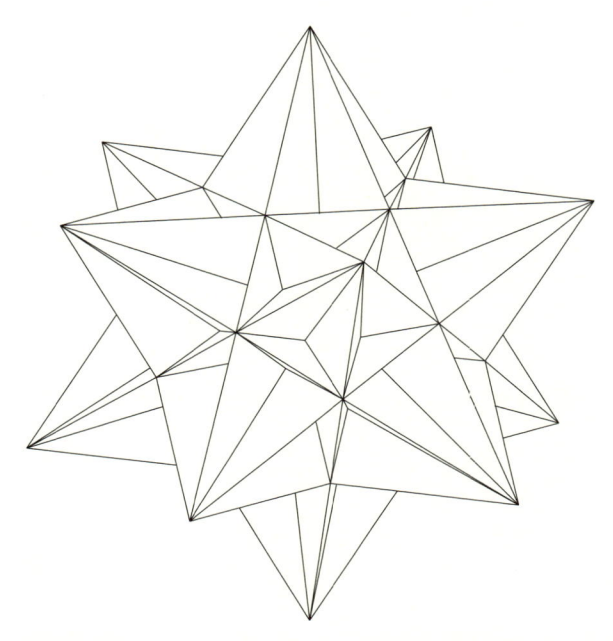

図 7.20：二十面体星型 G．これはポアンソにより発見された大二十面体であり，4 つの正星型多面体の 1 つである．

図 7.21：二十面体星型 e_1．

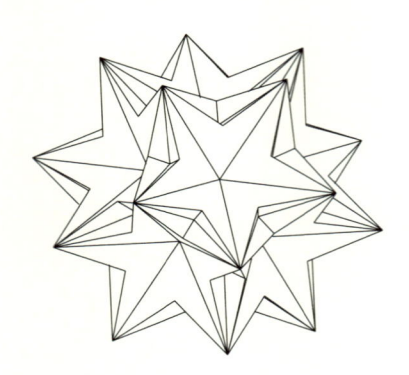

282　第 7 章　星型多角形，星型多面体，骨格多面体

図 7.22：二十面体星型 $\mathbf{Ef_1}$. これは十個の四面体の複合としても知られている.

図 7.23：二十面体星型 $\mathbf{Ef_2}$.

二十面体の星型 　283

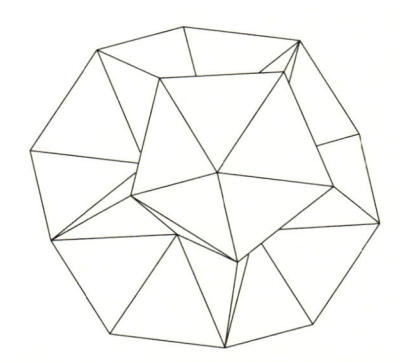

図 7.24：二十面体星型 $\mathbf{E}\mathbf{f}_1\mathbf{g}_1$. これは非凸三角面体の例である. そのすべての面は正三角形である.

図 7.25：二十面体星型 $\mathbf{F}\mathbf{g}_1$.

284   第 7 章   星型多角形，星型多面体，骨格多面体

図 7.26：二十面体星型 $\mathrm{E}f_1$（右向き）．これは 5 つの四面体の複合である．

図 7.27：二十面体星型 $\mathrm{E}f_1f_2$（右向き）．

図 7.28：二十面体星型 De_1.

図 7.29：二十面体星型 $\mathrm{De}_2\mathrm{f}_2$.

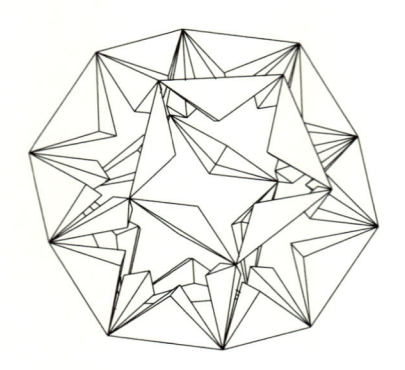

286　第 7 章　星型多角形，星型多面体，骨格多面体

図 7.30：二十面体星型 g_1.

図 7.31：二十面体星型 Fg_2.

二十面体の星型　287

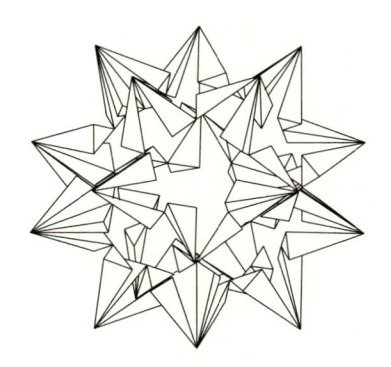

図 7.32：二十面体星型 f_1（右向き）．

図 7.33：二十面体星型 f_2．

バートランドによる星型多面体の数え上げ

コーシーによるポアンソの問題の解決の 40 年以上後に，ジョセフ・ベルトランはもう 1 つの視点からこの問題を考察した．コーシーは面平面を詳しく調べ，問題をプラトン立体の正星型を求める問題へと帰着したが，バートランドは星型多面体の頂点に注目し，プラトン立体の中に正多面体を探そうとした．彼はその方法が星型を取る過程よりも視覚化しやすいと主張しており，私も同意したいと思う．

数え上げはコーシーの補題と双対にある補題に基礎を置いている．「面」と「核」はそれぞれ「頂点」と「凸包」に置き換えられる．ある集合の凸包とは，それを含む最も小さい凸多面体のことである．包の頂点はその与えられた集合に含まれる．非凸多面体の凸包は単にその頂点の凸包となる．例えば星型八角体の凸包は立方体となる．

補題 正星型多面体の頂点はプラトン立体のそれと一致する．

証明：P を正星型多面体とし，Q をその凸包とする．P の頂点はある球面上にあり，Q についても同様である．

ここで P は，多くの方法で自分自身と重ね合わせることができる．P を回転することにより，P の任意の頂点は Q の任意に指定された頂点に対応させることができる．さらに 2 つの頂点が合わされた後に，少なくとも 3 つの方法で P を自分自身に重ねることができる（これは頂点が少なくとも次数が 3 であるためである）．よって凸包のすべての立体角が同じであり，各立体角はそれ自身に少なくとも 3 つの方法で重ね合わせることができる．オイラーの公式の系として，Q の頂点の次数は，3,4，または 5 である．この最後の 2 つの事実により，立体角を作り上げる各平面角は他の任意のものと重ね合わせることができ，同様のことは二面角についても言える．よって凸包の各立体角は，同じ平面角で互いに同じように傾いたものから構成される．さらに Q のすべての稜は同じ長さを持つ．Q のすべての立体角が等しいため，面の各頂点での平面角は等しくなる．よって Q の面は正多角形となり，凸包はプラトン立体となる．■

バートランドの正星型多面体の数え上げの次のステップは，の内部に正多角形を探すというものである．このステップはファセッティングと呼ばれ，星状化の方法よりも視覚化しやすい．その可能な場合を図 7.34 に図示する．四面体の場合にはファセットは存在しない．なぜならこれらの頂点によって張られる正多角形はもとの面しかないからである．立方体の頂点は三角形を張り（図 7.34(b)），その 4 つの三角形により正四面体ができる．八面体の頂点は 3 つの正方形を張る（図 7.34(c)）が，それらは辺を共有していないので，これらによって多面体は構成できない．

潜在的に最も実りのある場合は十二面体の場合である．この頂点はもとの五角形を除き 5 つの異なる正多角形を張る．正方形を張るように頂点を取ることもできる．（図 7.34(d))．これは立方体に十二面体を外接させるオイラーの構成から明らかである．

バートランドによる星型多面体の数え上げ　*289*

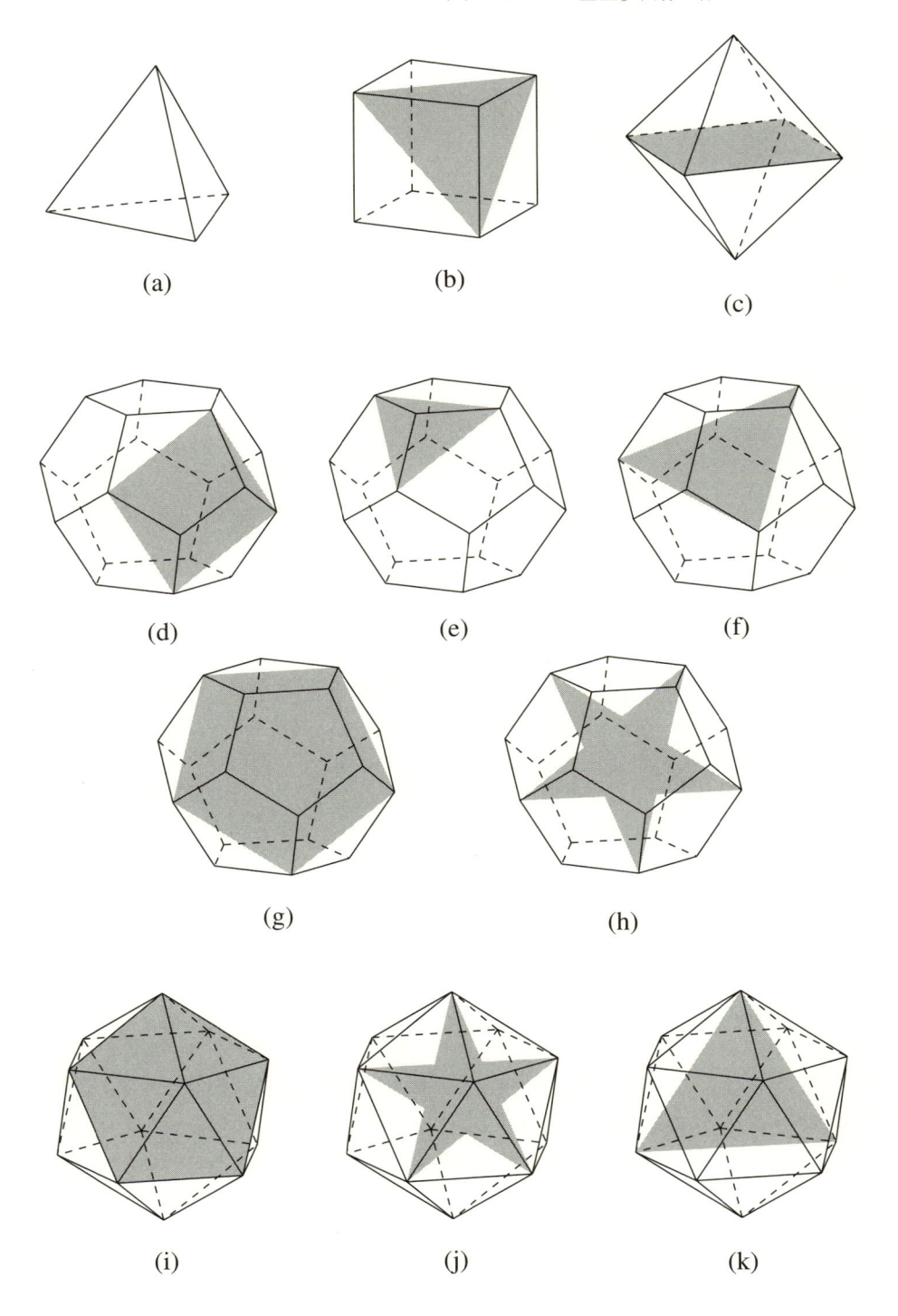

(a) (b) (c)

(d) (e) (f)

(g) (h)

(i) (j) (k)

図 7.34：プラトン立体のファセット．

さらに 2 種類の三角形の面がある (7.34(e)〜(f)). 1 種類の三角形は組み立てることができないが, もう 1 つのものは正四面体をなす. これ以外に十二面体の頂点によってできるものは, 正五角形と五芒星形である (7.34(g)〜(h)). 五芒星形の方だけ多面体の構成に用いることができ, 大星型十二面体が得られる. 凸五角形の方は辺を共通に持つことはできない.

二十面体のすべての多角形は星型多面体を与える. ポアンソが述べたように, 影がつけられた五角形は大十二面体の面となる (7.34(i)). それと同じ頂点から構成される五芒星形は小星型十二面体を作る (7.34(j)). さらに大二十面体の面となる三角形もある (7.34(k)).

これにより可能性はすべて尽くされる. よって 4 つしか正星型多角形はないことになる.

正則骨格

ポアンソは, 彼の星型多面体の研究を 19 世紀のはじめの十年間に行った. その時代は人々がオイラーの式の基礎となるものを探していた時代であり, さらに「多面体」という用語がいろいろな解釈をされていたにもかかわらず, それは常に中身が空のものかあるいは立体の境界としての, 曲面の用語と考えられていた. これはある意味, ポアンソが「多角形」という用語の使用に一貫性を欠く理由を説明しているかもしれない. 彼は多角形それ自身を考察している場合には, それは平面内の線分の集まりと考えることに満足しているが, 多面体を構成する場合となると, その面にはこれまで用いられてきた中身の詰まった多角形を用い, そして彼の星型多角形は頂点型を記述する場合にしか用いられない.

彼が発見した 2 つの星型の面を持つ多面体は, 他のペアのように詳しい解析から見つかったものではない. 彼は単にそれらが存在し, それらはそれまで知られていた多面体の五角形の辺を伸ばすことによってできる, とだけ述べている. 彼はそれらに内接する球を何回覆うかということに触れているので, それらは中身の詰まった多角形から作られていると考えていたと仮定しなければならない. ポアンソの議論が首尾一貫していたとすると, 彼の構成した多面体は彼の論文のはじめに議論される多角形から構成されているはずである. その場合は, 多面体はやはり多角形の面を貼り合わせて作られ, つまり, それぞれの辺を貼り合わせ稜を作るが, できあがったものは骨格多面体, つまり稜による骨組み, となる. しかしながら, 数学者が中身が詰まった多面体という心理的支えを捨て, そのような骨格多面体を深く研究するようになったのはつい最近のことである.

ポアンソが用いた多角形はすべて平面的である. この場合は, 多面体の面を埋める

ことにより，それらがどのようにつなげられているかを見るのは有用である．例えばプラトン二十面体の稜骨格は，大十二面体のそれとまったく同じに見える．どのようにすればそれが20個の三角形の集まりか，または12個の五角形の集まりか，またはその他であるか，を知ることができるだろうか？ 面を埋めることは内部構造を伝える1つの方法である．

多角形が平面的である場合には，多角形を平面の一部で張ることも（好ましくないとしても）可能である．しかしながら多角形の定義の仕方はいくつかの方向に一般化でき，そしていくつかの場合にはそれが張る膜の自然な選び方が存在せず，もしそれを見つけたとしても，それを用いることにより，問題を解くというよりも多くの新たな問題を引き起こすことになる．

以前のように，多角形は相異なる点（頂点）が線分（辺）によって結ばれ，各辺は2つの頂点を結び，各頂点には2本の辺がつながるものとする．もし辺が頂点だけで交わる場合には，**単純多角形**と呼ぶことにする．全頂点がある1平面に乗らない場合は，**ねじれ多角形**と呼ぶことにする．

図 7.35 は，(a)立方体に内接するねじれ六角形と，(b)三角柱に内接する自己交差を持つねじれ六角形を表している．

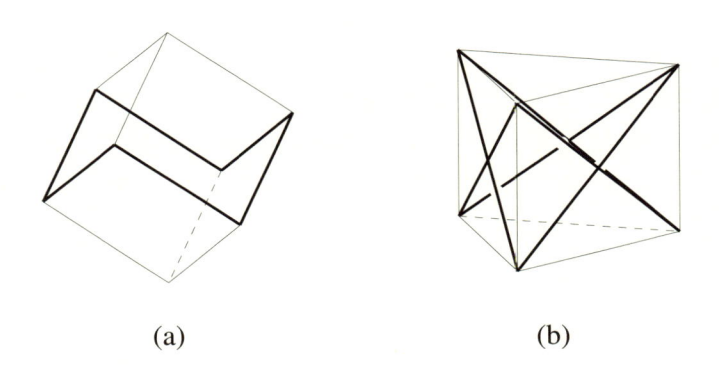

(a) (b)

図 7.35：ねじれ六角形．

図 7.36 は3つのねじれ四角形が合わさり（骨格）多面体ができる様子を示している．できあがった稜骨格はプラトン四面体のそれとまったく同じに見える．実際，ねじれ四角形とこの多面体も正則である，と思える．多角形は辺の長さがすべて等しく，その角度もすべて60°である．多面体のすべての面は合同であり，すべての頂点は3つの多角形で囲まれていて，すべての二面角は同じである，等々．

ブランコ・グルンバウムは，9つのそのような正ねじれ多角形を面に持つ正ねじれ多面体を発見した．実際に，それらは5つのプラトン立体と4つの星型多面体から作ることができる．これらのよりなじみのある多面体の1つからねじれ面を探すために

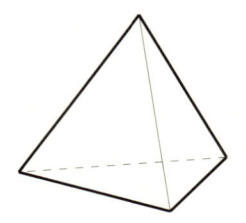

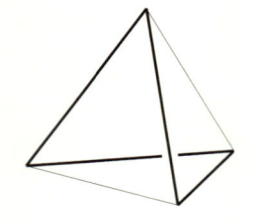

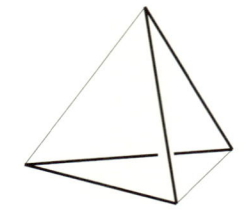

292　第 7 章　星型多角形，星型多面体，骨格多面体

図 7.36

は，稜上の経路であり，隣り合う 2 つの稜はある面の 2 辺となるが，連続する 3 つは 1 つの面の 3 つの辺にならないようなものを取ればよい．このようにして得られる多角形はその発見後**ピートリー多角形**と呼ばれている．図 7.36 のねじれ四角形は四面体のピートリー多角形であり，図 7.35(a) のねじれ六角形は立方体のピートリー多角形である．

表 7.37 はグルンバウムの 9 つの正ねじれ多面体の性質をリストアップしたものである．はじめの 3 つの列は，いくつの面が使われたか，各面がいくつの辺を持つか，そして各面の角の角度は何度かを表している．10/3 という記号は十本の辺を持つねじれ多角形で「上」から見ると，星型十角形で円上の頂点を 3 つおきに結んだものに見えるという意味である．4 番目の列は多面体で何枚の面が各頂点に集まっているかを示している．記号 5/2 は頂点型が五芒星形であることを示している．最後の列はどのプラトン立体または星型多面体からそのねじれ面を持つ多面体が得られたかを表している．

さらなる多角形の一般化は頂点の数が無限個になることを許すものである．この場

面の数	辺の数	角度	度数	関連する多面体
3	4	60°	3	四面体
4	6	90°	3	立方体
4	6	60°	4	八面体
6	10	108°	3	十二面体
6	10	60°	5	二十面体
10	6	36°	5	小星型十二面体
10	6	108°	5/2	大十二面体
6	10/3	36°	3	大星型十二面体
6	10/3	108°	5/2	大二十面体

表 7.37：グルンバウムの正則骨格の構成．

合，多角形は任意に空間の一部を取ると多角形の有限本の辺としか交わらないという局所有限性の制限をつける．正無限多角形は，まっすぐ，ジグザグ，そしてらせん状のいずれにもなりうる．1種類の多角形しか用いないとすると，無限多面体は有限の多角形無限個からなるタイリングや蜂の巣状(図 2.19)になるか，無限多角形からなる管状のものか格子状のものになる．グルンバウムは，正ねじれ多面体とともに正無限多面体の例をリストにしている．後にアンドレアス・ドレスは系統的数え上げを行い，この経験的に発見されたリストは完全であることを示した．

　また頂点が異なる点であるという条件を弱めることもできる．これは異なる頂点が空間で同じ位置を占めるということであり，多角形が同じ頂点を 2 回訪れることができるという意味ではない．我々は多面体は相異なる頂点を持つと定義したが，ポアンソは彼の定義の中ではこのことを明記していない．彼とコーシーとその他大勢は，これを暗黙の条件としていたようである．グルンバウムはこのことを 1990 年に気づいた．さらにその後彼は以下のように述べる．

> 多面体の理論の原罪はユークリッドにまで遡り，そしてケプラー，ポアンソ，コーシーそして他多数を通してこのトピックのすべての仕事を苦しめている．… 著者たちは正則なものを探す対象である「多面体」が何であるかを定義し忘れているのである．[c]

　大勢の著者による暗黙の仮定と，「多角形」や「多面体」といった用語の一貫しない使用，そして必要のない仮定をつけることに嫌気のさした彼は，非常に一般的な多角形と多面体の定義を開発する．彼の定義は抽象的であり，「多分多面体と呼ぶには最も範囲の広い対象」を述べている．これを基礎にして，ふだん使うより親しんだ意味での「多面体」はいくつかの条件を加えることにより得ることができる．グルンバウムは，第 5 章で述べた自分自身と交わらない多面体状曲面を**非交差多面体**と呼んだ．多面体ですべての面が平面的であるものは**エピペダル**と呼ばれる．

　これにより，研究している多面体の族が何であるかを記述する方法が得られる．それはある性質を持つ多面体を数え上げようとするときには重要になる．正多面体を数え上げるだけでも，どの多面体の集合を調べようとしているかを理解していないと問題をはらむものとなる．これは明らかに聞こえるかもしれないが，著者は調べている多面体の種類について，(たとえ述べるにしても)十分詳しく述べることはほとんどない．これは結果が不明確になり，証明が不完全になることを意味する．グルンバウムが述べたように，正多面体の完全な数え上げは，今なお際立った問題として考えられている．

From *Perspectiva Corporum Regularium* by Wenzel Jamnitzer, 1568.

図1：ジョン・ロビンソンの彫刻『プロメテウスの心臓』. (Courtesy of the artist.)

図2：一群の黄鉄鉱の結晶. (Liverpool Museum collection.)

図3：アルキメデス立体：立方八面体, 斜立方八面体, 大斜立方八面体.

図4：アルキメデス立体：大斜二十・十二面体, 斜二十・十二面体, 歪十二面体.

図5:ルカ・パチョーリの肖像. (Courtesy of the Ministero per i Beni Culturali e Ambientali, Naples.)

図6:ヴェロナのオルガノにあるサンタ・マリア教会の寄木象眼のディティール. (Courtesy of the Priest.)

図7：ヴェネチアのサン・マルコ大聖堂の大理石の象眼細工.

図8：小星型十二面体と大星型十二面体.

図9：大十二面体と大二十面体.

図10：完全二十面体.

図11：四面体2つの複合多面体と四面体4つの複合多面体.

図12：四面体5つの複合多面体と四面体10個の複合多面体.

図 13：八面体 5 つの複合多面体と立方体 5 つの複合多面体.

図 14：八面体 3 つの複合多面体と立方体 3 つの複合多面体.

図15：八面体4つの複合多面体と立方体4つの複合多面体.

図16：十二面体2つの複合多面体と十二面体5つの複合多面体.

第8章
対称性，形，構造

> 多面体の幾何における対称性の役割は，算術における数論の役割と同じである．[a]
>
> A. バドルー

　以前，友人が私のいくつかの二十面体の星型のモデルのコレクション(図7.15〜7.33)を見て，3次元の雪片のようであると言った．白色であることを別にして，この類似の誘因となったものは，その正則性と対称の度数の高さである．雪の結晶にはたいてい，中心点から伸びる6つのほぼ同じ形で同じように配置されたスパイクがある．この顕著な六角形の対称性は，形状は多様であるけれども多くの雪片に見ることができ，その背後にある原子構造を反映している．すべての二十面体の星型も対称性が高く，それぞれ独特な形で他のどれとも異なるが，対称性の性質はすべての場合において同じく成り立つ．2つの多面体が同じ対称性を持つということの意味を理解するためには，この多面体の美的特性を書き下し，定量化する必要がある．

対称性とは何を意味するのであろうか？

　ギリシャ人にとって対称性とは，均衡がとれてよくつりあっているということを意味していた．それは完璧さを表す規範であった．幾何学においては，対称性は通約性と結びつけられ考えられていた．そしてそれは形の規則正しさ，および全体の中の異なる部分の間に現れる調和の取れた関係を意味している．19世紀になされた結晶の物理的特性と形状を説明する試みにより，対称性の概念はさらに精密なものへと発展していった．科学的な用語により，ギリシャの規範としての直観的な概念は打ちのめされ，そして対称性の数学的理論の基礎が与えられた．このことにより，2つの対象の対称性を比べることができるようになり，「十二面体は正四角錐よりも対称性がある」という記述に正確な意味を与えることができるようになったのである．まず対称性についての論議を次の基礎的な問いから始めたいと思う．何が対称性のある対象とそう

でない対象を判別しているのであろうか？

　まずあなたが(プラトン立体のような)対称性のある多面体の模型を持っているとしよう．そしてそれはよくできていて，各面には他の面と区別がついてしまうような傷はないとしよう．このときこの模型を動かして，前の位置と区別がつかないように向きを変えて置くことができる．もしこの動作の間あなたが目を閉じていたとすると，目を開けた後その多面体が置かれている状況を見ても，そのモデルが回転したかどうかはわからないであろう．

　対称的な多面体は，異なる視点から見ても同じに見えるという事実で特徴づけることができる．または(回転のような)ある種の操作により，各面の空間的位置は変わるが，多面体全体としてはもとの位置と判別不能な位置に置けるときに，多面体は対称的であると言う．

　多面体の判別することができない異なる位置の数は，その多面体の対称性の高さあるいは度合いを測るものとなる．例えば，正四面体は12の異なる置き方で置くことができる．4つの面はどれもテーブルに接するように置くことができ，そのどの3稜も前面に持ってくることができるからである．六角両錐は12の異なる置き方で置くことができる．12の面に対し，それを下に置く置き方が1つずつあるためである．これら2つの多面体は同じ**量**の対称性があるにもかかわらず，それらは同じ**種類**の対称性があるようには見えない．両錐は他の頂点とは異なる，定まった方向を与える2つの頂上を持っている．しかしながら，四面体はすべての頂点が同じ状態を持ち，より等方的である．多面体の対称性は定量化すると同時にその質も問う必要がある．

　異なる**種類**の対称性を区別するためには，多面体をその元の位置と判別できない位置へ運ぶ操作を探求することが役に立つ．そのような操作を，多面体の**対称性**と呼ぶことにする．対称性は多面体へのその作用の結果によって決定される．つまり，多面体をどのように，あるいは，どの経路を通って動かしたかが重要なわけではなく，はじめの位置と最後の位置の関係が重要なのである．"対称性"という名詞をこのように使うことは，日常的な意味で多面体がより対称的であればあるほど，この技術的な意味での対称性が増すという事実により正当化される．

　多面体の対称性はそのさまざまな部分の間の関係を書き下す法則である．対称的な対象の美学的な魅力は，この法則を発見する心理的過程にあると言われている．それは整然と配置された構造と，構成の原理の存在を含んでいる．次の節ではいろいろな種類の対称操作が述べ，それらを組み合わせて異なる対称性の体系を作り上げる方法について探求したいと思う．

回転対称

　ある多面体の模型を取り上げ，それをまるで動かしていないように置き直す動作は，**直接的**対称操作の例である．多面体は実際に物として前の状態と判別不能な位置へと動かされている．後の節では**間接的**対称というものも出てくる．それはその結果は模型を扱うだけでは見ることができず，鏡の助けが必要となるものである．

　直接的対称操作の間の多面体模型の実際の動きはとても複雑なものになり，記述するのは難しい．しかし，対称を特徴づけるのは初めと終わりの位置の違いであるので，動きの複雑さは無関係なのである．つまり結果が重要なのである．対称を記述するために，対称操作を表す結果を作り出す特定の動作を選ぶことができる．その常套的な動作は，単純回転である．

　回転の概念は自然なものである．例えば地球は北極と南極を結ぶ軸の周りを回っているし，車輪は車軸の周りを回っているこれらの物理的例においては，その動きの間固定されている部分がある．例えば，車輪上の点は回転する際に円を描くが，車軸上の点はその場所を動かない．多面体の直接的対称**操作**とは，ある軸の周りのある角度の回転である．対称操作に関する対称的**要素**とはその操作に影響されない点の集合である．つまり動かない点である．回転の場合は，対称的要素は軸である．（後程間接的対称の対称的要素は平面か 1 点であることを見る．）

　数学的には，回転は(軸を構成する)直線と角度を与えることにより記述される．例えば，地球が軸に対して 1 時間に行う動きは $15°$ の回転である．（もちろん，その間に太陽の周りにも回転を行っている．）　レオナルド・オイラーは，多面体の直接的対称はある軸に関する回転で達成できることを示した．多面体は回転対称の軸を 2 本以上持ちうるが，その際にはオイラーはそれらの軸は多面体の中心で交わらなければならないことを示した．

　多面体の回転対称は，多面体をそのもとの位置から 2 つ目の位置へと運ぶ．この新しい位置はもとの位置と判別することができないので，対称的操作をもう一度行うことができ，多面体はやはりはじめの位置と区別することができない 3 つ目の位置へと回転することができる．実際，対称が $180°$ 回転の場合には，それは元の位置と一致する．多面体を動かしてまた再び元の位置へと置く作用も，対称的操作の 1 つと見なすことはしばしば有用である．そのような操作を，**恒等的**対称ということにする．

　対称を多面体に繰り返し作用させることができることにより，回転の度数を記述するもう 1 つの方法が得られる．角度を具体的に書くというよりも，多面体をはじめの位置に戻すのに何回の回転が必要であるか，という回数を明らかにするのである．例えば，$90°$ の回転を 4 回行うと，その組み合わされた回転により多面体は $360°$，つまり 1 周回転する．よって，$90°$ の回転は四回回転と呼ばれる．それは，その対称を 4 回に行うと恒等的対称となるからである．一般的に $(\frac{360}{n})°$ の回転は，n 回回転と呼ば

れる．

　n 回回転対称の軸は，ときに，n 回対称軸と呼ばれる．このように軸にラベルをつけるときには注意が必要である．なぜなら，同じ軸が異なるいくつかの回転に関連づけられることがあるからである．例えば，四回対称軸は二回対称軸でなければならない．軸には可能な最大の n の値をつけることにしよう．

　これで回転対称の用語を用意することができたので，それが何を意味するか，そしてそれが実際にどのように使われるかを見てみよう．

回転対称系

　私達はすでに，異なるが判別することができないような多面体の置き方の数が，対称性の**度数**の指標となることを見てきた．多面体の回転対称の軸を識別することにより，**種類**の異なる対称を判別する方法が得られる．これにより，六角柱と正四面体は，同じ対称の度数を持つにもかかわらず，異なる型の対称を持つと言えるのである．

　いろいろな種類の回転対称をよく理解するためには，多面体の模型における軸の位置をつきとめるのが有用である．軸が 1 本しかないような簡単な場合には，それを絵に表せば十分であるが，軸の数が増えると，それらがどのような関係にあるかを想像するのがより困難になる．たくさんの軸があるプラトン立体の場合を取ると，回転対称は複雑なそして強く互いに結びついた体系を形作っている．

　以下の例では，多くの多面体が考察され，そこに現れる回転軸の組み合わせが書かれている．指先で多面体の模型を回転させながら，文章を読み進むことが役に立つであろう．

巡回的対称

多面体が持ち得る回転対称の最も簡単な体系は，角錐の中に見ることができる．角錐回転対称の軸は 1 本だけである．例えば，六角錐は頂上と底面の中心を通る軸を持つ（図 8.1）．この軸の周りの回転で角錐をそれ自身に運ぶものは，すべて $\left(\frac{360}{6}\right)°$ の倍数のものである．つまり，$60°, 120°, 180°, 240°, 300°$ と $360°$ であり，最後の対称は恒等対称である．このような対象は，**巡回的**であると言う．この角錐は 6 回の巡回対称を持つ，または単に，C_6 対称を持つと言う．もし底面に正 n 角形を持っている場合には，それはたった 1 本の n 回回転対称軸と C_n 対称を持つことになる．

二面体的対称

三角柱は，六角錐のように，6 つの回転対称を持つ．しかしながら，角錐の場合とは異なり，角柱は 2 本以上の回転対称軸を持つ．実際それは 4 本の軸を持つ．（図 8.2 の左側のように）1 本の軸は 2 つの三角形の面の中心を通る．この軸の周りの 120° 回転

図 8.1：巡回系の回転軸.

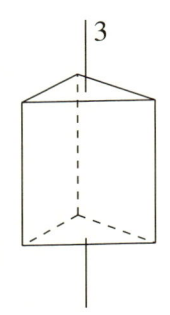

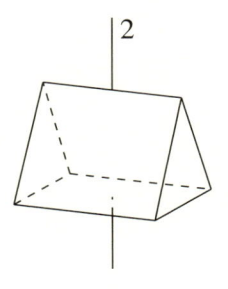

図 8.2：二面体系の主軸と副軸.

は，角柱を異なるが判別不能の位置へと運ぶ．120°回転を 3 回繰り返すと 360°回転，つまり恒等対称となるので，この操作をあと 2 回繰り返すと角柱ははじめの位置に戻る．よってこの軸は三回対称軸である．

　角柱のもう 1 つの回転対称は，三角形の面を入れ替えるように角柱を反対にするものである．このように角柱をさかさまにする回転は，1 つの長方形の面の中心とその反対に位置する辺の中心を通る軸を持っている(図 8.2)．そのような軸は 3 つあり，それらはすべて二回対称軸である．

　よって，三角柱には 4 本の対称軸がある．三回対称軸をその系の**主軸**と呼ぶことにし，残りの 3 つをそれに垂直な平面に含まれる**副二回対称軸**と呼ぶことにする．角柱や両錐のような多面体の対称に方向性を与えるのは主軸である．この種の対称を**二面体的**であると言い，D_n と書く．ここで，n は主軸の度数を表す．ここで挙げた例では，三角柱は主軸が 3 回であるので D_3 対称を持つ．正 n 角形を底面に持つ一般の角柱の場合には，主軸は n 回回転対称軸であり，二回対称の副軸は n 本あり，それらは主軸に垂直な平面に $(\frac{180}{n})°$ の間隔を持ってその周りに均等に配置されている．

　さらによく調べてみると，n が(三角錐のように)奇数のときは，すべての副軸は同

300   第8章　対称性，形，構造

等である．しかしながら，n が偶数のときには，それらは2種類に分かれる．この状況は六角柱で見ることができる．つまり，二回対称軸の半分は相対する面の中心を結んでおり，残りは相対する稜の中心を結んでいる（図8.3）．n が奇数のときは，任意の副軸は任意の副軸に主軸の周りの回転で運ぶことができるが，n が偶数の場合には2種類の副軸はそのように置き換えることはできない．

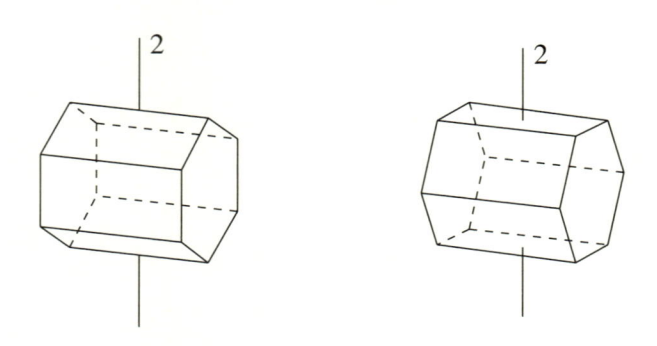

図8.3：n が偶数の場合は D_n の2番目の軸 D_n は2種類に分かれる．

主軸が二回対称軸の場合には二面体対称の特別な場合が起こる．そのような状況においては，「主軸」という言葉を使うのは適当ではない．なぜなら，3つのすべての軸は2回になり，それぞれ互いに垂直であるので，ある1つを他のものから区別するすべがないからである．このタイプの対称性を持つ多面体の例は図8.4に描かれている．他の例は，四角柱で，幅，奥行，高さがすべて異なるものである．このタイプの対称性は，通常他の二面体対称と同じものと分類され，D_2 というラベルをつけられる．しかしながら，この場合はすべての軸が同じ役割を持っているということを覚えておいて欲しい．

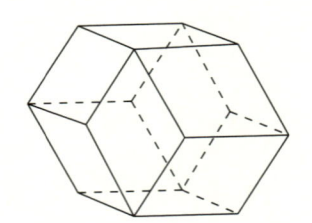

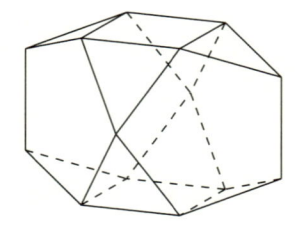

図8.4：D_2 対称を持つ多面体．

D_2 の他にも，主軸を決めることができないような対称性の種類がある．これらの

対称性の種類をまとめて球状（あるいは多面体的）タイプと呼ぶ[1]．プラトン立体は球面的対称性を持つ多面体の例であり，これからそのうちのいくつかに目を向けてみたいと思う．

四面体的対称

正四面体は 7 つの回転対称の軸を持つ．4 つの三回対称軸と 3 つの二回対称軸である（図 8.5）．各三回対称軸は面の中心とそれに相対する頂点を通る．各二回対称軸は相対する稜の中点を通る．このような回転対称系を持つ多面体は，**四面体的対称性**を持つと言う．このタイプの対称性をラベル T で表すことにする．

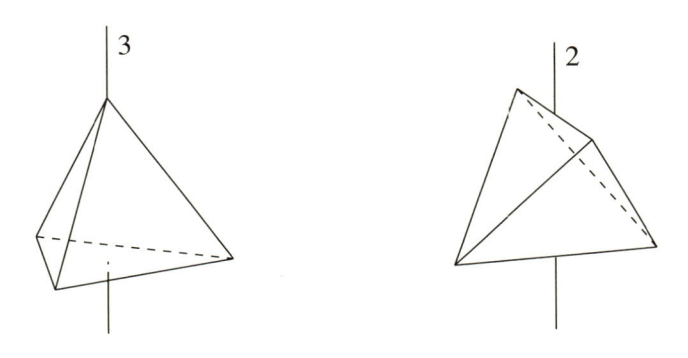

図 8.5：四面体的系の回転軸．

八面体的対称

八面体は 3 組の回転軸を持つ（図 8.6）．まず 3 つの互いに垂直な四回対称軸がある．それらはそれぞれ，相対する頂点を通っている．次に相対する面の中心を通る 4 つの三回対称軸がある．最後に二回対称の 6 本の軸がある．これらの軸は相対する稜の中点を通っている．このような回転対称系を持つ多面体は，**八面体的対称性**を持つと言う．この系は O で表すことにする．

二十面体的対称

二十面体は，二回，三回，五回の回転対称軸を持つ（図 8.7）．五回対称軸は相対する頂点を通り，三回対称軸は相対する面の中心を通り，二回対称軸は相対する稜の中点を通っている．よって，6 本の五回対称軸と 10 本の三回対称軸と 15 本の二回対称軸がある．このような回転対称系を，**二十面体的系**と言い，I と表すことにする．

---

[1] 数学者によっては，巡回的そして二面体的な場合も球面的タイプに入れる場合もある．ここで使われているもう少し限られた用法では，D_2 タイプの対称性のみが球面的である．他の系には「角柱的」という用語が使われる．

302   第8章 対称性, 形, 構造

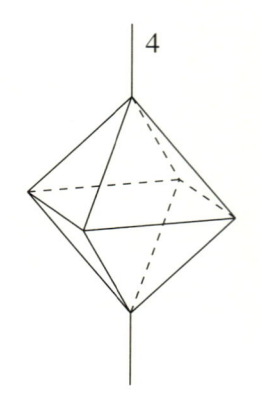

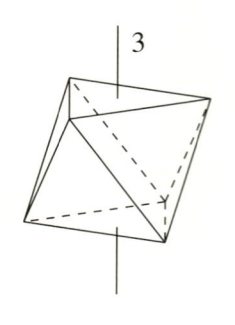

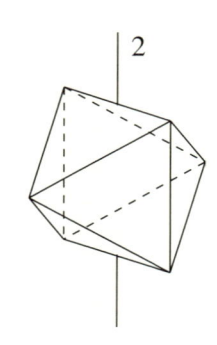

図 8.6：八面体的系の回転軸.

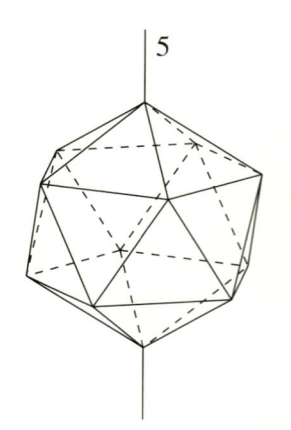

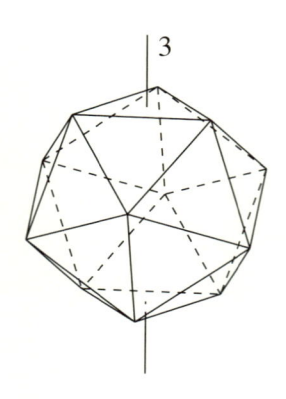

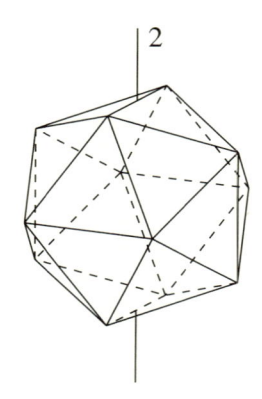

図 8.7：二十面体系の回転対称軸.

どれだけの回転対称系があるのだろうか？

　ここまでは，調べてきたすべての多面体は新しいタイプの対称性を与えてきた．角錐，角柱そしていくつかのプラトン立体はすべて異なる回転対称系を持っている．そして，これらが多面体の持ち得る回転対称系のすべてであるということは，大変驚くべきことである．任意の多面体は，もしそれが回転対称性を持てば，それは上に書いた巡回的，二面体的，四面体的，八面体的または二十面体的のいずれかになる．例えば，立方体は八面体と同じ対称性を持つ．歪立方体や斜立方八面体と言ったアルキメデス立体も同様である．ケプラーの星型面多面体は二十面体的対称性を持つ．ミラーの立体は二面体的対称性を持つ．

　これ以外に回転対称系はないということをを示す前に，ある系において各回転が互い

にどのように関係しているかを見るのが有用であろう．四面体系を例にとってみよう．

地軸が地球の表面を貫く 2 点は極と呼ばれている．同様に回転対称軸が多面体を貫く点を**極**と呼ぶことにする．各軸は多面体に 2 点で刺さっているので，極の数は軸の数の 2 倍となる．極は異なる種類に分けることができる．まず n 回対称軸の上にある極を n 極と言う．例えば，四面体には 2 極と 3 極がある．すべての 2 極は同じであるが，3 極は 2 つの組に分けることができる．つまり，4 つの 3 極は面の中心に位置し，残りの 4 つの 3 極は頂点にある．2 つの極が**同値**であるとは，回転対称によって 1 つの極がもう 1 つの極に運ばれるときを言う．例えば，四面体のすべての 2 極は同値であるが，3 極については，頂点を面の中心に運ぶ対称はないので，2 つの同値類に分かれる．

ある同値類に含まれる極の個数は，対称の合計数と極の種類に関連している．四面体系の 2 極の数は，$\frac{12}{2} = 6$ となる．3 極の 2 つの同値類に含まれる極の数は，それぞれ $\frac{12}{3} = 4$ である．一般的には，多面体が（恒等対称も含めて）N 個の回転対称を持つ場合には，n 極の同値類には $\frac{N}{n}$ 個の極が含まれる．それを理解するためには，n 極に近いところに点を取り，各対称を順番に作用させ多面体上にその像を記してゆく．図 8.8 に四面体の面の中心の 3 極の場合を載せる．結果的に計 N 個の点が，その同値類の各極の周りで n 個の組となり，配置される．よって $\frac{N}{n}$ 個の極があることになる．

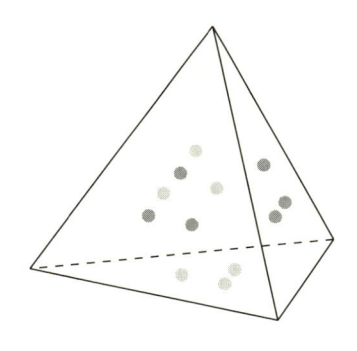

図 8.8

各同値類に含まれる極の数を知ることにより，回転対称の数を計算できることになる．恒等対称を無視すると，1 つの n 極には $n-1$ 個の回転が対応している．それらは，

$$\frac{1}{n} \times 360°, \quad \frac{2}{n} \times 360°, \quad \cdots, \quad \frac{n-1}{n} \times 360°.$$

の回転である．3 極には 120° と 240° の回転がある．四面体系においては，

(2 極の個数) × (各 2 極についての回転の個数)
+ (3 極の個数) × (各 3 極についての回転の個数)

が(恒等対称を除く)回転の数の 2 倍となる．なぜなら，各軸の各極について 1 つずつ数えることになるので，各回転は 2 回ずつ数えられることになるからである．ここで，ある同値類の中の n 極の数は $\frac{12}{n}$ であり，n 極に対応する回転の数は $n-1$ である．よって，3 極に関する項を 2 つの極の類に分けることにより，上の式は，

$$\left(\frac{12}{2}\right) \times (2-1) + \left(\frac{12}{3}\right) \times (3-1) + \left(\frac{12}{3}\right) \times (3-1)$$

となり，それは 22，つまり非恒等対称の数の 2 倍となる．

　一般の場合についてこの解析を続けることにより，ある系の回転対称の数と，その系の含む極のタイプ(つまり回転のタイプ)を関連づける方程式を得る．この方程式のすべての解を見つけることにより，すべての異なる回転対称系を導き出すことができるのである．

定理 多面体の回転対称系は，巡回的，二面体的，四面体的，八面体的，二十面体的のいずれか 1 つでなければならない．

証明：一般の回転対称系を考え，それが合計 N 個の回転対称を持つと仮定する．この対称系を実現する多面体を 1 つ選び，極の同値類を観察する．n 極の同値類は $\frac{N}{n}$ 個の極を持ち，それは $(n-1)$ 個の非恒等対称が対応する．極に対応するこれらすべての回転対称を足し合わせると，それぞれ 2 回数えられることになるので，非恒等対称の数の 2 倍となる．よって，

$$2(N-1) = \sum_{\text{極}} \frac{N}{n}(n-1)$$

となり，以下を得る．

$$2 - \frac{2}{N} = \sum_{\text{極}} \left(1 - \frac{1}{n}\right). \tag{A}$$

$N=1$ とすると，この系の唯一の対称は恒等対称となる．よって，N は少なくとも 2 以上とする．このことにより，

$$1 \leqslant 2 - \frac{2}{N} < 2$$

を得る．総和の中の n の値は少なくとも 2 でなければならない(理由は？)ので，

$$\frac{1}{2} \leqslant 1 - \frac{1}{n} < 1$$

となる．ここで回転対称系が極の同値類を 1 つしか含まないと仮定する．そうすると，(A)式の右辺は 1 未満となり，(A)式の左辺が 1 以上であることに矛盾する．よって極の同値類は少なくとも 2 つ以上あることになる．

　また回転系は極の同値類を 4 つ以上含むことはできない．なぜならその場合は，(A)

式の左辺が 2 未満となり，(A)式の右辺は，

$$\sum_{極}\left(1-\frac{1}{n}\right) \geqslant \frac{1}{2}+\frac{1}{2}+\frac{1}{2}+\frac{1}{2} = 2$$

となるからである．よって極の同値類の可能な個数は，2 つか 3 つと狭めることができる．

系が p 極と q 極という 2 つの極の同値類を持っていると仮定する．この値を (A) 式に代入することにより，

$$2-\frac{2}{N} = \left(1-\frac{1}{p}\right)+\left(1-\frac{1}{q}\right),$$

変形して，

$$2 = \frac{N}{p}+\frac{N}{q}$$

を得る．p 極の同値類は $\frac{N}{p}$ 個の極を持つので，$\frac{N}{p}$ は 0 でない整数となる．同様に $\frac{N}{q}$ も 0 でない整数となる．よって $\frac{N}{p}=\frac{N}{q}=1$ となり，$N=p=q$ となる．つまりこの系は（各同値類につき 1 つずつの）2 つの極を持ち，よって 1 本の軸となる．両方の極とも p 極であり，軸は p 回となり，対称系は巡回的で C_p となる．

残りの場合の 3 つの同値類がある場合を考えよう．3 つの極を p 極，q 極と r 極とする．これらを (A) 式に代入することにより，

$$2-\frac{2}{N} = \left(1-\frac{1}{p}\right)+\left(1-\frac{1}{q}\right)+\left(1-\frac{1}{r}\right)$$

を得る．変形して，

$$1+\frac{2}{N} = \frac{1}{p}+\frac{1}{q}+\frac{1}{r}$$

を得る．もし，すべての p,q と r が 3 以上とすると，

$$\frac{1}{p}+\frac{1}{q}+\frac{1}{r} \leqslant \frac{1}{3}+\frac{1}{3}+\frac{1}{3} = 1.$$

しかしながら，$1+\frac{2}{N}$ はいつでも 1 より大きいので，p,q または r のいずれか 1 つは 2 でなければならない．$r=2$ とし，さらに $p\geqslant q$ と仮定する．そうすると，

$$1+\frac{2}{N} = \frac{1}{p}+\frac{1}{q}+\frac{1}{2} \tag{B}$$

となり，これを変形することにより，

$$(p-2)(q-2) = 4\left(1-\frac{pq}{N}\right) < 4 \tag{C}$$

となる．よって $(p-2)(q-2)$ は 0, 1, 2 または 3 となる．

まず積が 0 の場合は，$q=2$ となる．これを (B) に代入すると，$\frac{1}{p}=\frac{2}{N}$ となり，$N=2p$ となる．よって，この系は 3 つの極の同値類を持ち，1 つは p 極，残り 2 つ

は 2 極となる. 2 極の各類は $\frac{N}{2} = p$ の極を含む. これは二面体系 D_p である.

その他の (C) の解は $(p,q) = (3,3), (4,3)$ および $(5,3)$ である. これらの解はそれぞれ系 T, O および I に相当する. そしてこれ以外に可能性はない. ∎

鏡映対称

前の節で議論した対称操作はすべて直接的対称であり, あるモデルに実際に適用することができる. ここで考える対称性は**間接的**なもので, その結果を視覚化するためには鏡が必要となる. 図 8.9 の多面体は回転対称を持たないが, 非対称的ではない. これは左右対称性という人間の顔におおよそ見ることができる対称性である. つまり, それは互いに鏡像の関係にある 2 つの部分に分かれるということである. 多面体をこのように 2 つに分ける平面を, **対称平面**または, **鏡映面**と言う. この多面体は, 鏡対称または, **鏡映対称**を持つと言う.

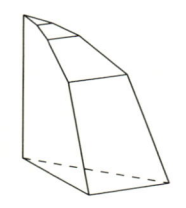

図 8.9：左右対称性を持つ多面体.

日常生活における物体は概ね鏡映対称を持っており, コルク栓抜きのような鏡映対称性のないものは, ねじれているように見える. 鏡映対称性を持たない多面体をカイラルと呼ぶ. (「手」を表すギリシャ語から由来.) それらは左手と右手のように, 互いに鏡像の関係にあるような 2 つの形となって現れる. そのような 2 つの多面体の組を, **鏡像体**と言う. 歪立方体と, 5 つの四面体の複合はカイラル多面体の 2 つの例である.

左右対称性は, 鏡映面をたった 1 つしか持たないような, 最も簡単な鏡映対称性のタイプである. このタイプの対称性にはラベル C_s を与える. 下つき文字はドイツ語の鏡を表す「Spiegel」からきている[2]. 多面体が 2 つ以上の鏡映面を持つと, それは回転対称性も持つことになる. なぜならその鏡の交線が回転対称軸として機能するからである. 多面体がある鏡映面で写され, さらにもう 1 つの鏡映面で写されるとすると, 右手系から左手系になり, また右手系に戻るので, その合成の作用は回転対称となる. よって (C_s を除く) すべてのこの種の鏡映対称を含む対称性は, 上に書いた回転対称系の 1 つを持たなくてはならない.

---

[2] 付録 1 にいくつかの代替可能なラベルのつけ方を載せる.

角柱的対称型

この節で扱う対称性のタイプは1つの回転主軸を持つもであり，それらは巡回的か，二面体的である．これらの対称性のタイプを表す多面体の例は，角柱をいろいろ装飾することによって得られる．よってこれらの対称性のタイプは総称的に，**角柱的**と呼ばれている．装飾は，場所を選んでつけ加えたり先端を切り詰めたり，切り込みや刻み目を入れたり，単にデザインを描いたりすることによってなされる．

それらのパターンは結晶の表面に時々見ることができる．表面にはごく小さい山や谷がついている．そのような印づけを，条線や細筋と言う．この例はカラー図2にある黄鉄鉱の結晶の表面に見ることができる．これらのパターンは，結晶の背景にある構造の対称性を明らかにするものである．

異なる対称性のタイプをよりよく理解するためには，いくつかのモデルの組を考察するのが最もよい方法である．六角柱は薄いカードから簡単に作ることができ，その表面にパターンを描くことにより，多くの種類の対称性を表すことができる．これら

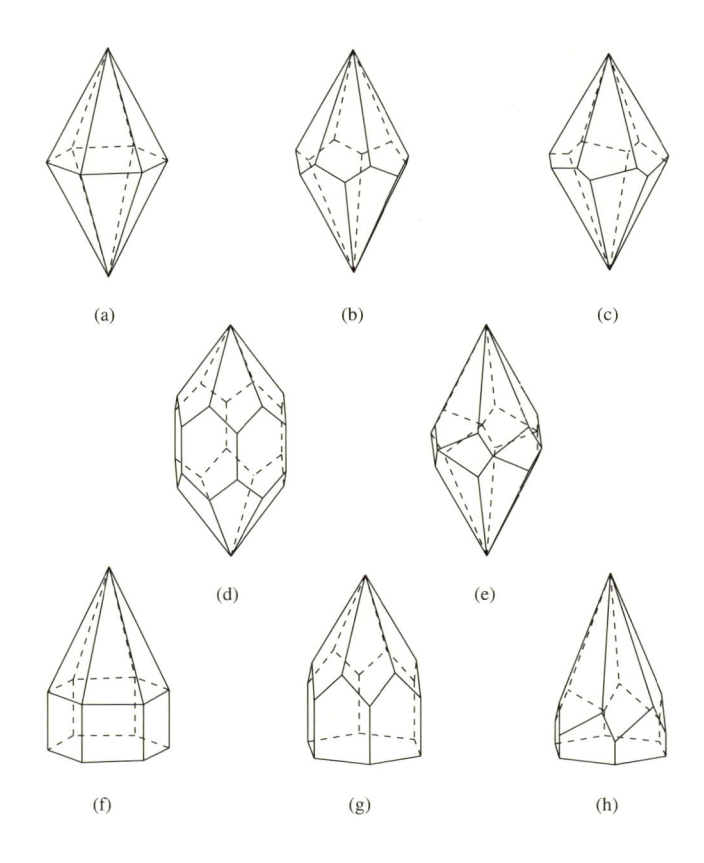

図 8.10：角柱的対称性を持つ多面体．

のモデルを詳しく調べることにより，どの対称系がそのモデルに対応するかがわかり，それらの差を明らかにするように比べることができるようになる．読者にはこれらの組を作ることを強く薦める．

D_{nh} 対称型

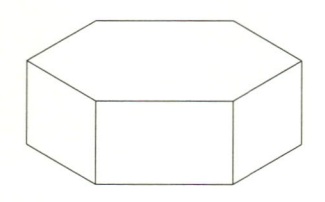

図 8.11

まず，マークをつけていない角柱の対称性を調べる．六角柱を例に取ってみよう（図 8.11）．この回転対称は二面体的である．それは六回回転対称主軸と6つの二回回転対称副軸を持つからである．今，六角形の面を下にして置かれ，主軸がまっすぐに立っていると仮定する．このとき，水平な鏡映面で角柱を半分に切るものがある．他の鏡映面は垂直に置かれ，それぞれ主軸を含んでいる．垂直な鏡映面が水平な平面と交わる6つの直線は，回転対称の軸となり二面体系の二回対称軸となる．これがマークなしの角柱の鏡映面と回転軸の完全な系である．

この系に与えられるラベルは D_{6h} である．D_6 は回転対称性のタイプを表し，下つき文字の h は水平鏡映面の存在を表す．水平鏡映面は唯一の鏡映面ではなく，ラベルの中に名前が現れる対称の要素により，垂直な鏡が存在することが強いられる．この対称性を持つ他の多面体は六角両錐である（図 8.10(a) 参照）．

D_{nv} 対称型

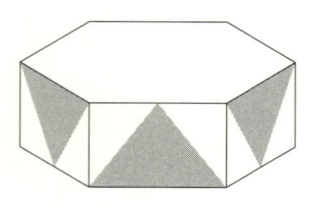

図 8.12

もし六角柱が図 8.12 のように，角柱の周りの面に交互に上向きと下向きの袖章がつけられているとすると，マークのつけられていない角柱の対称性のいくつかの要素は壊されてしまう．水平面はもはや対称平面ではなく，垂直な平面で向かい合う稜を通るも

のもそうではなくなる．また向かい合う面の中心を結ぶ二回対称軸の対称性もやはり壊されてしまう．主軸は3回の回転対称性しか持たなくなる．この対称性の要素の集まりを D_{3v} とラベルづけする．回転対称系は D_3 であり，下つき文字の v は垂直鏡映面の存在を示す．（この系を表すのに D_{3d} というラベルが使われていることもある．）

D_{6v} 型対称性を持つ多面体は反六角柱である．これはマークづけのない六角柱と同じ回転対称系を持つ．しかしながら，水平鏡映面は消え，D_{nh} 型の場合には二回対称軸が垂直な鏡映面に含まれていたのに対し，軸と平面は主軸の周りに交互に重ね合わされる．D_{6v} 対称型を持つもう1つの多面体は六角等辺偏方多面体である（図 8.10(b) 参照）．

D_n 対称型

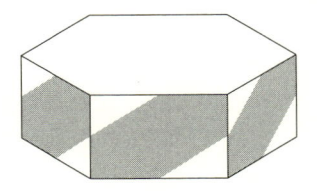

図 8.13

六角柱が図 8.13 のように飾られていると，すべての鏡映対称性は壊されるが，回転対称系はそのまま残される．この純粋な回転対称系は D_6 とラベルづけされる．六角不等辺偏方多面体（図 8.10(c)）はこの対称性を持つ．

C_{nv} 対称型

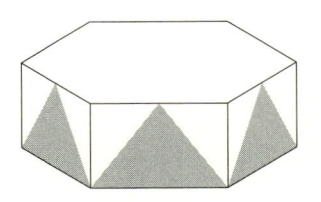

図 8.14

六角柱を図 8.14 のように山形をすべて上を向くようにつける．この場合には二回対称軸は対称軸ではなくなる．これは回転対称のタイプが二面体的から巡回的へと落ちることを意味する．垂直鏡映面は対称面であるが，水平面は対称面ではなくなる．（もし垂直と水平の両方の鏡映面が存在すると，二回対称軸も現れることになる．）このタイプの対称性を C_{6v} とラベルづけする．C_6 は回転対称のタイプを表し，v は垂直鏡映面を表す．引き伸ばされた六角錐はこのタイプの対称性を持つ（図 8.10(f)）．

C_{nh} 対称型

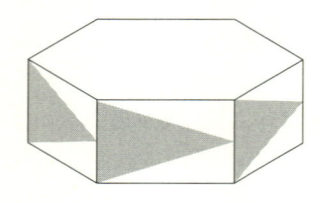

図 8.15

図 8.15 のようなパターンを角柱に適用すると，やはり回転対称系は巡回的系へと落ちる．この場合は垂直な鏡映対称は壊され，水平鏡映面が残る．この系は C_{6h} とラベルづけされる．図 8.10(e) はこの対称型を持つ多面体を表している．

C_n 対称型．

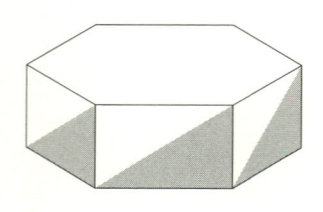

図 8.16

角柱が図 8.16 のように装飾されると，六回回転対称性以外の対称性は破壊される．この系は単なる C_6 である．例は図 8.10(h) を見て欲しい．

問題 図 8.10 (d) と (g) の多面体の対称型を求めよ．

問題 次のパターンをそれぞれ長方形の面に描いた 5 つの八角柱の対称型を求めよ．

A E H N P

アルファベットのこれ以外の文字で，これらと異なる対称型を与えるものはあるか？

複合的対称と S_{2n} 対称型

図 8.17 のようにパターンづけられた六角柱の対称型は何であろうか？ これには鏡映対称の平面はなく，1 つの 3 回の回転対称の軸しかない．よって，上のリストでは，これは C_3 型対称を持つことになる．しかしながらこの対称性のタイプでは，1 つおき

複合的対称と S_{2n} 対称型　　***311***

に同じパターンを持っているということしか認識していない．だが実際同じモチーフがすべての長方形の面に出てきているので，単なる巡回型よりも高い次数の対称性があるように思える．

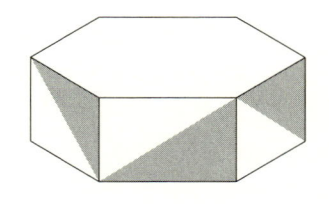

図 8.17

立体のこの種の対称性と，映進として知られる線形のパターンの対称性の間には類似点がある．今モチーフとして，非対称的な不等辺三角形を選んだとする．鏡映対称によりもう1つのモチーフが得られるが，それは反対の系のものとなる（図 8.18 参照）．2つ目の対称は（平行移動と呼ばれ）モチーフを等間隔で線形のパターンで繰り返すものである．これら2つの対称を組み合わせ，つまり鏡映と平行移動を組み合わせた，1

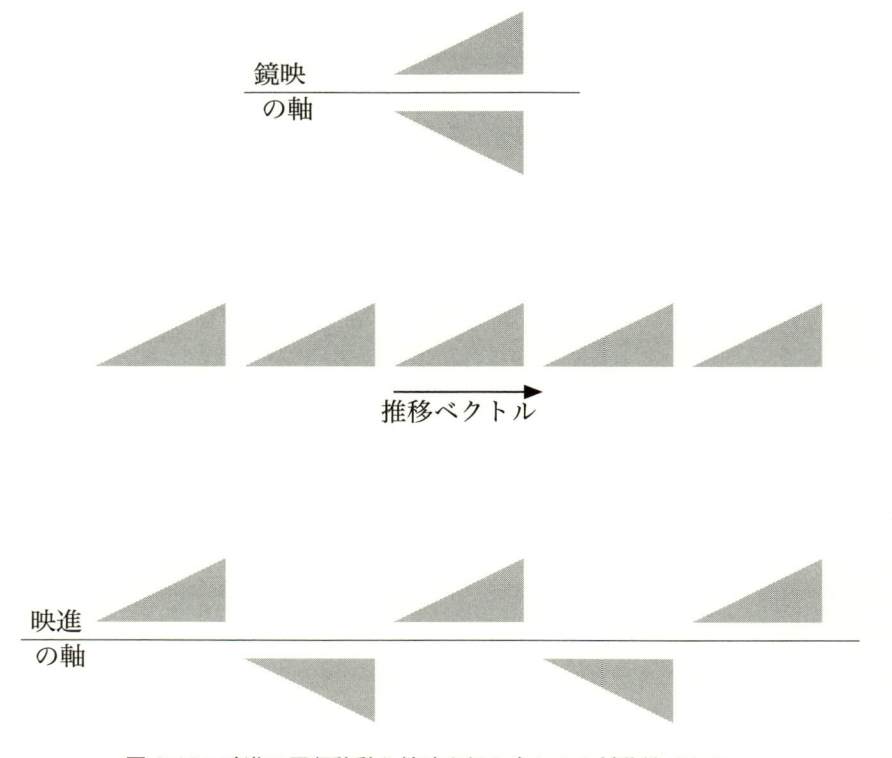

図 8.18：映進は平行移動と鏡映を組み合わせた対称性である．

つの複合化された操作を作ることができる．1つのモチーフのコピーを，隣のもう1つに運ぶためには，平行移動しさらに鏡像を取る．この動きは**映進**と呼ばれる．これは浜辺の足跡に現れる対称性である．

さてここで映進対称の線形パターンの一部を切り取って，端を繋げることにより輪にする（図 8.19 参照）．もしその切り取った部分が合同な 6 つの三角形を含んでいたとすると，その輪は上に出てきた装飾された六角柱と同じ対称性を持つ．直線状のパターンの際の平行移動の対称性は，輪では回転対称性へと変化し，直線状のパターンの滑走線は平面へと変化する．1つの面を次へと送る対称性は，主軸の周りの 60° 回転とその後の水平鏡映面での鏡映の合成である．この操作は複合的対称であり，それを**回転鏡映**と言うことにする．主軸は回転鏡映の軸と呼ばれ，この例では，多面体を元の位置に戻すためには 6 回作用させる必要があるので，それは六回対称軸となる．このタイプの対称性には S_n とラベルづけする．この例は S_6 対称を持つ．

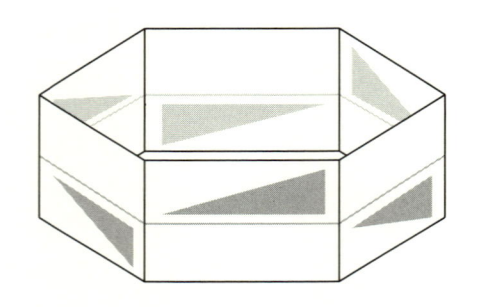

図 8.19

このタイプの対称性は n は偶数でなければならない．そうでないと，C_{nh} 型対称と同じになってしまうからである．n が 2 の場合には，切り取った部分には 2 つのモチーフしかなく，回転対称はない．この場合にはこの対称性はしばしば**中心反転**や**1 点に関する鏡映**と呼ばれる別の操作として表される．

後者の名前がなぜ適切であるかを見るためには，対象を平面で鏡映した時に何が起こるかを考察するとよい．対象上の点から鏡映面までの距離は，鏡映面からその点の鏡像までの距離と等しくなる（図 8.20）．S_2 対称においては，鏡映面と同じ役割をする中心点が存在する．つまり，中心点から対象上の点までの距離と，中心点から対象の像上の点までの距離が同じなのである．この対称性は単独で起こる必要はなく，他のもっと複雑な対称系に含まれる．例えば立方体は，反転対称を持つ．一方，正四面体はそれを持たない．

もし多面体の対称性が反転対称性しか持たないときは，S_2 とラベルづけする．しかしながら，習慣として，このタイプの対称性は C_i と書かれる．

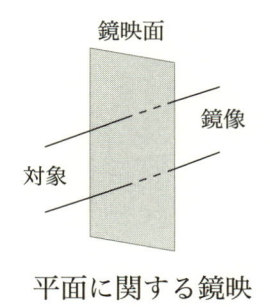

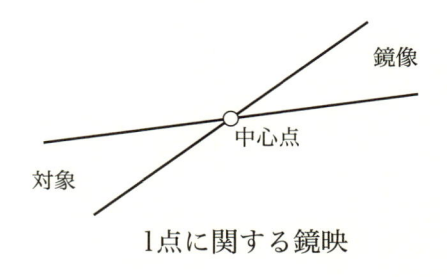

図 8.20

立方体的対称型

この節で考察するすべての多面体は立方体と同じ回転対称軸を持つが，いくつかの例では四回対称軸は二回軸へと落ちる．角柱の場合と同様に，立方体型対称性の各タイプは，立方体に適当なパターンを書くことによって説明することができる．小さな立方体を作り，それにパターンを描き込むことにより，対称性の違いをはっきり見る助けになるであろう．

O_h 対称型

まず，何も飾りつけしていない立方体の対称性の要素の完全な集合を書き下す．四回回転対称の軸が3つあり，それらは相対する面の中心を結んでいる．4つの三回回転対称軸は対角線上の相対する2つの頂点を結んでいる．6つの二回回転対称軸は相対する稜の中心を結んでいる．この軸の系は八面体のものと同一視できるので，立方体が持つ回転対称系は O である．

鏡映対称系も同様に豊かである．3つの鏡平面があり，それぞれ四重軸を2つずつ含み，互いに垂直な平面の系をなしている（図 8.21 (a) と (b) 参照）．他に6つの鏡平面があり，それぞれ三回軸を2つずつ含んでいる（図 8.21 (c)）．さらに立方体は反転の中心も持っている．

この系の回転対称の軸で最も度数が大きいものは4回である．これらの主軸のうち1つが垂直に置かれたとすると，水平に置かれる鏡映対称の平面が見つかる．この対称系を O_h とラベルづけする．

O 対称型

回転対称の三回軸を残すように図 8.22 のようなパターンを適用すると，結果としてすべての回転対称系は残ることになる．しかしながらすべての鏡映対称は壊される．よってこの対称型のラベルは O となる．歪立方体は，鳥の絵のモザイク模様で被われた八面体（図 2.5）と同様に，このタイプの対称性を持つ．

(a)

(b)

(c)

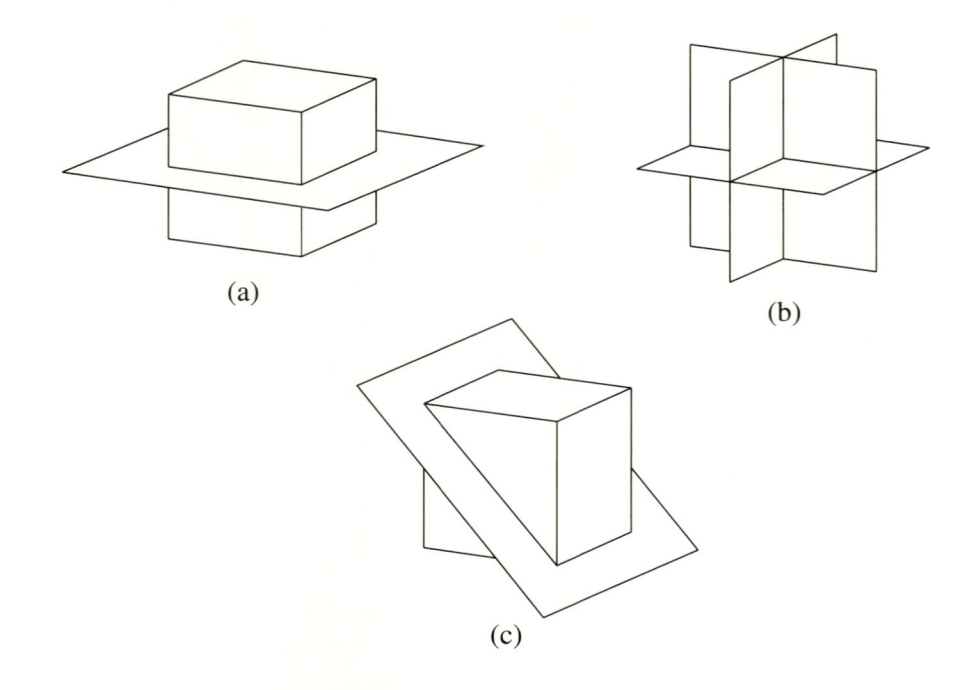

図 8.21：立方体の鏡映平面.

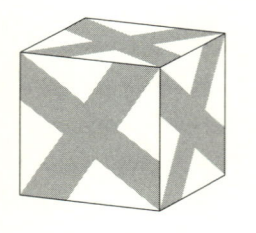

図 8.22

T_h 対称型

立方体が図 8.23 のようなパターンで飾られている状況を考える．この場合も三回回転対称軸は残される．他の回転対称性は変化するか壊される．パターンをつけていない立方体の四回対称軸は二回軸へと落ち，相対する辺の中心を結ぶ軸はもはや回転対称の軸ではなくなる．回転対称系は 4 つの三回対称軸と 3 つの二回対称軸からなるようになる．つまり，実際これは正四面体と同じ系となるのである．

このように装飾された立方体はまだいくつかの鏡映対称を持っている．3 つの互いに垂直な鏡平面は，ここでも鏡映対称の平面である．他の平面はもはや対称性の要素としては機能しない．この対称性のタイプを T_h とラベルづけする．図 8.24 にある 2つの十二面体はこの対称型を持つ多面体の例である．

立方体的対称型　*315*

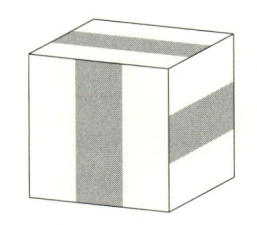

図 8.23

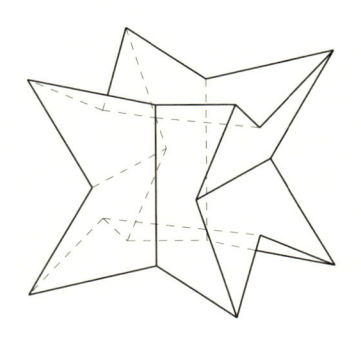

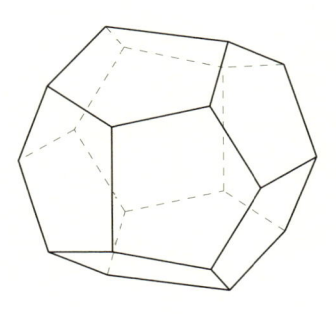

図 8.24：T_h 対称を持つ多面体.

この対称性を持つ多面体は，反転対称性も持つ．この特徴を用いると，T_h とこれから述べる反転対称の中心を持たない対称系とを容易に区別することができる．

T_d 対称型

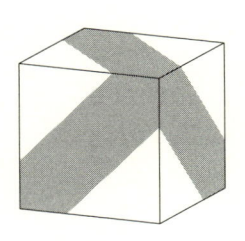

図 8.25

図 8.25 のように装飾された立方体は，やはり正四面体と同じ回転対称性を持つ．しかしながら，この場合は壊されるのは鏡映対称の直交する平面たちであり，他のものは生き残る．このタイプの対称性は T_d とラベルづけされる．これは正四面体のすべての対称性である．

T 対称型

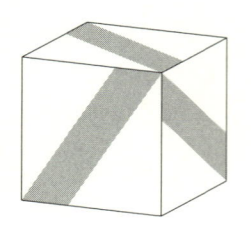

図 8.26

立方体を装飾するのに図 8.26 のようなパターンが使われたとすると，すべての鏡映対称が壊される．残る対称性は正四面体の回転対称のみである．この対称性のタイプは T とラベルづけされる．この対称形を持つ多面体は，二十面体をねじり，変形することにより得られる「歪四面体」（図 8.27）である．

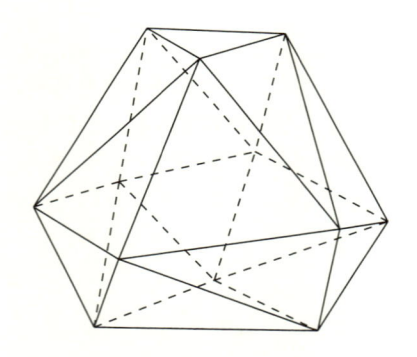

図 8.27：「歪四面体」．

二十面体型対称性

二十面体的対称系を持つ多面体の対称型の解析は，先に行った角柱的系および立方体的系の場合よりもずっと簡単である．実際 2 つの種類しかない．1 つは鏡映対称の平面を持ち I_h とラベルづけされる．もう 1 つは回転対称のみを持ち I とラベルづけされる．十二面体と 4 つのケプラー–ポアンソ星型多面体は I_h 型の対称性を持つ．5 つの四面体の複合である（カラー図 12）歪十二面体と魚のモチーフ（図 2.5）で飾られた二十面体は，I 型の対称性を持つ．

問題 二十面体の回転対称系(I)は上記の通りである．正二十面体の鏡映対称の平面を見つけ，対称系 I_h を書き表せ．

正しい対称型の決定

上記の多面体の対称型のリストは，もう 1 つを除き完全なものとなっている．つまりまったく対称性を持たない場合である．そのような場合，多面体は**非対称的**であると言う．この対称は C_1 とラベルづけされる．なぜなら，1 重対称というのは，はじめの場所と判別不能な場所へ運ぶためには，多面体を 360° 回転させる必要があるということを意味するからである．非対称な多面体と交わるすべての直線は 1 重対称軸であり，これらがそれが持っている「対称」のすべてである．

よって，多面体は 17 種類の対称型のうちの 1 つを持つことになる．（角柱型は密接に関係した無限個を含む族である．） 17 の対称型は以下のものである．

$$C_1, \quad C_i, \quad C_s,$$
$$C_n, \quad C_{nv}, \quad C_{nh}, \quad D_n, \quad D_{nv}, \quad D_{nh}, \quad S_n,$$
$$T, \quad T_d, \quad T_h, \quad O, \quad O_h, \quad I, \quad I_h$$

これだけたくさんのクラスがあるので，多面体の対称性のタイプをわかりやすい方法で判別できるかどうか，ということは重要である．それを行う簡単な方法を図 8.28 に挙げる．これは問題となる多面体について簡単な yes/no の質問に答えることにより，決定木をたどり，（間違えなければ）正しい対称性のタイプへと導かれるというものである．もし角柱型の 1 つが得られた場合には，主軸が n 重対称であるとすると，n はその対応する数字に置き換えられるべきである．

問題 モデルを作りその対称型を判定せよ．また，この本に載っているいくつかの多面体の対称型を求めよ．例：アルキメデス立体，三角面体，その他の正多角形多面体（第 2 章），菱形多面体（第 4 章）．

対称性の群

> プラトンの視点による発展の際立った例は，群論へとつながる対称性の数学的解析である．[b]
> F. E. ブローダー，S. マクレイン

多面体の対称性の可能な系はすべて書き下された．それは存在する対称の要素（軸，平面，対称点）を，相対的位置とともに書き下すことによってなされた．しかしながら，これらすべての要素が互いに独立というわけではない．時に系にある特定の要素が他の要素の存在を強要する場合がある．例えば 2 つの鏡映対称の平面は 1 本の回転対称

318　第8章　対称性，形，構造

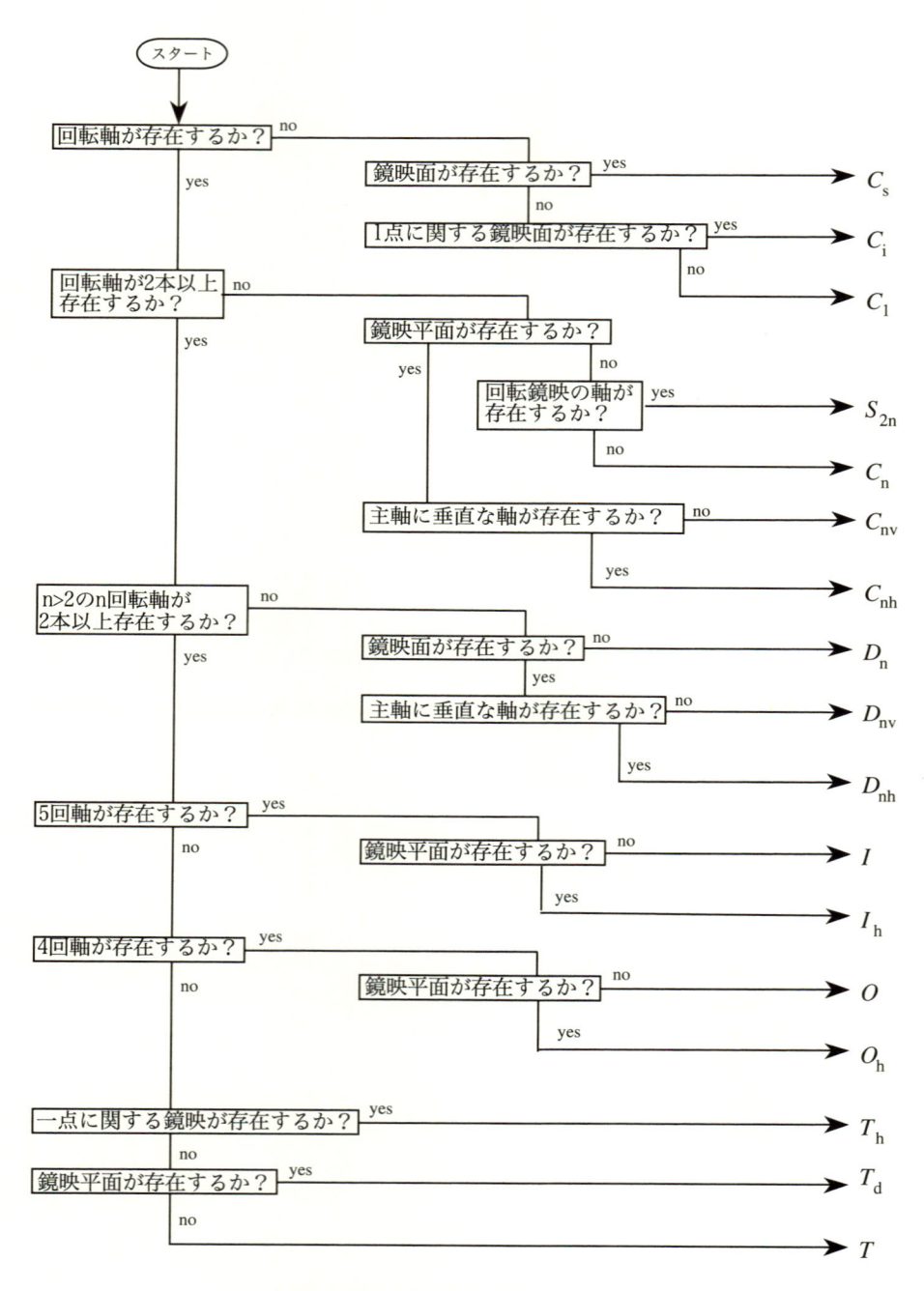

図 8.28：多面体の対称型を決定する決定木.

軸を定める．これは，1つの鏡平面で鏡映対称を行いさらに2つ目で行うと，多面体は(途中そのような場所を経た上で)元の場所と判別不能な位置へと運ばれ，結果として現れる対称は，2つの鏡平面の交わりである直線を軸とする回転であることが示すことができる．

2つの対称を作用させると3つ目の対称が生まれるという過程から，結合則のアイデアが導かれる．つまり2つの対称作用の合成の結果を表す法則である．そのような法則すべては系の**構造**を書き表す．例として，C_{2h} 系の対称の結合則を求めてみる．

C_{2h} 系の対称を与える要素は，二回回転対称軸とその軸に垂直な鏡平面である．対応する2つの対称操作は180°回転と鏡映である．これら2つの対称操作が組み合わされ，回転の後に鏡映が行われると，得られるものは合成対称となる．それは二回回転鏡映である．この対称は通常，反転と呼ばれ，軸が鏡平面と交わる点もやはり対称の要素となる．つまり，それは反転の中心または鏡映対称の点となるのである．対称の順番を逆に合成しても同じ結果が得られる．これはいつも成り立つわけではないことを注意すべきであろう．作用させる順番は結果に影響を及ぼす可能性もあるのである．

これまで見つかった対称作用を文字を使って表すとする．r は回転，m は鏡映，i は反転を表すとする．今得られた2つの結合法則は，

$$r \cdot m = i \quad \text{および} \quad m \cdot r = i.$$

と書くことができる．どちらの作用が先になされたかが結果に影響を与える可能性もあるので，どちらを先にするかという決まりを決めることは重要である．この例では，左側から作用させることにする．(この決まりは著者によって変わる．)

他の結合側も得ることができる．例えば，$r \cdot i, i \cdot m$ そして $m \cdot m$ の結果はどうなるであろう？実は，これらの組み合わせは新しい対称要素を生み出さない．つまり結果として得られる作用は，いつも r, m, i または恒等対称となる．多面体に鏡映対称を連続して2回施すと，多面体は元の位置に戻る．恒等対称を1で表すとすると，この法則は以下のように書ける．

$$m \cdot m = 1.$$

記号1は，数字の掛け算を用いた結合の類似として用いられている．任意の数字に1を掛けても何も変わらない．それと同様に，任意の対称に恒等対称を合成しても何も変わらない．よって以下を得る．

$$1 \cdot m = m, \quad r \cdot 1 = r, \quad i \cdot 1 = i.$$

これらすべての結合則は，任意の2つの作用の結合の結果を与える表により一覧にすることができる．このような表は小学校の子供が使う掛け算九九の表に非常によく似ている．しかしながら1つ大きな違いがある．2つの数字の積は掛ける順番によらないが，2つの対称作用の順番を変えると異なる結果を得る可能性があるということで

ある．ここでは，表の端にあり列を表してる記号がはじめの作用を表すとし，上にあり列を表している記号が2番目であるとする．下の表は C_{2h} の法則を表している．

C_{2h}	1	r	m	i
1	1	r	m	i
r	r	1	i	m
m	m	i	1	r
i	i	m	r	1

法則の表はどの対称系でも作ることができる．S_4 系と D_2 系の2つ場合を例にとってみよう．

S_4 系の場合には，対称要素を表すものは1つしかない．つまり回転鏡映対称の軸である．多面体をこの軸の周りに $90°$ 回転し，その軸に垂直な鏡平面で鏡映させる対称操作を s で表すことにする．この操作を連続して2回行うと，それは多面体をこの軸に関して $180°$ 回転させるのと同値になる．r をこの軸の二回回転とすると，$s \cdot s = r$ を得る．r と s の合成は，この軸に関する $270°$ 回転をした後，鏡映対称を行うもので，それを t と書くことにする．よって $r \cdot s = t$ となる．s を4回行うと結果は $360°$ であり，$t \cdot s = 1$ を得る．これらの作用の法則のすべてを下の表に表す．

S_4	1	s	r	t
1	1	s	r	t
s	s	r	t	1
r	r	t	1	s
t	t	1	s	r

D_2 系の対称要素は，互いに垂直な3つの二回軸である．これらの軸を図にあるように X, Y および Z と名前をつける．多面体を X 軸の周りに $180°$ 回転させる操作を x と書く．同様に y と z を，それぞれ Y 軸と Z 軸の周りの二回回転とする．この系の結合則の表は以下のようになる．

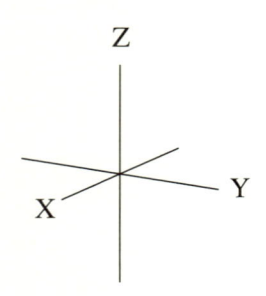

対称性の群　*321*

D_2	1	x	y	z
1	1	x	y	z
x	x	1	z	y
y	y	z	1	x
z	z	y	x	1

　これらの表は対称系の構造を説明し，抽象的な数学的概念である**群**の例となっている．群は要素の集まりと，任意の2つ要素が合わさり別の要素ができる手順が与えられてできるものである．我々の場合では，群の要素は対称作用であり，結合の方法は「2つの対称を順番に作用させる」というものである．ある集合とそれに付随した結合の方法が群となるためには，いくつかの特定の性質を満たさなければならない．

　まず，2つの要素の結合はその集合内の要素とならなければならない．例えば，立方体の鏡映対称の集合は群をなさない．なぜなら2つの鏡映対称の合成は鏡映ではなく回転であるからである．立方体の回転対称の集まりは群となる．なぜなら任意の2つの回転の合成は必ずまた回転となるからである．

　次に，恒等対称のように働く要素がなくてはならない．この要素はたいてい1と書かれる．そして，g を群の他の任意の要素とすると，以下の両方が成り立たなければならない．

$$g \cdot 1 = g \quad \text{および} \quad 1 \cdot g = g.$$

　群が持たなくてはならない3つ目の性質は，対称の群の場合に見ることができる性質，任意の対称操作はやり直すことができるというものである．ある対称の効果を2つ目の対称を作用させることにより無効化し，合成が恒等対称にすることができるというものである．例えば S_4 系の場合は，$s \cdot t = 1$（表をチェックせよ）であるので，s で表される作用は作用 t によって打ち消される．この性質は抽象的には，群の各要素 g に対してある要素 h が存在し $g \cdot h = 1$ を満たすと表される．

　群の最後の性質は，要素の多くの合成を含む長い表し方があった場合に，どの順番に計算してもよいというものである．（これは要素の順番を変えてもよいということではない．）また S_4 系を例にとって，$r \cdot s \cdot t$ が2通りの異なる方法で計算できることを見よう．それらは以下のものである．

(i) 左側の合成を先に計算：$(r \cdot s) \cdot t$

$$r \cdot s = t \quad \text{そして} \quad t \cdot t = r.$$

(ii) 右側の合成を先に計算：$r \cdot (s \cdot t)$

$$s \cdot t = 1 \quad \text{そして} \quad r \cdot 1 = r.$$

求めていた通り，両方とも同じ結果が得られる．

　集合の要素へのこれらの4つの要請は，群の公理である．群を抽象的な意味で研究

する場合には，これらが考えるべきすべての構造である．要素は実際に行うことができる物理的な作用へと翻訳されることはない．そこで使われるのは，要素がどのように組み合わせられるかという知識だけである．この構造を表す表を**群表**と言う．この抽象的意味では，C_{2h} と D_2 の対称系は同じものとなる．それらの群表のパターンは一致し，よって同じ抽象的構造を持つことになる．これらの群は**同型**であると言われる．それは「同じ型」を意味している．しかしながら，この構造は2つの異なる意味に解釈される．D_2 の場合には，すべての要素は回転として実現されるが，C_{2h} への実現では間接対称も現れる．

それ以外のこれまで見てきた群表の例は S_4 対称系である．この群は抽象的に D_2 系や C_{2h} 系の群とは異なる．表のパターンも異なる．このことは，D_2 の群表では任意の対称の自分自身との合成は恒等元となるが，S_4 系ではそのような対称は2つしかないことにより簡単にわかる．群表におけるパターンのこの性質は，群が抽象的に異なることを示しており，よって対称系は異なる構造を持つことになる．

たくさんの要素を持つ群においては，構造は大変複雑なものとなる．例えば，対称系 I_h の群表は 120×120 個の要素の配列となる．二面体的対称系 D_3 の抽象的構造は以下に示す通りである．この群の要素は三角柱の回転と見なすことができる．二回回転は p, q, r に対応し，a, b は主軸の周りの回転である．この群は，要素の順番が重要となる合成の例を含んでいる．例えば，$a \cdot p = r$ であるが，$p \cdot a = q$ である．

D_3	1	a	b	p	q	r
1	1	a	b	p	q	r
a	a	b	1	r	p	q
b	b	1	a	q	r	p
p	p	q	r	1	a	b
q	q	r	p	b	1	a
r	r	p	q	a	b	1

人々はきちんと定義される前に群を用いてきた．多面体の対称性のような，研究される問題においては，群の公理は自動的に満たされていた．これらの4つの性質が群の性質として抽出され，抽象群が公理的に定義されたのは，多面体やその他の類似した構造の数多くの研究の後である．**群**という用語がこの構造を表すために初めて使われたのは，1869年にカミーユ・ジョルダン（1838〜1922）によってである．しかしながら彼は群の定義にははじめの性質しか用いておらず，系の閉包を群と定義した．彼は対称の群を研究しており，他の3つの公理は対称の合成の方法により自動的に従ったのであった．彼はすべての対称がそれに対応した「等しく相反する」対称を持っていることに気がついていた．つまり逆元である．1854年にアーサー・ケーリーは，4番目の性質（結合性）の必要性と単位元の存在を認識した．彼は抽象的な記号を用い，合

成の法則を群表を用いて表した．1856年に，ウィリアム・ローウェン・ハミルトンは初めての群の**表示**の1つを与えた．それは群表を完全に書き出すことなく群を表す方法である．彼は二十面体群の表示を1本の直線で与え（それは60×60の群表に比べ，スペースと労力をを節約するものである），その彼のシステムを「二十面体演算」と呼んだ．上に挙げた4つの性質は，それは現代の群の公理となっているが，1882年にウォルター・フォン・ディックと，ハインリッヒ・ウェーバーの両者によって独立に確立された．

抽象群の解析は群論と呼ばれ，現在数学の非常に重要な一分野となっている．素粒子物理，科学の分子構造，装飾デザインのパターンの分類，いろいろな種類の幾何の表記，そして結晶学を含む多くの分野へ応用されている．

結晶学と対称性の発展

対称のなす群の数学理論の発展は19世紀になされ，その動機づけの多くは結晶の性質の探求からもたらされた．

結晶は常に人類の関心を惹いてきた．その表面の平坦さ，その幾何学的形状の正確さ，その半透明さと，光を屈折させる性質により，結晶は他の非結晶物から区別される．ギリシャ人は石英の美しい結晶を氷河と混同し，それを山の猛烈な寒さによって凝固した水であると考えた．ギリシャ語の「krystallos」は氷を意味する．

17世紀までは知られていた結晶はすべて裸眼で見えるものであった．結晶は稀なものであり，珍しいものであると考えられていた．顕微鏡の発明により，博物学者が鉱物の細かい粒の中に結晶が含まれることがわかるようになる．初期の化学者は溶液から固体の結晶が生成されるのを観察し，平坦な面と対称的な形状が自然と現れるのを見た．これらの観察は結晶の構造の規則正しさを暗示するものとなった．

内部構造が外部形状の要因となっていることは，ロバート・フック（1635～1703）によって初めて指摘された．彼の著作『ミクログラフィア』（1665）において，彼は結晶は小さな球状の粒子が密接に積み重なったものであると述べている．結晶がある方向に平坦な面ができるように割れやすいという事実から，クリスチャン・ホイヘンス（1629～1695）は，これらのへき開面は粒子の層の間の仕切りではないかと提案した．ブローニャとパドヴァで数学の教授であったドメニコ・グリエルミニ（1655～1710）は，どの物質であってもへき開面の方向が同じであることから，彼は結晶が構成される基本的要素は，それ自身平坦な面を持つ小さな結晶に違いないと信じるようになった．

1772年に，ジャン・バティスト・ルイ・ロメ・ド・リル（1736～1790）は『結晶学試論』を出版した．彼の視点では鉱物を分類する主な特徴はその外面的幾何学的形状であり，彼の論説の中では100を越える結晶の形が詳しく描写されている．その後の

研究(1783)において，彼のそのリストは450を以上にもなる．各結晶において正確な計測がなされ，面角安定性の発見へと導かれた．

ルネ・ジュスト・アユイ（1743〜1822）も結晶の構造について書いている．1784年に公表した論説において，彼はへき開面の観察から得たアイデアを出している．次のような話が伝えられている．彼は友人のものである方解石の大きな結晶をうっかり落としてしまう．友人はそこで直ちにその破片を彼に見せた．アユイはへき開面は表面の平坦な部分とは同じではなく，結晶が十分細かく砕かれると，その面がすべてへき開面と平行な小さな核が残ることに気がついた．方解石の場合には，この核の形は菱面体的である．彼はこの形の核が積み重なり傾きの異なる面を作る様子を，隣り合う層で規則正しく列が省かれると仮定することにより示すに至る．結晶がまったく同じ小さなブロックから作られ，その配置の仕方によりいろいろな形ができあがるという考えによって，1つの鉱物の結晶の外見の多様性を説明することができる．同じ結晶に異なる形状が存在することが，結晶内部構造が存在しないという説の証拠として使用された時期もあったのである．図8.29に挙げた図は，1801年のアユイの著書『結晶学教科書』から引いたものである．いかにして小さな立方体が積み重ねられ，菱形十二面体や五角十二面体が作られるかが示されている．面が階段状になっているのは，ブロックの大きさが立体の大きさに比べて大きいからである．実際の結晶では，ブロックは顕微鏡でも見えないほどの小ささであり，面は平面状に見える．この結晶構成要素理論の重要性により，アユイは「結晶学の祖」と呼ばれている．

はじめはアユイは6つの構成要素しか持っていなかったが，後にそれは18個に増やされた．新しい面を出現させるために彼は構成要素の形を変えることを考慮したが対称の法則を科しその可能性に制限を加えた．つまりはじめの形で**見た目には区別することができない**部分は，同じ方法で変形されなければならないというものである．このことによりアユイは立体のいくつかの異なる種類の対称型に対する直観的理解を得ていた．その時代の数学者は単なる鏡映対称以上は考えなかった時代にである．

アユイの理論の問題点は，結晶を砕いてできる単位胞が，立方体のように空間を埋め尽くすことが必ずしもできないことである．このことにより，アユイの基本要素が現実のものであるかどうかという議論の対象となった．ある人は各要素を重心点に置き換えることを提案した．その結果としてどの方向へも繰り返すパターンとして空間に配置される格子が得られる．他にも構成要素を球体に変え，フックのアイデアをよみがえらせる人もいた．ガブリエル・デラフォッセ（1796〜1878）はアユイの構成要素を，球体状の原子を頂点に持つ「多面体的分子」に置き換えることを提案した．これらの分子が（アユイの要素のように）格子状に配置され，その形により結晶の外観と物理的性質が決定されるというものであった．

この新しい構造を理解するためには，分子それ自体と格子構造のそれぞれの対称性と，その間の関係を詳細に解析することが必要となる．この問題にオーギュスト・ブ

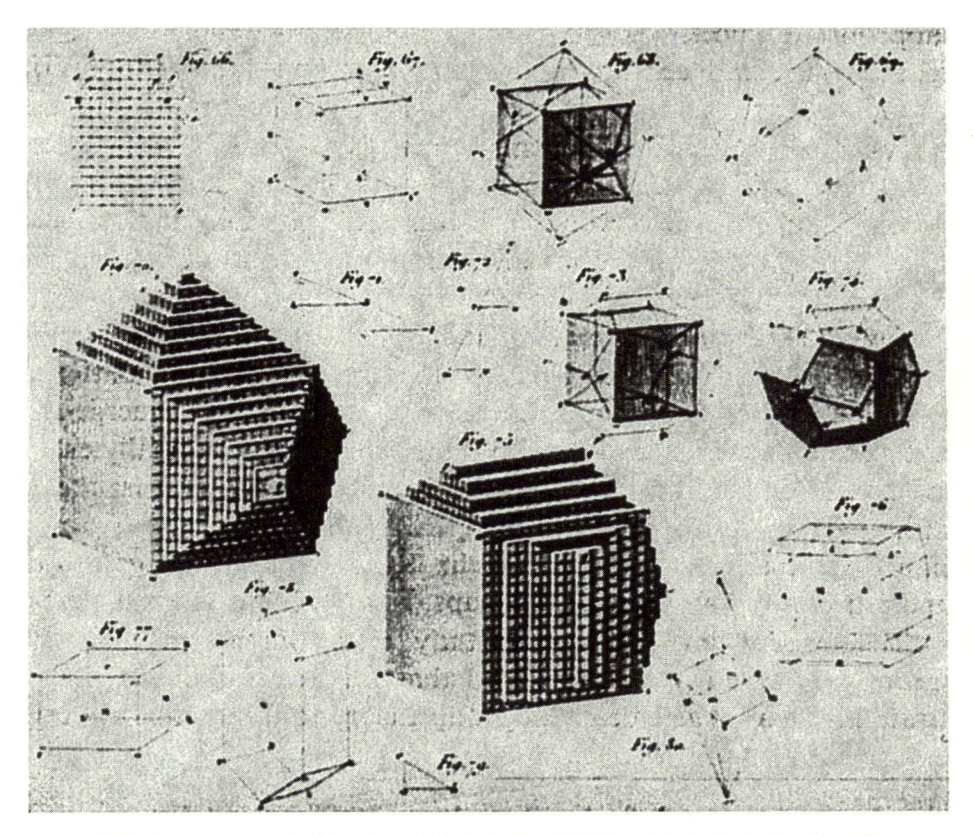

図 8.29：アユイの『結晶学教科書』にあるこの図は，小さな同じ形の構成要素を積み重ねることにより，いろいろな結晶の形が作られる様子を示している．

ラベ(1811〜1863)が挑戦する．1849年に出版された彼の論文の中で，軸，平面，対称の中心が定義され，主軸と副軸とが区別される．種々の対称の組み合わせを考察することにより，彼はこの章で取り上げた多面体の対称型のリストを1つを除き列挙した．彼は S_{2n} で n が偶数のタイプを見逃してしまった．（彼の対称操作のリストには回転鏡映が含まれていない．n が奇数の場合には，S_{2n} は回転と反転により生成することができる．）

数学者でありかつ天文学者であるアウグスト・フェルディナンド・メービウス(1790〜1868)も，多面体の形状を持つ物体が持ち得る対称系について研究した．彼の対称の定義は今日使われているものと同じである．つまりある形がそれ自身と2通り以上の方法で一致するとき，対称的と言う．彼はパリ学士院が1861年に開催した「多面体の理論のある側面の構築」に関する賞に応募した．参加した参加者の中には，ユージーン・シャルル・カタランがおり，彼はアルキメデス立体を含むいくつかの準正多面体の列挙をした．賞を受けるに値すると判断された応募作はなかった．

結晶の外面的形状が持ち得る対称型をはじめに列挙されたのは，これよりも前のことである．鉱物学者ヨハン・フリードリヒ・クリスチャン・ヘッセル（1796～1872）は1830年に，結晶が持ち得る32種類の対称性を分類したが，彼の業績はレオンハルト・ゾーンケ（1842～1897）がその重要性に関心を惹くまで気づかれずにいた．その論文は1890年代に結晶学に関する論文集の一部として再発行された．

1850年にブラベは彼独自の研究を続け，空間に規則正しく置かれた点の対称性の研究を行った．彼は7つの異なる格子系を見つけ，それらは現在，等軸晶系，六方晶系，正方晶系，菱面体晶系（または三方晶系），斜方晶系，単斜晶系，そして三斜晶系と呼ばれている．彼はこれに続きさらに細かい分類を行い14の異なる格子のタイプを生み出している．

結晶の格子構造は回転対称の種類に制限を与え，回転軸は二回対称，三回対称，四回対称，六回対称となる．この**結晶学的制限**は，アユイの仕事に暗に含まれでるものである．結果として結晶は二十面体的対称性を持ち得ない．なぜならこの対称性は禁じられている五回対称軸を持つからである．立方体の回転対称は除かれていず，立方体結晶は自然界で現れる．角柱系対称性の無限にある対称型の中で，主軸が二回対称，三回対称，四回対称，六回対称のものだけ結晶の対称型として現れる．よって結晶の外的形状の対称型の可能性は有限個しかない．これら32個の対称型は**結晶類**と呼ばれている．

結晶学者は32の結晶類をブラベによる格子の本来の分類に対応し7つの種類に分けている．各格子は基本的要素の繰り返しとして作られるので，基本的構成要素の形が格子の形を決定する．アユイの図は立方体の構成要素が，立方体型対称性O_h（立方体と菱形十二面体）やT_h（五角十二面体）を持つ結晶を作れることを示している．他の種類の構成要素とそれに関連する対称性の群を表8.30に挙げる．その1つは正方形を底に持ち直角形の側面を持つ角柱がある．これは正方晶系の構成要素となる．もし基本要素が，高さ，幅，奥行のすべて異なるレンガの形の場合には，斜方晶系対称型が作られる．そのレンガが一方向に削られたとすると，それは単斜晶系の構成要素となるし，それが二方向に削られ斜平行立面体となると，それは三斜晶系の構成要素となる．3回回転軸を含む2つの対称性は菱面体晶系（または三方晶系）と六方晶系である．これらの系の構成要素はそれぞれ菱面体と菱形を底面に持つ角柱である．

同じ物質の結晶が多様な外観を持ち得るということは，幾何的形状による分類の方法はそれほど有用ではないということを意味している．しかしながら，ある物質のすべての結晶は同じ内部構造を持つので，これは分類のよりよい基礎づけとなる．この理由から19世紀後半も可能な構造の調査は続けられた．

彼の空間におけるパターンの分類において，ブラベは格子中のすべての分子はすべて同じ方向を持ち，それらは同じ方向に並べられていると仮定していた．この制限は弱められ，その向きとは関係無く各分子は全体としてそのパターンと同じ関係にある

構成要素	系	群	関連する群
	等軸晶系	O_h	O, T_h, T_d, T
	正方晶系	D_{4h}	$D_4, D_{2v}, C_{4v}, C_{4h}, S_4, C_4$
	斜方晶系	D_{2h}	D_2, C_{2v}
	単斜晶系	C_{2h}	C_2, C_s
	三斜晶系	C_i	C_1
	菱面体晶系	D_{3v}	D_3, C_{3v}, S_6, C_3
	六方晶系	D_{6h}	$D_6, C_{6v}, D_{3h}, C_{6h}, C_6, C_{3h}$

表 8.30

という条件に変えられた．これは，平行移動だけではなく，一般的な直接対称を考える必要があるということを意味した．

　ルイ・ポアンソはもう1つの直接対称操作であるねじれ動作を研究した．ねじれは回転とその後のその軸に沿った平行移動の2つが合わさった操作である．ブラベとポアンソの仕事に基づいて，カミーユ・ジョルダンは直接対称系を群論的方法で研究した．（しかしながら群はまだその時点ではきちんと定義されていなかったが．）彼は回転，平行移動，ねじれの各対称がどのように組み合わされるかを調べた．ゾーンケはジョルダンのアイデアを，空間内の繰り返されるパターンというより具体的な方法で研究しなおした．彼は群のリストを59から66へと拡張し，完成させた．（そのうち2つは同じものであることが後に発見される．）

　回転鏡映や回転反転のような間接対称性はその分類においては無視されていて，それから得られる結晶理論は結晶の方向性の性質の説明をすることができなかった．いくつかの結晶は温度や圧力の変化を受けると極性を得る．つまり2つの相対する面が

正と負の電荷を得る．熱電気的性質は少なくとも 1757 年にフランツ・エピヌスが，お湯の中に置かれたトルマリンが極性を得ることを発見したときから知られている．これらの熱電気的性質と圧電気的性質によりピエール・キューリー (1859～1906) は結晶の対称性の研究をはじめ，そして間接的対称性が無視されていることに関心を向けるのである．

間接対称性を考慮に入れることにより，3 次元の繰り返しのパターンが持ち得る対称性の群の数は合計 230 へと増える．これらの「空間的群」の列挙は，1890 年代初頭にゾーンケの仕事を拡張したロシア人のエフグラフ・ステファノヴィッチ・フェドロフ (1853～1919)，と，それと同時にジョルダンの群論的アプローチを受け継いだフェリックス・クラインの影響を受けたドイツ人数学者アーサー・モーリッツ・シェンフリース (1853～1928) によってなされる．両者ともいくつかの場合を見逃していたが，それぞれの仕事に気がつくと連絡を取り合い，リストが一致する部分を調べた．そして彼らは最終的に 230 の群のリストを作り上げる．同じ問題は独立にイギリス人のウィリアム・バーロー (1845～1934)，も研究し，彼の分類は 1894 年に出版されている．ゾーンケとフェドロフと同様に，彼は格子を使って考察し，棚に手袋を置くことによりモデルを作成し，空間内の規則正しいパターンを視覚化する助けとした．彼は球面の経済的な詰め込みの方法も研究し，5 つの最密かそれに近い詰め込み方を見つけ，これが何らかの結晶の構造を表していると信じた．

この功績が理論的結晶理論の黄金時代の絶頂であった．つまり結晶が構成要素が繰り返し積み重ねられているという仮定のもとでの結晶構造の数学的分類がなされたのである．この理論はハロルド・ヒルトンによってまとめられ，『数学的結晶学と運動群の理論』として 1903 年に出版された．その本の終わり近くで彼は以下のように述べている．

> 結晶構造の幾何学的理論はほぼ完成したように見える．これ以後の発展は物理的または力学的側面からなされるであろう．[c]

世紀が変わると，結晶の物理的構成はまだ決定されていなかったが，すべての結晶は周期的構造を持つとよく主張されるようになる．その当時のもう 1 つの未解決問題として，1895 年にウィルヘルム・レントゲンにより発見された放射能の性質の決定があった．この X 線はとても短い波長を持つ電磁波ではないかと言われていた．光が回折格子を通過する際の干渉のパターンを研究していたマックス・フォン・ラウエ (1879～1960) は，もし両方の仮説が正しければ，X 線が結晶を通過する際に回折格子と似たような現象が起こるのではないかと気がついた．ウォルター・フリードリッヒとポール・クニッピングはラウエのアイデアを，硫酸銅結晶に放射線を当てることにより実験的に検証した．結晶の後ろに置かれた写真板には，規則正しい黒い斑点が現れたのである．これは X 線の初めての回折パターンであり，原子のスケールでの繰り返しの

構造が存在する実験的証拠を与えるものとなった．この成功の発表は1912年になされ，この発見の重要性は1914年のノーベル賞受賞という形で評価を受ける．

©1996 P. R. Cromwell

第9章

色を塗る，数え上げる，計算で求める

> 数学者も画家や詩人のように様式を作る．数学者の様式は画家や詩人の様式同様に美しくなくてはならない．概念が色や言葉のように調和して織りなされる．まず美しく：醜い数学に道はない．[a]
>
> G.H. ハーディー

　色を塗るというのは，多面体模型の美しさを高める1つの方法である．色を塗ることで視覚的に際立たせるだけでなく，色により多面体の各要素間の関係をはっきりさせることもできる．この技法はカラー図にあるいくつかの模型で使われている．アルキメデス立体(カラー図3，4)の模型の多くは同じ形の面が同じ色に塗られており，それぞれの形の面が多面体の表面でどのように配置されているかがよく見える．複合多面体(カラー図11～16)のそれぞれは，各コンポーネントの見えている部分が同じ色に塗られており，別のコンポーネントは別の色になっている．星型多面体(カラー図8～9)でも似たように塗られている．ここでは平面上に乗る面は，実際には離れていても同じ色で塗られており，あたかも1つの面があるかのように見える．

　多面体の面をマークや模様で飾ることもできる．最も古いものはエジプトで発見されたプトレマイオス朝時代のローマの二十面体のさいころの対で，現在大英博物館に保存されている．他にも図2.5のように鳥や魚のモチーフを用いた八面体や二十面体の切りばめ模様もある．しかしここではこれらのようにパターンを使ったものは無視して，各面が単一の色で塗られたものだけを考察する．さらに，球面多面体，つまり多面体[1]で，表面を連続的に変形して球面にできるもののみに注目する．この性質は，例えばオイラーの公式を適用してある種の塗り方が可能であることを示したりするときに使われる．

---

[1] 第5章の多面体の定義参照．

プラトン立体に色を塗る

　色の塗られた多面体に関する最初の数学的問題は，1824 年にジョセフ・ディアズ・ジェルゴンヌによって雑誌『Annals de mathematique, Pures et Appliquées』に発表された．そこではプラトン立体の各面に異なる色を塗る方法が何通りあるかが議論されている．この問題は 2 つの塗り方が異なるということをどうやって決定するかという問題も背後に含んでいる．

　具体例として立方体の 6 色による塗り方で各面が異なる色になるものを数えてみよう．立方体の 6 つの面を上面，下面，左面，右面，前面，後面，と名づけ着色はこの順に行うことにする．まず上面には選択肢が 6 つある．使われなかった 5 色のうち 1 色を選んで下面を塗る．左面には残りの 4 色から選ぶ．このようにしていって最後の 1 色を後面に塗る．こうして塗り方の総数が下の計算で求まる．

$$6 \times 5 \times 4 \times 3 \times 2 \times 1 = 720$$

この結果はまだ問題に対する最終的な解答にはなっていない．計算のために各面に名前をつけて区別できるようにしたが，実際に塗られた立方体を手にとると，すべての面は同等であり，色以外にそれらを区別する方法はない．2 つの塗られた立方体を手渡され同じ塗り方になっているかと聞かれたらいろいろ向きを変えてパターンを合わせてみようとするだろう．立方体には対称性があるため同じ塗り方で向きが異なる場合があり，回してみることでそれらを見分けることができる．

　先程の計算ではこの対称性による重複を考慮に入れなかったので，直感的に同じとわかる塗り方も別の塗り方として数えてしまっており，720 という値は実際よりも大きくなっている．立方体には 24 種類の回転対称変換があるため各パターンも 24 通りの向きを持ち 720 通りの色づけのリストにおいて 24 回現れる．それゆえ立方体の 6 色による塗り方の総数は実は $\frac{720}{24} = 30$ 通りである．

　この方法で他のプラトン立体の塗り方も求められる．多面体が F 枚の面を持ちそれぞれに名前がついているとする．手元に F 色の乗ったパレットがあり，2 つの面に同じ色を塗ることのないようにして順に塗っていく．各面を区別した多面体の塗り分けの総数は $F \times (F-1) \times (F-2) \times (F-3) \times \cdots \times 3 \times 2 \times 1$ である．これは通常手短に $F!$ と表記される (F の階乗と読む)．

　ここでどのような色塗りが実は同じものであるとするかをきちんと決める必要がある．立方体の例では曖昧にしたが，この章ではずっと使うのでここできちんと定義する．

　色のついた多面体 2 つがあるとき，一方を回転して置き直したら他方と対応する面がすべて同じ色になるとき，2 つは同じ彩色パターンになっていると呼ぶことにしよう．これは次のように述べることができる．

定義 多面体の 2 つの彩色が等しいとは，多面体が回転対称変換を持ち，それにより

一方が他方に移せることとする.

同じパターンがいろいろな向きに現れ，その現れ方の総数は回転対称変換の個数に一致する．プラトン立体の場合には回転対称変換の総数が稜の数の2倍になるということがアーサー・ケーリーによって発見された[2]．立方体の例では稜は12本あり対称変換は24個あった．多面体の稜の数を E で表すと各塗り方が異なる向きで $2E$ 回現れることになる．多面体の各面に名前がつけられて区別されているときには各塗り方はリストの中に $2E$ 回重複して現れる．多面体の各面を区別せずに塗り方の総数を割り出すためには各面に名前をつけて数え上げて得られた数を重複度で割ればよい．それゆえプラトン立体の塗り方で各面の色が異なるものの総数は次の数となる:

$$\frac{F!}{2E}.$$

問題 30通りの異なる塗り方をされた立方体からなるパズルがある[3]．まず立方体を1つ任意に取り出す．このパズルのゴールは以下の通り．残りの29個からうまく8個選び出して，もとの2倍の高さの立方体を組み，そのとき外から見える色が最初に選ばれた立方体と同じ色になり，しかも各立方体において接する面は同じ色になるようにする．

塗り方は何通りあるか？

前節では塗り方が何通りあるかという問題のある特殊な状況を考えた．つまり面の数が F 個であるような多面体に各面が同じ色を持たないように塗る方法は何通りあるかという問題を考えた．答えは n をその多面体の回転対称変換の個数として $\frac{F!}{n}$ であった．

もっと一般的で難しい問題として，ある数の色を自由に何度も用いて多面体を塗る方法はいくらあるかというものが考えられる．例えば，底面が正方形のピラミッドを白と黒で塗る方法は何通りあるだろうか？ピラミッドの対称変換によって移り合うものを無視すれば，高々 $2^5 = 32$ 通りしかないと言える．実際にはこの状況では12通りしかなくそれらは手作業で数え上げることができる．4つの三角形の面の塗り方は，全部白，3つ白で1つ黒，白と黒が2つずつ，1つが白で3つが黒，または全部黒のいずれかである．白黒が2つずつの場合は向かい合う面が同じ色か異なる色かで2通りある．その他のそれぞれの場合はすべて一通りずつしかない．以上の6つのパターンが図9.1に挙げられている．これらのどのパターンも正方形の面が白であろうと黒

---
[2] プラトン立体はこの点で特殊である．また第10章で見るようにこれらは稜に関して推移的になっている．
[3] このパズルとその解答が以下で論じられている．A. Ehrenfeucht, The Cube made interesting, Pergamon Press 1964, pp 53〜58. ポーランド語から W. Zawadowski によって翻訳．

334　第9章　色を塗る，数え上げる，計算で求める

であろうと可能なので，全体として 12 通りの塗り方ができることになる．

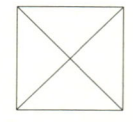

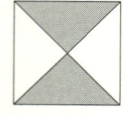

図 9.1：6 つの色付ピラミッドを上から見た図．

多面体の面の数が増えれば塗り方の総数を求めるのはもっと難しくなるし，また色数が増えたり多面体がもっと多くの対称性を持つようだとさらに問題が複雑になる．例えば高々 5 色を用いて立方体を塗る方法は何通りあるだろうか．幸いなことにこの手の問題を解くには疲れ果てるほど手をつくしてすべての可能性をリストアップしなくてもいい．どんな多面体であろうと，何色使うときであろうと，塗り分けの総数を「計算する」テクニックがあるからだ．その方法を使うことで立方体にはそのような塗り方は 800 通りあることがわかる．

数え上げ定理

多面体の塗り方が何通りあるか決定するというのは，一般にものごとの起こり方が何通りあるかという問題の 1 つの例である．他にも例えば光学異性体がいくつあるかといった問題がある．これらの問題は多くの場合群論を用いて解くことができる．

これから述べる方法はバーンサイドの補題，もしくはバーンサイドの数え上げ定理として知られている群論における抽象的な結果の応用である．その定理はもともとは G. フロベニウスの仕事によるものであるがウィリアム・バーンサイド (1852～1927) にちなんでそう呼ばれている．ここでは，定理を一般的な状況に通用するように述べたり塗り方の問題に合わせた証明をすることはせず，むしろピラミッドの白黒の塗り分けを詳しく調べ，どのようにして公式が得られるか，またどうしてそれがうまくいくかを実際に見てみる．

これからの議論のために多面体を塗るというとき多面体の各面を区別するかしないかをはっきり区別できるようにしておく必要がある．彩色といったら前者(すなわちすべての面が対称性にかかわらず区別される)を考え，彩色パターンといったら各面を区別しないものとする．つまり彩色といったら名前のついている各面に色を割り当てることとし，彩色パターンといったらそれによってできる模様のこととする．つまり異なる彩色が同じ彩色パターンになっているということも起こる．

これから数えたいのは多面体が何通りの彩色パターンを持つかである．バーンサイドの定理によって彩色パターンの総数を求めるにはある特性を持った彩色の仕方の数を求めればよいのだが，それはすぐに求めることができるので実用的な公式があると

いうことができる.

例 ピラミッドの例を再び調べる.

状況を少し単純にするためにピラミッドの正方形の底面は白く塗られているとする. 他の4つの面は独立に白か黒に塗られる. これで $2^4 = 16$ 通りの色づけが可能なことがわかる. 次にこうして塗られたピラミッドのそれぞれが持つ対称変換のリストを作る. ピラミッドの直接的な対称変換は恒等変換と, 底面の中心とピラミッドの頂上を結ぶ線を軸とした3種類の回転の4つからなる. 回転のうち2つは位数が4であり, 残りは位数が2である. 色づけされたピラミッドをある対称変換で移しても元と同じ色づけとなるとき, 色づけはその対称変換を持つと言う. そうなるためには各面が同じ色のついた面に移る必要がある.

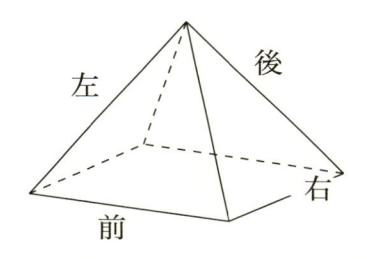

図 9.2

表9.3にあるのが, 16個の色づけとその対称変換である. 最初の縦列は各色づけに番号を与え2番目は4つの三角形の面のそれぞれの色を表す. ピラミッドのこれらの面は図9.2にあるように前, 後, 左, 右と名づけられている. 表の2番目の縦列の記号は各面の色を前-左-後-右の順に表している. よって表の6番目の行は前後の面が黒, 左右の面が白のピラミッドを表している. 3番目の縦列は各色づけられたピラミッドの持つ対称変換を表している. 対称変換の表記法だが, 恒等変換は1, 位数2のものは r_2, 時計回りの位数4のものは r_4 で表され, r_4^{-1} は反時計回りの位数4のもののことである. 各色づけに関して対称変換の欄にチェック(✓)が入っていればその対称変換を持つことを意味する. 色づけは横線により6つのグループに分けられており, 各グループはみな同じ彩色パターンになっている. 右端の列が先程数え上げた彩色パターンを表している.

これから表に現れるチェックの個数を計算する. それには2つの方法がある. 1つは各縦列について数え上げ足し合わせるもので, もう1つは各グループにあるものの個数を数え上げ足し合わせるというやり方である. これらのいずれの方法でも結果は同じになるはずなので方程式を作ることができ, 彩色パターンの総数を求める公式ができることになる.

	彩色	1 r_2 r_4 r_4^{-1}	彩色パターン
1	(白, 白, 白, 白)	✓ ✓ ✓ ✓	すべて白
2	(白, 白, 白, 黒)	✓	
3	(白, 白, 黒, 白)	✓	白が3つ,
4	(白, 黒, 白, 白)	✓	黒が1つ
5	(黒, 白, 白, 白)	✓	
6	(黒, 白, 黒, 白)	✓ ✓	白が2つ, 黒が2つ,
7	(白, 黒, 白, 黒)	✓ ✓	向かい合う面は同じ色
8	(黒, 黒, 白, 白)	✓	
9	(黒, 白, 白, 黒)	✓	白が2つ, 黒が2つ,
10	(白, 白, 黒, 黒)	✓	向かい合う面は異なる色
11	(白, 黒, 黒, 白)	✓	
12	(黒, 黒, 黒, 白)	✓	
13	(黒, 黒, 白, 黒)	✓	白が1つ,
14	(黒, 白, 黒, 黒)	✓	黒が3つ
15	(白, 黒, 黒, 黒)	✓	
16	(黒, 黒, 黒, 黒)	✓ ✓ ✓ ✓	すべて黒

表 9.3：彩色されたピラミッドの対称変換.

表の各縦列にあるチェックの数は各対称変換を持つ彩色の個数である．どの彩色も恒等変換を持つ．4つの彩色が位数2の回転対称変換を持ち，2つの彩色が位数4のものを持つ．こうして表にあるチェックの総数が次の和で求められる：

(対称変換 1 を持つ彩色の数)
+ (対称変換 r_2 を持つ彩色の数)
+ (対称変換 r_4 を持つ彩色の数)
+ (対称変換 r_4^{-1} を持つ彩色の数).

この和は総和の記号を使って簡単に下のように書くことができる．ただし s としてピラミッドの持つ対称変換すべてを考える：

$$\sum_{s \in C_4} (\text{対称変換 } s \text{ を持つ彩色の数}).$$

この和は与えられた多面体と色の指定に対して簡単に求めることができる．これが，こうして得られる公式が役に立つ点である．

次にすることは，横線で区分けした各グループに関してチェックの個数を数え足し合わせることである．このために軌道固定群定理[4]とよばれる群論における重要な定理が必要になる．その帰結はすでに上の表に見出せるので技術的なことは気にしなくてもよい．その帰結とは，横線で区分けした各グループはある彩色パターンに対応するが，そこには常にチェックが4つあるということである．ここで4という数字が現れるわけは，ピラミッドが4つの対称変換を持つことである．定理によるともっと一般的に次が成立する：

$$\begin{pmatrix} \text{ある彩色パターンに対応する} \\ \text{彩色の総数} \end{pmatrix} \times \begin{pmatrix} \text{その彩色パターンの持つ} \\ \text{対称変換の総数} \end{pmatrix}$$
$$= \begin{pmatrix} \text{未彩色の多面体の持つ} \\ \text{対称変換の総数} \end{pmatrix}.$$

ピラミッドの例では対角上の白と対角上の黒という彩色パターンになる彩色は6番と7番の2つである．そしてそれぞれが2つの対称変換1とr_2を持っている．ここで積$2 \times 2 = 4$がピラミッドの対称変換の総数である．

表において横線で区分けされた各グループのチェックの総数は一定で，区分けの総数は彩色パターンの総数であるからチェックの総数は次の値になる：

$$\begin{pmatrix} \text{未彩色の多面体の} \\ \text{対称変換の総数} \end{pmatrix} \times (\text{彩色パターンの総数}).$$

これは求めるべき値と簡単に求められる値の積になっている．多面体の対称変換群はGで表すことにして，先の結果も使って方程式を作れば次の公式ができる：

$$(\text{彩色パターンの総数}) = \frac{\sum_{s \in G} \begin{pmatrix} \text{対称変換}s\text{を持つ} \\ \text{彩色の総数} \end{pmatrix}}{\begin{pmatrix} \text{未彩色の多面体の} \\ \text{対称変換の総数} \end{pmatrix}}.$$

これが欲しかった公式である．右辺の分母と分子を計算することは難しくない．これからの例でそれをどのようにするかを説明する．

---

[4] この定理は付録 II で扱う．

数え上げ定理の応用

例 底面が正方形のピラミッドの彩色.

まず最初の例としてもう一度底面が正方形のピラミッドを調べてみるが，今回は一般化した状況を考え色は n 色使うとして彩色の総数を求めよう．各対称変換に関してそれを持つ彩色の総数を決定する必要がある．ここで，ピラミッドの 5 つの面のそれぞれに，n 色から選んで色を塗るので，彩色の総数は n^5 ある．それはすべて恒等変換を持っている．位数 2 の回転対称変換を持つ彩色はいくつあるか？ この対称変換を持つには三角形の面の彩色に条件がつく．前面と後面，および右面と左面はそれぞれ同じ色でなければならない．したがって彩色するには底面，前後の面の対，左右の面の対と 3 色選ぶ必要がある．よって位数 2 の対称変換を持つ彩色は n^3 通りある．位数 4 の回転対称変換を持つにはすべての三角形の面が同じ色になる必要がある．その色と底面の色を選ぶのでこの場合は n^2 通りの彩色になる．公式で和をとる際に位数 4 の回転対称変換は 2 つとも同じ値だけ貢献する．ピラミッドには 4 つの対称変換がある．上で求めた値を公式に入力すれば，結局底面が正方形のピラミッドを n 色による彩色パターンは次の値だけあることがわかる：

$$\frac{n^5 + n^3 + n^2 + n^2}{4}$$
$$= \frac{1}{4} n^2 (n^3 + n + 2).$$

ここで $n = 2$ として代入すると値は 12 となり，先に調べた数値と一致する．

例 正四面体の彩色パターンの総数.

まず与えられた四面体の対称変換に対し，それを持つ彩色の総数を計算する必要がある．正四面体には恒等変換，3 回回転対称変換が 8 つ，2 回回転対称変換が 3 つ，あわせて 12 の直接的な対称変換がある．4 枚の各面に n 色から選べるので恒等変換を持つ彩色の数は n^4 である．3 回回転対称変換の軸はある面（これを底面と呼ぶことにする）の中心とそれに向かい合う頂点を通る．彩色が三回回転対称を持つためには 3 つの隣り合う面が同じ色でなければならない．なのでその色と底面の色によって彩色が決まる（図 9.4(a)）．この選択は n 色から独立に行えるので結局三回回転対称を持つ彩色は n^2 だけあることになる．

二回回転対称の軸は向かい合う 2 稜のそれぞれの中点を通る．よって軸が交わる稜に隣接する 2 つの面は同じ色になる必要がある（図 9.4(b)）．面は 2 組に別れ，それぞれに n 色から選べるので結局二回回転対称変換を持つ彩色は n^2 だけあることになる．これで公式により n 色による正四面体の彩色パターン数は以下の値になる：

数え上げ定理の応用   *339*

選択肢

選択肢

(a)

選択肢

選択肢

(b)

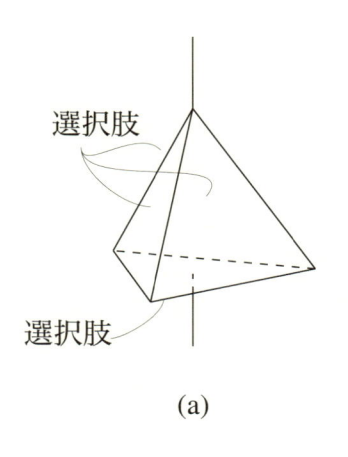

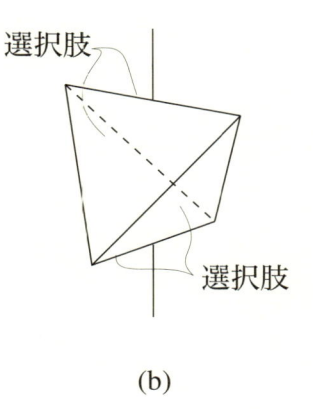

図 9.4

$$\frac{1}{12}\,(n^4 + 8n^2 + 3n^2)$$
$$= \frac{1}{12}\,n^2\,(n^2 + 11).$$

問題 白と黒を使った四面体の彩色パターン5つを見つけよ.

例 立方体の彩色パターン数.

立方体の持つ24個の対称変換は5つのクラスに分類されるのでそれらのそれぞれについて調べる. 面が6つあるので彩色数は n^6 だけあり，すべて恒等変換を持つ. 四回回転対称は6つあり，各軸は向かい合う面のそれぞれの中心を通る. 軸が垂直になっているとしよう. 上面と下面にそれぞれ1色，残りの4面には同じ1色，合計3色で彩色が決まる (図9.5(a)). よって n^3 だけの彩色がこの四回回転対称変換を持つ. 3本ある四回回転対称変換の軸のそれぞれは，二回回転対称変換の軸でもある. まず上面と下面に1色ずつ，残りの四面は向かい合うもの同士で2組に分かれるが，それぞれの組に1色ずつ (図9.5(b)). 合計4色でこの場合の彩色が決まる. 三回回転対称は8つあり，その軸は立方体の向かい合う頂点を結ぶ対角線をなす. これを垂直に置いた場合，色の選択は上の3枚の面と下の3枚の面のそれぞれの組に1色ずつできる (図9.5(c)). よってこの三回回転対称変換によって n^2 だけの彩色が保たれる. 最後に向かい合う稜のそれぞれの中点を結ぶ二回回転対称の軸を考える. この回転対称は6つある. この1本を垂直にした場合，軸と接する上の2枚の面と下の2枚の面のそれぞれの組に1色ずつ，また残りの向かい合う面に1色塗ることができる (図9.5(d)). よって二回回転対称によって保たれる彩色は n^3 だけある. これらの値を公式に代入して立方体の高々 n 色での彩色パターン数は次の値であることがわかる:

第9章 色を塗る，数え上げる，計算で求める

(a)

(b)

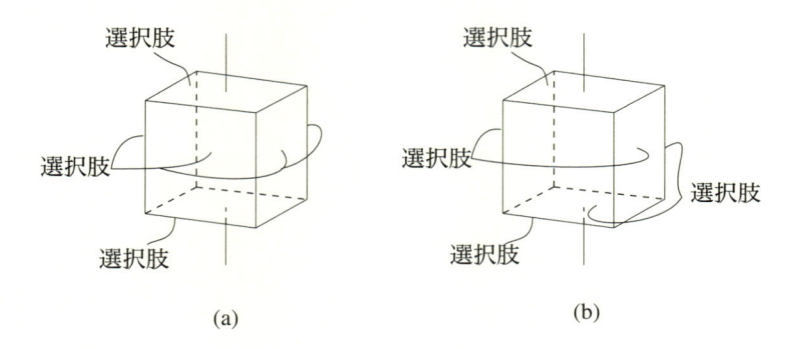

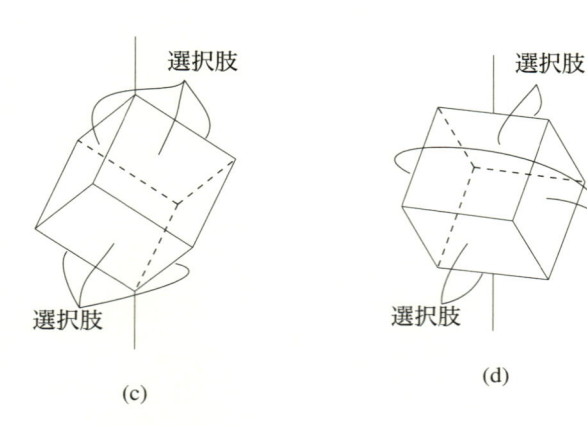

(c)

(d)

図 9.5

$$\frac{1}{24}\left(n^6 + 6n^3 + 3n^4 + 8n^2 + 6n^3\right)$$
$$= \frac{1}{24} n^2 \left(n^4 + 3n^2 + 12n + 8\right).$$

ここで $n=5$ とすればすでに述べた高々5色での彩色パターン数が800であるという事実が確認できる．

問題 立方体の白と黒での彩色パターン10通りを求めよ．

問題 このテクニックをさらに試してみたい読者は正八面体の高々 n 色の彩色パターン数が次の値であることを確認しよう．

$$\frac{1}{24} n^2 \left(n^6 + 17n^2 + 6\right)$$

厳密な彩色

　前節の彩色では制限はただ1つ，各面が単色で塗られていることだけであった．多面体のすべての面を1色に塗ってしまい，それの構造的特徴をまったく反映しないものも許された．この節では稜を共有する面には異なる色を塗るという制限をつけることにする．このことによってまず各面の輪郭が際立ち，その個々の形が浮かび上がる．この制限を受けた彩色を厳密な彩色と呼ぶ．

　前と同じようにここで考える問題は「与えられた色数の厳密な彩色パターンは何通りあるか」というものである．期待通りこの制限により彩色の可能性はずいぶん減らされる．立方体には57の高々3色による彩色パターンがあるが，そのうち厳密な彩色であるものはたった1通りである．二十面体の高々3色による彩色パターンは六千万通りほどあるが，厳密な彩色はたった144通りである．それらのうちいくつかは図9.6に概略が描かれている．その他のものはすべて色を取り替えたり鏡像をとることで得られる．最初の7つは2つの色を入れ替えても変わらないが，3つを循環して入れ替えると別の彩色パターンになる．鏡像をとることもまた新しい彩色パターンを作り出す．こうしてこれらで合計42通りが表される．次の2つでも2つの色を入れ替えたり鏡像をとったりすると同じことが起こり，合計12通りになる．次の彩色パターンは鏡像で対称なただ1つのもので6通りの色の取り替えすべてで互いに異なる彩色パターンができる．残りの7つの彩色パターンに関しては，色の取り替えすべてと鏡像で互いに異なる彩色パターンができて合計84通りを表している．[5]

　意外にも状況次第では与えられた色数では多面体に厳密な彩色をすることができないこともある．例えば四面体は3色またはそれ以下では厳密に彩色することはできない．というのも，その4つの面のそれぞれが他のすべての面と接しており，よってすべての面に異なる色を塗らねばならないからである．一方，4色使えば厳密な彩色パターンが2通り可能で，それらは鏡像になっている．このことで，四面体の厳密な彩色パターンをするには4色が必要なことがわかった．となると，与えられた色数で何通りの厳密な彩色パターンが可能か調べるより，むしろまずは厳密な彩色が可能かどうかを問う方が先決であろう．

　すでに見たように四面体の厳密な彩色には4色が必要である．立方体では3つの面が1つの頂点で接するのでそれらは異なる色で塗らねばならず，2色での厳密な彩色は不可能である．しかし3色あれば厳密な彩色が可能である．正八面体に関してはたった2色で十分で，チェス盤風に塗ればよい．

　多面体を一通り眺めてそれがある特性を持つかを調べるだけで，それが厳密に彩色

---

[5] この数え上げについてさらに知りたい場合は以下の文献を参照のこと．W. W. R. Ball and H. S. M. Coxeter, Mathematical Recreations and Essays (Thirteenth edition), Dover, New York 1987, pp239 – 242.

342   第 9 章　色を塗る，数え上げる，計算で求める

図 9.6：二十面体の厳密な彩色を表す模式図.

可能であるかを判定できないだろうか．例えば上の例では頂点に面がうまく集まっていないので 2 色で厳密な彩色はできないことがわかった．実はこの見方はもっと一般的に通用して，厳密な 2 色彩色が可能な多面体を特徴づけることができる．つまり厳密な 2 色彩色が可能な多面体の持つ性質で，その性質さえ持てば厳密な 2 色彩色が可能と判定できる性質がある．

定理　多面体が 2 色で厳密に彩色できる必要十分条件は，各頂点に偶数枚の面が集まっていることである．

証明：多面体が 2 色で厳密に塗られているとする．すると各頂点に集まる面に関してそれらは 2 色が交互に塗られていることになる．よって各頂点には偶数枚の面が集まっていることになる．

厳密な彩色 **343**

　逆を示すために各頂点に偶数枚の面が集まっている多面体に対して，実際に 2 色で厳密に彩色する方法を示そう．まず面を 1 つ選んで白に塗る．この面を F_W と呼ぶ．この面と稜を共有する面は黒く塗れる．これですでに塗られた面の集まりの縁は黒になった．黒く塗られた面に接する未着色の面は白で塗ると，すでに塗られた面の集まりの縁は白になる．こうして次々と白黒交互に塗っていくが，最後までうまくいく保証がまだない．なので後は各段階について未彩色の面で黒面にも白面にも接するものがないことを示せばよい．そこでこれから塗ろうとする面 1 つに注目して F_U と呼ぶ．F_W と F_U をつなぐ線を多面体上に描くが，頂点を避けて，しかも同じ稜を 2 回以上通らないようにする．この線を F_W から F_U への路と言う（図 9.7(a)）．この路の通る面を白黒交互に塗っていくと F_U をどう塗るかはこの路が通り抜けた面の数で決まる．もし路が F_U に着くまでに偶数枚の面を通っていたら白，奇数枚だったら黒で塗ることになる．示すべきことは F_W から F_U への路はすべてが偶数枚の面を通るか，またはすべてが奇数枚の面を通るかのどちらかであるということである．

　そのため F_W から F_U への路を 2 本選ぶ．多面体は球面状になっているので路の 1 本はずらしていってもう一方と重ねることができる．この変形の過程で路はいくつか

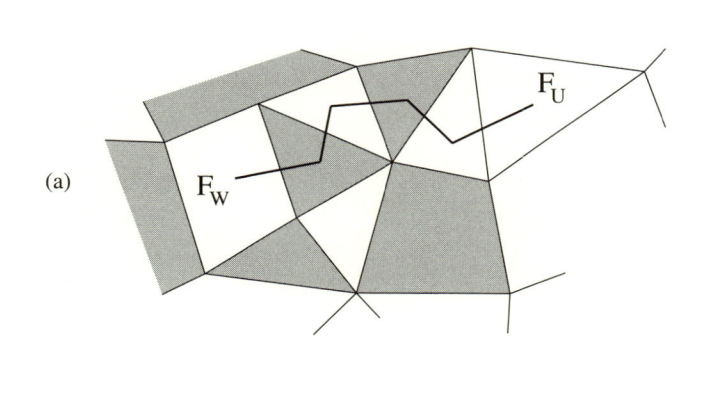

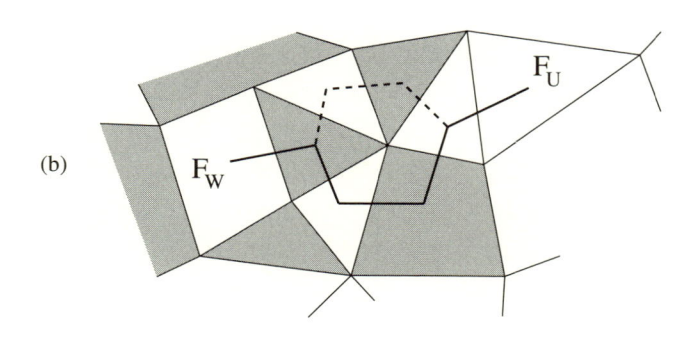

図 9.7

の頂点を飛び越えることになる(図9.7 (b)).しかし各頂点に集まっている稜の数は偶数なので,路をずらしていってもそれが通り抜ける面数の偶奇は変わらない.実際頂点の周りで奇数枚の面を通るようなら,その頂点を飛び越えてもその周りで奇数枚の面を通る.それゆえ F_U に塗るべき色は路の選び方に依らず一意的に決まる. ■

この定理は100年以上前に知られておりピーター・ガスリー・テートによって1880年に論じられている.これにより多面体が2色で厳密に塗れるかに関して簡単に確認できる判定法が与えられた.この判定法は完璧と言える.つまり判定法の基準を満たせばその多面体を厳密に2色彩色できるし,基準を満たさなければ厳密に彩色することはできないことがわかる.

厳密に2色彩色できる多面体が完全にわかると,次は状況をもう少し複雑にして厳密な3色彩色が可能な多面体を特徴づけようとするのは自然である.

多面体が厳密に2色彩色されていればその面の1つを選んで第3の色に塗り替えれることで明らかに厳密に3色彩色できる.よって各面に偶数枚の面が集まっている多面体は厳密な3色彩色が可能である.しかしそれだけがすべてではないことも明らかである.例えば立方体は厳密に3色彩色できる.厳密に3色彩色可能であるかを決定する単純な判定法があると考えるのは多分あまりに楽観的であろう.しかし多面体の2種類の族には判定法が見つかっている.それらは3価の多面体と各面が三角形からなる多面体であり,それぞれ単純多面体,単体的多面体と呼ばれることもある.

定理 各頂点に3枚の面が集まっている多面体が厳密に3色彩色可能である必要十分条件は,各面が偶数本の辺を持っていることである.

証明:3価の多面体が,赤,緑,青の3色で厳密に彩色されたとする.赤く塗られたある面をとり,それに接するすべての面に注目する.それらは緑か青で塗られているはずである.すべての頂点に3枚の面が集まっていることから注目した面は赤面に沿って緑と青が交互に現れるはずである.よってその赤面は偶数本の辺を持つ.他の面に関しても同様である.

逆に実際に色を塗っていく方法を指示し,最後までうまくいくことを示そう.そのためにまず多面体の頂点にラベルをつける.今の状況は前の定理で扱ったものの逆になっている.先では偶数本の稜が1つの頂点に集まっていたが今はすべての面が偶数本の辺によって囲まれている.各稜の両側が異なる色になるようにすべての面を2色で塗り分けることが可能であったように,今の状況に同様の議論を当てはめると,すべての頂点にプラスかマイナスの符号を付け,各稜に対してその端点が異なる符号になるようにできる.すべての頂点にこのようにラベルをつけておき,1つの面を選び赤で塗る.

次のルールによりすでに塗られている面の色と頂点の符号を手掛かりにして残りの

面の色を決めていく．ルールは，プラスの頂点の周りでは，色は赤，緑，青が時計回りに現れて，マイナスの頂点の周りではこれらの色が反時計回りに現れるというものである．例えばこのルールに従うと，最初に赤く塗った面に隣接する面には青と緑が交互に塗られることになることに注意しよう．

　こうして次々と塗り広めていくと最後までうまくいって全体を塗ることができることを示さねばならない．前の定理の証明のときのように最初に赤く塗った面を F_R としてまだ色の塗られていない面の 1 つを F_U とする．ここで F_R から F_U に路を作って F_U の色を決定するが，これが路の取り方に依らないことを示せばよい．

　前と同じように F_R から F_U に 2 通りの路を作って，一方をずらしていって他方に重ねることを考える．路が多面体の稜を横切ると，次の面の色が上のルールによって決定される．可能なパターンは図 9.8 のものですべてである．これをよく見ると，路をずらして頂点を飛び越えても結果は変わらないことがわかる．■

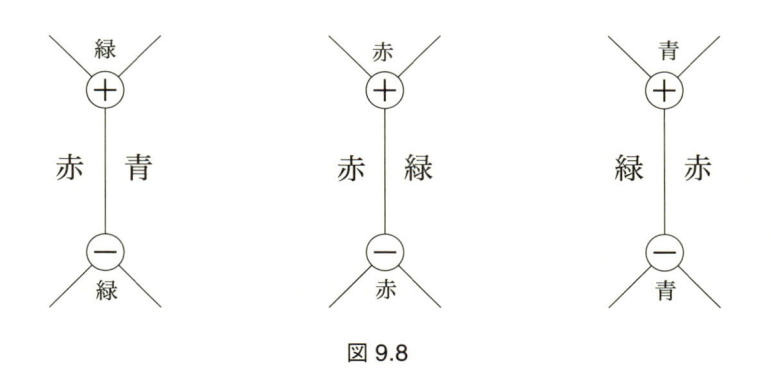

図 9.8

　多面体が 3 価ではないときには，多面体が 3 色で厳密に彩色できるとしても，すべての面が偶数本の辺を持つとは限らない．斜二十・十二面体は 4 価で，面は三角形，四角形，六角形からなる．面の角数に応じて色を塗り分けると厳密な彩色が得られるが，奇数角形の面もある．

　逆に 3 価であるという条件も重要である．多面体にはすべての面が偶数角形であってなお厳密に 3 色彩色できないものもあるからである．例えば図 9.9 がそれである．これは六角柱の 2 つの稜を削り落としたもので，各面は四角形か六角形になっているが，3 価ではない．底面を赤で塗ったとしよう．もし 3 色で厳密に塗るなら，垂直な 6 枚の面は 2 色（例えば緑と青）に交互に塗られる．上面の 1 つは赤で塗ることができる．しかしもう 1 つは 3 色すべてが周りに使われているので厳密に塗ることができない．

　先に述べた 2 種類の多面体の族のうち，もう一方は各面が三角形になっているものである．次の定理でそのうちどれが厳密に 3 色彩色できるかを決定するが，そのために多面体上で，2 つの面を結ぶ路がどのくらいあるかを調べる必要がある．ここで路

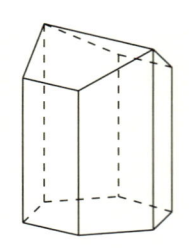

図 9.9：この多面体は厳密な彩色ができない.

とは多面体上で 2 つの面をつなぐ線で，頂点を通らず，また同じ稜を 2 回以上通らないものとしたのであった．1930 年代初期のハスラー・ホイットニー の結果によりどのような凸多面体の 2 つの面に対しても，少なくともそれらを結ぶ 3 つの互いに異なる路が存在することがわかる[6]．(2 つの路が異なるとは，それらが共通して通る面は両端のものだけという意味で使う.)

定理 各面が三角形になっている多面体 P が厳密に 3 色彩色できる必要十分条件は，P が四面体ではないことである.

証明：四面体を厳密に彩色するには，少なくとも 4 色必要であることはすでに見た．あとは四面体以外の多面体で面がすべて三角形のものは厳密に 3 色彩色できることを示せばよい．先程の 2 つの定理の証明では，まず色を決めるルールを定めてそれがうまくいくことを示したが，今回は別のアプローチをとる．まず色をもっとたくさん(この場合は 4 色)用いて厳密に彩色し，そこからうまく色を減らしていく方法を示す.

次のようにして多面体 P の各面を赤，緑，青，黄の 4 色で厳密に塗る．まず 1 面選んで何色でもいいから塗る．それに隣接する面を次々塗っていって全体を彩色する．各面は 3 枚の面に接しているので周りには高々 3 色しか現れない．よって必要なら第 4 の色を使って塗ればよい．これで多面体全体を塗り尽くすことができる.

ここからすることは，厳密であることを保ちつつ，いくつかの面を選んでその彩色パターンを変えていき，黄色の面を減少させることである．そうやって最終的には黄色の面をなくしてしまい，厳密な 3 色彩色を完成できる.

周りに 3 色未満の色しか現れない黄色の面があれば，第 3 の色を用いて黄色の面を塗り替えられる．例えば黄色の面が 2 つの赤い面と緑の面に接していれば，その面は青に塗り直せる．この見方をうまく使うと黄色の面をずらして行ってあるところに集めて，やがては黄色が 1 面だけにできる．それをまたずらしていってあるところで他の色に塗り替えてしまう．これを詳しく説明しよう.

---

[6] ここで凸であるという条件は決定的なものではない．相対グラフの辺が三重連結になるという事実だけで十分である.

多面体 P の面が少なくとも 2 つ黄色で塗られているとする. その 2 つを結ぶ路をとる. その路を端から始めて, 通った面を順に記録していくことで記述する. 最初と最後の黄色の面を F_1 と F_n として, 路が $F_1 \to F_2 \to F_3 \to \cdots \to F_n$ と書けたとする. 最初の 2 つの面を塗り直して F_1 は黄色ではなくせる. これには F_1 と F_2 の色をいったん消してみればよい. 今 F_1 は黄色以外の 2 色に接しているので, 黄色以外の色を塗る. F_2 は黄色で塗るしかないかもしれないがとにかく塗る. 図 9.10 はこの行程を表している. これによって 2 枚の黄色のうち, 一方が消えてしまうか, または黄色 2 枚がより短い路で結ばれている状況になる. このやり方を繰り返してさっき黄色に塗られたかもしれない F_2 を黄色以外で塗り直すと, 黄色が消えてしまうか F_3 に移ってまた路が短くなる. 最終的に F_{n-1} が黄色以外で塗れる. というのは, F_{n-1} は黄色と

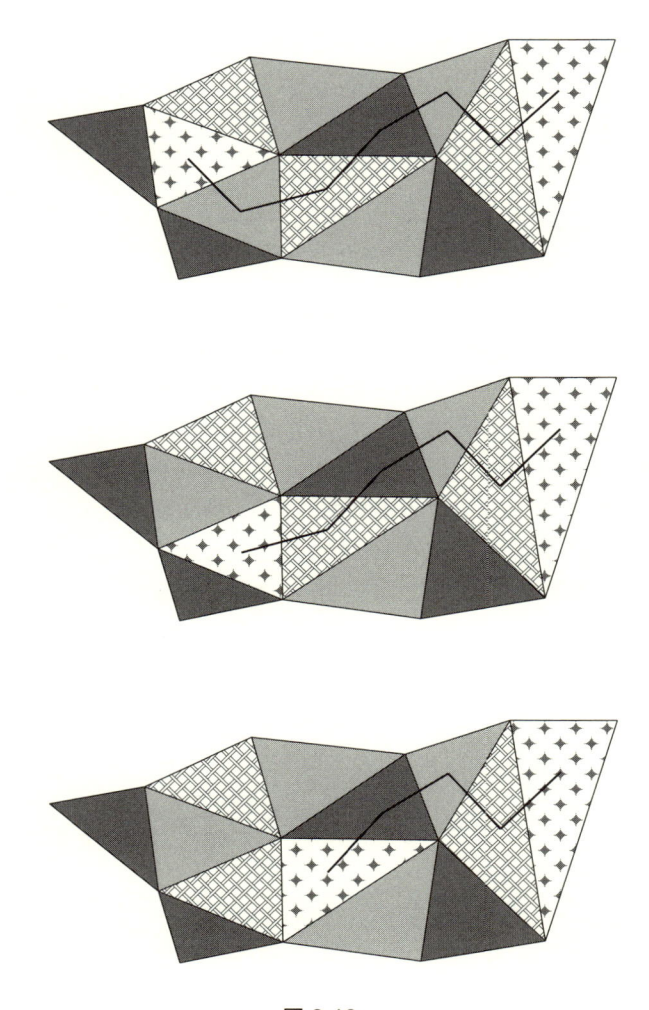

図 9.10

他高々2色に接しているからである．こうして2枚あった黄色が1枚にできた．この操作を黄色が2枚見つかる度に繰り返せば，やがて黄色は1枚だけになる．

黄色が1枚だけになったとしてFをPの面でその黄色の面に接していないものとする．今A, B, CをFに隣接する面とすると，それらのうち少なくとも2つは同じ色になっている．というのは黄色以外の3色がFとそれに隣接するうち2枚で使われているからである．なのでBとCが同じ色だったとする．黄色の面をF_Yと呼ぶことにする．定理の前に述べておいたようにF_YからFへPの路が3本あり，A, B, Cのそれぞれを1回ずつ通る．ここでAを通る路，つまり$F_Y \to \cdots \to A \to F$に注目する．先程と同じ手続きによってこの路に沿って黄色をFに向かってずらしていく．今回は最後まで行ったときFに対して黄色以外を塗ることができる．実際，隣接している面BとCはこの路に含まれていないので，色の塗り替えは行われず，同じ色のままでいる．つまりFの周りには異なる色は高々2色しかないので黄色以外で塗れるというわけである．これでPの黄色の面はすべて塗り替えられて赤，緑，青の3色による厳密な彩色が完成した．■

問題 この方法を四面体に適用しようとしてもうまくいかない．それはなぜか．もっと明確に言うと，この証明は面がすべて三角形の多面体で四面体以外のものが持つ性質を利用している．その性質は何か．またどこで使われたか．

いくつかの結果が使えるようになったが，まだ一般に与えられた多面体が厳密に3色彩色できるかを判定することは簡単ではない．この方向での結果の1つは多面体上で3色が不可欠になるところに関係している．例えば3価の頂点がそうである．そこでは頂点に集まる3枚の面のそれぞれが他の2面と稜を共有しており，よって頂点の周りに3色すべてが現れる．3色が不可欠になるもう1つの状況は3枚の面が三角のチューブをなすときに起こる．どちらの状況でも，互いに接する3枚の面が存在する．そういった3枚の面を面の3サイクルと言う．図9.11がその2つの形である．

1950年代の終わりに，ヘルベルト・グレーチは面の3サイクルを持たない多面体は厳密に3色彩色できることを示した．のち (1963年) にブランコ・グルンバウムはそれを拡張して次を証明した．

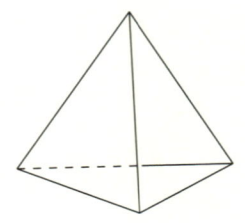

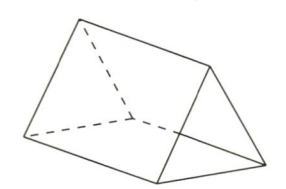

図9.11：三価の頂点や三角のチューブは面の3サイクルをもつ．

定理 面の3サイクルが高々3個しかない多面体は厳密に3色彩色できる.

ある意味でこの定理は可能な限りいいところまでいっている. 面の3サイクルをもっと増やすことはできない. 四面体は面の3サイクルを4つ(各頂点に1つずつ)持ち, 厳密な3色彩色はできない. しかし一方で, これでも厳密に3色彩色できる多面体がすべて尽くせてはいない. 実際立方体は3サイクルを6つも持つが厳密に3色彩色できる.

何色必要か

さらに面の数を増やすと厳密な彩色が可能な多面体を決定することは難しくなるであろうか. 実はそのようなことはない. もし十分たくさんの絵の具があれば, どんな多面体を手渡されても厳密に塗ることができる. オイラーの公式を使えばパレットには6色あれば十分でどんな多面体でも厳密に塗ることができるとわかる.

定理 どんな多面体も高々6色で厳密に彩色できる.

証明: 多面体の彩色はトポロジカルな問題なので多面体 P をどのように連続変形しても関連した情報は変わらない. なのでこれからは P は球面上の彩色されたネットワークと見なして定理を証明する.

F を P の面の数として $F-1$ 以下の面を持つ球面上のネットワークに関しては6色以下で厳密に彩色できることがすでに証明できたとする.

オイラーの公式から言えることなのだが, すべての多面体には少なくとも1つ辺が5本以下の面を持つ. 絵で説明するために P には五角形の面があるとする. すると別のネットワーク Q で $F-1$ 枚の面を持ち, P の注目している面の付近で図9.12のようになっていること以外は P と同じになっているものが存在する. ここで Q はその面数が $F-1$ 以下なので, 仮定により6色未満で厳密に彩色できる. それゆえ P においても問題の五角形の面以外は対応する色によって厳密に彩色できる. この面に接する面の色は高々5色なので余った色で塗れば P を6色以下で厳密に彩色できたことになる.

この分析では面を F 枚持つネットワークの6色彩色問題を, 面を $F-1$ 枚持つネットワークの6色彩色問題に帰着させた. もし(より単純な)後者を解くことができれば前者も解決することができる. もし面が $F-2$ 枚以下のネットワークを厳密に6色彩

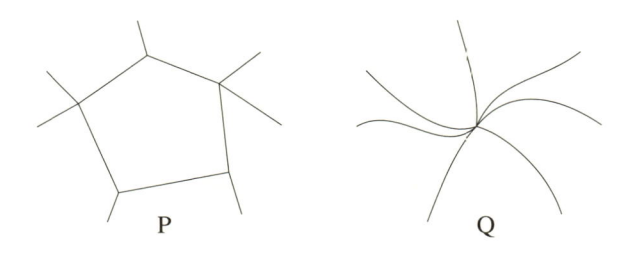

図9.12

色ができればこの議論を繰り返すことで，Q が 6 色彩色可能であることが示せる．このようにして問題の複雑さ(面の数)を好きなだけ下げていける．「面を 6 つ持つネットワークを彩色できれば P を彩色できる」という状況までくればこの問題は解決する．というのは，面が 6 かそれ以下の多面体状ネットワークは 6 色で厳密に彩色できるからである．各面を異なる色で塗ればよい．

(この論法は帰納法と呼ばれている．上では面の数に関する帰納法を使った．) ■

この定理からさらに問題が膨らむ．もし 6 色あれば厳密に彩色できるのならば，多面体を塗るのに何色必要なのか．この何色必要かという問題の起源は 19 世紀の中頃まで遡る．1890 年代より 5 色あれば厳密に彩色できることが知られている．しかしすべての多面体が 4 色で厳密に彩色できるかを決定するという問題はとても複雑なものであった．それは数学界の最も知られた未解決問題の 1 つになり，そして最後にはコンピュータの手を借りることでようやく解決されたのだった．

4 色問題[7]

多面体の厳密な彩色を見つけるというのは，球面上の多面体状ネットワークに彩色するという，もっと一般的な問題の特殊なものである．これと同じような問題に地球儀上の地図に色を塗るという問題があり，実際はこれが 4 色問題の当初の設定であった．アルフレッド・バリー・ケンペ(1849～1922)は 1880 年のネイチャー誌上で次のように述べている．

> 問題は境界を共有するものが同じ色になることのないように，地図上の各地域を 4 色で塗り分けることである．こうして色を塗ることで川などと混同されやすい境界線を描かずに地域の境目をはっきりさせることができる．互いに接していない地域や点で接する地域は同じ色であっても構わない．[b]

ケンペはその論説で問題の解決法を指示したが，それを後で紹介する．

この問題の起源はさらに 25 年前のフランシス・ガスリー(1831～1899)まで遡る．彼はイングランドの各州を塗り分けるのにたった 4 色しか必要でないことに気づき，他のどの地図でも同じようにできるのかと考えた．ロンドンの大学で彼の手紙を受け取った彼の弟はその問題をオーギュスト・ド・モルガン(1806～1871)のところに持っていった．ド・モルガンはその問題を解くことができず，1852 年の秋にウィリアム・ローウェン・ハミルトンに宛てた手紙の中でそれに触れた．これが 4 色問題について記した最初の文献である．

この問題に関する誤解や混乱のもとになっていることだが，5 枚の面で，それぞれがすべて他の 4 枚と接しており，それゆえ 5 色を使わねばならなくなるという状況は決

---

[7] 訳注：4 色問題については一松信著『四色問題』(講談社ブルーバックス)が詳しい．

して起こらない．ド・モルガンが5枚の互いに接する面の配置があり得ないことを証明している．これに先だって1840年代には，オーギュスト・フェルディナンド・メービウスは彼の学生を次の問題で試してみていた．王国を5つに分割して王の5人の息子に分け与えたいが，それぞれが他の4つに接するように分割せよ．

　上の事実だけでは問題が解けないことを見るには，3色だけで似た状況を考えればよい．多面体状ネットワークに4面が互いに接し合っているところがあれば，そのネットワークを3色以下で厳密に彩色することはできない．この障害は局所的なものであり，ネットワーク全体のうちたった4つの面により引き起こされている．一方五角柱は，どこにも4面が互いに接している配置はない．しかし厳密に彩色するにはなお4色が必要である．この場合には厳密な彩色は大域的な障害があって，多面体全体としての性質が3色以下での厳密な彩色を妨げていることになる．ド・モルガンやメービウスは5面が互いに接するように配置されることはないと知っていた．つまり局所的な障害により厳密な4色彩色ができないという多面体状ネットワークは存在しない．しかし大域的な障害が存在するかもしれないので，このことだけでは4色問題は解決したことにはならない．

問題 五角柱は厳密に3色彩色することはできないことを納得せよ．

　4色問題はアーサー・ケーリーによって公にされるまではあまり注目を浴びなかった．1878年のロンドン数学会の総会で彼はこの問題を提唱した．これに促されてケンペは翌年には解法を提示した．彼の論法は先述の6色定理の証明に似ていた．ただしそこでは色を塗り直したりして6色未満しか必要でないことを示している．

ケンペの論証

　ケンペの証明の構造は前の定理のと同じで，面の数に関する帰納法である．帰納法の第一歩は四面体で，これは明らかに4色で厳密に彩色できる．与えられた多面体が面をF枚持つとする．ここで面が$F-1$枚以下の多面体はすべて厳密な4色彩色が可能だとする．前と同じように，1面以外を除いては4色以下で厳密に彩色できる．問題はこの最後の1面まで彩色が拡張できることを示すことにある．

　もしこの未彩色の面の辺の数が3以下ならば，これは明らかに彩色できる．

　最後の1面が四辺形だったとしよう．もし4枚の隣接する面に4色すべてが使われていなければ，残りの色でこれを塗ればよい．ケンペの方法は，隣接する4枚で4色すべてが使われているときにうまく色を塗り直そうという方法である．

　未彩色の面の周りの面が順に赤，青，黄，緑だったとする．ケンペのアイデアは2色で塗られた領域を探すことから始まる．この例では赤か黄色で塗られた領域，または青か緑で塗られた領域に注目する．これは赤-黄色の大陸と島，および青-緑の海洋と湖と見る．これらの2色刷された領域をケンペ鎖と言う．未彩色の面に接するもののうち，青の面と緑の面が同じ海洋に属することもあり得るし，また赤と黄色の面が同

じ大陸に属するということもあり得る．しかしこのネットワークは球面上に描かれているので，それらの両方が同時に起こるということはあり得ない．なので例えば赤い面と黄色の面が別々の島に属するとしよう．そのうちの1つの島において赤と黄色を入れ替えても厳密な彩色であることは変わらない．この操作をすると未彩色の面は青と緑と黄色の面のみに接するようにでき，赤く塗ればよい．図9.13は以上の流れを表している．上の図の四角形の面の周りには4色すべてが現れている．この四角形の右と左にある面は同じケンペ鎖に属するので，それに属する2色を取り替えても意味がないが，四角形の面の上にある面の属するケンペ鎖で色の取り替えをすれば(図9.13の下の図にあるように)四角形を塗るべき1色が用意できる．

　この技は未彩色の面が五角形のときでも適用できるが，その面に接する面の色を高々4まで減少させられるだけである．

　ケンペはこの技を異なる色の対に繰り返し適用していって未彩色の五角形の周りには高々3色しか現れないようにできると思いこんだが，この仮定にはミスがあった．それは十年もの間気がつかれずにいたが1890年になってパーシー・ジョン・ヒーウッド(1861〜1955)によってケンペの方法がうまくいかない例が見つかった．しかしながらケンペの論法で，球面上の多面体状ネットワークを厳密に彩色するには5色あれば十分であることがわかる．■

　ケンペの証明法は完全ではなかったが4色問題を解決する糸口は見出せる．アイデアはまずネットワークのいくつかの面をつぶして，残った面を(帰納法により)彩色した上でつぶした面を再現して，それらにもうまく彩色できることを示すことにある．

　この方法は還元法とよばれ，この方法が適用できるような状況，つまり面のパターンを可約であると言う．ケンペは2つの可約なパターンを見つけた．それらの両方においてその還元は単一の面で行われ，その面は三角形か四角形であった．彼の論法では五角形が可約であることを証明できなかった．

　可約なパターンを見つけるというのは，4色問題の解決を支える2本の柱の1本である．もう1本は不可避性という考え方である．パターンを集めた集合が不可避集合であることの定義は，どの多面体状ネットワークもその集合に属するパターンを少なくとも1つ含むことである．ケンペによる不可避集合は，オイラーの公式から保証されるもので，三角形，四角形，五角形の3つからなっていた．4色問題を解く1つの方法はパターンの不可避集合で，その要素がすべて可約なものを見つけることである．残念ながらケンペの集合は五角形が可約ではなかったので不十分なものであった．

　ジョージ・デーヴィッド・バーコフ(1884〜1944)はケンペの行ったことをよく調べ，自らのアイデアも使ってもっと大きいパターンで可約なものを見つけた．その例は図9.14のダイアモンド形の五角形の集まりである．この結果に基づいてフィリップ・フランクリン(1898〜1965)は4色問題に反例があるなら，それは少なくとも26個の面

4 色問題 *353*

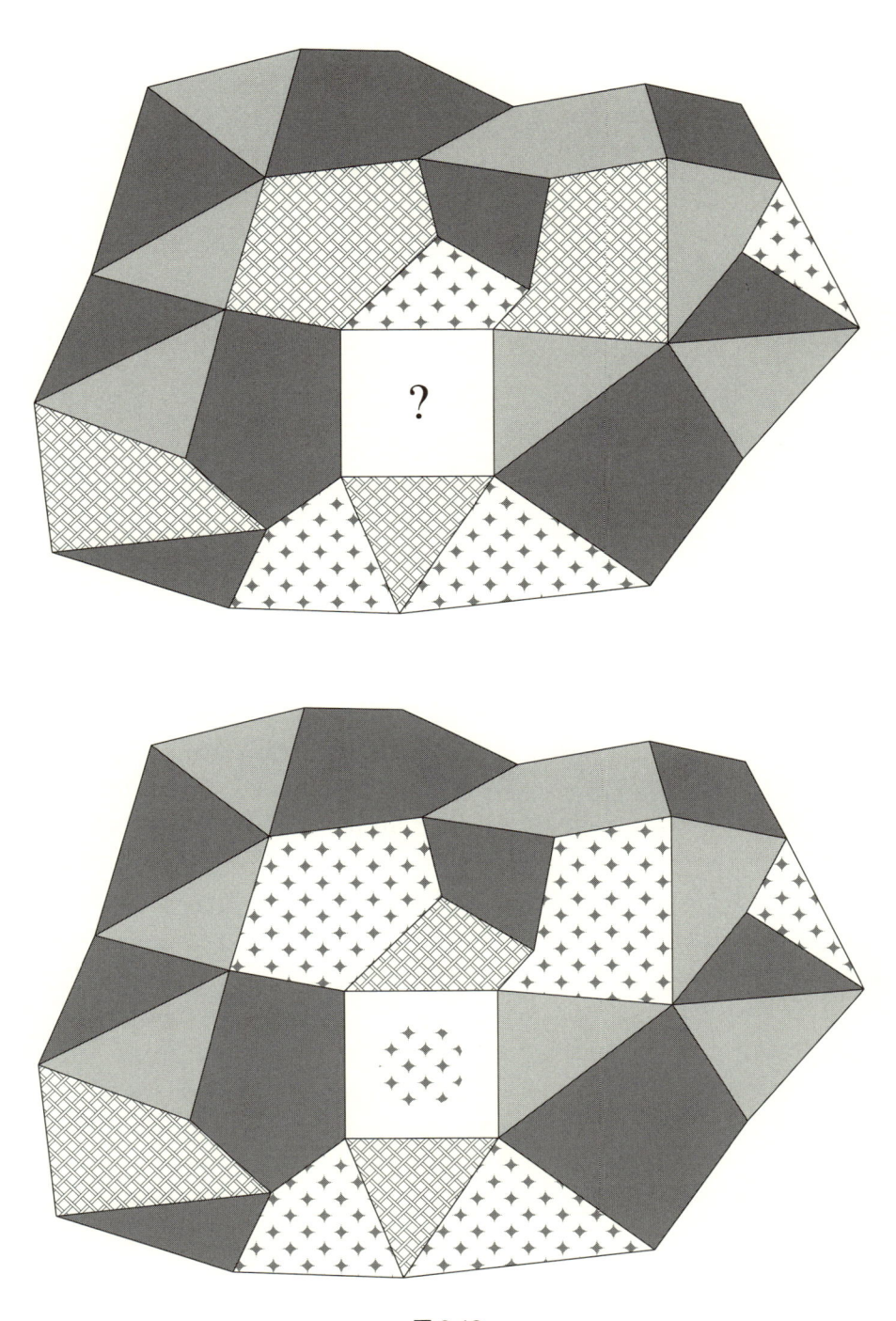

図 9.13

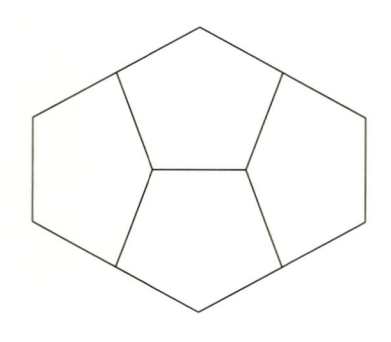

図 9.14

を持つこと，すなわち面数が 25 以下の多面体状ネットワークについては 4 色で厳密に彩色できることを示した．続く年にはこの限界は次々に引き上げられていった．1926 年には C. N. レイノルズが反例は少なくとも 28 面以上で起こると示し，1936 年にはフランクリンがこれを 32 面まで引き上げ，1938 年には C. E. ウィンは 36 面まで到達した．1968 年にはオイステイン・オールとジョエル・ステンプルが 40 面以下のものについて 4 色問題を解決した．つまり反例になるには面は少なくとも 41 枚必要であることを示した．これらの努力を通じて多くのパターンが可約であることがわかった．しかしこれらの数ではまだ不可避集合をなすにはとうてい足りなかった．

ハインリヒ・ヘーシュは 1930 年代から 4 色問題に取り組み始めた．彼は可約なパターンの不可避集合を見つけることで問題を解決できると確信していた．1950 年代に彼はそのような集合はとても大きく，おそらく 10000 ものパターンを含むであろうと見積もったが，各パターンのサイズは限られたものであろうと予測した．この時点ではこの戦略はあまりに多くの量の計算を必要としたため，もう問題解決のためにはあまり役立たないであろうと思われていた．しかしコンピュータの到来とその急速な発展によりこの戦略が実行できるようになったのだった．

パターンが可約であることを証明するための既存のテクニックを調べるうちにヘーシュは少なくともあるプロセスは機械的でありコンピュータで実行できることに気がついた．彼の学生だったカール・デュレーがパターンの可約性をテストするプログラムを作った．あるパターンがそのテストを通過すれば，それは可約であることが示せるが，通過しなかった場合，単にその方法が十分強力でなかったためかも知れず，そのパターンを還元する方法がないということは示せなかった．多くのパターンを試すうちヘーシュはある種のパターンを部分的に持つパターンはそのプログラムでは還元できないということに気づいた．そのような還元に対する障害物は 3 つあって，それらは簡単に記述することができた．それらの障害物を持つパターンはどれもそれまでに還元された試しがなかった．

ヘーシュはまたパターンの不可避集合を作り出すテクニックも開発した．その方法は導体のネットワーク上で電荷を移動するというアイデアに基づくものだった．放電法とはネットワークに最初に与えられた電荷を再分配するアルゴリズムである．電荷はその過程で作り出されたり消滅したりせず，またアルゴリズムは電荷を無限に循環させることはなく必ず終結するものだった．そうやって得られる結果を調べることで，電荷が蓄積するところを使って不可避集合を作り出すことができた．アルゴリズムを変えるとまた異なる集合ができた．

　1970年にヴォルフガング・ハーケンはヘーシュの放電法を改善する方法を見つけた．彼はそれを改善することで4色問題が解決できるという希望を持った．彼の攻略法を模式的に表したのが図9.15である．実際そのプログラムを見るよりも前にそのような戦略がうまくいくだろうという感じをつかんでおこう．もし不可避集合があまりに巨大なものだったらどうするか？　もし可約性を調べるのがとても時間のかかる作業で完成するまで十年，いや百年もかかるようではどうするか？　また可約なパターンの不可避集合など存在せず，この作業が永遠に終わらなければどうだろうか？

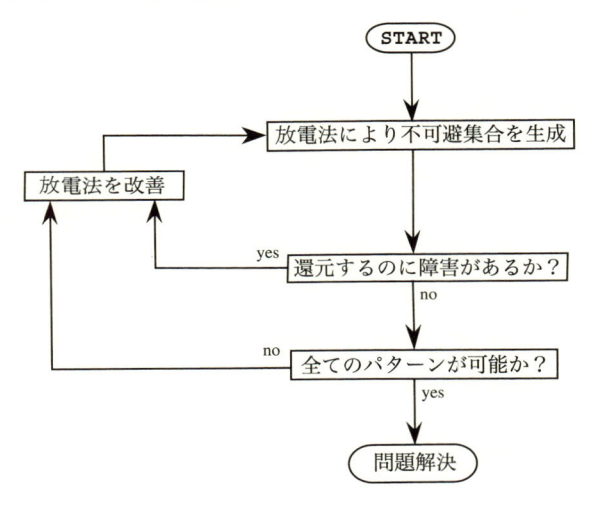

図9.15

　1972年にハーケンはケネス・アペルと手を組みこれらの疑問に答え，効率のよい放電法を開発するためのコンピュータ実験を始めた．何ヶ月も実験して不可避集合に含まれるパターンの可能なサイズやその集合自体のサイズに関してデータを集めるうち，彼らは自分たちの方法でうまくいく見込みがあることを示そうと思い立った．不可避集合を産み出す放電プロセスは存在することを示そうとした．彼らの最初の発見はパターンの周囲の辺の数を固定すると，それが可約になる確率は内部の複雑さに応じて増加するというものだった．これはパターンが十分に大きければ可約になることはほぼ確実であるということである．これでプロセスが無限に続いてしまうことはほぼな

いだろうと見込まれた．次のステップは上の意味での「十分に大きいパターン」は実際には扱いうる範囲に収まり，それゆえ実用時間内にプロセスが停止するということを示すことであった．

　1975 年には彼らはパターンの可約性を試すコンピュータプログラムの開発に集中した．1976 年までには適当なパターン集合を構成する準備が整った．不可避集合を生成するための放電法は手作業で検証された．つまりそのプロセスはより柔軟性を持ち，要求に応じて修正できるものであった．1976 年の最初の半年以上が放電法の改善に費やされたが，ついに可約なパターンの不可避集合が生成できた．最終的にはその集合は約 2000 個のパターンを含んでいた．

証明するとはどういうことか

　アペルとハーケンが彼らの証明を発表したときには，数学界に大きな議論を呼び起こした．問題の有名さとその見た目の単純さにより，多くの数学者がそれを解こうとしていた．解決の知らせを受けたときには，人々はなにか輝かしい新しい見地が得られたと信じたが，多くの人は証明の中にコンピュータによる何百もの場合の解析が含まれていたことに落胆し，失望した．そしてコンピュータによる解析が証明において本質的だと知ると懐疑的になった．確かに放電法は手作業でも実行でき，不可避集合が生成されたことも確かめることができるが，ほとんどのパターンはあまりに複雑でその可約性の証明はコンピュータを使ってのみ可能なようだった．アペルとハーケンは彼ら自身も「可約性の確認は手作業で可能なようには思われない」と認めている．

　このことは証明するということの本質についての哲学的な問題となる．数学的な証明というものは疑いの余地を残さずに，認められた出発点から保証された結論を引き出すこととされている．コンピュータが導入されるまでは証明で使われる議論はすべて他の数学者によって検証することができた．仮定から結論を導き出す各ステップが論理的に妥当なものか確かめることができた．しかし多くのステップがコンピュータによってなされ，結果が他のコンピュータによってしか確認できないとなると，数学者はコンピュータの正確さに対する信頼が，自分自身の論理能力に対する信頼と同じだけあるかと自問せねばならない．

　これまでの章においてすでにコンピュータの援助による証明を 3 つ紹介した．V. A. ザルガラー の正多角形を面に持つ凸多面体の数え上げ（第 2 章），および J. スキリングの一様多面体の数え上げ（第 4 章）では新たな可能性を探すためにコンピュータが使われた．どちらもそのことですでに知られていたリストが完全であることが確認された．4 色問題と違ってこれらの問題は特によく知られているわけでもなかったので，そうやって確認したとしてもあまり注意は引かなかった．マクシーモフによる 9 頂点以下の多面体の剛性性の証明（第 6 章）もコンピュータを使っていた．

大きな数が素数であるかを判定することにもコンピュータが使われる．コンピュータを使うという意味では，ある大きな数が素数であることを示すのに使おうと，あるパターンが可約であることを示すのに使おうと同じことである．違いはその結果をどう使うかである．どちらのタイプの計算もコンピュータの正確さに依存しながらあることを示す．前者では示されたことをデータとして使って，例えば素数の分布など，見解や予想を立てる．データは証明の一部ではなく単に結論をほのめかすだけなので，少しのエラーが生じても許される．一方後者ではコンピュータによる算出の正確さそのものが証明である．

4色定理の証明における計算の本質部分は機械的かつ反復的であり，確率的にはコンピュータよりも手作業で計算する人間の方が多くの間違いを起こすであろう．しかし人であろうとコンピュータであろうとエラーが起こる可能性は否定できない．この点ではアペルとハーケンの方法論はうまい抜け道を持っている．彼らの方法でうまくいくという議論における仮定を認めるならば，証明に使う放電法とそれによって得られるパターン集合の選択を変えることで多くの異なる証明ができる．なのでもし発表された証明にエラーがあってうまくいかないものを使ってしまったとしても，うまくいくものが取り直せることはほとんど確かであって，定理は「圧倒的に正しそう」であると言える．

コンピュータを利用した証明に対するもう1つの反対論は，それが数学の美的な質を損なうというものである．数学者は単に事実や解答に関心があるのではなく，理解するということに関心があって，単に事実だけでなく美も追求しているのである．事実のもとにある「なぜそうなるのか」を明らかにするものがよい証明だとされている．証明のほとんどが機械の操作の中に隠されてしまうと，この心からの要求は拒否されてしまう．コンピュータは直感的な見識は与えてくれず単に機械的に検証してくれるだけである．

歴史を見ると証明が受け入れられる基準は時代とともに変化していることがわかる．この新しい証明のスタイルもやがて他の問題を解くために使われだせば受け入れられるようになるかもしれない．実際，証明するのにコンピュータが必要かもしれない問題もいくらかある．20世紀のはじめには数学のあらゆる問題は十分強力なテクニックを駆使することで解くことができるだろうと信じられていた．しかし1930年代になると，正しい命題でありながら証明は存在しないものや，証明があまりに長くなり実際それを書き下すことはできないものが見つかった．4色定理に対し，従来の位相幾何学的な証明も見つかるかもしれない．しかしアペルとハーケンの見積もりによると，そのような証明を見つけるために1人の人間にして1000万時間もの研究時間がすでに費やされている．またそんな証明はもともと存在せず，我々は新しい証明のスタイルの誕生を目撃しているのかもしれない．

From *Perspectiva Corporum Regularium* by Wenzel Jamnitzer, 1568.

第 10 章

組み合わせる，変形する，飾りつける

全体は，単に部分の足し合わせではない．[a]
アリストテレス

多面体の模型の中でも，複合多面体を手に取ってみると特に引きつけられる．手の中で回してみると，それぞれの要素に次々と目が向き，要素となる多面体が互いに絡み合っている様子が観察できる．それぞれの要素が際立っており，すぐに識別できるものが観察するのに向いている．このため，正多面体を組み合わせてできるものは特に目に付きやすく，それぞれを異なる色で塗り分ければいっそうはっきりする．

複合多面体の例に関しては既に何度か触れている．第 4 章では 2 つの四面体からなるもの，立方体と八面体からなるもの，および十二面体と二十面体からなるものを既にケプラーが扱っていたことを述べた．また第 7 章では，5 つの四面体，および十の四面体からなるものや，5 つの八面体からなるものが，二十面体を星状化することによって現れることを見た．これから，もっと多くのものを作って見よう．

対称的な複合多面体を作る

複合多面体とは，要素と呼ばれる幾つかの多面体を，中心がすべて一致するように重ね合わせたもののこととする．もし要素が同じ位の大きさならば，互いに交わって，ある面が他の面を突き抜けたりする．任意の多面体を用いて複合多面体を作ることができるが，ここではすべての要素が同じプラトン立体になっているもののみを扱うことにする．これは高次の対称性を持つことで特に面白い．

図 10.1 にあるような，2 つの四面体からなる複合多面体を考えよう．立方体の中に 2 つの四面体を置いて，その (4＋4) 個の頂点が立方体の 8 個の頂点と一致するようにできる．これは，1 つの四面体を立方体に内接させる二通りの仕方を示している．それを同時に行ったものが上の複合多面体である．このようにある多面体の中に別の多面体を数通りの仕方で内接させることで，簡単に複合多面体を作ることができる．

ユークリッドによる十二面体の構成法を思い出そう．彼はまず立方体をとり，各面

360　第 10 章　組み合わせる，変形する，飾りつける

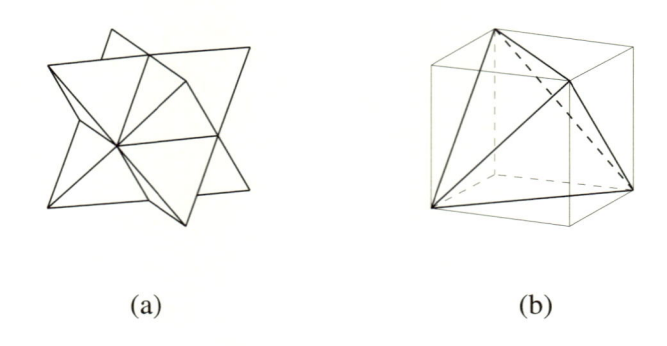

(a)　　　　　　　　　　　　　(b)

図 10.1：立方体に内接する 2 つの四面体．

に「屋根」をつける．このとき，図 10.2(a) のように隣り合う斜面が平らに繋がって正五角形ができるようにする．立方体の各面にそのように屋根をつけるには二通りの仕方がある．それを同時に行なうことで，図 10.2(b) やカラー図 16 にある 2 つの十二面体の複合多面体ができる．

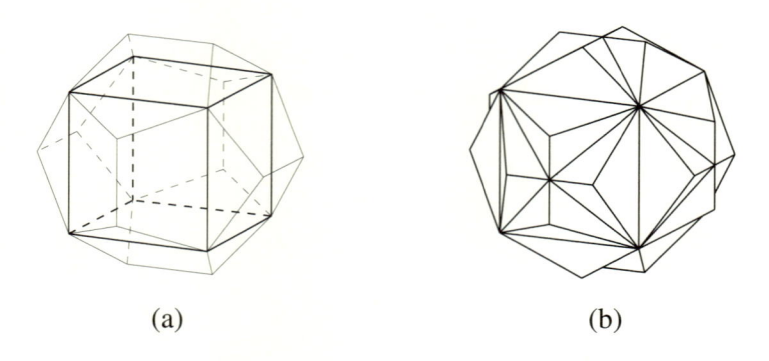

(a)　　　　　　　　　　　　　(b)

図 10.2：立方体に外接する 2 つの十二面体．

　多面体の中に別の多面体をいろいろな仕方で置くというこのようなアイデアを，逆向きに使うこともできる．ユークリッドの方法では十二面体の中に立方体を置くことも示している．これを同時に可能な限り行えば，また複合多面体ができる．では十二面体に立方体を内接させるには何通りの仕方があるだろうか？ 立方体の 12 の稜のそれぞれが，十二面体の 12 の面のいずれかの面の対角線になる．五角形には五本の対角線があるので，十二面体の中に五通りの仕方で立方体を内接させることができる．これを同時に行えば，立方体 5 つからなる複合多面体ができる．カラー図 13 はそうして得られた複合多面体である．

　すでに立方体の中に四面体が 2 つ配置できることを見たが，しかし残念ながらこのことを逆にとって新しい複合多面体を作ることはできない．立方体を四面体に外接さ

せる仕方は一通りしかない．

対称性の崩壊，対称性の補完

　ある多面体を他の多面体に内接(または外接)させる仕方の数え上げという問題は対称性と深く関わっている．正確には，内側の多面体，外側の多面体，それらを併せた複合多面体という3つの対象物の対称性に関係している．新しい用語を導入しよう．内側の多面体を**核**，外側の多面体を**殻**と呼び，核と殻からなる複合多面体を**アマルガム**と呼ぶ．

　十二面体の中の立方体の例では，立方体が核で，十二面体が殻となっている．核と殻とアマルガムの(回転)対称群はそれぞれ O, I, T である．アマルガムの対称性は核や殻が単独に持つ対称性よりも低いことに注意しよう．いくつかの対称性が失われている．しかし，これから作られる5つの立方体から成る複合多面体や2つの十二面体から成る複合多面体では失われた対称性が復活している．前者は正二十面体の対称群を持ち，後者は正八面体の対称群を持っている．

　このことは偶然ではなく，失われた対称性を復活させるというアイデアで様々な複合多面体を作ることができる．これから十二面体の中の立方体の例を詳しく調べて，核，殻，アマルガム，そしてそれらの複合多面体の対称変換群の関係を突き止めよう．そして，このように対称性を補完することでさらに多くの複合多面体を作ることができるようになる．

例　十二面体の中の立方体．
　　　　　　　対称変換群：　　核　　　　　（立方体）　　　O
　　　　　　　　　　　　　　　殻　　　　　（十二面体）　　I
　　　　　　　　　　　　　　　アマルガム　　　　　　　　　T

　核の対称変換を，アマルガムの対称変換にもなっているものと，そうでないものの2つの集合に分ける．前者の集合は群をなす．この場合は四面体群 T である．後者の集合は核の対称変換のうち，アマルガムでは失われてしまうものも含む．これは群にはならない，というのは，ひとつには恒等変換を含まないからである．失われた変換をアマルガムに施してみよう．この変換は核の対称変換になっているので，核は保たれる．しかしそれは殻の対称変換にはなっていないので殻は元とは違う位置に移される．例えば90°回転は立方体の対称変換になっているが，アマルガムの対称変換にはなっていない．十二面体は新しい位置に移される．すると十二面体の複合多面体は核と同じ対称変換を持つことになる．しかも要素の個数は，関係する群の大きさから計算することができる．

$$\begin{pmatrix} 殻の多面体の複合多面体の \\ 要素の個数 \end{pmatrix} = \frac{(核の対称変換の個数)}{(アマルガムの対称変換の個数)}.$$

核の対称変換の代わりに殻の対称変換を用いて上の操作をすると，核の多面体の複合多面体で対称変換が殻と同じものが得られる．その要素数は次で決定できる．

$$\begin{pmatrix} 核の多面体の複合多面体の \\ 要素の個数 \end{pmatrix} = \frac{(殻の対称変換の個数)}{(アマルガムの対称変換の個数)}.$$

今の例では，できた複合多面体は $\frac{24}{12}$ 個の殻(つまり 2 つの十二面体)からなる物と $\frac{60}{12}$ 個の核(つまり 5 つの立方体)からなるものができている．

例 立方体の中の四面体．

対称変換群：　核　　　　(四面体)　　T
　　　　　　　殻　　　　(立方体)　　O
　　　　　　　アマルガム　　　　　　T

ここで注意すべきこととして，核の対称変換群はアマルガムの対称変換群に一致している．それゆえ，核の対称変換をアマルガムに施しても新しいものは得られない．一方，殻の対称変換をアマルガムに施すと 2 つの四面体から成る複合多面体が得られる．

例 八面体の中の立方体．

対称変換群：　核　　　　(立方体)　　O
　　　　　　　殻　　　　(八面体)　　O
　　　　　　　アマルガム　　　　　　D_4

図 10.3(a)のようにして立方体を八面体に内接させることができる．核と殻の両方が正八面体の対称群を持っている．しかし一組の 4 回軸のみがアマルガムで生き残り，残りの 4 回対称軸は 2 回対称軸になってしまう．これはアマルガムが D_4 型の二面体群を持つことを意味する．核と殻の対称変換でアマルガムでは失われるものがあり，それらを用いて複合多面体を作ることができる．殻の対称変換を補完すると立方体 3 つからなる複合多面体(図 10.3(b))が得られ，核を使うと八面体 3 つからなる複合多面体(図 10.3(c))が得られる．カラー図 14 はこの複合多面体を表している．どちらの複合多面体もともに正八面体の対称群がある．

例 立方体の中の八面体．

対称変換群：　核　　　　(八面体)　　O
　　　　　　　殻　　　　(立方体)　　O
　　　　　　　アマルガム　　　　　　D_3

図 10.4(a)のようにして八面体を立方体に内接させることができる．アマルガムの

(a)

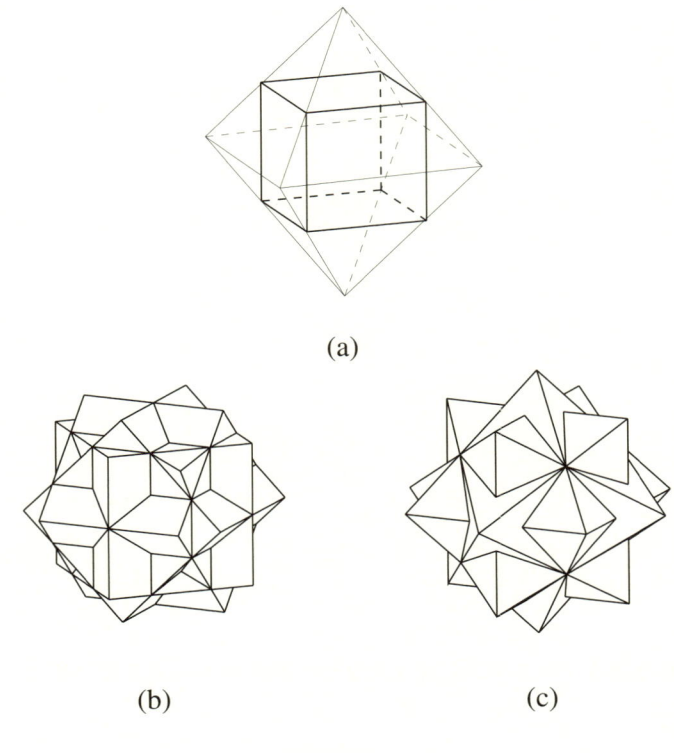

(b)　　　　　　　　(c)

図 10.3

対称変換群はここでも二面体群であるが，型は D_3 である．殻の対称変換を補完することで八面体 4 つからなる複合多面体が得られ，核の対称変換を補完することで立方体 4 つからなる複合多面体が得られる．これらは図 10.4 (b)，(c)，およびカラー図 15 に示される．

　今までの例では，多面体とそれに内接する多面体とでアマルガムを作ってきた．しかし 2 つの多面体がそれほど密接に関わっていなくても新しい複合多面体を作ることができる．今までやって来たことは，(対称変換という) 規則に従ってある対象物のコピーを並べるということだからである．1 つの多面体は複合多面体の要素の雛形で，もう 1 つは単に基準点を与えて，雛形のコピーをどのように置けば複合多面体を作るのに用いた対称変換に従った配置になるかを表すだけである．雛形にはどんな多面体を選んでもよい．それを任意の対称変換で次々と移して配置すればよい．しかし最も興味深い複合多面体は雛形の対称変換が，複合多面体を作るのに用いた多面体の対称変換に一致するときに得られる．

　次の例はこの点をよく表している．図 10.5 は 1 つの頂点を共有するふたつの四面体を表している．大きい方が雛形で，それのコピーを小さい方の対称変換に従って配置

364　第10章　組み合わせる，変形する，飾りつける

(a)

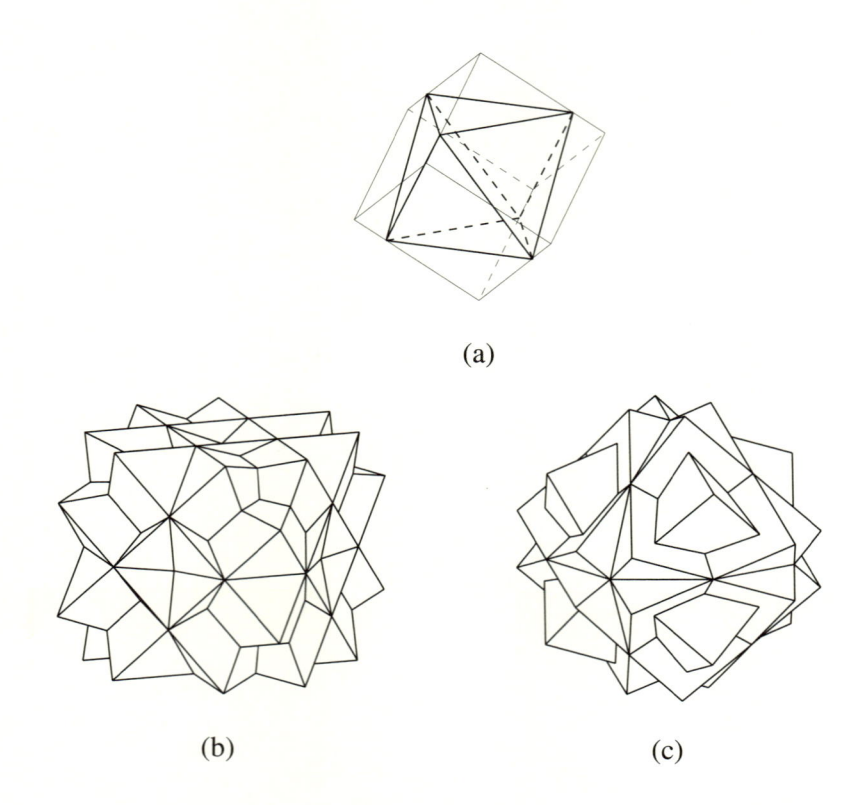

(b)　(c)

図 10.4

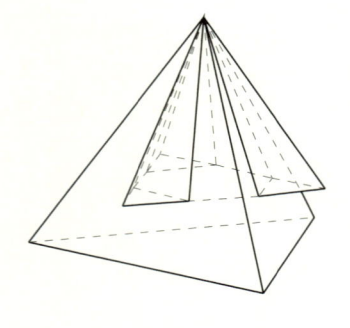

図 10.5

することで複合多面体が作れる．そうして作った物が，カラー図 11 にある四面体 4 つからなる複合多面体である．カラー図には他にもいくつかの複合多面体が示されている．八面体 5 つからなるものや，十二面体 5 つからなるものもある．

どの複合多面体が正則か？

今までに見たもので(それ以外でも)，「正則」という栄誉ある形容詞に値する複合多面体はあるのだろうか？もちろん，今までのものはすべてプラトン立体を要素とするものであるから各面は同じ正多角形であり，また各頂点には同じ枚数の面が集まっている．それでもなお，他より「正則」な複合多面体がある．これは各面のどの部分が見えているかによって決まる．多面体によっては，どこから見ても同じ部分が見えるものがあるが，見え方が数種類のパターンがあるものもある．例えば，3 つの八面体の例ではすべての面が同等であるのに対して，3 つの立方体の例では面の見え方が二種類ある．これは図 10.6 に表されていて，陰の付いた部分が見える部分である．この立方体の例では，二種類の模様が見えるので，すべての面が同じ役割を果たしているとは言えない．

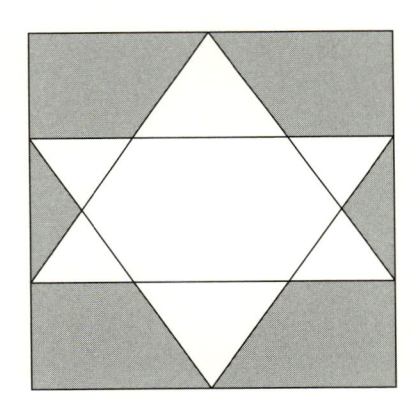

図 10.6

頂点を調べて考察することもできる．すべての点には同じように面が集まっていて，区別できなくなっているだろうか？すべての点が同じ役割を果たしているだろうか？4 つの立方体からなる複合多面体の例では二種類の頂点がある．三枚の凧型によって囲まれているものもあれば，L 字型をした部分と 2 つの三角形で囲まれているものもある．

ある物が他の物と区別できないという状況は，時として対称性が絡んでいることをほのめかす．正則性と対称性は密接な関係にある概念なので，ここは驚くにはあたらない．

正則性と対称性

　プラトン立体を考えているときは「正則であること」と「対称的であること」は同義語と見なされていた．しかし言葉の厳密な意味においてはこれは正しくない．正則性の定義によれば各頂点の周りに同じ枚数の合同な正多角形が集まっていることが必要である．これは局所的な条件で，各面がその周りの物に対してどういった位置関係にあるかを特定する．これにより面同士の合わさり方も制限される．一方，対称性を考えるときには，多面体を全体で捉え，大域的に考える．

　局所的な配置の特性と大域的な対称性の違いは，もっと広い意味で条件を考えるとはっきりする．斜立方八面体とミラーの立体においては，すべての立体角が同じで，局所的な配置の特性は一致している．しかし対称性の観点から区別できる．斜立方八面体においてはすべての立体角が同等であるが，ミラーの立体においてはそうではない．立体全体の中での位置を見ると二種類の立体角があることがわかる．

　局所的な観点と大域的な観点の相違は最近いろいろな分野で注目されている．例えば結晶学では，対称群は結晶の内部構造を記述するのに大変便利であることがわかっており，全体的な情報も伝えている．しかし，結晶が育つにつれて，結晶を作っている分子やイオンは，すでに結晶化している分子の配列に従って並んでいく．結晶が育つのに作用している原子の力は局所的なものである．斜立方八面体とミラーの立体の違いを目にすると，できた結晶が大域的な対称性を持つのはむしろ偶発的なことなのかと思われる．狭い範囲にしか及ばない局所的な配列の特性が，なぜ大域的な対称性に影響力を持つのであろうか．

　多面体の話に戻ると，局所的な見方にしろ大域的な見方にしろ，同じ問題に答えるためのものである．どちらにしても，プラトン立体の持つ視覚的な特性 – つまり異なる方向から見ても同じに見える – を説明するためのものである．手の中でプラトン立体を回して面を手前に向けると，それがどの面であれ同じ形が見える．同様に稜や頂点を手前に向けると，それがどの稜や頂点であれ，同じ形が見える．この美学的特性はすべての面が合同で，すべての二面角が等しく，さらにすべての頂点の周りの状況が同じであると言い表される．これはその立体がきわめて強い対称性を持っていると言うこともできる．このアイデアは，正則性と対称性を統合する推移性という概念を用いることでより正確にできる．

推移性

　面や頂点という対象物が，どこから見ても同じであるとか，区別できないといった直観的なアイデアは，推移性という概念を用いることにより正確に表すことができる．多面体の推移的性質により，異なる方向から同じように見えることがおこる．「推移的

な(transitive)」という言葉は,「推移(transit)」とか「移り変わり(transition)」といった,移動とか,変位とか,状態が変わることを意味する日常的な言葉と同じ語義を持っている.この言葉を使うのは,推移性が対象物を回してみることに関係しているからである.

多面体が**面に関して推移的**であるとは,その多面体のどの二面に対しても,対称変換で一方の面を他方に移すものが存在することをいう.物理的には,どの面に向いて見ても多面体が同じように見えるということである.立方体の模型を回して他の面が向くようにしたとき,その回転は多面体の対称変換になっていて,二つの置き方が区別できないということである.

面に関して推移的な多面体にはプラトン立体や両角錐や偏方多面体(図 8.10(a)〜(c))がある.またケプラーの2つの菱形多面体を含む13個の例が図 10.7 にある.それらはアルキメデス立体にも関係していて,ユージン・シャルル・カタラン(1814〜1894)によって最初に記述された.

面に関して推移的になるためには各面がすべて同じ形をしていなければならないので,推移的でない多面体は簡単に見つかる.実際角柱やアルキメデス立体は推移的でない.双子の十二面体の面はすべて合同な正三角形であるが,それでも面に関して推移的ではない.この対称変換群には4つの対称変換,すなわち恒等変換,垂直な鏡面に関する2つの鏡映変換,その鏡面の共通線に関する2回の回転しか含まれない.よって12ある面のどれをとっても,上の対称変換による移り先は3つしかない.

面に関して推移的な凸でない多面体もたくさんある.その例は4つの正則な星型多面体である.それでも,正十二面体の星型多面体は,60個の二等辺三角形からなる球面的多面体と考えると面に関して推移的である.正四面体を正八面体に添加すると,星型八角体を24個の正三角形からなる球面的曲面と見なせる.こういった素朴な見方をすると,他にも面に関して推移的な凸でない多面体が見つかる.この意味では「5つの正四面体」は60個の凸でない五角形からなると見なすのである.他にも正二十面体の星型多面体のいくつかは面に関して推移的な多面体になる.

面に関して推移的な多面体の一般的な特性について,ブランコ・グルンバウムとジェフリー・シェパードが調べている.彼らによると,それらは**星型**でなくてはならない.つまり,表面の各点が遮られることなく見渡せるような点が内部に存在する.それらの面は三角形か凸な四辺形か,星型[1]の五角形となる.ブルンバウムとシェパードの例の幾つかが図 10.8 にある.

多面体が**頂点に関して推移的**であるとは,各頂点が他のどの頂点へも,対称変換によって移せることをいう.これは多面体をどの頂点から見ても同じ形が見えるということである.アルキメデス立体はすべて頂点に関して推移的である.しかし,ミラー

---

[1] 星型の多角形や多面体を,ケプラーとポアンソの意味での星型多角形や星型多面体と混同してはならない.

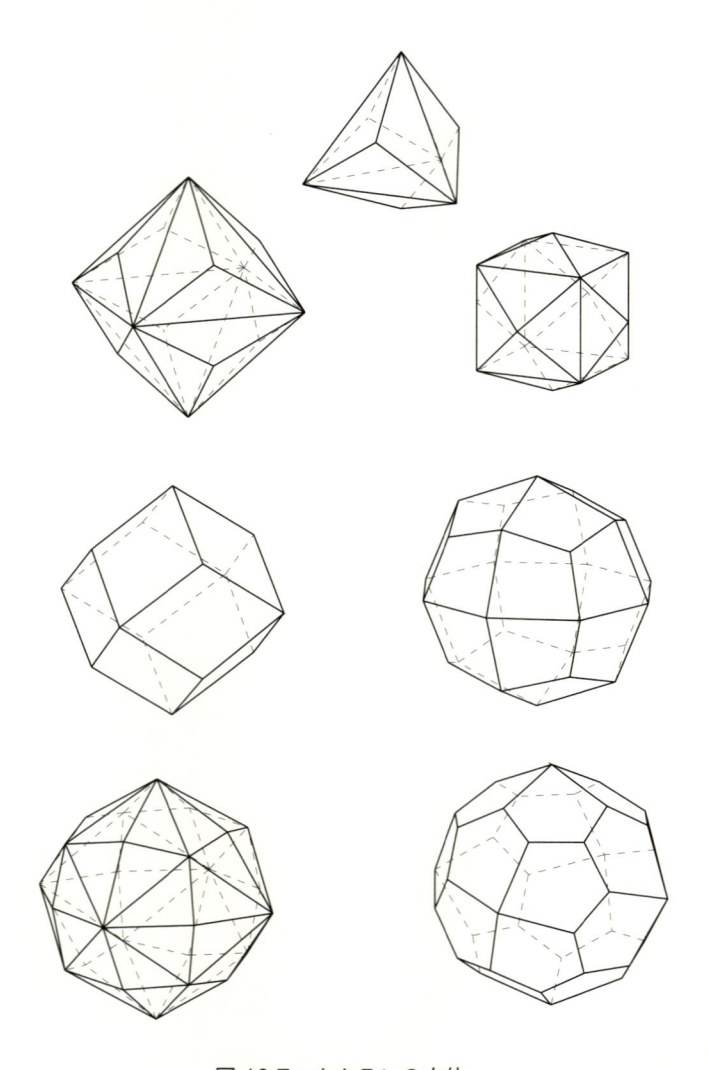

図 10.7：カタランの立体.

の立体の対称変換群は D_{4v} であり，その 16 の対称変換では各頂点を他の 23 個のすべてに移すには足りない．ギリシャ人の定義では準正則多面体はどの頂点から見ても同じに見えるという美的性質が述べられていない．アルキメデスがミラーの立体を準正則多面体のリストに加えなかったという事実は，彼が直感的に頂点に関して推移的な立体を探していたということを意味するのかも知れない．しかし，彼のリストには頂点に関して推移的な角柱も入っていない．ケプラーと同じように，アルキメデスにとっても角柱のような対称性を持つ立体は面白くなかったのであろう．

推移性 369

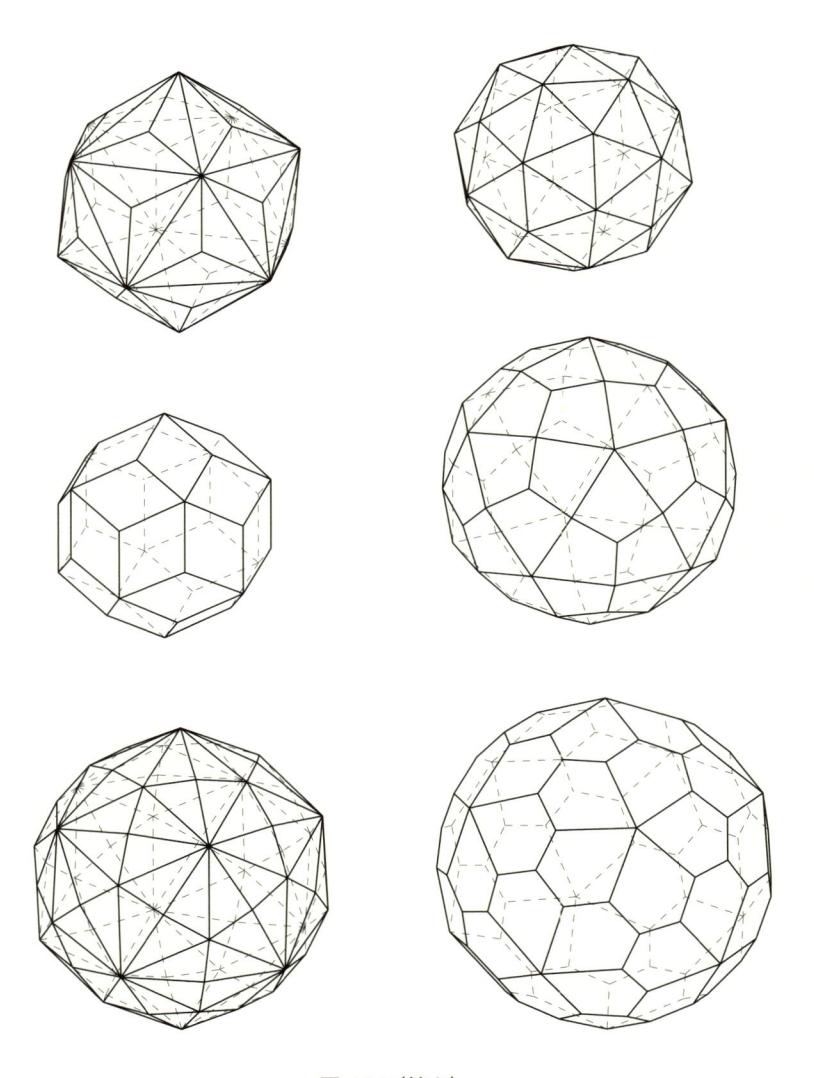

図 10.7（続き）.

　さらに驚くべき事に，球面的ではないが頂点に関して推移的な立体が存在する．面に関して推移的な立体と違って，球面に変形することができず，貫通するトンネルができてしまっている．そのような例はグルンバウムとシェパードによって発見された．角柱から得られるものもある．図 10.9(a)にあるのは，図 10.9(b)の八角柱と同じ頂点を持っているが，「捻れて」いて，八枚の正方形の面のそれぞれが二枚の三角形に置き換わっている．角柱の正方形と「捻れた角柱」の 16 個の三角形を合わせることで頂点に関して推移的な多面体が得られる．それは位相幾何学的にはトーラスになっている．
　もっと種数の高い（つまりトンネルの多い）例も構成できる．図 10.9(c)にあるのは

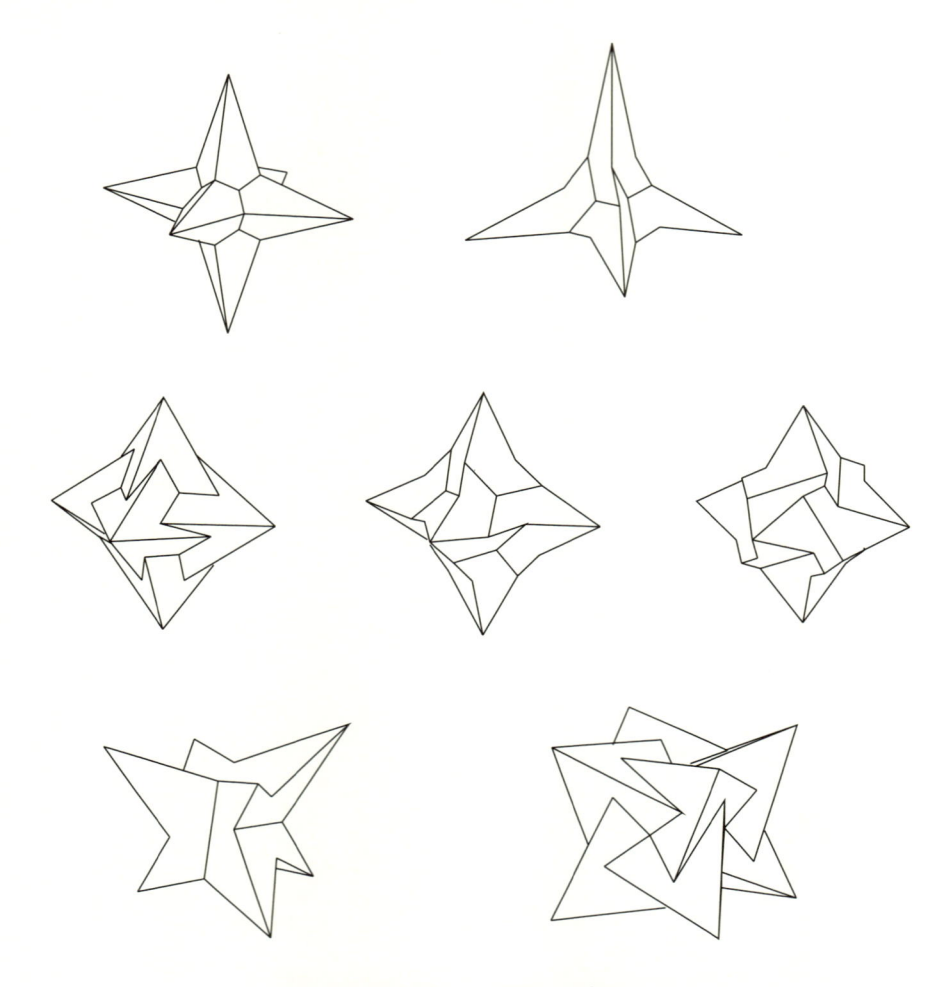

370   第10章 組み合わせる，変形する，飾りつける

図 10.8：面に関して推移的な多面体．

組み合わせ的には歪立方体と同じものである．図 10.9 (d) は (c) の凸包で，同じ頂点集合を持ち，歪立方体であると同等であるが，この2つは幾何学的には異なる．それぞれの多面体から正方形の面を抜き去り，2つの残りの部品を貼り合わせれば，頂点に関して推移的な，種数 5 の多面体ができあがる．このほかにも種数がそれぞれ 3，7，11，19 の多面体も構成できる．

多面体が**稜に関して推移的**であるとは，各稜が他のどの稜へも，ある対称変換によって移せることをいう．これは多面体をどの稜から見ても同じに見えるということである．稜に関しての推移性は，他の2種の推移性とは異なり，単独では起こらない．稜に関して推移的な多面体は必ず，面か頂点（または両方）に関して推移的になる．例えば菱形十二面体は稜に関して推移的であると同時に面に関して推移的である．面と頂

推移性　*371*

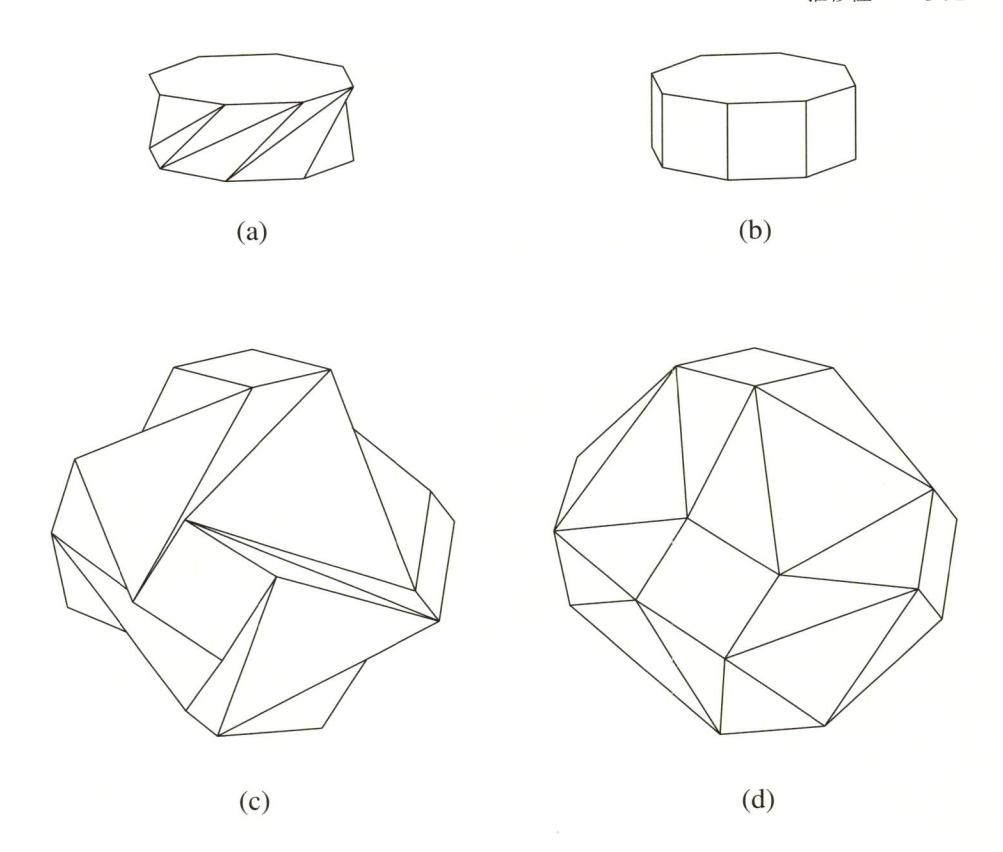

(a)　　　　　　　　(b)

(c)　　　　　　　　(d)

図 10.9：球面的でないが頂点に関して推移的な 2 つの多面体の構成．

　点に関して推移的であるが，稜に関しては推移的でない多面体の例として，図 10.10 のスフェノイドと呼ばれる正則でないものが挙げられる．スフェノイドの面は二等辺または不等辺三角形になっている．カラー図 10 の完全二十面体は，その面が互いに交わる非正則星型九角形になっていると見なすと，もう 1 つの例になる．

　多面体の推移性を定義するのに用いた 3 つの基本的な要素は，組み合わせることによって更に強い推移性の条件にすることができる．コーシーの発見によると，プラトン立体においては，任意の面を回転によって他の面の位置に移すことができ，更にその面を回転させることにより，その面の任意の辺をその面の他のどの辺のあった位置にも移すことができる．このことは面と稜の組に関する推移性が成り立っていると見なせる．コーシーはこの特性を用いて正則星型多面体の数え上げを行った．一方ベルトランは頂点と稜の組の推移性を用いて同じ結果を証明した．彼らの定理をこの観点から述べ直すことで彼らの定理が，実は同じ物ではないことがわかる．コーシーは面と稜の組に関して推移的な多面体を数え上げ，ベルトランは頂点と稜の組に関して推

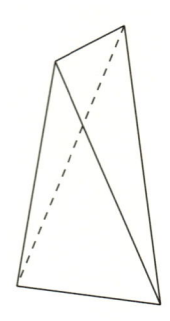

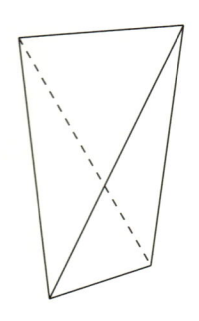

図 10.10：二等辺および不等辺のスフェノイド.

移的な多面体を数え上げた．たまたまその集合は一致し，ともにポアンソの発見した集合に一致した．しかし彼らは「正則性」の定義がすでに異なっており，それぞれ別の定理を証明したというわけである．

結晶学でも推移的な点集合が生成するのに大きな対称変換群が用いられた．ブラベの空間格子の研究は事実上そうなっていた．しかしその頃の数学者は推移性の議論を直観的に使っていたということを忘れてはならない．対称群の概念は明確なかたちで使いこなす程には発展していなかったのだ．

正則性と関連して使われる推移性にはもう一種類あって，それは**旗に関する推移性**と呼ばれる．旗とはある面とその稜，およびその端点にある 1 つの頂点の 3 つ組みである．多面体が旗に関して推移的であるとは，任意の旗が対称変換により他の任意の旗に移せることをいう．これはとても強い条件であり，実際もし対称変換として回転のみを許すのであれば，旗に関して推移的な多面体は存在しない．鏡映まで許すならば，十個の多面体が旗に関して推移的になる．それは，5 個のプラトン立体，4 つのケプラー・ポアンソの星型多面体，星型八角体である．

多面体の変形

推移性は，多面体の非常によい特性である．推移性によって多面体を簡単に記述できるようになる．すべての部品の位置を記述する代わりに，たった 1 つの位置とそれをいかにして繰り返して並べるかのルールを与えればよい．頂点に関して推移的な凸多面体はたった 2 つの情報で記述することができる．それは 1 つの頂点の座標と，多面体の対称変換群である．例えば，立方八面体は $((1,1,0), O_h)$ という組で記述できる．もちろんこう書いたところで，必要とされる情報の量は減少していない．頂点の位置を決定するのには 3 つの実数が必要だからである．違いは情報がいかに表現されるかという所にある．情報の多くは対称変換群を表す記号の中に含まれてしまい，そ

れにより記述がすっきりとするのである．対称変換群によって繰り返し並べるルールが与えられるので，各頂点の基点に対する位置関係が決まる．また多面体は凸であるとしたので，面は自動的に決まる．

ここで使った多面体を記述する考え方は，逆にも使うことができる．空間内の点の位置と対称変換群という情報が与えられると，そこから多面体を構成することができる．実際，その点に対称変換を施して頂点集合を作り，凸包をとることにより多面体が構成できる．どんな多面体がこうして得られるであろうか？基点や対称変換群を取り替えたらどうなるだろう．基点は空間の中で連続的に動かすことができるし，対称変換群もたくさんある．生じる多面体はこれらのパラメータによってどう変わるのであろうか．

しばらくの間，対称変換群は固定しておいて，基点の移動がどのように影響するかを見てみよう．対称変換群として O_h に注目しよう．対称変換の中心を通る直線に沿って基点を動かすと多面体の大きさが変わる．縮尺を変えてもあまり面白いことは起こらないので，基点が対称変換の中心からどれだけ離れているかは気にしないことにして，その方向だけを記録しよう．そのために，基点は対称変換群の中心の周りの球面上にあるとする．球面の上で異なる基点を選べば，それに応じた多面体ができる．

その球面と，O_h の鏡面は大円で交わる．鏡面により，球面は(図 10.11 にあるように) 48 個の球面三角形に網の目状に分割される．この網の目は，対称変換群の各要素の位置を示す格子になる．2 つの大円の交点は，2 回の回転軸と球面の交点になる．同じように 3 回の回転軸や 4 回の回転軸は，それぞれ 3 つおよび 4 つの大円の交点を通る．もし基点を軸上に選べば，できる多面体は 4 回軸，3 回軸，2 回軸のときそれぞれ正八面体，立方体，立方八面体になる．

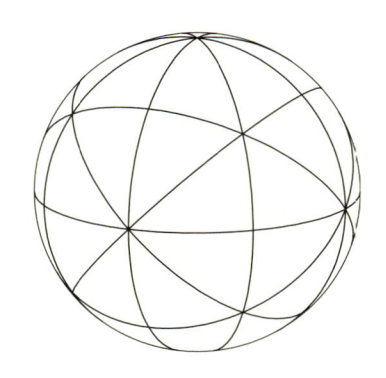

図 10.11

基点が三角形の内部にあるときには，各三角形の内部に頂点を 1 つ持つことになるので，できる多面体は 48 個の頂点を持つ．基点が三角形の中の特別な一点の場合で

きる多面体の面は正多角形になる．そのときにはアルキメデス立体の1つ大斜立方八面体ができる．他の多面体も，各頂点が三角形の内部にある限り大斜立方八面体と多くの点で似ている．（図10.12の中央に幾つかの例がある．） それらはすべて六個の八角形と八個の六角形と十二個の四角形の面からなり，各頂点はこれら三種類のそれぞれ一個ずつによって囲まれる．面の形は基点が変わるのに応じて変化するが，面の集まり方は一定で，常に同じ組み合わせ的構造になっている．そのような多面体は**同型** (isomorphic)[2] であるという．この単語は「同じ形」を意味するギリシャ語に由来しており，数学の多くの分野で対象物が共通の構造を持っていることを表すのに使われる．

このパラメータの球面上にはまだ調べていない点がある．それは大円1つだけの上に乗っている点である．球面三角形の辺上にある点はすべて，ある多面体に同型な多面体を与える．その辺が2回軸と3回軸を繋いでいる場合には切頭立方体に同型な多面体が得られる．また，2回軸と4回軸を繋いでいる場合には切頭八面体に同型な多面体が得られ，3回軸と4回軸の場合には斜立方八面体に同型な多面体が得られる．正多角形の面を持つアルキメデス立体を与える点が各辺上に1つ存在する．図10.12で輪に並べられているのがこの同型なクラスに属する多面体の例である．この図は球面三角形に描かれている．これにより各点に基本をおいた時どのような多面体が得られるかがわかる．多面体の位置関係と形の違いを眺めてみることで基点の選択が多面体にどう影響するかがわかる．（もし読者がプログラミングに精通しており，しかも強力なマシンがあれば，）コンピュータに描かせてみると多面体の変化とそれらの相互関係がよく分かるであろう．インタラクティブなグラフィックを使うと多面体の移り変わりを直接理解するのに大変役立つ．マウスを使って三角形内で基点を動かしてみると，それに応じて多面体の形が変わる．そうすることで実際に多面体の変形が体験できる．

対称変換群を変えたら何が起こるだろうか？ 群 O_h の代わりに立方体の回転のみを含む群 O を考えても，現れる多面体の多くは O_h によって生成されたものと同じものである．例えば，3回の回転軸上の点からは立方体が得られる．実は1つまたは複数の大円上にある点を基点にとると，鏡映対称な多面体が得られる．群 O と O_h で違いが生じるのは，基点が球面三角形の内部にある場合のみである．前者では大斜立方八面体の同型体の代わりに，歪立方体の同型体が現れる．図10.13にいくつかの例を示す．

歪立方体には2つの光学異性体がある．そのどちらが生じるかは基点がどこに置かれているかによる．半数の三角形から一方の形が得られ，もう半数からその鏡像が得られる．この例からわかるように，パラメータ球面の球面三角形は単に便利な対応表を与えるだけではない．ある1つの三角形において，基点の位置と多面体の形の関係がわかれば，球面全体での対応がわかる．各三角形は群 O_h の**基本領域**と呼ばれる．各三角形はその群の元により，他のどの三角形にも移すことができる．そうすることで

---

[2] 書物によっては，同じネットを持っている多面体が同型体と呼ばれている．この本ではそのような多面体を立体異性体と呼んでいる．

球面全体を覆うことができる．すべての三角形は同じ推移類に属するので同等である．群 O に関しては，2つの推移類があり，一方は他方の鏡像になっている．それぞれの類から1つずつ三角形を選んで合わせたものが O の基本領域である．

　対称変換群 I_h や I も O_h や O のようにして調べることができ，得られる多面体の相関関係を表す模式図も概して同じ性質を持つ．正四面体の対称変換群3つはもっと興味深い．図10.14〜10.16は対称変換群 T, T_d, T_h を用いたときの球面三角形上の基点と，それにより生成される多面体の種類を示す模式図である．正二十面体が現れていることに注意しよう．図10.14と10.16では，正二十面体が大円上で立方八面体と正八面体の間にある．立方八面体の正方形の面が対角線で折り曲げると，正二十面体に同型な多面体になるが，これは鈍角二等辺三角形の面も持っている．基点が4回軸に向かうにつれてそれらの三角形は鋭角三角形になり，最後にはつぶれて正八面体の稜になる．この過程の途中ですべての三角形が正三角形になり，正二十面体が現れるというわけである．

　ここで使われている図の球面三角形は依然として図10.11にある三角形基本領域である．正四面体群はこれより大きな基本領域を持つが，ここにあるような三角形について調べれば十分である．群 T_d と T_h の基本領域はこれらの三角形を2つ合わせたものになる．2つの三角形における対応する点は互いに鏡像となる多面体を与えるが，これらの多面体はカイラルではないため，違いはない．回転群 T ではカイラルな多面体が生じる．「歪四面体」とでも呼ぶべきものである．その基本領域は4つの三角形からなるが，カイラル性を無視することにすると，1つの三角形で考えれば十分となる．

頂点に関して推移的な凸多面体のなす空間

> 数学者が「どんな空間で考えているのですか」と訊くとき，それは研究室のサイズを訊いているのではない．[b]
>
> イアン・スチュアート

　空間とはもともと従来幾何学的な対象物が存在して拡がりを持つ舞台である．我々のユークリッド空間の持つ構造的特性は，『原論』の最初に詳しく述べられている．現代の数学者にとって，「空間」という単語は，三次元の点集合という伝統的な意味には限定されていない．空間という単語は，考えている対象物全体の集合を表し，空間の構造はそれらの対象物の相互関係を表す．

　前節では，球面三角形上に基点を決めると多面体が生成された．選ばれた点がパラメータとなり，それが取りうる値全体の集合が三角形をなしていた．この三角形がパラメータ空間の例である．三角形上の点と，固定された対称変換群を持つ頂点に関して推移的な凸多面体との間に一対一の対応がある．こうして三角形を多面体のなす空

間とみなすこともできる．この空間の各「点」(元)が多面体なのである．さらにこの空間の構造には次のような有用な解釈ができる．形がほとんど同じ多面体は，この空間の中ではとても近くにある．この空間内の 2 つの点(つまり 2 つの多面体)の間の距離によって多面体 2 つがどれだけ異なっているかを計ることができるようになるというわけである．

　これから多面体のなす空間という概念を正確なものにしよう．いくらか紛らわしかったが，パラメータ空間を使ってそのような空間を構成して見たことで，これからしようとしていることの雰囲気は感じられたはずである．多面体のなす空間には，多面体の相互関係を反映するような構造を持って欲しい．これからこのような空間の基本的な特徴を描写する．それは地下鉄図のようなものである．その場合，記録すべき情報は，各路線に沿っての駅の順番と，どこで乗り換えができるかである．乗客にとって，都市の中での線路の現在の配置を地図に再現することは重要ではない．必要なのは，地図の上で近い点は現実の都市の中でも近い点になるということだけである．では，どうしたら多面体の空間の模式的な地図を作ることができるだろう．

　問題をずっと簡単にするために，凸な多面体だけに注目することにする．多面体の組み合わせ的な特性はそのサイズには依らないので，相似な多面体は同じものと見なす．これから描く地図では，大きさは重要ではない．地図上でどのような多面体が近くにあるべきかを決めるために，多面体(の相似類)の空間に距離の計り方を導入する必要がある．2 つの多面体が「ほとんど同じ」であるとは，頂点の配置が互いに似ていることとする．これは 2 つの集合の間の**ハウスドルフ距離**と呼ばれるものを使うことできっちり述べることができる．この意味では図 10.17 にある 2 つの多面体は互いに近い所にある．楔の先端の 2 つの頂点は，それぞれもう 1 つの多面体の頂点に近いからである．この図では 2 つの多面体が同型ではないことに注意する．実際，異なる次元のものですら，ハウスドルフ距離で近いと見なされることがある．とても薄い正方柱と正方形はこの意味では近くにあるというわけである．

　この考え方により地図を描くために，さらに扱う対象を，球面対称群を持ち頂点に関して推移的な多面体に限ろう．この特別な場合には，多面体のなす空間のよい性質が地図上に現れる．特に，似た性質を持つ多面体が地域ごとに集まるように地図を分割することができるのである．これから 2 つの特性に注目する．それは対称変換群と頂点の個数である．

　我々の望んでいる地図は，前節で使った三角形をつなぎ合わせることで作れる．各三角形の中に例として描かれた多面体とその位置関係により，どんな多面体が多面体空間の中で近くにあり，従って地図の上でも近くにあるべきかがわかる．更に異なる三角形に同じ多面体が現れることもある．例えば，群 O_h と O に関する三角形の場合，境界では同じ多面体の列が得られ，内部では異なる多面体が得られる．この 2 つの三角形を貼り合わせることで，図 10.18 のように(トポロジカルな意味で)球面を作るこ

頂点に関して推移的な凸多面体のなす空間   *377*

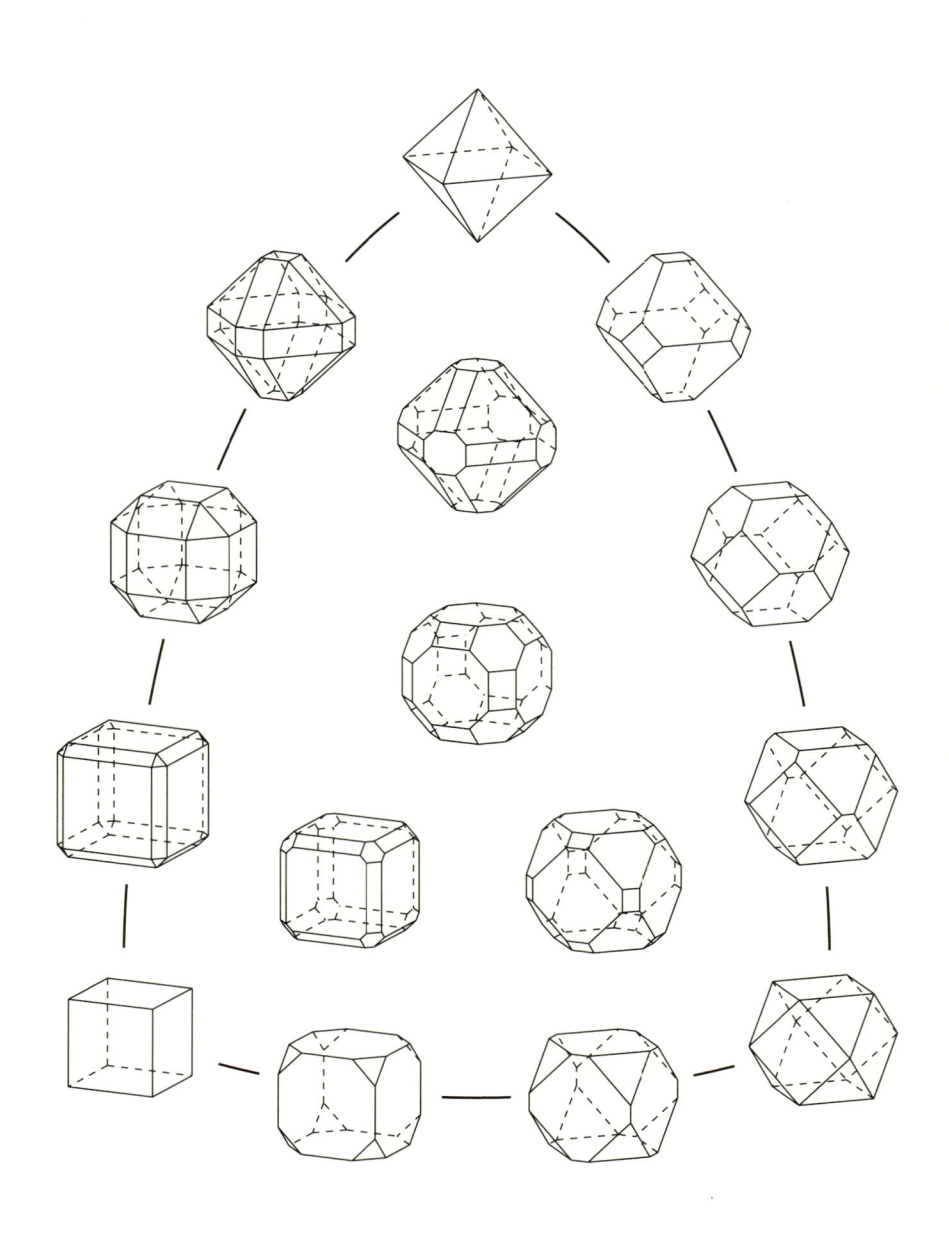

図 10.12：群 O_h のパラメータ空間での多面体.

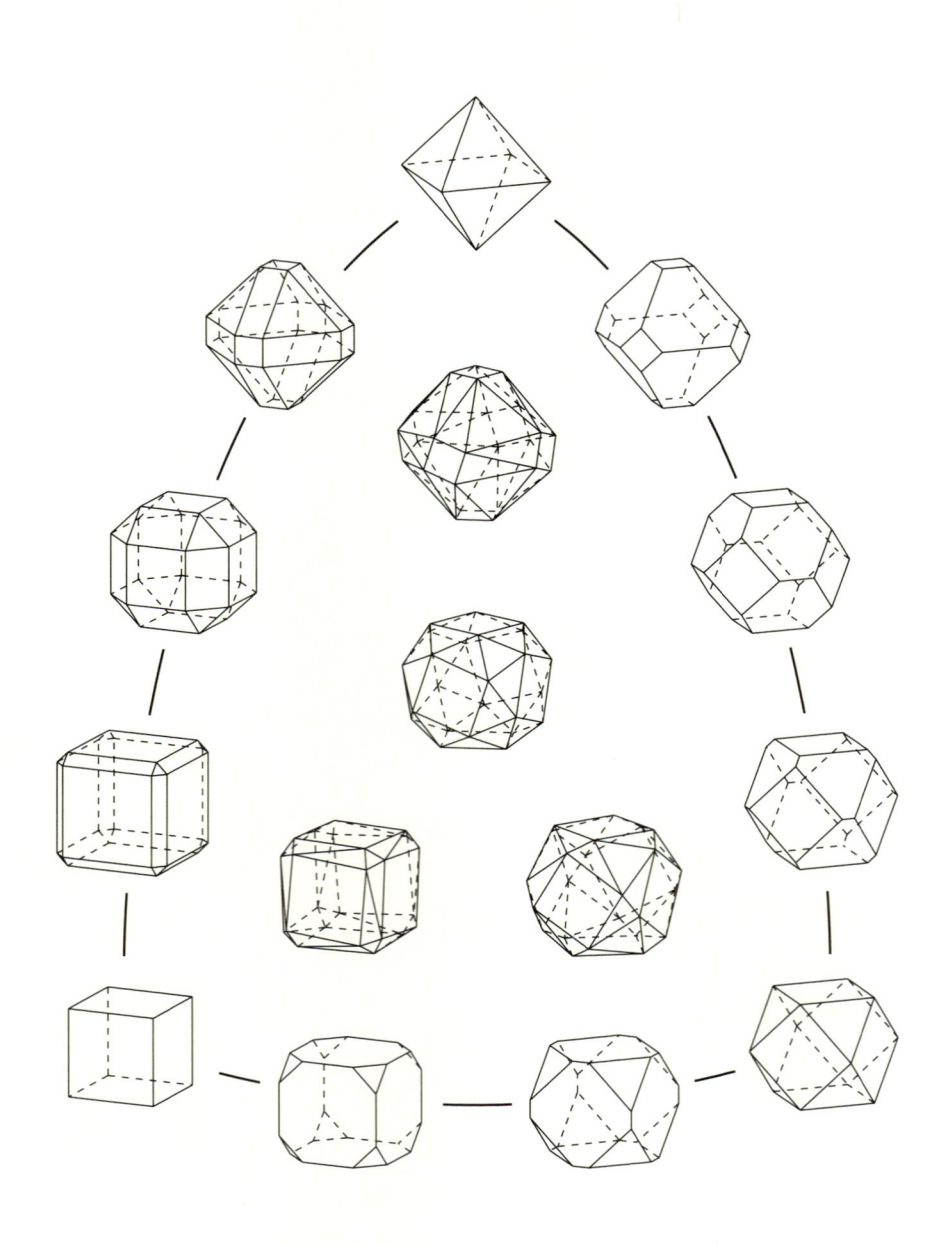

378   第 10 章　組み合わせる，変形する，飾りつける

図 10.13：群 O のパラメータ空間での多面体.

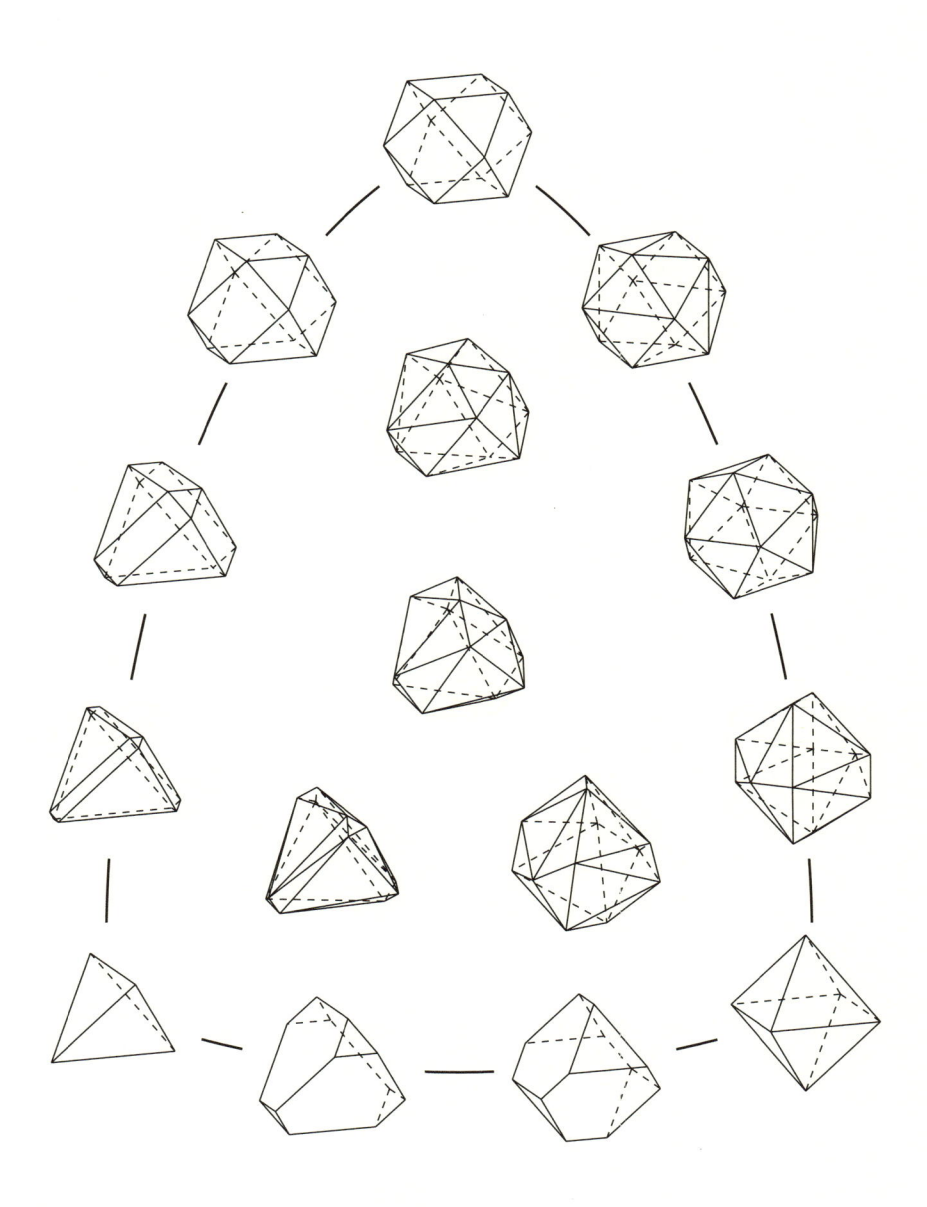

図 10.14: 群 T のパラメータ空間での多面体.

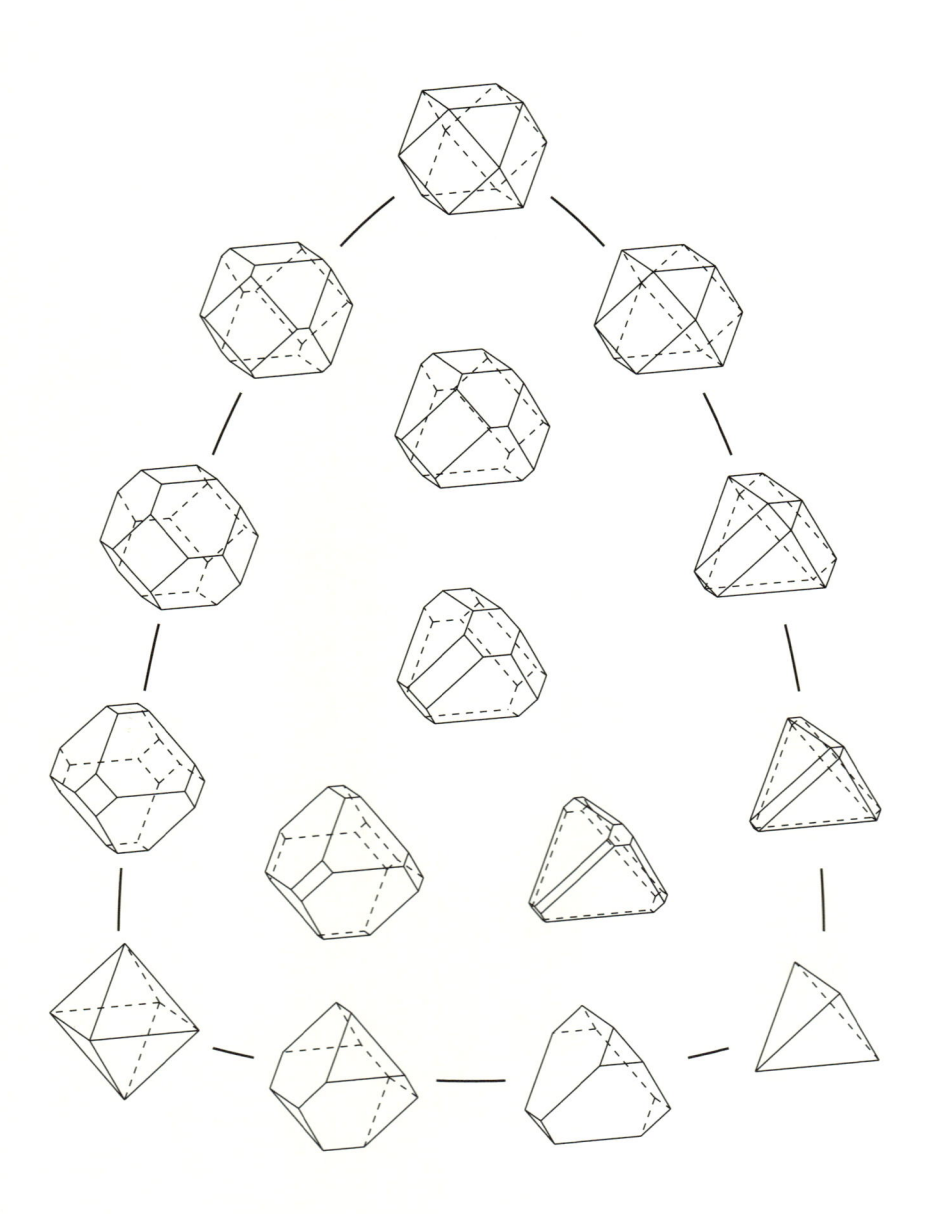

380　第 10 章　組み合わせる，変形する，飾りつける

図 10.15：群 T_d のパラメータ空間での多面体.

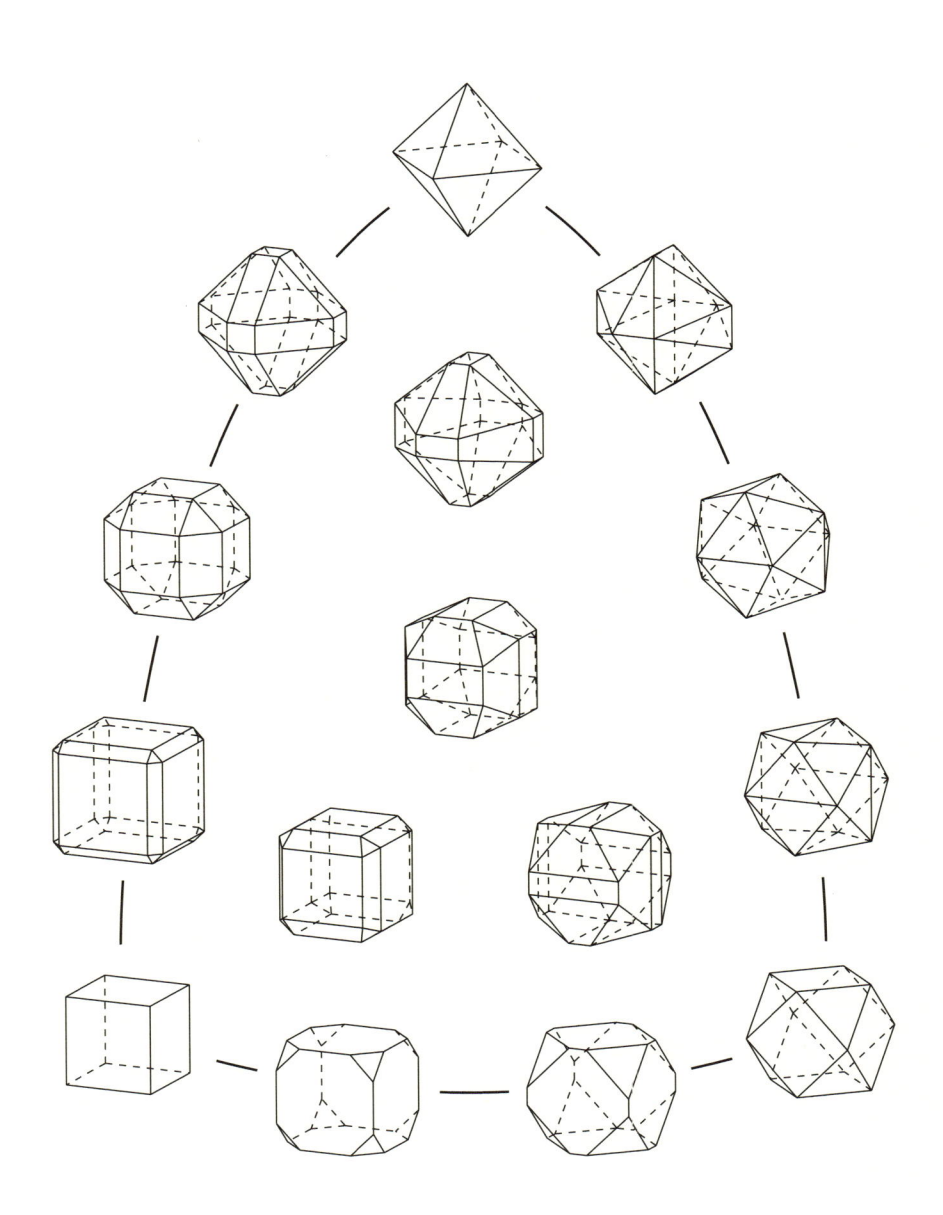

図 10.16：群 T_h のパラメータ空間での多面体.

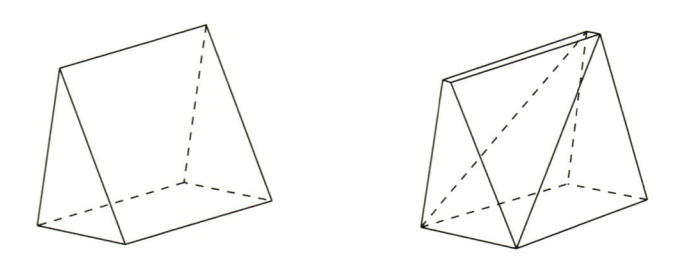

図 10.17：これらの多面体はハウスドルフ距離で「近くにある」．

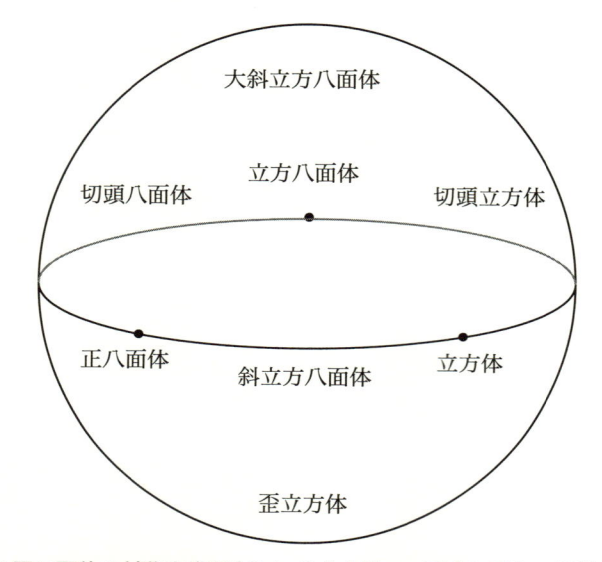

図 10.18：正八面体の対称変換群(O と O_h)を持つ，頂点に関して推移的な凸多面体の地図．

とができる．赤道上に 3 点(**節点**と呼ぶ)があって，それぞれ，立方体，正八面体，立方八面体に対応している．それぞれ，8 個，6 個，12 個の頂点がある．その他の多面体はすべて頂点が 24 個あるが，いくつかの種類がある．それらは，切頭立方体，切頭八面体，斜立方八面体のいずれかに同型である．この 3 つの節点によって赤道は 3 本の線分に分割され，各線分が同型なクラスに対応する．北半球の多面体は 48 個の頂点と対称変換群 O_h と持ち，南半球のものは 24 個の頂点と対称変換群 O を持つ．

正二十面体の群で同じ考察をすることで，I_h と I を使った球面を作ることができる．図 10.20 の右上部分がその球面である．節点と線分と面につけた番号は，多面体の表 10.21 で使われる番号と一致する．

正四面体の対称変換群を持つ多面体を含む三角形上で，上のどちらの球面上にも見つかるものがある．実は，図 10.14〜10.16 の 3 つの三角形は，図 10.19 のように，つ

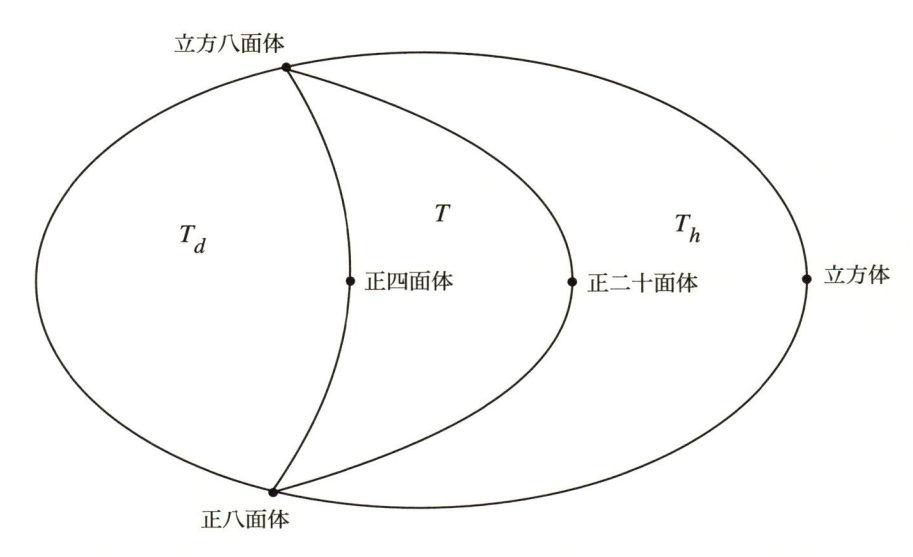

図 10.19：対称変換群 (T, T_d, T_h) を持つ，頂点に関し推移的な凸多面体の地図．

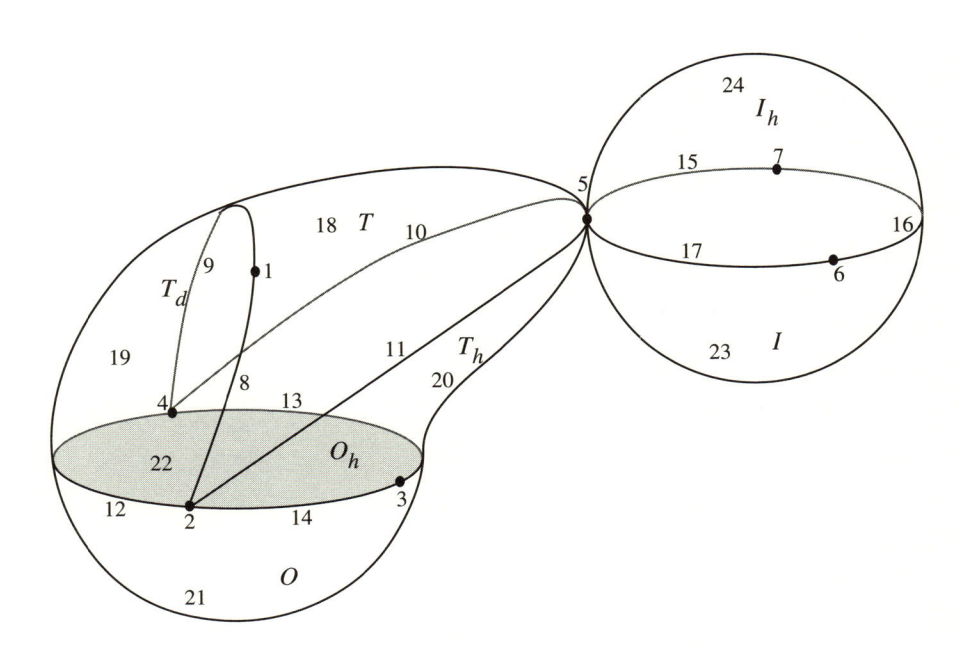

図 10.20：球面対称変換群を持つ，頂点に関し推移的な凸多面体の地図．

なげて大きな1つの領域にして，その境界が八面体群を使って作った球面の赤道と同じ多面体の配列を持つようにできる．その領域には，正二十面体に対応する点がある．なので，この領域を正八面体群から作った球面の赤道に沿って貼りつけ，さらに正二十面体群から作った球面と一点でつなげることができる．これで，対称変換群が7つの球面対称群のいずれかになっているような，頂点に関して推移的である凸多面体のなす空間の地図を作ることができた．

図 10.20 がその地図である．正八面体群から作った球面の上半球，つまり対称変換群 O_h を持つ多面体を含む部分（図の中では影をつけている）は平らにして，正四面体群から作った部分が赤道に沿って貼りつけられるようにしてある．地図上の点や線分や領域は，その構造をはっきりさせるもので，頂点の数が変わったり，対称性が変わったりという空間が不連続になっている所を表している．多面体の空間をこのように分割すると 24 個のタイプに分かれる．図では通し番号がついていて，それぞれのタイプに関する情報を表 10.21 に示す．頂点の数と，対称変換群が最初の 2 列で示されているが，それらだけでは多面体を決定するのに十分ではない．この空間の構造はそれよりもっと豊かである．それぞれのクラスでは，属する多面体がすべて互いに同型であり，さらにプラトン立体かアルキメデス立体の 1 つに同型である．最後の列はその同型でない多面体を表し，各面が正多角形になっている多面体の属するクラスには三番目の列にチェックが入っている．

表の最初の 7 つの多面体クラスは地図の節点にある．節点には，5 つのプラトン立体と，立方八面体と二十・十二面体が対応する．表にある次の十個は地図の線分上にある．線分のうち 7 つはアルキメデス立体を含む．残りの 3 つは正則でない面を持つ多面体で，古典的な数学の理論では扱われていない多面体である．多面体のなす空間では，二等辺三角形の面を持つ二十面体は 2 種類に分かれていることに注意しよう．「太った」二等辺三角形（10 番目）を持つものと，「やせた」のを持つもの（11 番目）である．太った三角形の先端は 60° より大きな角度をなし，やせた三角形の先端は 60° より小さな角度をなす．ユークリッドの『原論』では，直角を基準にして鋭角と鈍角が定義されたが，ここでは境目にある特別な角度は正三角形のなす角度である．表の最後の 7 つは，地図の領域上にある多面体である．4 つの領域がなじみのあるアルキメデス立体を含み，その他は古い時代では知られていなかった多面体を含んでいる．

ここでは二十面体が空間の繋ぎ目になるという特殊な役割を果たしていることに注意しよう．この地図では，いかなる 2 点も線分で結ぶことができることから分かるのだが，これらの任意の 2 つの多面体について，一方から他方へ，頂点に関して推移的な凸多面体だけを使って連続的に変形することができる．

1970 年には，スチュアート・ロバートソン，シーラ・カーター，ヒュー・モートンによって，もっと深く精密な研究がなされている．彼らは角柱群も調べている．角柱群は無限にあるので，それらを記述するのはもっと大変なことである．しかし，球面群

	頂点の数	対称変換群	正則な面をもつ	同型類の代表
1	4	T_d	✓	正四面体
2	6	O_h	✓	正八面体
3	8	O_h	✓	立方体
4	12	O_h	✓	立方八面体
5	12	I_h	✓	正二十面体
6	20	I_h	✓	正十二面体
7	30	I_h	✓	二十・十二面体
8	12	T_d	✓	切頭四面体
9	12	T_d		立方八面体
10	12	T_h		正二十面体
11	12	T_h		正二十面体
12	24	O_h	✓	切頭八面体
13	24	O_h	✓	切頭立方体
14	24	O_h	✓	斜立方八面体
15	60	I_h	✓	切頭二十面体
16	60	I_h	✓	切頭十二面体
17	60	I_h	✓	斜二十・十二面体
18	12	T		正二十面体
19	24	T_d		切頭八面体
20	24	T_h		斜立方八面体
21	24	O	✓	歪立方体
22	48	O_h	✓	大斜立方八面体
23	60	I	✓	歪十二面体
24	120	I_h	✓	大斜二十・十二面体

表 10.21：頂点に関して推移的な多面体の類.

の地図は，角柱群の部分に，四面体，八面体，立方体で連結されている．

全推移的な多面体

ここからまた正則な複合多面体を探すという問題に戻ろう．正則な多面体の定義を推移性を使って述べ直すことから始める．多面体が，同じ面，同じ面角，同じ立体角を持つという条件はそれぞれ面に関して，稜に関して，頂点に関して推移的であることに対応する．面と稜と頂点に関して推移的である多面体を**全推移的な多面体**と呼ぶことにする．

全推移的な多面体には，プラトン立体及び，4つのケプラー・ポアンソの星型多面体という，我々が正則であると呼んでいる多面体が含まれる．都合のよいことに，推移性を用いた正則性の定義は複合多面体にも当てはめられる．表 10.22 は既に見た複合多面体がどのような推移性を持つかを表している．このうち，5 つが全推移的である．正四面体 2 つの複合多面体はパチョーリの『神的比例論』において初めて記述されている．正四面体 5 つのもの，正四面体 10 個のもの，および立方体 5 つのものは，1876 年にエドマンド・ヘスによって初めて記述された．表の最後の例，スフェノイド 2 つの複合多面体（図 10.23）は，星状八面体を，その軸の一本の方向に引っぱって伸ば

要素	量	頂点推移性	稜推移性	面推移性
正四面体	2	✓	✓	✓
	4			
	5	✓	✓	✓
	10	✓	✓	✓
立方体	3	✓		
	4			✓
	5	✓	✓	✓
正八面体	3			✓
	4	✓		
	5	✓	✓	✓
正十二面体	2			✓
	5			✓
スフェノイド	2	✓		✓

表 10.22：いくつかの複合多面体の推移性．

して得られたものである．それは，面と頂点に関しては推移的であるが，稜に関しては推移的ではない例になっている．正四面体4つの複合多面体は何に関しても推移的でない．

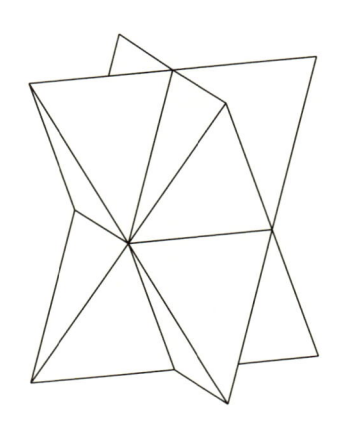

図 10.23：2 つのスフェノイドの複合．

　この節の残りでは，我々が全推移的な多面体をすべて見つけたことを証明しよう．そのためにまず考えるべき対象となる多面体をきちんと述べる．そうしてはじめて候補を絞り込み全推移的なものを探す．推移性を導入した元来の動機は，複合多面体を調べることであったので，多面体は面における自己交叉を持ってもよいとする．面は平面的な多角形で，その辺は互いに交叉してもよいとする．なので，第7章で扱った星型多面体やその複合多面体も調べるべき対象に加える．こう考えることで，候補は5つのプラトン立体，ケプラー・ポアンソの星型多面体，および表にある5つの複合多面体に絞られた．

補題　稜，および頂点に関して推移的な多面体の面はすべて正多角形である．

証明：多面体が頂点に関して推移的であるならば，その頂点全体は1つの球面の上に配置される．多面体の面は，頂点がこの球の中心にある角錐(図 10.24)の底面と見なせる．その多面体が稜に関しても推移的ならば，その角錐の底面の辺はすべて同じ長さになる．つまり，その角錐の他の面はすべて合同な二等辺三角形になる．このことから，その角錐は正多角形を底辺とする正則な角錐になる．■

　この補題からわかることとして，全推移な凸多面体とはプラトン立体にほかならない．稜と頂点に関する推移性により多面体の面が正多角形となり，面に関する推移性により，面はすべて合同で，また頂点に関する推移性によりすべての頂点は1つの球面の上に配置され，頂点の周りの状況はすべて一致する．これで古来からの定義が再

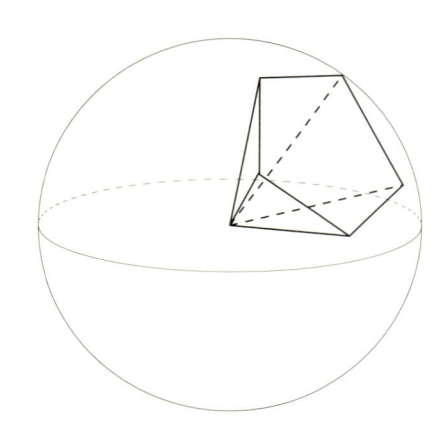

図 10.24

現できた．

その他の全推移的な多面体を数え上げるには，群論，特に**固定群**の概念が必要になる．これはある種の局所的な対称変換群である．多面体のある面に対し，その固定群とは，その多面体の対称変換で，面をそれ自身に移すもの全体の集合である．そのような対称変換は，面をそのままに，つまり固定するわけである．各面の固定群は常にその多面体の対称変換群の部分群になり，少なくとも，恒等変換という 1 つの対称変換を含む．

稜や頂点の固定群も同様に定義する．

定理 全推移的な多面体は全部で 14 個ある．すなわち 5 つのプラトン立体，4 つのケプラー・ポアンソの星型多面体，5 つの複合多面体である．

証明： 先ほどの議論により，全推移的な多面体の面は正多角形になることがわかっている．面に関する推移性により，面はすべて合同になる．

定理の証明はいくつかのステップに分かれ，コーシーとベルトランのそれぞれによる星型多面体の数え上げのアイデアを組み合わせる．最初のステップは，次の条件の（少なくとも）1 つが満たされることを示すことである．

(i) ある面をそれ自身に移す回転変換が存在する．
(ii) ある頂点をそれ自身に移す回転変換が存在する．

前者が満たされるときには，多面体の面平面が 7 通りある凸な核の 1 つを囲むことを示す．正多面体になるための星状化のパターンを絞り込むことで，全推移的多面体の候補が確定する．これはコーシーの方法である．上の条件 (ii) はベルトランの方法に対応する．そこでは，7 つの凸立体のいずれを切り落としても，全推移的な多面体が生成される．

ステップ1. 面の固定群の中に回転対称があることを示す.

多面体が面に関して推移的であるとしたので，各面の固定群はすべて位数が等しい．（実はすべての部分群が共役になっている．）同じようにして，各稜の固定群もすべて同じ位数になる．面の固定群の中の対称変換の個数を ϕ，稜の固定群の中の対称変換の個数を η で表す．もし ϕ が3以上であることを示せば，面の固定群にはその面をそれ自身に移す回転対称があることになり，その回転軸はその面を貫通することがわかる．

ここで軌道と固定群に関する定理を適用すると，面の個数と，ある面を固定する対称変換の個数の積が多面体の対称変換の個数に一致するということになる．稜に関しても同じように考える．多面体の面と稜の個数をそれぞれ F と E とすると次が成り立つ：

$$\text{多面体の対称変換の個数} = F \cdot \phi$$

$$\text{多面体の対称変換の個数} = E \cdot \eta.$$

これらを連立させて，次の等式を得る：

$$\frac{\eta}{\phi} = \frac{F}{E}.$$

面と稜の数の比は簡単に計算できる．面はすべて正 n 角形（ただし $n \geq 3$）であり，2本の辺が貼り合わされて1本の稜になる．よって $nF = 2E$ となる．このことで次が成り立つ：

$$\frac{\eta}{\phi} = \frac{F}{E} = \frac{2}{n} = \frac{2}{3}, \frac{2}{4}, \frac{2}{5}, \frac{2}{6}, \ldots.$$

これらの分数を約分すると，ただ1つの例外を除いて分母は2より大きくなる．つまり面が正方形になっている例外を除いては，ϕ は3以上になる．

後にわかることだが，多面体の面が正方形で，かつ面の固定群が回転変換を含まないときには，条件(ii)が成り立つ，つまり頂点が回転変換の軸に乗る．

ステップ2. 頂点が回転変換の軸に乗ることを示す.

多面体は頂点に関して推移的であるとしているので，各頂点の固定群はすべて同じ個数の対称変換からなる．頂点の固定群の対称変換の個数を ψ とする．面について調べたときと同じように，もし ψ が3以上ならば固定群は頂点をそれ自身に移す回転変換を含み，よって各頂点はある回転変換の軸に乗ることになる．

多面体の頂点の個数を V で表すことにして，軌道と固定群に関する定理を適用すると，次がわかる：

$$\text{多面体の対称変換の個数} = V \cdot \psi.$$

先程と同じようにして，稜に関して連立方程式を立てることで，次がわかる．

$$\frac{\eta}{\psi} = \frac{V}{E}.$$

頂点に関する推移性により，すべての頂点の価数は一致する．各頂点に m 本の稜が集まっているとすると，$mV = 2E$ が成り立つ．よって次がわかる：

$$\frac{\eta}{\psi} = \frac{V}{E} = \frac{2}{m} = \frac{2}{3}, \frac{2}{4}, \frac{2}{5}, \frac{2}{6}, \ldots.$$

これらの分数を約分すると，ただ1つの例外を除いて分母は2より大きくなる．よって ψ は頂点が4価となる例外を除いては，3以上になる．

問題として残っているのは二通りの場合である．ステップ1で面が正方形になる場合と，またステップ2で頂点が四価になる場合である．しかし面が正方形で頂点の価数が4の多面体はあり得ないので，この2つが同時に起こることはない．ゆえに上の条件(i)(ii)のうち，少なくとも1つは正しい．

ステップ3．星状化の核に成りうるのは7通りであることを示す．

各面に対し，それを貫通する回転変換の軸があるとする．面を他の面に移す対称変換は，軸も他の軸に移す．よって面に関する推移性により，面を貫通している軸はすべて同じ種類になる．すなわち，すべてが2回軸，またはすべてが3回軸，またはすべてが4回軸，またはすべてが5回軸になる．凸多面体でこの性質を持つのは図10.25の上から7種類，つまり5つのプラトン立体，菱形十二面体および菱形三十面体である．回転対称変換の族で，与えられた種類の軸がすべて1つの平面に乗るものはあり得ない．残る可能性は D_2, T, O と I である．

ステップ4．面取りの殻となりうるのは7通りであることを示す．

ある頂点を他に移す対称変換は，ある軸を他の軸に移す．多面体が頂点に関して推移的であるなら，その頂点はすべて同じ種類の軸の上に乗る．凸多面体でこの性質を持つ物は5つのプラトン立体，立方八面体，二十・十二面体である．これらは図10.25の下から7種類である．

ステップ5．数え上げる．

図10.25にある9つの凸多面体のうち，全推移的なのはプラトン立体だけである．残りの4つはしばしば**擬正則**であると言われる．菱形立体は頂点に関して推移的ではないし，アルキメデス立体は面に関して推移的ではない．これらは稜に関して推移的であることに注意しよう．

これまででわかったこととして，全推移的な多面体の面は前半の7つの立体の1つの面のある平面の上に乗るか，または後半の7つの立体の1つを切り落とすことで得られる．

よって星状化のパターンを調べて正多面体があるか見れば，可能性を絞り込むことができる．これはプラトン立体に対しては第7章で行った．2つの菱形立体の星状化

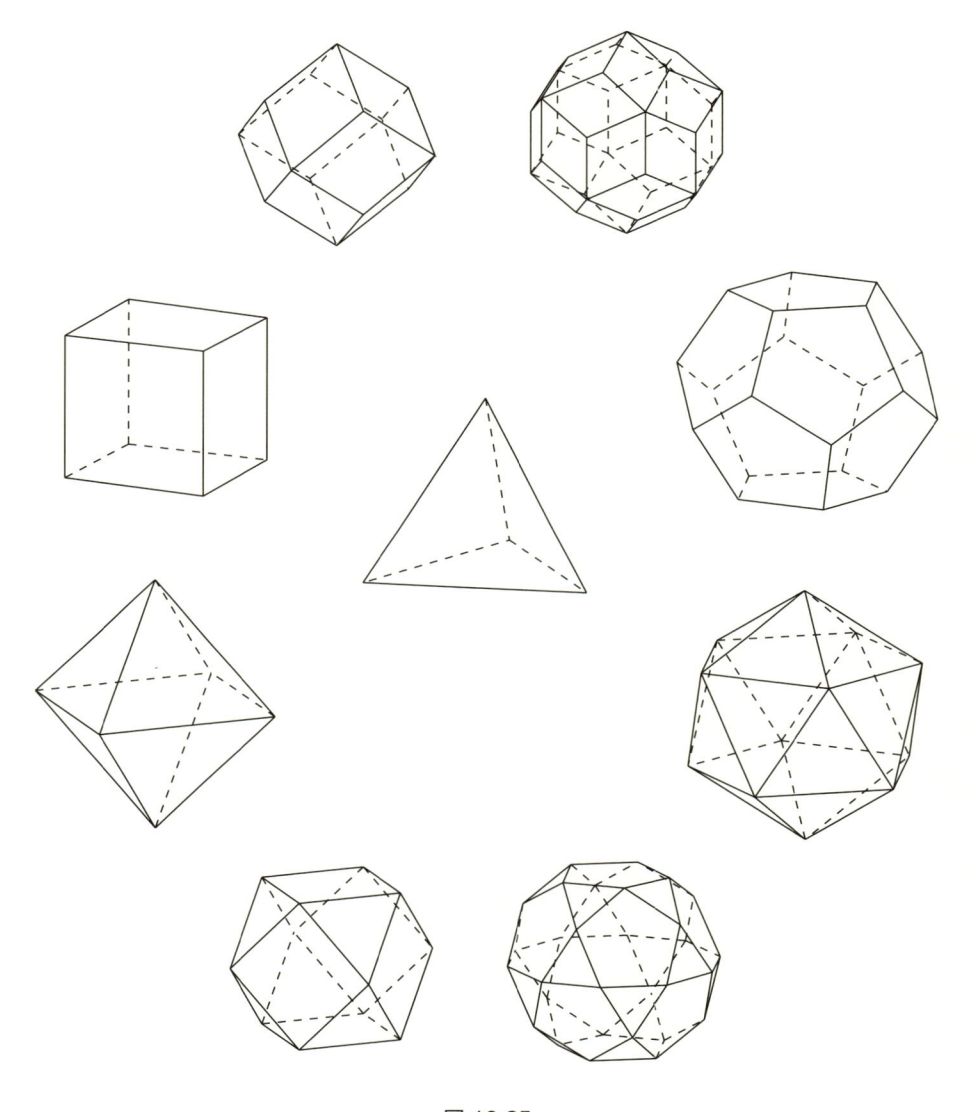

図 10.25

のパターンは図 10.26 に示されている．菱形十二面体には全推移的な星状化多面体はない．菱形三十面体の星状化のパターンにおける正方形からは立方体 5 つからなる複合多面体が得られる．

全推移的な多面体を生成するもう 1 つの方法は，7 つの立体を切り落とすことである．プラトン立体はすでに第 7 章で扱った．立方八面体は切り落としできない．というのは，立方八面体が含む正多角形は等辺六角形と正三角形だけだからである．等辺十角形と五角形に加えて，二十・十二面体は，正三角形を内含している．そのうち 8

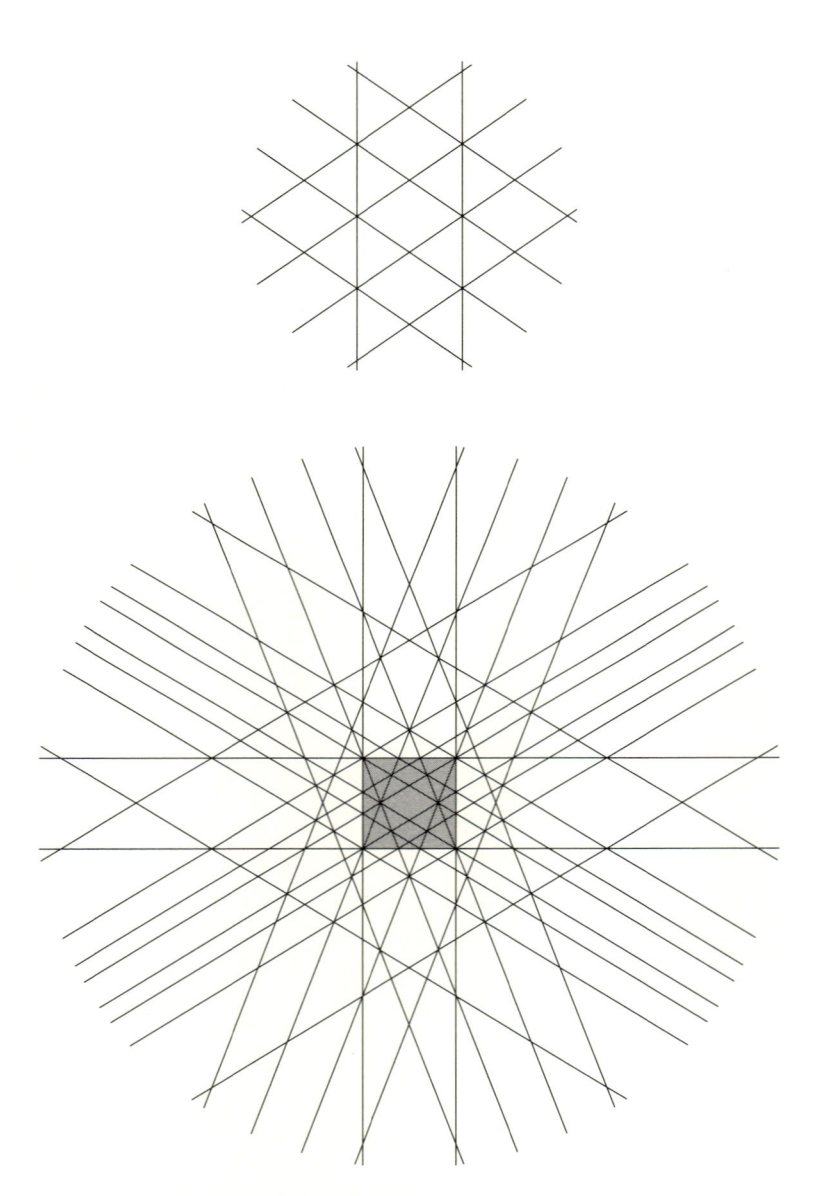

392　第10章　組み合わせる，変形する，飾りつける

図 10.26：2つの菱形多面体の星状化パターン．

全推移的な多面体 *393*

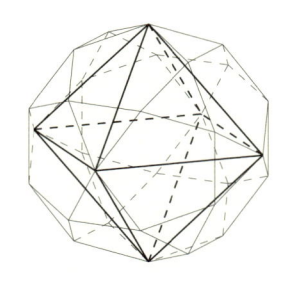

図 10.27

枚をあつめると正八面体になる (図10.27). すべての正三角形をあつめることで, 正八面体5つの複合多面体ができる. すべての全推移的な多面体はこのうちの少なくとも1つの方法で得られる. 興味深いことに, すべての全推移的な多面体が両方のリストに現れる.

全推移的な多面体は表 10.28 に挙げられている. 星状化した形の核は二列目に書かれており, 面取りした形の殻が三列目にある. ■

この証明に関して, 最後に注意を述べておこう. 第7章の, 球面上のどんな点集合が正則な配置になるかに関してポアンソが困惑していたことを思い出そう. 彼はプラト

多面体	核	殻
正四面体		
立方体		
正八面体		
正十二面体		
正二十面体		
小星状十二面体	正十二面体	正二十面体
大十二面体	正十二面体	正二十面体
大星状十二面体	正十二面体	正十二面体
大二十面体	正二十面体	正二十面体
2つの正四面体の複合多面体	正八面体	立方体
5つの正四面体の複合多面体	正二十面体	正十二面体
10個の正四面体の複合多面体	正二十面体	正十二面体
5つの立方体の複合多面体	菱形三十面体	正十二面体
5つの正八面体の複合多面体	正二十面体	二十・十二面体

表 10.28: 全推移的な多面体.

ン立体の頂点や，その稜の中点がそのような点集合の例になると考えた．今では，このような点は多面体の回転軸が球面を貫通する点となることがわかる．頂点を通るのは 2 回軸，4 回軸，5 回軸だけで，2 回軸は稜の中点から，または擬正則立体のうち 2 つの頂点を通る．

対称的な彩色

組み合わせの構造を明らかにするために，複合多面体にはよく色を塗る．各要素は他の要素と異なる色で塗る．（カラー図 11〜16 はそのように塗られている．） 高い対称性を持つ未彩色の複合多面体に，そのように系統的に塗ることで高い対称性を持つ秩序だった彩色ができると期待されよう．

第 8 章では，多面体が同じように見える異なる位置を探すことで，多面体の対称性を調べた．見分けのつかない位置の相互の関係を記述することで対称変換群が得られた．彩色された複合多面体を同じような技法で調べよう．今回は区別がつかないというときには多面体の色まで込めて考えるものとする．つまり，対称変換とは彩色のパターンを保っていなければならないのである．そのような対称変換を**保色対称変換**と呼び，それらがなす群を**保色群**と呼ぶ．

彩色されたものの対称変換群と，同じもので色を無視したときの対称変換群を区別することが重要である．例えば，カラー図 14 にある立方体 3 つの複合多面体の保色群は D_2 であるが，色を無視したものの対称変換群は正八面体群である．回転対称変換の個数は 24 から 4 に減少している．正四面体 5 つの色つき複合多面体（カラー図 12）や立方体 5 つの物（カラー図 12），および立方体 4 つの物（カラー図 15）の保色群は自明な群である！ 次の例によって，保色群と普通の幾何的な対称変換群が異なることが別の見方からわかる．

例 1 最も簡単な多面体である正四面体に対し，4 色を用いて各面を塗る．12 個ある回転変換のうち，たった 1 つ，つまり恒等変換だけが色の配置を保つ．よって保色群は自明な群 C_1 である．恒等変換は常に保色対称変換である．

例 2 もう 1 つの極端な例になるが，色のついていない多面体の対称変換がすべて保色対称変換になることもある．例えば，菱形三十面体の各面に菱形を底面に持つ低い四角錐を建てて得られる多面体は 120 個の面を持つ（図 10.29 参照）．これは，2 色で厳密に塗ることができる．この場合には，保色群は正二十面体群 I そのものになり，色を無視した多面体の群に一致する．

例 3 正八面体も 2 色で厳密に塗ることができる．ここでは保色群は正四面体群となる．このことは，一方の色の面を，四面体が得られるまで拡張することで確認できる．

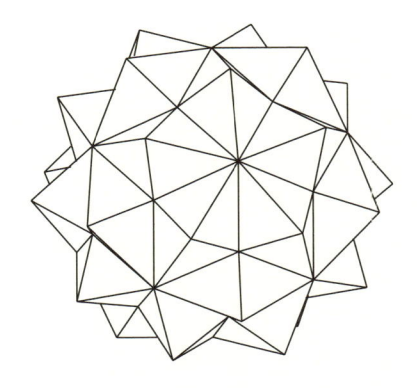

図 10.29：添加された菱形三十面体.

このことで，正四面体群が正八面体群の部分群であることがわかる．この関係はしばしば $T < O$ で表される．

例4 立方体を向かい合う面が同じ色になるように三色で塗る．保色対称変換は，向かい合う面の中心を通る軸を持つ 2 回の回転変換なので，保色群は D_2 になる．

五角十二面体とは，図 10.30 に描かれている十二面体で，正則でない五角形を面に持つ．その対称変換群は四面体群である．遠くから見ると，上で述べた立方体の彩色と同様に見えるように塗ることができる．すなわち，三色が使われて，各色は隣り合う 2 面とその向かいにある面に塗られる．保色群はまた D_2 になる．これらのことから，$D_2 < O$ と $D_2 < T$ がわかる．

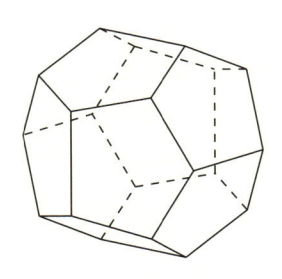

図 10.30

例5 正六角錐を二色で塗る．側面には二色が交互に現れるが，底面は何でもよいとする．保色群は C_3 となり，色を無視すると対称変換群は C_6 である．他の角錐でも同様に考えて，任意の自然数 p に対し，$C_n < C_{np}$ となることがわかる．

問題 六角両角錐の対称変換群は D_6 である．保色群が C_3, C_6, D_3 になるこの多面

体の三色彩色を見つけよ．

　これらの例で，規則正しく体系的に彩色しても，保色群はしばしば幾何的な対称変換群よりも小さくなってしまうことがわかる．保色群では対称的な彩色がどんなものなのかという直観的なアイデアを説明しきれないことが明らかになった．

　この問題の根元は，何をもって対称的な彩色と呼ぶかという定義に関わっている．幾何的でない状況を記述するのに，回転などといった幾何的な対称変換を用いて「対称的な彩色」を定義していることが問題である．幾何的な対称変換は，形の対称性を調べるのには役立つが，色の配置のなす**パターン**といったものの対称性を記述するのには不十分である．色の配置の対称性の度合いや構造を対称群で調べようとしたことに問題はないが，幾何学的な対称変換を使おうとしたのがまずかった．対称変換の概念を拡げて，非幾何的な操作も取り込む必要がある．

彩色対称変換

　一般に，あるシステムにある操作を行っても，そのシステムに違いが見いだせないとき，その操作を対称変換という．多面体を回転させて自分自身に重ねるという操作は，この定義で対称変換になる．というのは，回転した後の多面体はする前の多面体と区別できないからである．これは幾何的な対象物の幾何的な対称変換である．

　物理では非幾何的な対称変換も扱われている．物理の系においてある量を測るとき，測定器のゼロのレベルをどこに設定するかは重要ではない．原点はどこに置いてもよく，目盛りは平行移動すればよい．物理の系で，目盛りの平行移動によって変わらないものは**ゲージ対称性**を持つと言われる．電圧の目盛りがその例である．電圧はその差のみが問題になるのであって，ゼロボルトをどこに設定するかは問題にならない．電気系の方程式は電圧差を扱い，ゲージ対称性を持つ．この種の非幾何的な対称性はさらに進んだ結果をもたらす．この電圧の例では，電荷の保存則が得られる．

　彩色された対象物やパターンの対称的な性質を数学的に記述するためには，目と脳で色がどのように解釈されているかをよく知る必要がある．こうすることで，彩色対称変換と呼ばれる，もう1つの非幾何的な対称性が考えられるのである．

　色のある情景に直面したとき，心理的には色全体がなす背景の中から各色を分離して調べることが行われる．これによりその情景の中で色がどのように配置されているかが捉えられる．色から色へと注意が目まぐるしく移る．画家はしばしばこの反応を利用して絵の各部分を関連づける．同じ色を塗られている部分は心の中で結びつけられる．このことを考えると，目に映った色つき多面体を脳が処理して，色がなすパターンの構造を決定するにあたって，次に挙げる彩色の性質が重要であると考えられる．

　(i) 各色を単独で取り出したときに，それがなすパターンの構造．

(ii) その構造の多様性と相互関係．

(iii) 1つの色と他の色との相対的位置．

保色対称変換によっても最初の性質はある程度数学的に記述できる．保色対称変換は各面を同じ色の面に移すので，それはある色の面全体がなすパターンの対称変換になっている．しかし，保色対称変換全体の集合は各色に限定したパターンを保つ対称変換全体に一致するとは限らない．例えば，立方体の向かい合う面が同じ色になるように厳密な三色彩色をした場合，保色群は向かい合う面の中心を通る軸を持つ2回回転3つからなるので D_2 である．しかし，ある色（例えば赤）の面を保つ対称変換には4回の回転も含まれる．なので，赤に限定した保色群は D_4 になる．

二番目の性質は，各色の構造の相互関係の多様さである．複合多面体のように，秩序だって高度の対称性を持つと直観的に感じる彩色模型においては，単一の色のなす構造は同じである．1つの要素（一色に塗られている）に注目し，次に他の色の要素に注目し，同じであると認識していく．各色のなすパターンをそれぞれ独立に調べているときには，各パターンから抽象化される構造はすべて同じである．これが高度の対称性があると感じられる理由であろう．この特性を数学的に記述できれば，色の対称性と直観するものを定式化できる．

何かが異なる状況で一致するときには，それを対称変換を用いて記述できる可能性がある．（対称変換とは見かけを変えない操作，言い換えると何かを不変にする操作のことであった．）彩色された複合多面体を観察するときには，各色がなすパターンの構造は，どの色を選んでも同じである．色から色へと注意が移っていったとしても，その構造という観点から見れば，どの要素も同じものであるので，すべてのパターンは同じものとみなせる．

この構造の不変性をある程度模式化できる対称変換を定義しよう．各単一の色の構造が，多面体の保色変換を用いて部分的に記述できることから類推できる．この対称変換は保色変換のように，（未彩色の）多面体の幾何的な対称変換と関係しており，彩色の仕方を制限するものを考える．その制限とは，色の再配置は許されるが，全体のパターンは不変にするというものである．例えば，多面体の回転は赤い面を緑の面に，緑の面を青い面に，また青い面を赤い面に移す．このような色の再配置は色置換と呼ばれる．この例の置換は以下のように書き下せる：

$$(\text{赤} \to \text{緑}, \text{緑} \to \text{青}, \text{青} \to \text{赤}).$$

この状況を，回転が色置換を**誘導**したという．これが起こるためには赤，緑，青の各面がなす単色のパターンの構造がすべて一致せねばならない．回転によって各色のパターンが他の色のパターンに移されるからである．このような変換操作を彩色対称変換と呼ぶ．

定義 彩色された多面体の彩色対称変換とは，(未彩色)の多面体の対称変換で，色置換を誘導するものとする．

多面体の彩色対称変換の集合は群をなし，彩色対称変換群，または簡単に**彩色群**と呼ばれる．

こうして得られた3種類の対称変換の違いは，次の正八面体の彩色の例を見るとはっきりする．正八面体を三角形を底面とする反角柱と見なし，上面と底面は赤，上面に接する側面は白，底面に接する側面は黒で塗る．彩色する前の回転対称変換群は正八面体群で24個の回転からなる．保色変換は赤面の中心を結ぶ軸に関する回転だけなので，保色群は C_3 となる．彩色対称変換は，保色変換3つとそれ以外に3つ，向かい合う稜の中点を結ぶ底面に平行な軸に関する半回転を含んでいる．これらはすべて次の色置換を誘導する：

$$(赤 \to 赤, 黒 \to 白, 白 \to 黒).$$

よって，彩色対称変換は6つあり，彩色群は D_3 となる．(この言い方にはちょっとした解釈の変更が隠されている．第8章では D_3 の要素は回転対称変換であった．ここでは要素として，幾何的なものではなく，彩色対称変換としている)

脳が色の配置を解釈するのに影響する3番目の性質は，各色のなすパターン間の相対的な関係である．これはパターンの大域的な対称性よりもむしろ彩色の局所的な性質と関係がある．性質(ii)と(iii)の間のギャップは認知学的にも数学的にも，(i)と(ii)のギャップよりも大きい．このことは，いつ2つの彩色が同じパターンをなしているかという問題を数学者が扱い始めたのはごく最近になってからであるという事実にも反映している．次の例を見ると，上で見たような群だけでは彩色の対称性を十分に記述できないことがわかる．図10.31は不等辺六角形を底面とする六角柱2つを真上から見た図である．この2つは異なる塗り方になっているにも関わらず，同じ彩色群，保色群，対称変換群を持っている．どちらの例も時計方向の120°の回転は同じ色置換を誘導する：

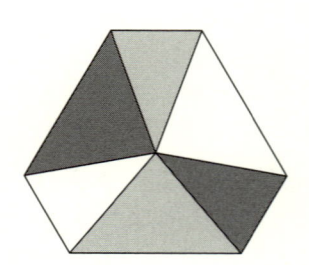

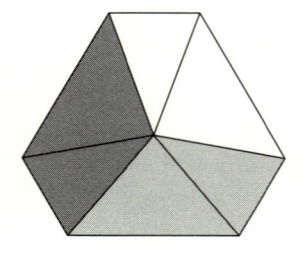

$$(黒 \to 白, 白 \to 灰色, 灰色 \to 黒).$$

図 10.31

完璧な彩色

多面体の彩色は，すべての(回転)対称変換が彩色対称変換になっているとき，**完璧な彩色**と呼ばれる．先程の正八面体の例は完璧な彩色ではない．というのは，彩色群 D_3 と対称変換群 O は異なるからである．正四面体の厳密な四色彩色は，その保色群が自明群であるにもかかわらず，完璧な彩色である．彩色された複合多面体の例も完璧な彩色になっている．こうしてみると，彩色対称変換は，対称的なパターンに関する直観的なアイデアをある程度は取り込んでいることがわかる．

例 1 から例 5 で紹介した彩色された多面体は完璧に彩色された多面体のさらなる例になっている．先程はこれらの例を用いてどのような保色群が可能で，それが回転対称群とどのような関係があるのかを見た．これらの彩色はすべて完璧であり，さまざまな状況で保色群が彩色群の中に現れることがわかる．保色群が自明群でなく，しかも彩色群自身にはなっていないとき，次の関係が見つかった：

$$T < O, \quad D_2 < T, \quad D_2 < O, \quad C_n < C_{np}.$$

両錐体の彩色に関する例題により，次の 2 つの関係式も得られる：

$$C_n < D_{np}, \quad D_n < D_{np}.$$

もっと多くの多面体の彩色を試してみると，可能な関係式はこれが全てではないかという推測が生じる．実は保色群が彩色群の部分群として現れるときにはこれらの状況のいずれかになる．

このリストで気付くべきことは，正二十面体群が入っていないということである．不思議なことに，他のタイプの群(正八面体群，正四面体群，二面体群，巡回群のいくつか)に関しては，彩色群そのものでもなく，しかも自明でない保色群を持つ多面体の彩色が現れている．しかし正二十面体群に関しては，そのように中間的な部分群は現れない．多面体の彩色で，彩色群が正二十面体群になるような多面体の彩色に関しては，保色群は自明なもの(例えば立方体 5 つの複合多面体)になるか，または彩色群そのものに一致する(例えば例 2 の多面体)．

この現象は，正二十面体群の内部構造の結果である．正二十面体群は(元が 60 個もある)大きな群であるので，保色群となるような部分群が含まれていてもいいのではないかと期待するかもしれない．その一方で，ある種の系には，大きくなればなる程複雑になるという傾向がある．系が十分に広がると，その元は互いにもつれたり絡み合って複雑な構造ができる．正二十面体はそんな例になっている．正二十面体群の元を彩色変換群の元と見なすと，その内部構造により，いかなる真部分群も，保色対称変換にはなれないのである．正二十面体群の部分群に関するこの性質を抽象的に捉えて，それが群構造の代数的な特性であることを示すことができる．

(†) 初等的群論になじみのある読者は気づいたであろうが，ここで言及している特性は，正規部分群がないということである．実際，上の保色群のリストは回転対称群の正規部分群の数え上げの方法に基づいている．具体例では，すべての保色群が，その多面体の対称変換群の正規部分群になっている．このことは，すべての彩色が完璧であることと，次の定理による．

定理 保色群は彩色群の正規部分群になる．証明のために，G を彩色群，S_n を n 個の対象の置換全体のなす群とする．群 G から S_n への自然な準同型写像が存在する．この写像の核，つまり恒等置換に移される対称変換群が保色群である．

同型写像の核が正規部分群をなすことは，群論の基本的な定理である．また正二十面体群に関して，その正規部分群はそれ自身と自明な群しかないこともよく知られている．

5 次方程式の解法

正二十面体群の構造の複雑さは，数学の他の分野である方程式論にも深く関係している．この分野で関心を持たれていることは，多項式の根を求めることである．

多項式方程式の解法の研究は古代に遡る．ギリシャ人は幾何的な解釈により，2 次方程式を解くことができた．解法の記述法はまだなかったが，その前にバビロニア人（そして多分エジプト人も）代数的な定式化がなかったけれども 2 次方程式を解く必要がある問題を解くことができた．中国でも方程式の理論は研究されており，13 世紀までには解を求める技法は西洋よりもはるかに進んでいた．

2 次方程式 $ax^2 + bx + c = 0$ の 2 つの解は次の公式で求めることができる：

$$x = \frac{-b \pm \sqrt{b^2 - 4ac}}{2a}.$$

似たような方法で 3 次方程式が解けることは，16 世紀までヨーロッパでは知られていなかった．ルカ・パチョーリは著書『算術，幾何学，比と比例大全』(1494) の最後で，方程式 $x^3 + cx = d$ や $x^3 + d = cx$ を当時の知識で解くことは，円と同面積の正方形を作ることくらい難しいと述べている．しかし五十年を経ずして 3 次方程式の解法は見つかった．1545 年には物理学者ジェロラモ・カルダーノが『大技法』を発表し，その中で三次方程式の解法を完全に述べている．その方法は（タルタリア（吃り））という名でも知られる）ニッコロ・フォンタナによって少なくとも 10 年前に発見されたとされている．彼はその詳細を明らかにすることを拒み続け，カルダーノにも秘密にすると宣誓させた上で打ち明けたのだった．また『大技法』には，ルドビコ・フェラーリによる 4 次方程式を 3 次方程式に帰着させる方法も述べられている．

4 次方程式の解の公式も上の 2 次方程式の解の公式と同様に書ける．つまり解は四則演算と累乗根の組み合わせにより方程式の係数によって記述できる．

5次未満の方程式がこのような方法で記述できるようになると，5次方程式の解法の探求が始まった．多大な努力にもかかわらず進展は得られず，19世紀になると人々はそのような解法の存在を疑い始めた．ジョセフ・ルイ・ラグランジュ（1736～1813）は3次方程式の解法は2次方程式の解法に帰着し，また基本的に同じアイデアにより4次方程式の解法は3次方程式に帰着することに気づいた．しかしこの方法を5次方程式に適用すると，問題が簡単になるどころか，6次方程式が生じた．

　一般の5次方程式については解の公式が存在しないことの証明は1799年にイタリアの物理学者パウロ・ルッフィーニ（1785～1822）によって発表された．しかし人々，特に長年この問題に取り組んできた数学者はルッフィーニの証明には納得しなかった．議論は1824年にノルウェーのニークス・ヘンリク・アーベル（1802～1829）が決定的な証明を発表したことで終結した．

　5次方程式の解の公式が一般には不可能であるとわかると，人々は与えられた方程式が解法を持つかを判定する条件に向かった．ルッフィーニやアーベルの使った議論の根底にあるのは，原始 n 乗根と，置換群のある部分群との関係であった．その当時は群の概念はまだ独立しておらず，必要な概念も任意の方程式に適用できる程には十分理解されていなかった．この方向での大きな進歩は若きフランス人エバリスト・ガロア（1811～1832）によってもたらされた．彼もまた，「正規部分群」の重要さに気づき，それによってどんな方程式が解の公式によって解けるかという問題に対して完全に答えることに成功した．

　ガロアのアイデアは，方程式に対して解の間の関係を記述するような群を対応づけることであった．この「代数的対称性」のなす群の特性は解の特性を反映する．特に，ある方程式に対し，解を求める公式が存在するならば，その群はより小さな群に特別な方法で分解できる．5次未満の方程式に付随するガロア群の構造はそうなっており，その分解から公式を作ることができるのだった．しかし5次方程式の多くは，その群が正二十面体群を含み，その群の構造があまりに複雑なので，必要とされた方法で分解することはできない．よって一般の5次方程式には解の公式がないことがわかる．

　16世紀になって，フランソワ・ヴィエトは3次方程式はただ1つの係数だけが未知の形に帰着できると示した．これによって彼は解を三角関数によって記述することができるようになった．1786年には，E.S. ブリングが5次方程式を似たような形に帰着させる方法を示したが，彼の仕事は50年間に渡って，人々に知られることはなかった．一般の5次方程式を助変数が1つだけのものに帰着できるということは，その解がヴィエトの三次方程式の解法に類似した方法で求められるということを意味する．これは1858年に（e の超越性の証明で知られる）シャルル・エルミートによって達成された．彼はガロアの残したヒントに従って，三角関数の代わりに楕円関数を使えば5次方程式の解法が見つかることを示した．

　こうした多くの素材，すなわち多面体の対称性，群論，方程式の解，楕円関数は，

フェリックス・クラインによって，その著書，『正二十面体と 5 次方程式』においてうまく織り上げられている．これこそが数学のすばらしい統一性の現れである．時として専門分野の異なる人々の間に，似たようなアイデアが出現する．そしてしばらく独立に発展した後，予想もされなかった関連性が発見される．やがてはそれらの結び付きが突き止められ，抽象化されていく．例えば，群の概念は，代数方程式論と幾何的対称性のそれぞれで生じていた．また時として，数学のパッチワークの部品がたくさん集められ，一貫した美しい織物が作り上げられる．ダーフィト・ヒルベルトは彼の有名な 23 の問題の講演の序文で，この予期せぬ統一性について触れ，クラインの仕事を例に挙げている．

> ある問題が，数学のまったく異なる分野に応用できるということがしばしば起こる．F. クラインの二十面体に関する研究では，正多面体が初等幾何，群論，方程式論そして線形微分方程式論において問題になり，それらに関係する重要な結果が纏められている．[c]

複合多面体の中の要素のように，数学の分野は非常に興味深く絡み合っているのである．

付録 I

対称変換群は数学の多くの分野や，結晶学で研究されているので，それの表記法もいくつか開発されている．それぞれが，用途に応じて一貫した規則をもっている．下の表はいくつかの表記法の対応を表している．

C_1		$[1]^+$	1	11	C_1
C_s		$[1]$	m	$*11$	C_2C_1
C_i		$[2^+, 2^+]$	$\widetilde{2}$	$1\times$	$\overline{C}_1$
C_n	$n \geqslant 2$	$[n]^+$	n	nn	C_n
C_{nv}	$n \geqslant 2$	$[n]$	$n \cdot m$	$*nn$	D_nC_n
C_{nh}	$n \geqslant 2$	$[2, n^+]$	$n:m$	$n*$	$\begin{cases} C_{2n}C_n & n: 奇数 \\ \overline{C}_n & n: 偶数 \end{cases}$
S_{2n}	$n \geqslant 2$	$[2^+, 2n^+]$	$\widetilde{2n}$	$n\times$	$\begin{cases} \overline{C}_n & n: 奇数 \\ C_{2n}C_n & n: 偶数 \end{cases}$
D_n	$n \geqslant 2$	$[2, n]^+$	$n:2$	$22n$	D_n
D_{nv}	$n \geqslant 2$	$[2^+, 2n]$	$\widetilde{2n} \cdot m$	$2*n$	$\begin{cases} \overline{D}_n & n: 奇数 \\ D_{2n}D_n & n: 偶数 \end{cases}$
D_{nh}	$n \geqslant 2$	$[2, n]$	$m \cdot n : m$	$*22n$	$\begin{cases} D_{2n}D_n & n: 奇数 \\ \overline{D}_n & n: 偶数 \end{cases}$
T		$[3, 3]^+$	$3/2$	332	T
T_d		$[3, 3]$	$3/\widetilde{4}$	$*332$	OT
T_h		$[3^+, 4]$	$\widetilde{6}/2$	$3*2$	$\overline{T}$
O		$[3, 4]^+$	$3/4$	432	O
O_h		$[3, 4]$	$\widetilde{6}/4$	$*432$	$\overline{O}$
I		$[3, 5]^+$	$3/5$	532	I
I_h		$[3, 5]$	$3/\widetilde{10}$	$*532$	$\overline{I}$

最初の列が本書の表記法である（第 8 章参照）．これはアーサー・シェンフリースが彼の著書『結晶と結晶構造』で用いたもので，ハロルド・ヒルトン の『結晶の数学と運動の群の理論』に記述がある．ラベルはどのような対称変換の要素（軸や鏡映面）が

あるかを表している．

次の列は H. S. M. コクセター と W. O. J. モーザーが共著『離散群の生成元と関係式』で用いたものである．ラベルは各群がどのようにして鏡映群の部分群として生成されるかを表している．プラス記号 (+) は，ある生成元たちによって貢献される回転対称変換だけが含まれていることを表している．

3番目の列は，A. V. シュープニコフと V. A. コプツィクの『科学と芸術における対称』で記述されている．シェンフリースの表記法同様，ラベルはどのような対称変換の要素があるかを示している．ラベル m は鏡映面があることを，点 (·) は回転軸があることを，そして 2 点 (:) はそれがある回転軸に対し直交していることを表している．数字の上のチルダ (~) は回転鏡映の軸を表している．

4番目の列は，ジョン・コンウェイとウィリアム・サーストンが商軌道体の位相的性質の研究で導入したものである．数字の後に (∗) があるのは，軌道体の境界の角を，その他の数字は錐点の種類を，また (×) はクロスキャップを表している．詳しくは次のコンウェイの解説を参照するとよい．'The Orbifold Notation for Surface Groups' *Proceedings of the 1990 Durham Conference on Groups, Combinatorics and Geometry*, Cambridge Univ. Press 1992.

最後の列は L. フェイエシュ・トートの『正則な図形』にあるものである．他の記述法が鏡映を扱っているのに対し，この表記法は，回転と反転に基づいている．したがって，ある巡回群と二面体群では，n の偶奇によって，どの範疇に属するかが分かれる．

付録 II

第 9, 10 章において軌道と固定群についての定理という群論の結果を用いた．それは次のように述べられる：

(同等な対象物の個数) × (各対象物の対称変換の個数)

= (多面体の対称変換の個数)．

第 9 章では対象物というのは色付多面体であり，同等な彩色の個数を数えたのであった．第 10 章では対象物は面や稜や頂点であった．また（各対象物の対称変換の個数）という項は固定群と呼ばれ，（同等な対象物の個数）は軌道と呼ばれる．この付録ではこの定理を証明しよう．

与えられた多面体に対し，そのある部品や特性 A を調べるとしよう．ここで A はある面であったり，彩色であったりする．多面体の対称変換群を G で表す．

A の固定群を $\mathrm{stab}_G(A)$ で表す．それは多面体の対称変換で，A をそれ自身に移すもの全体である．すなわち，

$$\mathrm{stab}_G(A) = \{g(A) = A \text{ となる } G \text{ の元 } g\}.$$

例として，面を固定する対称変換や，色付多面体の保色対称変換を扱った．固定群は G の部分群になる．簡単のため，$\mathrm{stab}_G(A)$ を H で表し，それが m 個の対称変換からなるとする．すなわち

$$H = \{h_1, h_2, \ldots, h_m\}.$$

それらのうち 1 つは恒等変換なので，$h_1 = 1$ としておく．

A の軌道 $\mathrm{orbit}_G(A)$ とは，A の多面体の対称変換による移り先全体である．すなわち，

$$\mathrm{orbit}_G(A) = \{G \text{ の元 } g \text{ による } g(A)\}.$$

彩色の例では，軌道は色付多面体の向き全体であった．推移性の例では，面に関して推移的な多面体の面全体が 1 つの軌道をなした．A の軌道が n 個の元を持ったとしよう．すなわち

$$\operatorname{orbit}_G(A) = \{A_1, A_2, \cdots, A_n\}.$$

それらのうち 1 つは A 自身なので $A_1 = A$ としておく．G から n 個の元 $g_1, g_2, \ldots, g_n$ を，$g_i(A) = A_i$ となるように選ぶ．選び方は何通りかある．例えば，$\operatorname{stab}_G(A)$ の任意の元は g_1 として選ぶことができる．

集合 X に対し，その元の個数を $|X|$ で表す．軌道と固定群についての定理は次のように述べられる．

定理
$$|G| = |\operatorname{orbit}_G(A)| \times |\operatorname{stab}_G(A)|.$$

証明：多面体の対称変換をいくつかの集合に分割する．新しい集合 gH を次で定義する：

$$gH = \{gh_1, gh_2, \cdots, gh_m\}.$$

すべての h_i が異なるので，積 $g \cdot h_i$ もすべて異なる．そのような集合を n 個考え，H の余集合と呼ぶ：

$$\begin{aligned}
g_1 H &= \{g_1 h_1, g_1 h_2, \cdots, g_1 h_m\} \\
g_2 H &= \{g_2 h_1, g_2 h_2, \cdots, g_2 h_m\} \\
&\vdots \\
g_n H &= \{g_n h_1, g_n h_2, \cdots, g_n h_m\}.
\end{aligned}$$

元 g_1 は H の元なので，最初の集合は H 自身である．ここで，すべての集合が互いに交わらず，また G の元はすべてある余集合の元になることが示せれば $|G| = n \times m$ となり，定理が証明できる．

ステップ 1．G のすべての元は $g_i h_j$ という形で書けることを示す．

G の任意の元 g に対し，$\operatorname{orbit}_G(A)$ の元 $g(A)$ を考える．まずある i に対し，$g(A) = A_i$ となる．したがって次が得られる．そうして g をうまく表すことができる．

$$\begin{aligned}
g(A) &= g_i(A) &&\text{(ある i に対して)} \\
\Rightarrow \quad g_i^{-1} g(A) &= A \\
\Rightarrow \quad g_i^{-1} g &= h &&\text{(H のある元 h に対して)} \\
\Rightarrow \quad g &= g_i h.
\end{aligned}$$

ステップ2. 各 g_iH が互いに交わらないことを示す.

H の元 x と y があって, $g_ix = g_jy$ と書けたとしよう. つまりある元が2つの集合に属していたとする. すると $g_j^{-1}g_i = yx^{-1}$ となる. ここで yx^{-1} は H の元の積なのでまた H の元となる. よって, H のある元 h を使って $g_j^{-1}g_i = h$ と書け, $g_i = g_jh$ となる.

これらの元の A への作用を考える.

$$g_i(A) = g_jh(A)$$
$$\Rightarrow \quad g_i(A) = g_j(A) \quad \text{(なぜなら } h \text{ は } \mathrm{stab}_G(A) \text{ の元)}$$
$$\Rightarrow \quad A_i = A_j$$

しかし, こうならないように g_i を選んでおいたのでこれは矛盾である. ∎

引用文献

序
- *a*) J. D. Barrow and F. J. Tipler, *The Anthropic Cosmological Principle*, Oxford Univ. Press 1986, quoted on p79

第1章
- *a*) E. Maor, *To Infinity and Beyond: a Cultural History of the Infinite*, Birkhauser 1986, quoted on p179 and p226
- *b*) R. J. Gillings, *Mathematics in the Time of the Pharaohs*, M. I. T. Press 1972, p185
- *c*) *ibid.*, p188
- *d*) *ibid.*, p234
- *e*) B. L. van der Waerden, *Geometry and Algebra in Ancient Civilizations*, Springer-Verlag (1983) p*xi* 邦訳『ファン・デル・ヴェルデン 古代文明の数学』，ファン・デル・ヴェルデン 著／加藤文元，鈴木亮太郎 訳（日本評論社，2006）
- *f*) K. von Fritz, 'The Discovery of Incommensurability by Hippasus of Metapontum', *Annals of Math.* **46**（1945）p256
- *g*) J. Needham, *Science and Civilisation in China*, Cambridge Univ. Press 1959, volume 3, p92 邦訳『中國の科學と文明第4巻：数学』，ジョゼフ・ニーダム 著／芝原茂 他訳（思索社，1975），『中國の科學と文明第5巻：天の科学』，ジョゼフ・ニーダム 著／吉田忠 他訳（思索社，1976）
- *h*) Li Yan and Du Shiran, *Chinese Mathematics: a Concise History*, translated by J. N. Crossley and A. W.-C. Lun, Clarendon Press, Oxford 1987, p21
- *i*) E. Maor, *op. cit.*, quoted on p224
- *j*) E. J. Dijksterhuis, *Archimedes*, translated by C. Dikshoorn, Princeton Univ. Press 1987, p314
- *k*) T. L. Heath, *The Thirteen Books of Euclid's Elements*, Cambridge Univ. Press 1908, volume 3, p368
- *l*) D. B. Wagner, 'An Early Chinese Derivation of the Volume of a Pyramid: Liu Hui, 3rd Century AD', *Historia Math.* **6**（1979）pp178–179
- *m*) *ibid.*, p181
- *n*) Li Yan and Du Shiran, *op. cit.*, p69
- *o*) Lao Tzu, *Tao Te Ching*, translated by Gia-fu Feng, Wildwood House Ltd, London 1972, chapter 14
- *p*) T. L. Heath, *op. cit.*, p365
- *q*) D. Hilbert, 'Mathematical Problems'. English translation by M. W. Newson reprinted in *Mathematical Developments Arising from Hilbert Problems*, edited by F. E. Browder, Proc. of Symposia in Pure Math. 23, American Math. Soc., Providence Rhode Island 1976, pp10–11

第2章
- *a*) W. C. Waterhouse, 'The Discovery of the Regular Solids', *Archive for History of Exact Sciences* **9**（1972）p214
- *b*) Plato, *Timaeus*, §54. Taken from H. D. P. Lee, *Timaeus and Critias*, Penguin Books 1977, pp75–76 邦訳『ティマイオス』，プラトン 著／種山恭子 訳（岩波書店，1975）

- c) *ibid.*, §55. pp76–78
- d) Plutarch, *Platonicae Quaestiones*, question 5 part 1. Taken from *Plutarch's Moralia*, volume 13 part 1, translated by H. Cherniss, Loeb Classical Library, Harvard Univ. Press 1976, p53
- e) J. V. Field, 'Kepler's Star Polyhedra', *Vistas in Astronomy* **23** (1979) p123
- f) *ibid.*, p124
- g) Plato, *Republic*, §510. Quoted in M. Kline, *Mathematical Thought from Ancient to Modern Times*, Oxford Univ. Press 1972, p44 邦訳『国家』，プラトン 著／藤沢令夫 訳(岩波文庫，1979) ほか多数
- h) B. L. van der Waerden, *Science Awakening*, translated by Arnold Dresden, P. Noordhoff Ltd, Groningen, Holland 1954, volume 1, p173 邦訳『数学の黎明：オリエントからギリシアへ，ヴァン・デル・ウァルデン 著／村田全．佐藤勝造 訳(みすず書房社, 1984)
- i) W. C. Waterhouse, *op. cit.*, p216
- j) G. J. Allman, *Greek Geometry from Thales to Euclid*, Dublin 1889, p211
- k) H. S. M. Coxeter, 'Regular Skew Polyhedra in Three and Four Dimensions, and Their Topological Analogues', *Proc. London Math. Soc.* (series 2) **43** (1937) pp33–34
- l) Pappus, *Mathematical Collection*. Taken from *Selections Illustrating the History of Greek Mathematics*, translated by I. Thomas, Loeb Classical Library, Harvard Univ. Press 1939, volume 2, p195
- m) J. V. Field, *op. cit.*, p139

第 3 章

- a) T. L. Heath, *The Thirteen Books of Euclid's Elements*, Cambridge Univ. Press 1908, volume 3, p512
- b) S. J. Edgerton, *The Renaissance Discovery of Linear Perspective*, Basic Books Inc., New York 1975, pp79–80
- c) G. Vasari, *The Lives of the Painters, Sculptors and Architects*, translated by A. B. Hinds, Everyman's Library, Dent, London 1963, volume 1, p233
- d) *ibid.*, p335

第 4 章

- a) H. S. M. Coxeter, 'Kepler and Mathematics', *Vistas in Astronomy* **18** (1975) p661
- b) O. Gingerich, 'Kepler'. Article in the *Dictionary of Scientific Biography*, volume 7, p292
- c) D. Pedoe, *Geometry and the Liberal Arts*, Penguin Books 1976, p267
- d) J. V. Field, 'Kepler's Star Polyhedra', *Vistas in Astronomy* **23** (1979) p114
- e) *ibid.*, p115
- f) C. Hardie, *The Six-cornered Snowflake*, Oxford Univ. Press 1966, p11
- g) J. V. Field, *op. cit.*, p114
- h) *ibid.*, p134
- i) *ibid.*, p115
- j) *ibid.*, p136
- k) *ibid.*, p135
- l) *ibid.*, p133
- m) *ibid.*, p133

第 5 章

- a) P. J. Federico, *Descartes on Polyhedra: a Study of the 'De Solidorum Elementis'*, Springer-Verlag 1982, quoted on p71
- b) *ibid.*, quoted on p63
- c) *ibid.*, pp43–44
- d) N. L. Biggs, E. K. Lloyd and R. J. Wilson, *Graph Theory 1736–1936*, Clarendon Press, Oxford 1976, p76 邦訳『グラフ理論への道』，N. L. ビッグス 著／一松信 訳(地人書館，1986)
- e) *ibid.*, p77
- f) P. J. Federico, *op. cit.*, p66
- g) H. Lebesgue, 'Remarques sur les Deux Premières Démonstrations du Théorème d'Euler, Relatif aux Polyèdres', *Bull. Soc. Math. France* **52** (1924) p316

- h) A. L. Cauchy, 'Recherches sur les Polyèdres (first memoire)', *J. École Polytechnique* **9** (1813) p77
- i) C. L. Dodgson, 'Through the Looking Glass', p136; in *The Complete Illustrated Works of Lewis Carroll*, edited by Edward Guiliano, 1982, pp81–176
- j) L. Poinsot, 'Note sur la Théorie des Polyèdres', *Comptes Rendus des Séances de l'Académie des Sciences* **50** (1860) p70
- k) P. J. Federico, *op. cit.*, p66
- l) R. Hoppe, 'Ergänzung des Euler'schen Lehrsatze von Polyedern', *Archiv der Mathematik und Physik* **63** (1879) p102. Quoted in I. Lakatos, *Proofs and Refutations: the Logic of Mathematical Discovery*, Cambridge Univ. Press 1976, p78 邦訳『数学的発見の論理：証明と論駁』，I. ラカトシュ 著／J. ウォラル，E. ザハール 編／佐々木力 訳(共立出版，1980)
- m) P. J. Federico, *op. cit.*, pp54, 57

第6章

- a) H. S. M. Coxeter, *Introduction to Geometry*, Wiley and Sons 1961, p5 邦訳『幾何学入門』，コクセター 著／銀林浩 訳(明治図書，1964)
- b) Proclus, *Commentary on the First Book of Euclid's Elements*, translated by G. L. Morrow. Princeton Univ. Press 1970, pp187–88
- c) T. L. Heath, *The Thirteen Books of Euclid's Elements*, Cambridge Univ. Press 1908, volume 3, p226
- d) H. Freudenthal, 'Cauchy'. Article in the *Dictionary of Scientific Biography*, volume 3, p143
- e) B. Belhoste, *Augustin-Louis Cauchy: a Biography*, (translated by F. Ragland), Springer-Verlag 1991, p29
- f) H. Gluck, 'Almost All Simply-connected Closed Surfaces are Rigid', *Lecture Notes in Math.* **438**, 'Geometric Topology', Springer-Verlag (1975), quoted on p225
- g) *ibid.*, p225

第7章

- a) L. Poinsot, 'Mémoire sur les Polygones et Polyèdres', *J. École Polytechnique* **10** (1810) pp34–35
- b) *ibid.*, p42
- c) B. Grünbaum, 'Polyhedra with Hollow Faces', *Proc. NATO-ASI Conference on Polytopes: Abstract, Convex and Computational* (Toronto 1993), edited by T. Bisztriczky, P. McMullen, R. Schneider and A. Ivic'Weiss, Kluwer Academic Publ. Dortrecht 1994, pp43–70

第8章

- a) A. Badoureau, 'Mémoire sur les Figures Isosceles', *J. École Polytechnique* **49** (1881) p51
- b) F. E. Browder and S. MacLane, 'The Relevance of Mathematics', p339; in *Mathematics Today: Twelve Informal Essays*, edited by L. A. Steen, Springer-Verlag 1978, pp323–350
- c) H. Hilton, *Mathematical Crystallography and the Theory of Groups of Movements*, Clarendon Press, Oxford 1903, p259

第9章

- a) G. H. Hardy, *A Mathematician's Apology*, §10. Canto edition, Cambridge Univ. Press 1992, pp84–85 邦訳『ある数学者の生涯と弁明』，G. H. ハーディ，C. P. スノー 著／柳生孝昭 訳(シュプリンガー・フェアラーク東京，1994)
- b) A. B. Kempe, 'How to Colour a Map with Four Colours', *Nature* **21** (26th February, 1880) p399

第10章

- a) Aristotle, *Metaphysics* 10f.1045a 邦訳『形而上学』，アリストテレス 著／岩崎勉 訳(講談社学術文庫，1994) ほか多数
- b) I. Stewart, *New Scientist* (4th November, 1989) p42

c) D. Hilbert, 'Mathematical Problems'. English translation by M. W. Newson reprinted in *Mathematical Developments Arising from Hilbert Problems*, edited by F. E. Browder, Proc. of Symposia in Pure Math. 23, American Math. Soc., Providence Rhode Island 1976, pp2–3

参考文献

参考文献はほとんど章ごとにまとめられている．しかしながら，最初に掲げたのは，一般的な参考文献であり，主に数学史に関わる文献である．

W. W. R. Ball,
　1922 *A Short Account of the History of Mathematics*, MacMillan, London
M. Brückner,
　1900 *Vielecke und Vielflache, Theorie und Geschichte*, Teubner, Leipzig
H. S. M. Coxeter,
　1969 *Introduction to Geometry* (second edition), Wiley, New York 邦訳『幾何学入門』，コクセター 著／銀林浩 訳(明治図書，1965)
　1973 *Regular Polytopes* (third edition), Dover, New York
　1974 *Regular Complex Polytopes*, Cambridge Univ. Press
H. T. Croft, K. J. Falconer and R. K. Guy,
　1991 *Unsolved Problems in Geometry*, Springer-Verlag 邦訳『幾何学における未解決問題集』，H.T. クロフト・K. J. ファルコナー・R. K ガイ 著／秋山仁 訳(シュプリンガー・フェアラーク東京，1996)
H. M. Cundy and A. P. Rollett,
　1961 *Mathematical Models* (second edition), Oxford Univ. Press
H. Eves,
　1983 *An Introduction to the History of Mathematics* (fifth edition), Saunders College Publishing, Philadelphia
J. Fauvel and J. Gray (editors),
　1987 *The History of Mathematics: a Reader*, MacMillan
L. Fejes Tóth,
　1964 *Regular Figures*, International Series of Monographs in Pure and Applied Math. 48, Pergamon, Oxford
C. C. Gillispie (editor),
　1974 *Dictionary of Scientific Biography*, Charles Scribner's Sons, New York
B. Grünbaum,
　1967 *Convex Polytopes*, Wiley
M. Kline,
　1972 *Mathematical Thought from Ancient to Modern Times*, Oxford Univ. Press 邦訳『不確実性の数学：数学の世界の夢と現実』，モーリス・クライン 著／三村護，入江晴栄 訳(紀伊國屋書店社，1984)
　1982 *Mathematics: the Loss of Certainty*, Oxford Univ. Press
J. Malkevitch,
　1988 'Milestones in the History of Polyhedra', in M. Senechal and G. Fleck [1988] pp80–92
D. E. Rowie and J. McCleary (editors),
　1988 *The History of Modern Mathematics* (2 volumes), Academic Press
M. Senechal and G. Fleck (editors),
　1988 *Shaping Space—a Polyhedral Approach*, Birkhauser, Basel
G. C. Shephard,
　1968 'Twenty Problems on Convex Polyhedra', *Math. Gazette* **52** (1968) pp136–147, 359–367

D. E. Smith,
- 1923 *History of Mathematics volume 1: General Survey of the History of Elementary Mathematics*, Athenaeum Press, New York

E. Steinitz,
- 1916 'Polyeder und Raumenteilungen', *Encyklopaedie der Mathematischen Wissenschaften* **3** (1922), 'Geometrie', part 3AB12 pp1–139

J. Stillwell,
- 1989 *Mathematics and its History*, Springer-Verlag

C. Wiener,
- 1864 *Über Vielecke und Vielflache*, Leipzig

L. Young,
- 1981 *Mathematicians and Their Times*, Mathematics Studies 48, North-Holland

序

B. Artmann,
- 1993 'Roman Dodecahedra', *Math. Intelligencer* **15** no. 2 (1993) pp52–53
- 1993 Response to I. Hargittai [1993], *Math. Intelligencer* **15** no. 4 (1993) p3

E. Haeckel,
- 1887 *Report on the Radiolaria*, Report on the Scientific Results of the Voyage of H. M. S. Challenger During Years 1873–1876. Zoology (Edinburgh) 18

I. Hargittai,
- 1993 'Imperial Cuboctahedron', *Math. Intelligencer* **15** no. 1 (1993) pp58–59

P. Hoffman,
- 1988 *Archimedes' Revenge: the Joys and Perils of Mathematics*, Penguin 邦訳『数学の悦楽と罠：アルキメデスから計算機数学まで』，ポール・ホフマン 著／吉永良正，中村和幸，河野至恩 訳(白揚社，1994)

K. Miyazaki,
- 1993 'The Cuboctahedron in the Past of Japan', *Math. Intelligencer* **15** no. 3 (1993) pp54–55

E. L. Muetterties and W. H. Knoth,
- 1968 *Polyhedral Boranes*, Marcel Dekker Inc. New York

L. S. Seiden,
- 1989 *Buckminster Fuller's Universe: an Appreciation*, Plenum Press

M. J. Wenninger,
- 1971 *Polyhedron Models*, Cambridge Univ. Press 邦訳『多面体の模型：その作り方と鑑賞』，マグナス・J. ウェニンガー 著／茂木勇，横手一郎 共訳(新数社，教育出版(発売)，1979)

第 1 章

R. C. Archibald,
- 1930 'Mathematics Before the Greeks', *Science* **71** (1930) pp109–121, 342; *Science* **72** (1930) p36

F. Bagemihl,
- 1948 'On Indecomposable Polyhedra', *American Math. Monthly* **55** (1948) pp411–413

V. G. Boltianskii,
- 1978 *Hilbert's Third Problem*, (translated from the Russian by R. A. Silverman), Scripta Technica Inc.

W. Bolyai,
- 1832 *Tentamen. Juventutem Studiosam in Elementa Matheseos Purae, Elementaris ac Sublimioris, Methodo Intuitiva Evidentiaque Huic Propria, Introducendi*, Marosvasarhely

R. Bricard,
- 1896 'Sur une Question de Géométrie Relative aux Polyèdres', *Nouvelles Annales de Math.* **15** (1896) pp331–334

P. Cartier,
- 1985 'Décomposition des Polyèdres: le Point sur le Troisième Problème de Hilbert', Séminaire Bourbaki 1984/85 Exposés 633–650, *Astérisque* **133–134** (1986) pp261–288

J. L. Cathelineau,
- 1992 'Quelques Aspects du Troisième Problème de Hilbert', *Gazette des Mathematiciens* **52** (1992) pp45–71

A. B. Chace, L. Bull, H. P. Manning and R. C. Archibald (editors),
  1927 *The Rhind Mathematical Papyrus* (2 volumes), Oberlin, Ohio 8 (1927–29) 邦訳『リンド数学パピルス：古代エジプトの数学』，A. B. Chace 著／吉成薫 訳(朝倉書店，1985)
M. Dehn,
  1900 'Über raumgleiche Polyeder', *Nachrichten von der Konigl. Gesellschaft der Wissenschaften zu Gottingen Mathematisch-Physikalischen Klasse*, pp345–354
E. J. Dijksterhuis,
  1987 *Archimedes,* (translated from the Dutch by C. Dikshoorn), Princeton Univ. Press
I. E. S. Edwards,
  1988 *The Pyramids of Egypt* (revised edition), Penguin Books
K. von Fritz,
  1945 'The Discovery of Incommensurability by Hippasus of Metapontum', *Annals of Math.* **46** (1945) pp242–264
R. J. Gillings,
  1972 *Mathematics in the Time of the Pharaohs*, M. I. T. Press
M. Goldberg,
  1958 'Tetrahedra Equivalent to Cubes by Dissection', *Elemente der Mathematik* **13** (1958) pp107–109
  1969 'Two More Tetrahedra Equivalent to Cubes by Dissection', *Elemente der Mathematik* **24** (1969) pp130–132; Correction: *ibid.* **25** (1970) p48
  1974 'New Rectifiable Tetrahedra', *Elemente der Mathematik* **29** (1974) pp85–89
D. Hilbert,
  1902 'Mathematical Problems—a Lecture Delivered Before the International Congress of Mathematicians in Paris in 1900'. English translation by M. W. Newson, *Bull. American Math. Soc.* **8** (1902) pp437–479
M. J. M. Hill,
  1896 'Determination of the Volumes of Certain Species of Tetrahedra Without Employing the Method of Limits', *Proc. London Math. Soc.* **27** (1896) pp39–53
W. H. Jackson,
  1912 'Wallace's Theorem Concerning Plane Polygons of the Same Area', *American J. Math.* **34** (1912) pp383–390
V. F. Kagan,
  1903 'Über die Transformation der Polyeder', *Math. Ann.* **57** (1903) pp421–424
W. R. Knorr,
  1975 *The Evolution of the Euclidean Elements: a Study of the Theory of Incommensurable Magnitudes and its Significance for Early Greek Geometry,* D. Reidel Publ. Co., Dordrecht
H. Lebesgue,
  1945 'Sur l'Équivalence des Polyèdres, en Particulier des Polyèdres Réguliers, et sur la Dissection des Polyèdres Réguliers en Polyèdres Réguliers', *Annales de la Soc. Polonaise de Math.* **17** (1938) pp193–226; **18** pp1–3
Li Yan and Du Shiran,
  1987 *Chinese Mathematics: a Concise History,* (translated from the Chinese by J. N. Crossley and A. W.-C Lun), Clarendon Press, Oxford
H. Lindgren,
  1964 *Geometric Dissections*, D. van Nostrand
J. Needham,
  1959 *Science and Civilisation in China volume 3: Mathematics and the Sciences of the Heavens and the Earth,* Cambridge Univ. Press 邦訳『中國の科學と文明第 4 巻：数学』，ジョゼフ・ニーダム 著／芝原茂 他訳(思索社，1975)，『中國の科學と文明第 5 巻：天の科学』，ジョゼフ・ニーダム 著／吉田忠 他訳(思索社，1976)
O. Neugebauer,
  1951 *The Exact Sciences in Antiquity,* Oxford Univ. Press 邦訳『古代の精密科学』，O. ノイゲバウアー 著／矢野道雄，斎藤潔 訳(恒星社厚生閣，1990)
O. Neugebauer and A. Sachs,
  1945 *Mathematical Cuneiform Texts,* American Oriental Series 29
T. E. Peet (editor),
  1923 *The Rhind Mathematical Papyrus,* London

Plutarch,
- 1976 *De Communibus Notitiis Adversus Stoicos.* English translation by H. Cherniss in 'Plutarch's Moralia' volume 13 part 2, Loeb Classical Library, Harvard Univ. Press. pp622–873

C. H. Sah,
- 1979 *Hilbert's Third Problem: Scissors Congruence,* Pitman

A. Seidenberg,
- 1978 'The Origin of Mathematics', *Archive for History of Exact Sciences* **18** (1978) pp301–342

W. W. Struve,
- 1930 'Mathematischer Papyrus des Staatlichen Museums der Schönen Künste in Moskau', *Quellen und Studien zur Geschichte der Mathematik,* part A, volume 1, Berlin, 1930

J. P. Sydler,
- 1943 'Sur la Décomposition des Polyèdres', *Commentarii Math. Helvetici* **16** (1943–44) pp266–273
- 1965 'Conditions Nécessaires et Suffisantes pour l'Équivalence des Polyèdres de l'Espace Euclidien à Trois Dimensions', *Commentarii Math. Helvetici* **40** (1965) pp43–80

A. Szabó,
- 1978 *The Beginnings of Greek Mathematics,* (translated from the German by A. M. Ungar), D. Reidel Publ. Co.

B. L. van der Waerden,
- 1954 *Science Awakening,* (translated from the Dutch by Arnold Dresden), P. Noordhoff Ltd, Groningen, Holland 邦訳『数学の黎明：オリエントからギリシアへ』，ヴァン・デル・ウァルデン 著／村田全，佐藤勝造 訳（みすず書房社，1984）
- 1980 'On Pre-Babylonian Mathematics I and II', *Archive for History of Exact Sciences* **23** (1980) pp1–25, 27–46
- 1983 *Geometry and Algebra in Ancient Civilisations,* Springer-Verlag 邦訳『ファン・デル・ヴェルデン 古代文明の数学』，ファン・デル・ヴェルデン 著／加藤文元，鈴木亮太郎 訳（日本評論社，2006）

D. B. Wagner,
- 1979 'An Early Chinese Derivation of the Volume of a Pyramid: Liu Hui, 3rd Century AD', *Historia Mathematica* **6** (1979) pp164–188

第2章

G. J. Allman,
- 1889 *Greek Geometry from Thales to Euclid,* Dublin

M. Berman,
- 1979 'Regular-faced Convex Polyhedra', *J. Franklin Institute* **291** (1979) pp321–352 plus 7 pages of photographs

H. S. M. Coxeter,
- 1937 'Regular Skew Polyhedra in Three and Four dimensions, and Their Topological Analogues', *Proc. London Math. Soc.* (series 2) **43** (1937) pp33–62

H. M. Cundy,
- 1955 'Deltahedra', *Math. Gazette* **39** (1955) pp263–266

H. Freudenthal and B. L. van der Waerden,
- 1947 'Over een Bewering van Euclides', *Simon Stevin* **25** (1947) pp115–128

J. Gow,
- 1884 *History of Greek Mathematics,* Cambridge Univ. Press

B. Grünbaum and N. W. Johnson,
- 1965 'The Faces of a Regular-faced Polyhedron', *J. London Math. Soc.* **40** (1965) pp577–586

T. L. Heath,
- 1921 *A History of Greek Mathematics,* Clarendon Press, Oxford
- 1926 *The Thirteen Books of Euclid's Elements* (3 volumes), Cambridge Univ. Press

N. W. Johnson,
- 1966 'Convex Polyhedra with Regular Faces', *Canadian J. Math.* **18** (1966) pp169–200

K. Lamotke,
  1986 *Regular Solids and Isolated Singularities*, Advanced Lectures in Mathematics, Friedr. Vieweg & Sohn Braunschweig/Wiesbaden
C. Lanczos,
  1970 *Space Through the Ages: the Evolution of Geometrical Ideas from Pythagoras to Hilbert and Einstein*, Academic Press, London
F. Lasserre,
  1964 *The Birth of Mathematics in the Age of Plato*, Hutchinson, London
H. D. P. Lee,
  1977 *Timaeus and Critias*, Penguin Books
G. L. Morrow,
  1970 *Proclus: a Commentary on the First Book of Euclid's Elements*, Princeton Univ. Press
Plutarch,
  1976 *Platonicae Quaestiones*. English translation by H. Cherniss in 'Plutarch's Moralia' volume 13 part 1, Loeb Classical Library, Harvard Univ. Press. pp18–129
E. Sachs,
  1917 *Die Fünf Platonischen Körper*, Weidmann, Berlin. Reprinted by Arno Press (1976) New York
T. Smith,
  1902 *Euclid—His Life and System*, Clark, Edinburgh
I. B. Thomas,
  1939 *Selections Illustrating the History of Greek Mathematics: Translations of Greek Sources* (2 volumes), Loeb Classical Library, Harvard Univ. Press
W. C. Waterhouse,
  1972 'The Discovery of the Regular Solids', *Archive for History of Exact Sciences* **9** (1972) pp212–221
V. A. Zalgaller,
  1966 *Convex Polyhedra with Regular Faces* (in Russian). Seminars in Mathematics 2, Steklov Institute, Leningrad, Nauka. English translation published by Consultants Bureau, New York 1969

第3章

L. B. Alberti,
  1436 *Della Pittura*. English translation in J. R. Spencer [1956] 邦訳『絵画論』, L. B. アルベルティ 著／三輪福松 訳（中央公論美術出版社，1992）
F. Anzelewsky,
  1980 *Dürer: His Art and Life*, Chartwell Books
M. Baxandall,
  1985 *Painting and Experience in Fifteenth Century Italy*, Oxford Univ. Press 邦訳『ルネサンス絵画の社会史』, マイケル・バクサンドール 著／篠塚二三男, 石原宏, 豊泉尚美, 池上公平 訳（平凡社，1989）
O. Benesch,
  1965 *The Art of the Renaissance in Northern Europe: its Relation to the Contemporary Spiritual and Intellectual Movements*, Phaidon, London 邦訳『北方ルネサンスの美術：同時代の精神的知的諸動向に対するその関係』, オットー・ベネシュ 著／前川誠郎 他訳（岩崎美術社，1972）
J. L. Berggren,
  1986 *Episodes in the Mathematics of Medieval Islam*, Springer-Verlag
A. Chastel,
  1963 *The Age of Humanism—Europe 1480–1530*, Thames and Hudson
L. Cheles,
  1981 *The Inlaid Decorations of Federigo da Montefeltro's Urbino 'Studiolo': An Iconographical Study*, Mitteilungen des Kunsthistorischen Instituts in Florenz 25
A. Cobban (editor),
  1969 *The Eighteenth Century: Europe in the Age of the Enlightenment*, Thames and Hudson, London
W. M. Conway,
  1958 *The Writings of Albrecht Dürer*, Philosophical Library, New York

J. L. Coolidge,
   1990 *The Mathematics of Great Amateurs* (second edition), Clarendon Press, Oxford
J. Cousin,
   1560 *Livre de Perspective*, Paris
M. Daly Davis,
   1977 *Piero della Francesca's Mathematical Treatises*, Longo Editore, Ravenna
   1980 'Carpaccio and the Perspective of Regular Bodies', in M. D. Emiliani [1980] pp183–200
A. Dürer,
   1525 *Underweysung der Messung,*
S. Y. Edgerton,
   1975 *The Renaissance Discovery of Linear Perspective*, Basic Books Inc., New York
M. D. Emiliani (editor),
   1980 *La Prospettiva Rinascimentale: Codificazioni e Trasgressioni*, Florence
J. V. Field,
   1985 'Giovanni Battista Benedetti on the Mathematics of Linear Perspective', *J. Warburg and Courtauld Institutes* **48** pp71–99
   1988 'Perspective and the Mathematicians: Alberti to Desargues', in C. Hay [1988] pp236–263
E. Grant and J. E. Murdoch (editors),
   1987 *Mathematics and its Applications to Science and Natural Philosophy in the Middle Ages*, Cambridge Univ. Press
N. L. W. A. Gravelaar,
   1902 'Stevin's Problemata Geometrica', *Nieuw Archief voor Wiskunde* (2) **5** (1902)
F. Hartt,
   1970 *A History of Italian Renaissance Art; Painting, Sculpture, Architecture*, Thames and Hudson
C. Hay (editor),
   1988 *Mathematics from Manuscript to Print: 1300–1600*, Clarendon Press, Oxford
J. P. Hogendijk,
   1984 'Greek and Arabic Constructions of the Regular Heptagon', *Archive for History of Exact Sciences* **30** (1984) pp197–330
W. Jamnitzer,
   1568 *Perspectiva Corporum Regularium*, Nürnberg
M. Kemp,
   1981 *Leonardo da Vinci: The Marvellous Works of Nature and Man*, Dent
   1990 *The Science of Art: Optical Themes in Western Art from Brunelleschi to Seurat*, Yale Univ. Press
J. A. Levenson (editor),
   1991 *Circa 1492—Art in the Age of Exploration*, National Gallery of Art, Washington DC, Yale Univ. Press
N. MacKinnon,
   1993 'The Portrait of Fra Luca Pacioli', *Math. Gazette* **77** (1993) pp130–219
N. H. Nasr,
   1976 *Islamic Science: an Illustrated Study*, World of Islam Festival Publ. Co.
L. Pacioli,
   1494 *Summa de Arithmetica, Geometria, Proportioni et Proportionalità*, Venice
   1509 *Divina Proportione*, Venice
E. Panofsky,
   1955 *The Life and Art of Albrecht Dürer*, Princeton Univ. Press 邦訳『アルブレヒト・デューラー：生涯と芸術』，アーウィン・パノフスキー 著／中森義宗，清水忠 訳（日貿出版社，1984）
D. Pedoe,
   1976 *Geometry and the Liberal Arts*, Penguin Books 邦訳『図形と文化』，ダン・ペドウ 著／磯田浩 訳（法政大学出版局，1985）
P. Rotondi,
   1960 *Il Palazzo Ducale di Urbino* (2 volumes), Urbino
J. C. Smith,
   1983 *Nuremberg: a Renaissance City, 1500–1618*, Univ. of Texas Press

J. R. Spencer,
   1956 *Leon Battista Alberti: On Painting*, Yale Univ. Press
S. Stevin,
   1583 *Problematum Geometricorum Libri V*, Antwerp
R. E. Taylor,
   1942 *No Royal Road: Luca Pacioli and his Times*, Chapel Hill N. C.
G. Vasari,
   1550 *The Lives of the Painters, Sculptors and Architects*. English translation by A. B. Hinds, Everyman's Library, Dent, London 1927
K. H. Veltman,
   1980 'Ptolemy and the Origins of Linear Perspective', in M. D. Emiliani [1980] pp403–407
J. White,
   1967 *The Birth and Rebirth of Pictorial Space* (second edition), Faber and Faber, London

第4章

A. Badoureau,
   1881 'Mémoire sur les Figures Isosceles', *J. École Polytechnique* **49** (1881) pp47–172
A. Beer and P. Beer (editors),
   1975 'Kepler—400 years, Proceedings of Conferences Held in Honour of Johannes Kepler', *Vistas in Astronomy* **18** (1975)
S. Bilinski,
   1960 'Über die Rhombenisoeder', *Glasnek Mat. Fiz. Astronom. Društvo Mat. Fiz. Hrvatske* (series 2) **15** (1960) pp251–262
M. Caspar (editor),
   1938 *Johannes Kepler Gesammelte Werke*, Beck, Munich
E. C. Catalan,
   1865 'Mémoire sur la Théorie des Polyèdres', *J. École Polytechnique* **24** (1865) pp1–71
H. S. M. Coxeter,
   1975 'Kepler and Mathematics', *Vistas in Astronomy* **18** (1975) pp661–670
H. S. M. Coxeter, M. S. Longuet-Higgins and J. C. P Miller,
   1953 'Uniform Polyhedra', *Philosophical Trans. Royal Soc. London* (series A) **246** (1953) pp401–450
P. R. Cromwell,
   1995 'Kepler and Polyhedra', *Math. Intelligencer* **17** no. 3 (1995) pp23–33
J. V. Field,
   1979 'Kepler's Star Polyhedra', *Vistas in Astronomy* **23** (1979) pp109–141
   1988 *Kepler's Geometrical Cosmology*, Univ. Chicago Press
C. Hardie,
   1966 *The Six-cornered Snowflake*, Oxford Univ. Press
I. Hargittai,
   1996 'Sacred Star Dodecahedron', *Math. Intelligencer* **18** no. 3 (1996) pp52–54
J. Kepler,
   1595 *Mysterium Cosmographicum*, Tubingen. Also in M. Caspar [1938] volume 1 邦訳『宇宙の神秘』，ヨハネス・ケプラー 著／大槻真一郎，岸本良彦 訳(工作舎，1986)
   1611 *De Nive Sexangula*, Prague. English translation in C. Hardie [1966]
   1619 *Harmonices Mundi Libri V*, Linz. Also in M. Caspar [1938] volume 6. English translation of book 2 in J. V. Field [1979]
A. Koestler,
   1986 *The Sleepwalkers: a History of Man's Changing Vision of the Universe*, Penguin Books
J. Lesavre and R. Mercier,
   1947 'Dix Nouveaux Polyèdres Semi-régulièrs sans Plan de Symétrie', *Comptes Rendus des Séances de l'Académie des Sciences* **224** (1947) pp785–786
J. P. Phillips,
   1965 'Kepler's Echinus', *Isis* **56** (1965) pp196–200

J. Pitsch,
- 1881 'Uber Halbregulare Sternpolyeder', *Zeitschrift für das Real Schulwesen von Kolbe, Wien* **6** (1881) pp9–24, 72–89, 216

J. Skilling,
- 1975 'The Complete Set of Uniform Polyhedra', *Philosophical Trans. Royal Soc. London* (series A) **278** (1975) pp111–135

S. P. Sopov,
- 1970 'Proof of the Completeness of the Enumeration of Uniform Polyhedra', *Ukrain. Geom. Sbornik* **8** (1970) pp139–156 (1975) pp111–135

B. Stephenson,
- 1987 *Kepler's Physical Astronomy*, Springer-Verlag

M. J. Wenninger,
- 1971 *Polyhedron Models*, Cambridge Univ. Press

第5章

J. Bertrand,
- 1860 'Note on Preceding Memoire (E. Prouhet [1860])', *Comptes Rendus des Séances de l'Académie des Sciences* **50** (1860) pp781–782

N. L. Biggs, E. K. Lloyd and R. J. Wilson,
- 1976 *Graph Theory 1736–1936*, Clarendon Press, Oxford 邦訳『グラフ理論への道』, N. L. ビッグス 著／一松信 訳(地人書館, 1986)

O. Bonnet,
- 1848 'Mémoire sur la Théorie Générale des Surfaces', *J. École Polytechnique* **19** (1848) pp1–146

F. Cajori,
- 1928 *A History of Mathematical Notations*, Open Court Publ. Co.

A. L. Cauchy,
- 1813 'Recherches sur les Polyèdres (first memoire, part 2)', *J. École Polytechnique* **9** (1813) pp68–86

S. S. Chern,
- 1979 'From Triangles to Manifolds', *American Math. Monthly* **86** (1979) pp339–349

A. Crum Brown,
- 1864 'On the Theory of Isomeric Compounds', *Trans. Royal Soc. Edinburgh* **23** (1864) pp707–719

R. Descartes,
- 1630 *De Solidorum Elementis*, (unpublished). English translation in P. J. Federico [1982]

P. Dombrowski,
- 1979 'Differential Geometry—150 Years after Carl Friedrich Gauss' "Disquisitiones Generales circa Superficies Curvas"', *Astérisque* **62** (1979) pp97–153

L. Euler,
- 1758 'Elementa Doctrinae Solidorum', *Novi Commentarii Academiae Scientiarum Petropolitanae* **4** (1752/53) pp109–140
- 1758 'Demonstratio Nonnullarum Insignium Proprietatum Quibus Solida Hedris Planis Inclusa Sunt Praedita', *Novi Commentarii Academiae Scientiarum Petropolitanae* **4** (1752/53) pp140–160

P. J. Federico,
- 1982 *Descartes on Polyhedra: a Study of the 'De Solidorum Elementis'*, Springer-Verlag

C. F. Gauss,
- 1828 'Disquisitiones Generales circa Superficies Curvas', *Commentationes Societatis Regiae Scientiarum Gottingensis Recentiores* **6** (1828). Reprinted with parallel English translation in *Astérisque* **62** (1979) pp1–81

A. Girard,
- 1629 *Invention Nouvelle en l'Algebre*, Amsterdam

B. Grünbaum and G. C. Shephard,
- 1994 'A New Look at Euler's Theorem for Polyhedra', *American Math. Monthly* **101** (1994) pp109–128

J. C. F. Hessel,
- 1832 'Nachtrag zu dem Euler'schen Lehrsatze von Polyedern', *J. für die Reine und Angewandte Mathematik* **8** (1832) pp13–20

P. Hilton and J. Pederson,
- 1981 'Descartes, Euler, Poincare, Pòlya—and Polyhedra', *L'Enseignement Math.* (2) **27** (1981) pp327–343

R. Hoppe,
- 1879 'Ergänzung des Eulerschen Satzes von den Polyedern', *Archiv der Mathematik und Physik* **63** (1879) pp100–103

E. de Jonquières,
- 1890 'Note sur un Point Fondamental de la Théorie des Polyèdres', *Comptes Rendus des Séances de l'Académie des Sciences* **110** (1890) pp110–115
- 1890 'Note sur le Théorème d'Euler dans la Théorie des Polyèdres', *Comptes Rendus des Séances de l'Académie des Sciences* **110** (1890) pp169–173
- 1890 'Note sur un Mémoire de Descartes Longtemps Inédit et sur les Titres de son Auteur a la Priorité d'une Decouverte dans la Théorie des Polyèdres', *Comptes Rendus des Séances de l'Académie des Sciences* **110** (1890) pp261–266
- 1890 'Écrit Posthume de Descartes sur les Polyèdres', *Comptes Rendus des Séances de l'Académie des Sciences* **110** (1890) pp315–317

S. A. J. L'Huilier,
- 1811 'Démonstration Immédiate d'un Théorème Fondamental d'Euler sur les Polyhèdres, et Exceptions dont ce Théorème est Susceptible', *Mémoires de l'Académie Imperiale de Saint Petersbourg* **4** (1811) pp271–301
- 1812 'Mémoire sur la Polyèdrométrie', *Annales de Math., Pures et Appliquées* **3** (1812/13) pp168–191

S. A. J. L'Huilier (*continued*),
- 1812 'Mémoire sur les Solides Réguliers', *Annales de Math., Pures et Appliquées* **3** (1812/13) pp233–237

I. Lakatos,
- 1976 *Proofs and Refutations: the Logic of Mathematical Discovery*, Cambridge Univ. Press 邦訳『数学的発見の論理：証明と論駁』, I. ラカトシュ 著／J. ウォラル, E. ザハール 編／佐々木力 訳(共立出版, 1980)

H. Lebesgue,
- 1924 'Remarques sur les Deux Premières Démonstrations du Théorème d'Euler, Rélatif aux Polyèdres', *Bull. Soc. Math. France* **52** (1924) pp315–336

A. M. Legendre,
- 1794 *Éléments de Géométrie*, Paris

J. B. Listing,
- 1848 *Vorstudien zur Topologie*
- 1862 'Der Census Räumlicher Complexe oder Verallgemeinerung des Euler'schen Satzes von den Polyedren', *Abhandlungen der Königlichen Gesellschaft der Wissenschaften zu Gottingen* **10** (1862) pp97–180

A. F. Möbius,
- 1865 'Uber die Bestimmung des Inhaltes eines Polyeders', *Königlich-Sächsischen Gesellschaft der Wissenschaften, Mathematisch-Physikalische Klasse* **17** pp31–68

B. O'Neill,
- 1966 *Elementary Differential Geometry*, Academic Press

L. Poinsot,
- 1858 'Note sur la Theorie des Polyèdres', *Comptes Rendus des Séances de l'Académie des Sciences* **46** (1858) pp65–79

E. Prouhet,
- 1860 'Remarques sur un Passage des Ouevres Inedites de Descartes', *Comptes Rendus des Seances de l'Academie des Sciences* **50** (1860) pp779–781

G. Pólya,
- 1954 *Mathematics and Plausible Reasoning, volume 1: Induction and Analogy in Mathematics*, Oxford Univ. Press 邦訳『数学における発見はいかになされるか：帰納と類比』, G. ポリア 著／柴垣和三雄 訳(丸善, 1959)

K. G. C. von Staudt,
- 1847 *Geometrie der Lage*, Nürnberg

第 6 章
A. D. Alexandroff,
   1950 *Convex Polyhedra* (in Russian). German translation: *Konvexe Polyeder*, Berlin (1958)
B. Belhoste,
   1991 *Augustin-Louis Cauchy: a Biography*, (translated from the French by F. Ragland), Springer-Verlag
G. T. Bennett,
   1912 'Deformable Octahedra', *Proc. London Math. Soc.* (series 2) **10** (1912) pp309–343
R. Bricard,
   1895 'Reponse a Question 376 (C. Stephanos [1894])', *L'Intermédiaire des Mathématiciens* **2** (1895) p243
   1897 'Mémoire sur la Théorie de l'Octaèdre Articulé', *J. de Math., Pures et Appliquées* (series 5) **3** (1897) pp113–148
A. L. Cauchy,
   1813 'Sur les Polygones et Polyèdres (second memoire)', *J. École Polytechnique* **9** (1813) pp87–98
R. Connelly,
   1978 'A Counter-example to the Rigidity Conjecture for Polyhedra', *Publications Math. de l'Institute des Hautes Études Scientifiques* **47** pp333–338
   1978 'A Flexible Sphere', *Math. Intelligencer* **1** (1978) pp130–131
   1978 'Conjectures and Open Questions in Rigidity', *Proc. International Congress Math.*, (Helsinki) volume 1 pp407–414
   1979 'The Rigidity of Polyhedral Surfaces', *Math. Magazine* **52** (1979) pp275–283
   1981 'Flexing Surfaces', *The Mathematical Gardner*, edited by D. A. Klarner, Wadsworth International pp79–89
H. Gluck,
   1975 'Almost All Simply Connected Closed Surfaces are Rigid', *Lecture Notes in Math.* **438**, 'Geometric Topology', Springer-Verlag pp225–239
M. Goldberg,
   1978 'Unstable Polyhedral Structures', *Math. Magazine* **51** (1978) pp165–170
B. Grünbaum and G. C. Shephard,
   1975 *Lectures on Lost Mathematics*, unpublished notes (1975). Revised version (1978)
J. Hadamard,
   1907 'Erreurs de Mathematicians', *L'Intermédiaire des Mathématiciens* **14** (1907) p31
N. H. Kuiper,
   1978 'Spheres Polyhedriques Flexibles dans E^3, d'apres Robert Connelly', *Lecture Notes in Math.* **710** 'Séminaire Bourbaki Exposés 507–524 (1977/78)' Springer-Verlag (1979) pp514.01–514.22
H. Lebesgue,
   1909 'Démonstration Complète du Théorème de Cauchy sur l'Égalité des Polyèdres Convexes', *L'Intermédiaire des Mathématiciens* **16** (1909) pp113–120
   1967 'Octaèdres Articulé du Bricard', *L'Enseignement Math.* (2) **13** (1967) pp175–185
L. A. Lyusternik,
   1956 *Convex Figures and Polyhedra* (in Russian). English translations by T. Jefferson Smith, Dover 1963; and D. L. Barnette, Heath, Boston 1966
I. G. Maksimov,
   1995 *Bendable Polyhedra and Riemannian Surfaces*, Uspekhi Matematicheskikh Nauk 50 (1995)
B. Roth,
   1981 'Rigid and Flexible Frameworks', *American Math. Monthly* **88** (1981) pp6–20
I. J. Schoenberg and S. K. Zaremba,
   1967 'On Cauchy's Lemma Concerning Convex Polygons', *Canadian J. Math.* **19** (1967) pp1062–1071
E. Steinitz and H. Rademacher,
   1934 *Vorlesungen über die Theorie der Polyedern*, Springer, Berlin

C. Stephanos,
   1894 'Question 376', *L'Intermédiaire des Mathématiciens* **1** (1894) p228
J. J. Stoker,
   1968 'Geometrical Problems Concerning Polyhedra in the Large', *Communications on Pure and Applied Math.* **21** (1968) pp119–168
W. Whiteley,
   1984 'Infinitesimally Rigid Polyhedra I: Statics of Frameworks', *Trans. American Math. Soc.* **285** (1984) pp431–465
   1988 'Infinitesimally Rigid Polyhedra II: Modified Spherical Frameworks', *Trans. American Math. Soc.* **306** (1988) pp115–139
W. Wunderlich,
   1965 'Starre, Kippende, Wackelige und Bewegliche Achtflache', *Elemente der Mathematik* **20** (1965) pp25–32
W. Wunderlich and C. Schwabe,
   1986 'Eine Familie von Geschlossen Gleichflachigen Polyedern, die Fast Beweglich Sind', *Elemente der Mathematik* **41** (1986) pp88–98

第7章

J. Bertrand,
   1858 'Note sur la Théorie des Polyèdres Réguliers', *Comptes Rendus des Séances de l'Académie des Sciences* **46** (1858) pp79–82
A. L. Cauchy,
   1813 'Recherches sur les Polyédres (first memoire, part 1)', *J. École Polytechnique* **9** (1813) pp68–86
A. Cayley,
   1859 'On Poinsot's Four New Regular Solids', *Philosophical Mag.* **17** (1859) pp123–128
   1859 'Second Note on Poinsot's Four New Polyhedra', *Philosophical Mag.* **17** (1859) pp209–210
H. S. M. Coxeter, P. Du Val, H. T. Flather and J. F. Petrie,
   1951 *The Fifty-nine Icosahedra*, Univ. of Toronto
A. W. M. Dress,
   1981 'A Combinatorial Theory of Grünbaum's New Regular Polyhedra I: Grünbaum's New Regular Polyhedra and their Automorphism Group', *Aequationes Math.* **23** (1981) pp252–265
   1985 'A Combinatorial Theory of Grünbaum's New Regular Polyhedra II: Complete Enumeration', *Aequationes Math.* **29** (1985) pp222–243
B. Grünbaum,
   1977 'Regular Polyhedra—Old and New', *Aequationes Math.* **16** (1977) pp1–20
   1993 'Regular Polyhedra', *Companion Encyclopaedia of the History and Philosophy of the Mathematical Sciences volume 2*, edited by I. Grattan-Guiness, Routledge, London, pp866–876
   1994 'Polyhedra with Hollow Faces', *Proc. NATO-ASI Conference on Polytopes: Abstract, Convex and Computational*, (Toronto 1993), edited by T. Bisztriczky, P. McMullen, R. Schneider and A. Ivic'Weiss, Kluwer Academic Publ. Dortrecht pp43–70
   1997 'Isogonal Prismatoids', *Discrete and Computational Geometry* **18** (1997) pp13–52
R. Haussner,
   1906 *Abhandlung über die Regelmässigen Sternkörper von L. Poinsot (1809), A. L. Cauchy (1811), J. Bertrand (1858), A. Cayley (1859)*, Leipzig
J. L. Hudson and J. G. Kingston,
   1988 'Stellating Polyhedra', *Math. Intelligencer* **10** no 3. (1988) pp50–61
T. Hugel,
   1876 *Die Regulären und Halbregulären Polyeder*, Neustadt a. d. Halle
D. Luke,
   1957 'Stellations of the Rhombic Dodecahedron', *Math. Gazette* **41** (1957) pp189–194
L. Poinsot,
   1810 'Mémoire sur les Polygones et les Polyèdres', *J. École Polytechnique* **10** (1810) pp16–48

O. Terquem,
- 1849 'Sur les Polygones et les Polyèdres Étoilés, Polygones Funiculaires; d'apres Poinsot', *Nouvelles Annales de Math.* **8** (1849) pp68–74
- 1849 'Polyèdres Régulier Ordinaires et Polyèdres Régulier Étoilé; d'apres M. Poinsot', *Nouvelles Annales de Math.* **8** (1849) pp132–139

A. H. Wheeler,
- 1924 'Certain Forms of the Icosahedron and a Method for Deriving and Designating Higher Polyhedra', *Proc. International Math. Congress*, (Toronto) pp701–708

第8章

A. Bravais,
- 1849 'Mémoire sur les Polyhèdres de Forme Symetrique', *Extrait J. Math., Pures et Appliquées* **14** (1849) pp141–180
- 1850 'Mémoire sur les Systèmes Formés par des Points Distribués Regulièrement sur un Plan ou dans l'Espace', *J. École Polytechnique* **19** (1850) pp1–128
- 1851 'Etudes Cristallographiques', *J. École Polytechnique* **20** (1851) pp101–278

M. J. Buerger,
- 1971 *Introduction to Crystal Geometry*, McGraw-Hill, New York

P. Curie,
- 1885 'Sur les Répétitions et la Symétrie', *Compte Rendus des Séances de l'Académie des Sciences* **100** (1885) pp1393–1396

W. Dyck,
- 1882 'Gruppentheoretischen Studien', *Math. Ann.* **20** (1882) pp1–44
- 1883 'Gruppentheoretischen Studien II', *Math. Ann.* **22** (1883) pp70–108

E. S. Fedorov,
- 1885 *Elements of the Theory of Figures* (in Russian). English translation by D. Harker and K. Harker, American Crystallographic Association, monograph 7 (1971)

W. R. Hamilton,
- 1856 'Memorandum Respecting a New System of Roots of Unity', *Philosophical Mag.* **12** (1856) p446

I. Hargittai (editor),
- 1986 *Symmetry: Unifying Human Understanding*, Pergamon, New York

I. Hargittai and E. Y. Rodin (editors),
- 1989 'Symmetry II: Unifying Human Understanding (part 2)', *Intern. J. Computers and Math. with Applications* **17**

R. J. Haüy,
- 1801 *Traité de Minéralogie*, Delance, Paris
- 1822 *Traité de Cristallographie*, Bachelier et Huzard, Paris

J. F. C. Hessel,
- 1830 *Krystallometrie oder Krystallonomie und Krystallographie*, Leipzig (1830). Reprinted in Ostwald's 'Klassiker der Exakten Wissenschaften', Engelmann, Leipzig (1897)

H. Hilton,
- 1903 *Mathematical Crystallography and the Theory of Groups of Movements*, Clarendon Press, Oxford

R. Hooke,
- 1665 *Micrographia, or some Physiological Descriptions of Minute Bodies*, London

C. Huygens,
- 1690 *Traité de la Lumière*, Leyden 邦訳『ホイヘンス：光についての論考他』，ホイヘンス 著／原亨吉 編／横山雅彦 他 翻訳(朝日出版社，1989)

C. Jordan,
- 1866 'Recherches sur les Polyèdres', *Comptes Rendus des Séances de l'Académie des Sciences* **62** (1866) pp1339–1341
- 1867 'Sur les Groupes de Mouvements', *Comptes Rendus des Séances de l'Académie des Sciences* **65** (1867) pp229–232
- 1869 'Mémoire sur les Groupes de Mouvements', *Annali di Matematica* **2** (1869) pp167–215, 322–345

J. Lima-de-Faria (editor),
- 1990 *Historical Atlas of Crystallography*, Kluwer Academic

A. F. Möbius,
- 1849 'Ueber das Gesetz der Symmetrie der Krystalle und die Anwendung dieses Gesetzes auf die Eintheilung der Krystalle in Systeme', *Königlich-Sächsischen Gesellschaft der Wissenschaften, Mathematisch-Physikalische Klasse* **1** (1849) pp65–75
- 1851 'Ueber Symmetrische Figuren', *Königlich-Sächsischen Gesellschaft der Wissenschaften, Mathematisch-Physikalische Klasse* **3** (1851) pp19–28

F. C. Phillips,
- 1956 *An Introduction to Crystallography*, Longman

L. Poinsot,
- 1851 'Théorie Nouvelle de la Rotation des Corps', *J. de Math., Pures et Appliquées* **16** (1851) pp9–129, 289–336

J. B. L. Romé de l'Isle,
- 1772 *Essai de Crystallographie, ou Description des Figures Géométriques, Propres à Differens Corps du Règne Minéral, Connus Vulgairement sous le nom de Cristaux*, Paris
- 1783 *Crystallographie, ou Description des Formes Propres a Tous les Corps du Regne Minéral*, Paris

A. M. Schoenflies,
- 1891 *Krystallsysteme und Krystallstruktur*, Teubner, Leipzig

E. Scholz,
- 1989 'Crystallographic Symmetry Concepts and Group Theory (1850–1880)', *The History of Modern Mathematics volume 2*, edited by D. E. Rowie and J. McCleary, Academic Press pp3–28

M. Senechal,
- 1990 'Brief History of Geometrical Crystallography', in J. Lima-de-Faria [1990] pp43–59

A. V. Shubnikov and V. A. Koptsik,
- 1972 *Symmetry in Science and Art* (in Russian). English translation by G. D. Archard (1974) Plenum, New York

L. Sohncke,
- 1874 'Die Regelmässigen Ebenen Punktsysteme von Unbegrenzter Ausdehnung', *J. für die Reine und Angewandte Mathematik* **77** (1874) pp47–101
- 1879 *Entwickelung einer Theorie der Krystallstruktur*, Teubner, Leipzig

H. Weyl,
- 1952 *Symmetry*, Princeton Univ. Press 邦訳『シンメトリー』，ヘルマン・ヴァイル 著／遠山啓 訳（紀伊國屋書店，1970）

F. Klein,
- 1956 *Lectures on the Icosahedron and the Solution of Equations of the Fifth Degree* (second revised edition), Dover 邦訳『正二十面体と5次方程式』，フェリクス・クライン 著／関口次郎 訳（シュプリンガー・フェアラーク東京，1997）

第9章

V. A. Aksionov and L. S. Mel'nikov,
- 1980 'Some Counter-examples Associated with the Three-color Problem', *J. Combinatorial Theory* (series B) **28** (1980) pp1–9

K. Appel and W. Haken,
- 1977 'Every Planar Map is Four Colorable I: Discharging', *Illinois J. Math.* **21** (1977) pp429–490
- 1978 'The Four-color Problem', *Mathematics Today: Twelve Informal Essays*, edited by L. A. Steen, Springer-Verlag pp153–180
- 1986 'The Four Color Proof Suffices', *Math. Intelligencer* **8** no. 1 (1986) pp10–20
- 1989 *Every Planar Map is Four Colorable*, American Math. Soc. Contemporary Math. Series, 98

K. Appel, W. Haken and J. Koch,
- 1977 'Every Planar Map is Four Colorable II: Reducibility', *Illinois J. Math.* **21** (1977) pp491–567

W. W. R. Ball and H. S. M. Coxeter,
- 1987 *Mathematical Recreations and Essays* (thirteenth edition), Dover, New York

D. W. Barnette,
- 1983 *Map Coloring, Polyhedra, and the Four-color Problem*, Math. Association of America

K. A. Berman,
- 1981 'Three-colouring of Planar 4-valent Maps', *J. Combinatorial Theory* (series B) **30** (1981) pp82–88

N. L. Biggs,
- 1983 'De Morgan on Map Colouring and the Separation Axiom', *Archive for History of Exact Sciences* **28** (1983) pp165–170

G. D. Birkhoff,
- 1913 'The Reducibility of Maps', *American J. Math.* **35** (1913) pp114–128

R. L. Brooks,
- 1941 'On Colouring the Nodes of a Network', *Proc. Cambridge Philosophical Soc.* **37** (1941) pp194–197

W. Burnside,
- 1911 *Theory of Groups of Finite Order*, Cambridge Univ. Press (1911). Second edition, Dover (1955) 邦訳『有限群論』，バーンサイド 著／伊藤昇，吉岡昭子 訳・解説(共立出版, 1970)

A. Cayley,
- 1866 'Notes on Polyhedra', *Quarterly J. of Pure and Applied Math.* **7** (1866) pp304–316
- 1879 'On the Colouring of Maps', *Proc. Royal Geog. Soc.* (new series) **1** (1879) pp259–261

A. Ehrenfeucht,
- 1964 *The Cube Made Interesting*, (translated from the Polish by W. Zawadowski), Pergamon Press

J. C. Fournier,
- 1977 'Le Théorème du Coloriage des Cartes', *Lecture Notes in Math.* **710**, 'Séminaire Bourbaki Exposés 507–524 (1977/78)', Springer-Verlag (1979) pp509.01–509.24

P. Franklin,
- 1922 'The Four Colour Problem', *American J. Math.* **44** (1922) pp225–236
- 1938 'Note on the Four Colour Problem', *J. Math. and Phys.* **16** (1938) p172

G. Frobenius,
- 1887 'Ueber die Congruenz Nach einem Aus Zwei Endlichen Gruppen Gebildeten Doppelmodul', *J. für die Reine und Angewandte Mathematik* **101** (1887) pp273–299

H. Grötzsch,
- 1958 'Zur Theorie der Diskreten Gebilde VII: ein Dreifarbensatz für Dreikreisfrei Netze auf der Kugel', *Wiss. Z. Martin Luther Univ. Halle-Wittenberg Math.-Naturw. Reihe* **8** (1958/59) pp109–120

B. Grünbaum,
- 1963 'Grötzsch's Theorem on 3-colorings', *Michigan Math. J.* **10** (1963) pp303–310

F. Guthrie,
- 1880 'Note on the Colouring of Maps', *Proc. Royal Soc. Edinburgh* **10** (1880) pp727–728

P. J. Heawood,
- 1890 'Map Colour Theorem', *Quarterly J. Math.* **24** (1890) pp332–338

H. Heesch,
- 1969 *Untersuchungen zum Vierfarbenproblem*, B-I-Hochschulskripten 810/810a/810b, Bibliographisches Institute, Mannheim/Vienna/Zurich

A. B. Kempe,
- 1878 (untitled abstract), *Proc. London Math. Soc.* **10** (1878) pp229–231

A. B. Kempe (*continued*),
- 1879 'On the Geographical Problem of the Four Colours', *American J. Math.* **2** (1879) pp193–200
- 1880 'How to Colour a Map with Four Colours', *Nature* **21** (26th February, 1880) pp399–400

A. Kotzig,
- 1965 'Coloring of Trivalent Polyhedra', *Canadian J. Math.* **17** (1965) pp659–664

K. O. May,
- 1965 'The Origin of the Four-colour Conjecture', *Isis* **56** (1965) pp346–348

O. Ore,
- 1967 *The Four Color Problem*, Academic Press, New York

O. Ore and J. Stemple,
  1968 'On the Four Colour Problem', *Notices American Math. Soc.* **15** (1968) p196
C. N. Reynolds,
  1927 'On the Problem of Colouring Maps in Four Colours', *Annals of Math.* (2) **28** (1927) pp1–15
G. Ringel,
  1974 *Map Color Theorem,* Springer-Verlag
T. L. Saaty and P. C. Kainen,
  1977 *The Four Colour Problem: Assaults and Conquest,* McGraw-Hill
W. Stromquist,
  1975 'The Four-color Theorem for Small Maps', *J. Combinatorial Theory* (series B) **19** (1975) pp256–268
P. G. Tait,
  1880 'Remarks on the Colouring of Maps', *Proc. Royal Soc. Edinburgh* **10** (1880) p729
H. Whitney,
  1932 'Congruent Graphs and the Connectivity of Graphs', *American J. Math.* **54** (1932) pp150–168
C. E. Winn,
  1940 'On the Minimum Number of Polygons in an Irreducible Map', *American J. Math.* **62** (1940) pp406–416
E. M. Wright,
  1981 'Burnside's Lemma: a Historical Note', *J. Combinatorial Theory* (series B) **30** (1981) pp89–90

第10章

N. H. Abel,
  1826 'Beweis der Unmöglichkeit Algebraische Gleichungen von Höheren Graden als dem Vierten Allgemein Aufzulösen', *J. für die Reine und Angewandte Mathematik* **1** (1826) pp65–84
T. Bakos,
  1959 'Octahedra Inscribed Inside a Cube', *Math. Gazette* **43** (1959) pp17–20
M. Brückner,
  1905 'Uber die Diskontinuierlichen und Nicht-konvexen Gleicheckig-gleichflächigen Polyeder', *Proc. Third International Congress Math.*, (Heidelberg), Teubner, Leipzig pp707–713
  1906 'Uber die Gleicheckig-gleichflächigen, Diskontinuirlichen und Nichkonvexen Polyeder', *Nova Acta, Abhandlungen der Kaiserlichen Leopoldinisch-Carolinischen Deutschen Akademie der Naturforscher* **86** (1906) pp1–348
  1907 'Zur Geschichte der Theorie der Gleichechik-gleichflächigen Polyeder', *Unterrichtblätter für Mathematik und Naturwissenschaften* **13** (1907) pp104–110, 121–127
G. Cardano,
  1545 *Ars Magna.* English translation in T. R. Witner [1968]
M. Dedò,
  1994 'Topologia delle Forme di Poliedri', *L'Insegnamento della Matematica e delle Scienze Integrate* **17B** no. 2 (1994) pp149–192
B. Grünbaum and G. C. Shephard,
  1984 'Polyhedra with Transitivity Properties', *Comptes Rendus Math. Reports of the Academy of Science, Canada* **6** (1984) pp61–66
  1996 'Isohedra with Non-convex Faces', *J. Geometry,* (to appear)
C. Hermite,
  1858 'Sur la Résolution de l'Équation du Cinquième Degré', *Comptes Rendus des Séances de l'Académie des Sciences* **46** (1858) pp508–515
E. Hess,
  1875 'Uber Zwei Erweiterungen des Begriffs der Regelmässigen Körper', *Sitzungsberichte der Gesellschaft zur Beförderung der gesammten Naturwissenschaften zu Marburg,* pp1–20
  1876 'Zugleich Gleicheckigen und Gleichflächigen Polyeder', *Schriften der Gesellschaft zur Beförderung der Gesammten Naturwissenschaften zu Marburg* **11** (1876) pp5–97

E. Hess and M. Brückner,
- 1910 'Über die Gleicheckigen und Gleichflächigen, Diskontinuierlichen und Nichtkonvexen Polyeder', *Nova Acta, Abhandlungen der Kaiserlichen Leopoldinisch-Carolinischen Deutschen Akademie der Naturforscher* **93** (1910)

J. L. Lagrange,
- 1771 *Refléxions sur la Résolution Algébrique des Équations*, Nouv. Mém. Acad. Berlin (1770/71)

A. Rosenthal,
- 1910 'Untersuchungen über Gleichflächige Polyeder', *Nova Acta, Abhandlungen der Kaiserlichen Leopoldinisch-Carolinischen Deutschen Akademie der Naturforscher* **93** (1910) pp45–192

P. Ruffini,
- 1799 *Teoria Generale delle Equazioni in cui si Dimostra Impossibile la Soluzione Algebrica delle Equazioni Generali di Grado Superiore al Quarto*, Bologna

S. A. Robertson and S. Carter,
- 1970 'On the Platonic and Archimedean Solids', *J. London Math. Soc.* (series 3) **2** (1970) pp125–130

S. A. Robertson, S. Carter and H. R. Morton,
- 1970 'Finite Orthogonal Symmetry', *Topology* **9** (1970) pp79–95

J. Skilling,
- 1976 'Uniform Compounds of Uniform Polyhedra', *Math. Proc. Cambridge Philosophical Soc.* **79** (1976) pp447–457

I. Stewart,
- 1973 *Galois Theory*, Chapman and Hall 邦訳『ガロアの理論』, I. スチュワート 著／新関章三 訳(共立出版, 1979)

M. J. Wenninger,
- 1968 'Some Interesting Octahedral Compounds', *Math. Gazette* **52** (1968) pp16–23

T. R. Witner,
- 1968 *The Great Art (or the Rules of Algebra)*, M. I. T. Press

人名索引

■ア行
アウグスティヌス（Augustine） *99*
アットゥーシー（Al-Tusi） *102*
アデラード（Adelard） *105*
アブー・アルワファー（Abu'l-Wafa） *103*
アーベル（Abel, N. H.） *401*
アペル（Appel, K.） *355*
アポロニウス（Apollonius） *94, 95, 97, 107, 127, 142*
アユイ（Haüy, R. J） *324*
アリスタウエス（Aristaeus） *94*
アリストテレス（Aristotle） *34, 93, 99, 104, 105, 107, 138, 359*
アルキメデス（Archimedes） *35, 36, 41, 44, 79, 102, 103, 107, 127, 142, 159, 220, 368*
アルハイサム（Abu ali al-Hasan ibn al-Hasan ibn al-Haytham） *105*
アルベルティ（Alberti, L. B.） *114–115, 119*
アレクサンドロス大王（Alexander (the great)） *93*
アレクサンドロフ（Alexandrov, A. D.） *248*
アンマン（Amman, J.） *130, 136*
イアンブリコス（Iamblichus） *71, 98*
イシドロス（Isidorus） *100*
ヴィアトール（Viator, J.） *127*
ヴィエト（Viète, F.） *401*
ウィーラー（Wheeler, A. H.） *275*
ウィン（Winn, C. E.） *354*
ウェニンガー（Wenninger, M.） *181*
ウェーバー（Weber, H.） *323*
ウォーカー（Walker, W.） *245*
ウォーターハウス（Waterhouse, W. C.） *51, 72*
ウォレス（Wallace, W.） *44*
ウッチェロ（Uccello, P.） *115, 174*
ウンダーリヒ（Wunderlich, W.） *228, 231*
エウデモス（Eudemus） *71, 99*
エウドクソス（Eudoxus） *29, 37, 41, 43, 44, 106*
エッシャー（Escher, M. C.） *2*
エピヌス（Aepinus, F.） *328*
エラトステネス（Eratosthenes） *44*
エルミート（Hermite, C.） *401*
エンペドクレス（Empedocles） *51*

オイラー（Euler, L.） *144, 186, 193, 195, 199, 204, 211, 212, 219, 220, 248, 297*
オール（Ore, O.） *354*

■カ行
カイパ（Kuiper, N. H.） *253*
ガーヴィエン（Gerwien, P.） *44*
ガウス（Gauss, K. F.） *45, 65, 221*
カガン（Kagan, V. F.） *47*
ガスリー（Guthrie, F.） *350*
カーター（Carter, S.） *384*
カタラン（Catalan, E. C.） *182, 367*
カフラー（Khaefre） *18*
ガリレオ（Galileo） *17, 142, 151*
ガーリング（Gerling, C. L.） *47*
カルキディウス（Chalcidius） *99, 104*
カルダーノ（Cardano, G.） *400*
カルノー（Carnot, L. N. M.） *241*
ガレノス（Galen） *105*
ガロア（Galois, E.） *401*
カンダーラ（Candalla, F. F.） *142*
カンディー（Cundy, H. M.） *74*
カンパヌス（Campanus） *105, 107, 121*
キケロ（Cicero） *99*
キャロル（Carroll, L.） *210*
キューリー（Curie, P.） *328*
ギラード（Girard, A.） *190*
クニッピング（Knipping, P.） *329*
クフ（Khufu） *18*
クライン（Klein, F.） *328, 402*
クラム・ブラウン（Crum Brown, A.） *196*
グリエルミニ（Guglielmini, D.） *323*
グルック（Gluck, H.） *248*
グルンバウム（Grünbaum, B.） *291–293, 348, 367, 369*
グレーチ（Grötzsch, H.） *348*
ケイセル（Keyser, J. de） *129, 136*
ケストラー（Koestler, A.） *149*
ケプラー（Kepler, J.） *10, 56, 70, 81, 82, 89, 141–144, 193, 209, 212, 215, 220, 257, 259, 263, 293, 359, 367*
ゲミノス（Geminus） *99*
ケーリー（Cayley, A.） *173, 195, 265, 322, 333, 351*
ケンペ（Kempe, A. B.） *350, 351*

コクセター(Coxeter, H. S. M.)　75, 76, 77, 141, 180, 225, 277, 404
コーシー(Cauchy, A. L.)　205, 212, 219, 231, 234, 240, 267, 293, 371
コネリー(Connelly, R.)　249, 250
コプツィク(Koptsik, V. A.)　404
ゴールドバーグ(Goldberg, M.)　228, 231
ゴールドバッハ(Goldbach, C.)　193
コンウェイ(Conway, J. H.)　404
コンスタンティヌス(Constantine)　101
コマンディーノ(Commandino, F.)　108, 137, 142

■サ行
サーストン(Thurston, W.)　404
サービト・ブン・クッラ(Thabit ibn Qurra) 102, 105
サリバン(Sullivan, D.)　253
ザルガラー(Zalgaller, V. A.)　84, 356
ザンベルティ(Zamberti, B.)　107, 137
ザンベルティ(Zamberti, G.)　137
シェパード(Shephard, G. C.)　367, 369
ジェラルド(Gerard)　105
ジェルゴンヌ(Gergonne, J. D.)　205, 332
シェンフリース(Schoenflies, A. M.)　328, 403
シェーンベルグ(Schoenberg, I. J.)　242
シピオーネ・ダル・フェロ(Scipione del Ferro)　127
シャットシュナイダー(Schattschneider, D.) 245
シュター(Stoer, L.)　130
シュタイニッツ(Steinitz, E.)　242
シュタウト(Staudt, K. G. C. von)　215, 219
シュテファン(Steffen, K.)　252
シュープニコフ(Shubnikov, A. V.)　404
ジョット(Giotto)　110
ショーペンハウエル(Schopenhauer, A.) 226
ジョルダン(Jordan, C.)　322, 327
ジョンソン(Johnson, N.)　84-89
シラノ・ド・ベルジュラック(Cyrano de Bergerac)　9
スイダス(Suidas)　73
スキリング(Skilling, J.)　181, 356
スチュアート(Stewart, I.)　375
ステンプル(Stemple, J.)　354
スネフル(Seneferu)　18
ゼノン(Zeno)　34
ソクラテス(Socrates)　73
ゾーンケ(Sohncke, L.)　326, 327

■タ行
ダリ(Dali, S.)　2
タレス(Thales)　29
張衡(Chang Heng)　24
テアイテトス(Theaetetus)　73-74
ディック(Dyck, W. von)　323
テオドシウス(Theodocius)　101
デカルト(Descartes, R.)　185, 191, 192, 194, 212, 220

テート(Tait, P. G.)　344
デモクリトス(Democritus)　29, 35, 37, 44, 51
デュヴァル(Du Val, P.)　277
デューラー(Dürer, A.)　123, 125-129, 130, 136, 159, 212
デューレ(Dürre, K.)　354
デラフォッセ(Delafosse, G.)　324
デリーニュ(Deligne, P.)　253
デーン(Dehn, M.)　47
ドゥッチョ(Duccio)　110
ドナテロ(Donatello)　113, 115
トムソン(Thomson, W.)　80
ド・モルガン(De Morgan, A.)　350, 351
ドルトン(Dalton, J.)　51
ドレス(Dress, A. W. M.)　293
ナポレオン・ボナパルト(Napoleon Bonaparte)　18, 240

■ナ行
ニコマコス(Nichomachus)　99
ニュートン(Newton, I.)　9
ヌシャテル(Neufchâtel, J.)　123
ノイドルファ(Neudörfer, J.)　123

■ハ行
ハーケン(Haken, W.)　355
バーコフ(Birkhoff, G. D.)　352
バザーリ(Vasari, G.)　115, 119
パチョーリ(Pacioli, L.)　108, 122-125, 127, 130, 136, 146, 155, 159, 171, 174, 400
パップス(Pappus)　79, 84, 86, 94, 97, 103, 107, 142, 159
ハーディー(Hardy, G.H.)　331
バドルー(Badoureau, A.)　180, 295
ハミルトン(Hamilton, W. R.)　323, 350
バルバロ(Barbaro, D.)　136
ハールーン・アッラシード(Al-Rashid, Harun)　101
バーロー(Barlow, W.)　328
バーンサイド(Burnside, W.)　334
ヒーウッド(Heawood, P. J.)　352
ピエロ・デラ・フランチェスカ(Piero della Francesca)　119-122, 127, 136
ビオ(Biot, J. B.)　241
ヒース(Heath, T. L.)　72
ピタゴラス(Pythagoras)　29, 32, 71, 93
ピッチ(Pitsch, J.)　180
ヒッパソス(Hippasus)　32, 71
ヒッパルコス(Hipparchus)　95
ピートリー(Petrie, F.)　19
ピートリー(Petrie, J. F.)　78, 277
ヒュプシクレス(Hypsicles)　94, 95, 97, 99, 108
ビリンスキー(Bilinski, S.)　158
ヒル(Hill, M. J. M.)　47
ヒルシュフォーゲル(Hirschvogel, A.)　130
ヒルトン(Hilton, H.)　328, 403
ヒルベルト(Hilbert, D.)　45, 47, 60, 233, 402
ファン・デル・ヴェルデン(Waerden, B. L.

van der) 28
フィボナッチ(Fibonacci) 120
フェイエシュ・トート(Fejes Toth, L.) 404
フェドロフ(Fedorov, E. S.) 158, 328
フェラーリ(Ferrari, L.) 400
フェルマー(Fermat, P.) 65
フォンタナ(Fontana, N.) 400
フォン・フリッツ(von Fritz, K.) 30
フーシェ・ド・カレイユ(Foucher de Careil) 186
フック(Hooke, R.) 323
プトレマイオス(Ptolemy) 95, 97, 103-105, 128, 137
プトレマイオスⅠ世(Ptolemy I) 93
フラー(Fuller, R. B.) 2, 6, 7
プラウエ(Prouhet, E.) 191
ブラーエ(Brahe, T.) 142
ブラッドワーディーン(Bradwardine, T.) 171
プラトン(Plato) 9, 35, 40, 51, 56, 57, 71, 75, 81, 93, 95
ブラベ(Bravais, A.) 324, 326, 327, 372
ブラマンテ(Bramante, D.) 127
フランクリン(Franklin, P.) 354
ブリカール(Bricard, R.) 48, 246
フリードリッヒ(Friedrich, W.) 329
ブリング(Bring, E. S.) 401
ブール(Boulles, C. de) 171
プルタルコス(Plutarch) 37, 53, 99
ブルックナー(Brückner, M.) 245, 275
ブルネレスキ(Brunelleschi, F.) 110, 111, 113, 119, 137
フレイザー(Flather, H. T.) 277
フロイデンタール(Freudenthal, H.) 234
プロクロス(Proclus) 99, 107, 142, 187, 226
ブローダー(Browder, F. E.) 317
プロティノス(Plotinus) 98, 138
フロベニウス(Frobenius, G.) 334
ペイリー(Paley, W.) 9
ヘーシュ(Heesch, H.) 354
ヘス(Hess, E.) 386
ペダーソン(Pederson, J.) 1
ペッカム(Peckham, J.) 105
ヘッケル(Haeckel, E.) 5
ヘッセル(Hessel, J. F. C.) 209, 326
ベルトラン(Bertrand, J.) 288, 371
ヘロン(Heron) 81, 96, 97, 102, 103, 107
ポアンソ(Poinsot, L.) 10, 180, 182, 204, 209, 211, 215, 240, 259, 260, 263-265, 290, 293, 327, 393
ホイットニー(Whitney, H.) 346
ホイヘンス(Huygens, C.) 323
ボエティウス(Boethius) 99
ホッペ(Hoppe, R.) 212
ボヤイ(Bolyai, F.) 45
ボルカー(Bolker, E.) 249

■マ行
マウロリーコ(Maurolico, F.) 108
マキノン(MacKinnon, N.) 123
マクシモフ(Maksimov, I. G.) 253
マクレイン(MacLane, S.) 317
マサッチョ(Masaccio) 113

マソリーノ(Masolino) 113
マームーン(Al-Mamun) 101
マリュス(Malus, E. L.) 240
マンスール(Al-Mansur) 101
ミラー(Miller, J. C. P.) 89, 180, 276
メイソン(Mason, P.) 228
メストリン(Mästlin, M.) 141, 149
メービウス(Möbius, A. F.) 213, 214, 325, 351
メルシエ(Mercier, R.) 181
メンカウラー(Menkaure) 18
モーザー(Moser, W. O. J.) 404
モートン(Morton, H. R.) 384
モハメッド(Mohammed) 101
モンジュ(Monge, G.) 18

■ヤ行
ヤムニッツァー(Jamnitzer, W.) 55, 130-133, 155, 159, 174, 260
ユークリッド(Euclid) 19, 60, 61, 65, 75, 84, 89, 94, 95, 98, 99, 102-107, 114, 119, 121, 123, 127, 153, 187, 188, 211, 226, 228, 233, 359
ユスティニアヌス(Justinian) 101

■ラ行
ライプニッツ(Leibniz, G. W.) 60, 186, 219
ラウエ(Laue, M. von) 328
ラグランジュ(Lagrange, J. L.) 240, 401
ラートドルト(Ratdolt, E.) 107
リサーブル(Lesavre, J.) 181
リスティング(Listing, J. B.) 211, 213, 215
リッチモンド(Richmond, H. W.) 62
リュイリエ(L'Huilier, S. A. J.) 207, 212
劉徽(Liu Hui) 24, 25, 38, 44
ルジャンドル(Legendre, A. M.) 195, 203, 204, 212, 215, 230, 240, 241, 260, 265
ルッフィーニ(Ruffini, P.) 401
ルベーグ(Lebesgue, H.) 185, 204
レイノルズ(Reynolds, C. N.) 354
レウキッポス(Leucippus) 51
レオナルド・ダ・ヴィンチ(Leonardo) 123, 146
レンカー(Lencker, H.) 130
レントゲン(Röntgen, W. C.) 328
老子(Lao Tsu) 40
ロバートソン(Robertson, S. A.) 384
ロビンソン(Robinson, J.) 54
ロメ・ド・リル(Romé de l'Isle, J. B. L.) 323
ロンゲ-ヒギンス(Longuet-Higgins, H. C.) 181
ロンゲ-ヒギンス(Longuet-Higgins, M. S.) 181

■ワ行
ワグナー(Wagner, D. B.) 40

事項索引

■ア行

悪魔の階段　　　　　　　　　　　　　　　36, 44
『アナレンマ』（Analemma）　　　　　　　137
『アバクスの書』（Liber Abbaci）　　　　120
アルキメデス立体　　79–84, 90, 97, 103, 116,
　　　128, 136, 159–170, 177, 182, 185,
　　　201, 231, 257, 331, 367, 384, 図 2.21,
　　　カラー図 2,3
　　▷ 切頭四面体
　　▷ 切頭立方体
　　▷ 切頭八面体
　　▷ 切頭十二面体
　　▷ 切頭二十面体
　　▷ 立方八面体
　　▷ 斜立方八面体
　　▷ 大斜立方八面体
　　▷ 二十・十二面体
　　▷ 斜二十・十二面体
　　▷ 大斜二十・十二面体
　　▷ 歪立方体
　　▷ 歪十二面体
　　──の数え上げ　　　　　　　　　164–170
　　──の破片体　　　　　　　　　　　　　86
『アルマゲスト』（Almagest）　　95, 97, 102,
　　　137

異性体　　　　　　　　　　　　89, 196, 231
　　回転──　　　　　　　　　　　　　　255
　　形状──　　　　　　　　　　　　　　231
　　立体──　　　　　　　　　　　231, 374
　　　──を数える　　　　　　　　　　　334
一様多面体　　　　　　　　　　177–181, 257
『5つの図形の比較』（The Comparison of
　　　the Five Figures）　　　　　　　　94
インド・ルール　　　　　　　　　　102, 128

『宇宙の神秘』（Mysterium
　　　Cosmographicum）　　　　　　141, 142,
　　　144–147

エキヌス　　　　　　　　　　　　　　　172
エピペダル ▶ 多面体，エピペダル
遠近法
　　空気──　　　　　　　　　　　104, 113
　　自然的──　　　　　　　　　　　　111
　　人工──　　　　　　　　　　　　　113
　　線形──　　　　　　　　　　　　　110
　　転倒──　　　　　　　　　　　　　109
　　反復──　　　　　　　　　　　　　109
円分方程式　　　　　　　　　　　　　　64
オイラーのアルゴリズム　　　　　　　201
オイラーの公式　　194, 239, 240, 260, 265,
　　　331, 349, 352
　　──の例外　　　　　　　　　　　　207
黄金長方形　　　　　　　　　　　　70, 125
黄金比　　　　　　　　　68, 73, 124, 154, 171
黄鉄鉱 ▶ 結晶，黄鉄鉱の
オストリア　　　　　　　　　　　　　172
折り ▶ ネット

■カ行

『絵画の透視図法』（De Prospectiva
　　　Pingendi）　　　　　　　　　　　119
『絵画論』（De Pictura）　　　　　　　114
『絵画論（イタリア語版）』（Della Pittura）
　　　　　　　　　　　　　　　　　　114
外接球　　　　　　　　　　　　　　　　52
回転 ▶ 対称，回転
回転異性体 ▶ 異性体，回転
海綿状多面体 ▶ 蜂巣状多面体
カイラル　　　　　　　　　　　　　　306
ガウス–ボンネの公式　　　　　　　　　222
角
　　▷ 立体角
　　外角　　　　　　　　　　　　　　187
　　二面──　　　　　　　　　　　　　13
　　の測り方　　　　　　　　　　　　187
　　平面──　　　　　　　　　　　　　13
　　補角　　　　　　　　　　　　　　187
　　立体──　　　　　　　　　　　　　13
角錐　　　　　　　　　　　　　13, 35, 198
　　▷ 正四面体
　　──についてのオイラーの公式　　　194
　　──の対称性　　　　　　　　　　　298
　　──の体積　　　　　　　　　　　　96
　　悪魔の階段　　　　　　　　　　　　36
　　棊 ▶ 陽馬
　　九章算術における──　　　　　　　24
　　五芒星形を底に持つ──　　　　　259
　　──の彩色　　　　　　　　　　　394
　　──の体積
　　　　エウドクソス　　　　　　　　41
　　　　劉徽　　　　　　　　　　　　38
角柱　　　　　　　14, 35, 83, 84, 160, 165, 367

431

432　事項索引

——についてのオイラーの公式	*194*
——の対称性	*298, 306–312*
棊 ▶ 塹堵	
九章算術における——	*26*
星型多角形を底辺とする——	*178*
数え上げ定理	*334*
型 ▶ 頂点，型	
カタランの立体	*367,* 図 *10.7*
カレイドサイクル	*245*
還元法	*352*
完全二十面体 (complete icosahedron) ▶ 正二十面体, 完全	
カンパヌスの球面	*106, 115, 125*
棊	*25*
▷ 立方体, 棊	
▷ 陽馬	
▷ 塹堵	
▷ 鱉臑	
擬斜立方八面体 (pseudo rhomb-cub-octahedron) ▶ ミラーの立体	
擬正則多面体 ▶ 多面体，擬正則	
規則性	*10*
軌道固定群定理	*337*
軌道と固定群についての定理	*389, 405*
基本多面体 ▶ 多面体, 基本的	
基本領域	*374*
逆理	
ゼノンの——	*34*
『九章算術』	*24, 28, 38*
『九章算術注釈』	*24*
求積法	*17*
球面過剰公式	*190, 203, 223*
鏡映	
——面 ▶ 対称，鏡映	
点に関する—— ▶ 対称，反転	
鏡映面	*306*
鏡像体	*306*
極	*303*
曲率	*222*
ギリシャ人	
▷ ピタゴラス学派	
——と証明	*29*
——と無限	*34*
空間	
離散——	*33*
——連続	*33*
空洞	*208, 212*
楔形文字板	*23*
愚者の黄金 ▶ 結晶, 黄鉄鉱の	
グラフ理論	*196*
群	*321*
——の公理	*323*
——の表示	*323*
彩色——	*398, 399*
正規部分——	*400, 401*
単位元	*321*
置換	*401*
同型	*322*
表	*322*

C_{2h}	*319*
D_2	*320*
D_3	*322*
S_4	*320*
保色——	*399*
結晶	*4, 208, 323, 366*
——と対称性	*323–328*
——類	*326*
黄鉄鉱の——	*71,* カラー図 *1*
細筋のある——	*307*
水晶の——	*72*
結晶学的制限	*326*
ケプラー・ポアンソの多面体 ▶ 星型多面体	
ケーリーの式	*265*
ケルビンの立体 ▶ 切頭八面体	
原子価	*197*
懸垂	*249*
ケンペ鎖	*351*
『原論』(Elements)	*30, 57, 63, 94, 95, 97, 102, 105, 107, 114, 153, 187, 226, 375, 384*
——の復活	*107*
第 1 巻	*60, 61, 98, 99, 123, 142*
第 2 巻	*123*
第 3 巻	*99*
第 4 巻	*99*
第 5 巻	*123*
第 6 巻	*123*
第 10 巻	*73, 123*
第 11 巻	*65, 188, 232*
第 12 巻	*106, 108*
第 13 巻	*71, 73, 99, 123*
第 14 巻	*94, 99, 108*
第 15 巻	*99, 108, 121*
コイロヘドラ ▶ 多面体, コイロヘドラ	
『光学』(Optica)	*104*
格子	*324, 326*
公準	*59*
剛体性定理	*234*
剛体性予想	*247*
恒等	
——的対称 ▶ 対称, 恒等的	
合同	
▷ 同値, 関係	
ケプラーの概念	*150*
公理	*59*
アルキメデスの——	*41*
群の——	*322*
合同の——	*233*
ユークリッドの——	*60, 226*
連続性の——	*41, 60*
コーシーの補題	*236, 240*
五角十二面体 ▶ 多面体, 五角十二面体	
5 次方程式	*401*
『国家』(Republic)	*58, 99*
骨格	*116, 125, 290*
正多面体	*291*
固定群	*386*
弧度法	*187*
五芒星形 (pentagram)	*171, 258*
——の密度	*266*

——と整数の比では表されないもの	*30*	*382*	
根源的な概念	*59*	柔軟異性	*255*
『コンパス，定規を使った直線，平面，立体の測定の芸術に関する手引き』（*Unterweysung der Messung*）	***127, 159***	『十二面体と二十面体の比較』（*Comparison of the Dodecahedron with the Icosahedron*）	*94*
		主系列 ▶ 星型，主系列	
■サ行		種数	*215*
細筋	*307*	シュタイニッツの補題	*243*
さいころ	*331*	準結晶	*5*
彩色	*334*	小星型十二面体（small stellated dodecahedron）	***173, 266, 269, 273, 277, 290, 図 4.16***
——が等しい	*332*		
完璧な——	*399-400*	証明	***10, 29, 356***
厳密な——	*341*	解析的——	*98*
2 色での——	*342*	帰納法による——	***243, 350***
3 色での——	*344*	コンピュータ	*356*
4 色での——	*350*	総合的——	*98*
5 色での——	*352*	存在	*60*
6 色での——	*349*	どのように読むか	*13*
対称的な——	*394-396*	背理法による——	*30*
——パターン	*334*	『書記と商人に必要な計算法についての本』（*Kitab Fi Ma Yahtaj Ilayh al-Kuttab Wa'l-ummal Min Ilm al-Hisib*）	*103*
作図			
さびついたコンパスの——	*103*		
垂線の——	*61*		
正五角形の——	*63*	『職人に必要な幾何学の本』（*Kitab Fi Ma Yahtaj Ilayh al-Sani Min al-Amal al-Handasiyya*）	*103*
正三角形の——	*61*		
正四面体の——	*65*		
正十二面体の——	*68*	ジョルダンの曲線定理	*218*
正二十面体の——	*69*	しわ	*251*
正八面体の——	*66*	人工的遠近法	*105*
立方体の——	*67*	振動多面体 ▶ 多面体，振動	
三角面体（deltahedron）	***75, 84, 図 2.18***	新プラトン派	***98, 138***
▷ 正十二面体，双子の		推移的	*366*
▷ 正八面体		全——	*386*
二十面体星型	*278*	頂点に関して——	***90, 177, 367***
メイソンの——	***228, 249, 図 6.4***	▷ アルキメデス立体	
3 サイクル	*348*	▷ 角柱	
3 次方程式	*400*	▷ 反角柱	
『算術，幾何学，比と比例大全』（*Summa de Arithmetica*）	***123, 400***	▷ 一様多面体	
		旗に関して——	*372*
『算術論文』（*Trattato d'Abaco*）	***121, 123***	面に関して——	*367*
三方二十面体（triakis icosahedron）▶ 正二十面体，三方		稜に関して——	*370*
		『数学全集』（*Mathematical Collection*）	***78, 97, 159***
『神的比例論』（*Divina Proportione*）	***123, 146, 159, 386***		
		ステラジアン	*189*
ジオデシック・ドーム	*2*	スフェノイド	***245, 371, 387***
視覚ピラミッド	***104, 111, 129***	▷ 正四面体	
軸	*297*	（正）四面体（tetrahedron）	***155, 262***
n 回対称——	*298*	▷ プラトン立体	
回転鏡映——	*312*	▷ スフェノイド	
主——	*299*	——の回転するリング	*245*
副——	*299*	——の対称性	***301, 315***
自然遠近法	*105*	——のファセット（なし）	*288*
七面体（heptahedron）▶ 多面体，七面体		——の星型（なし）	*269*
『実用幾何学』（*Practica Geometriae*）	*120*	萼 ▶ 齶䚃	
斜二十・十二面体（rhomb-icosi-dodecahedron）	***84, 89, 169, 345***	骨格的形状	*291*
		——の彩色	***338, 394***
蛇腹予想	*253*	——の作図	*66*
斜立方八面体（rhomb-cub-octahedron）	***4, 82, 84, 125, 166, 178, 231, 366, 374,***	（正）十二面体（dodecahedron）	***123, 155, 185***
		▷ プラトン立体	

434　事項索引

```
    ▷ 大十二面体
    ▷ 大星型十二面体
    ▷ 小星型十二面体
    ——とカレンダー                          4
    ——の構成                              288
    ——の構成法                            359
    ——のファセット                          288
    宇宙船                                   9
    ゴールドバーグの——                     228
    ダイマクション地図                        7
    ——の作図                              68
    ——の星型                              269
    菱形——  ▶ 菱形多面体，十二面体
    双子の——          6, 75, 85, 367, 図 2.18
    古い時代の——                          71
    耳つき                                 176
  星状化
    面の——                           172, 272
    稜の——                                172
  星状化のパターン
    菱形多面体の——                        390
  整数の比では表せないこと                  57
  正則性                           74, 76, 371
    ——と推移性                    366 – 372, 384
    ——と対称性                            366
  正多角形の面を持つ多面体 ▶ 多面体，正多角
        形の面を持つ
  正多面体                             175, 386
    ▷ プラトン立体
    ▷ 星型多面体
    ▷ 複合多面体
    ▷ 骨格
    ▷ 蜂巣状多面体
    コーシー                              266
    コクセター                             77
    ポアンソ                              259
『正多面体論』(Quinque Corporibus
        Regularibus)                 121, 125
  (正)二十面体(icosahedeon)     155, 260, 262,
        375, 382
    ▷ プラトン立体
    ▷ 大二十面体
    ——の対称性                            301
    ——のファセット                          288
    黄金長方形を含む——              70, 125
    完全——                  278, 371, カラー図 10
    骨格的形状                            290
    三方——                              278
    ——の作図                              69
    ——の破片体                            84
    ——の星型              3, 269, 275 – 280, 295
    菱形——  ▶ 菱形多面体，二十面体
『正二十面体と5次方程式』(Lectures on
        the Icosahedron and the Solution
        of Equations of the Fifth Degree)
                                         402
  (正)八面体(octahedron)     84, 155, 178, 262,
        373, 375, 376
    ▷ プラトン立体
    ——の対称性                            301
    ——のファセット                          288
    ジャンプする——                         228
```

```
    柔軟——（ブリカール）                246
    ——の彩色                         341, 394
    ——の作図                              66
    ピエロの算術的問題                   120
    星型                                   269
『正立体の遠近法』(Perspectiva Corporum
        Regularium)                130, 159, 260
『世界の調和』(Harmonices Mundi)      141,
        143, 171
  切頭                              81, 125, 199
  切頭四面体(truncated tetrahedron)       81,
        125, 167
    ピエロの練習問題においての            121
  切頭十二面体(truncated dodecahedron)
        81, 168, 176
  切頭錐台
    ——の体積                              102
  切頭正四角錐                              21
  切頭二十・十二面体(truncated
        icosi-dodecahedron) ▶ 大斜二十・
        十二面体
  切頭二十面体(truncated icosahedron)    6,
        80, 125, 169
  切頭八面体(truncated octahedron)      125,
        168, 374, 376
    ——とケルビン卿                       80
  切頭立方体(truncated cube)     80, 168, 177,
        374, 376
  切頭立方八面体(truncated
        cub-octahedron) ▶ 大斜立方八
        面体
  全推移的 ▶ 推移的，全
  塹堵                                    26
  測地線                                 221
『測量術』(Metrica)                       96

■タ行
  退化した多面体 ▶ 多面体，退化した
『大技法』(Ars Magna)                   400
  大斜二十・十二面体(great
        rhomb-icosi-dodecahedron)        170
  大斜立方八面体(great
        rhomb-cub-octahedron)     82, 170,
        373
  大十二面体(great dodecahedron)       260,
        266, 269, 277, 290, 図 7.3
    骨格的形状                            290
  対称                               295, 296
    ——操作                              297
    ——の崩壊                             361
    ——変換群
      表記法                              403
    ——要素                         297, 317
  映進                                   312
  回転——                      150, 267, 296
    ——系                          298 – 305
  回転鏡映                           312, 325
  角柱的——                       306 – 312
  間接的——                              306
  幾何学的——                            150
  鏡映                                   306
```

鏡像――	*83*
ゲージ――	*396*
恒等的――	*297*
左右対称性	*306*
四面体的――	*301*
巡回的――	*298*
代数的――	*401*
抽象的――	*150*
直接的――	*297*
二十面体的――	*301, 316*
二面体的――	*298*
ねじれ――	*327*
八面体的――	*301*
反転――	*319*
複合的――	*310-312*
ユニタリー――	*150*
立方体的――	*313-315*
対掌体	*83*
対称変換	
保色――	*397*
大二十面体(great icosahedron)	*263, 266, 270, 275, 278, 290, 図 7.4*
大星型十二面体(great stellated dodecahedron)	*173, 266, 269, 275, 290, 図 4.16*
大星型二十面体(great stellated icosahedron)	*275*
ダイマクシオン地図	*7*
多角形	
――の被覆度	*258*
――の密度	*266*
一般化された――	*257*
球面――	*189, 203, 235*
――の面積	*190*
正――	*171*
星状――	*171*
単純――	*291*
ねじれ――	*291*
ピートリー――	*292*
星型――	*171, 258*
星型の――	*367*
無限――	*293*
『多角形と多面体』(Vielecke und Vielflache)	*245, 275*
多項式	*400*
多面体	
▷ プラトン立体	
▷ アルキメデス立体	
▷ カタランの立体	
▷ 正多面体	
▷ 星型多面体	
▷ 複合多面体	
▷ 菱形多面体	
▷ 三角面体	
▷ 偏方多面体	
▷ 一様多面体	
▷ 角柱	
▷ 反角柱	
▷ 角錐	
▷ 両角錐	
▷ スフェノイド	
▷ ミラーの立体	

――の相等, *227, 255* ▶ 推移的, 頂点に関して	
――の定義	*210*
グルンバウム	*293*
ケプラー	*152*
メービウス	*214*
――の被覆度	*258, 265*
――の密度	*265*
エピペダル――	*293*
擬正則――	*390*
基本的――	*84*
クロワッサン	*214*
コイロヘドラ	*257*
五角十二面体	*324, 395*
七面体	*178*
実現不可能な――	*2*
柔軟――	*232, 250*
準立体(ケプラー)	*152*
振動――	*228*
正多角形の面を持つ――	*84-90*
退化――	*203, 206, 209*
単純な――	*344*
単体的――	*344*
天井型――	*84*
半立体的(ケプラー)――	*176-177*
非交差――	*293*
星型の――	*367*
屋根型――	*84*
『多面体模型』(Polyhedron Models)	*181*
単位元	
群の―― ▶ 群, 単位元	
単純多面体 ▶ 多面体, 単純な	
単体的多面体 ▶ 多面体, 単体的	
知恵の館	*101*
置換	*397*
抽象化	*58*
中点球面	*147*
頂上点 ▶ 頂点	
頂点	*13, 195, 197*
――の不足角 ▶ 立体角, 不足角	
――型	*76, 259*
――類	*161*
頂点に関して推移的 ▶ 推移的, 頂点に関して	
『地理学入門』(Planisphaerium)	*96, 97, 137*
定義	*59*
『ティマイオス』(Timaeus)	*51, 70, 99, 104, 131*
『データの書』(Kitab al-Mafrudat)	*102*
デーン不変量	*48*
デカルトの定理	*191*
添加	*125, 199*
『天文現象論』(Phaenomena)	*95*
同型	
群の――	*322*
多面体の――	*374*
同値	
――関係	*225*
合同	*227, 233, 253*
相似	*227*

436　事項索引

　　　立体異性体　　　　　　　　　231
　　　——類　　　　　　　　　　　225
　同等分割可能　　　　　　　　　　44
　『道徳経』　　　　　　　　　　　40
　特異点　　　　　　　　　　　　 214
　凸　　　　　　　　　　　　　　 260
　凸包　　　　　　　　　　　　　 288
　トポロジー　　　　　　　　 186, 211
　取り尽くしの方法　　　　　　40, 106
　トンネル　　　　　　　　　　　 213

■ナ行
　2次方程式　　　　　　　　　　　400
　二十・十二面体（icosi-dodecahedron）　81,
　　　　84, 125, 166, 265, 384, 390
　二十面体演算　　　　　　　　　 323
　二面角 ▶ 角, 二面

　ネット　　　　　　　　　128, 212, 231
　　　▷ 模型

■ハ行
　ハウスドルフ距離　　　　　　　 376
　旗　　　　　　　　　　　　　　 372
　パターン　　　　　　　　　　　 352
　　可約な——　　　　　　　　　 352
　　不可避な——　　　　　　　　 352
　旗に関して推移的 ▶ 推移的, 旗に関して
　蜂巣状多面体　　　　　　　　　　78
　パピルス　　　　　　　　　　　　19
　　モスクワ——　　　　　　　　　21
　　リンド——　　　　　　　　　　20
　はめ木細工　　　　　　　　　　 116
　パラメータ空間　　　　　　　　 375
　反角柱　　　　　　　　　6, 83, 160, 165
　　星型多角形を底辺とする——　　178
　バーンサイドの補題　　　　　　 334
　反転 ▶ 対称, 反転
　半立体的多面体 ▶ 多面体, 半立体的
　ピートリー・コクセターの多面体 ▶ 蜂巣状多
　　　　面体
　ピートリー多角形　　　　　　　 292
　菱形多面体　　　　　　154–158, 図 4.11
　　三十面体　　　　154, 158, 390, 393, 図 4.7
　　十二面体　　　　　　　　　 5, 390
　　　第 1 種　　　　　　154, 324, 図 4.7
　　　第 2 種　　　　　　　　　　158
　　二十面体　　　　　　　　　　 158
　　菱面体　　　　　　　156, 158, 324, 図 4.9
　菱面多面体
　　十二面体
　　　第 1 種　　　　　　　　　　 82
　ピタゴラス学派　　　　　　32, 71, 94, 150
　　音楽　　　　　　　　　　　　 143
　　学説　　　　　　　　　　　29, 137
　被覆性
　　▷ 密度
　　多角形の——　　　　　　　　 258
　　多面体の——　　　　　　 258, 265
　非分離曲線　　　　　　　　　　 213
　ピラミッド
　　エジプトの——　　　　　　　　17

　　階段——　　　　　　　　　　　18
　　ギザの——　　　　　　　　2, 18, 21
　　視覚の—— ▶ 視覚ピラミッド
　　——の彩色　　　　　　　 335, 338
　ファセッティング　　　　　　　 288
　フェルマー素数　　　　　　　　　65
　複合多面体　　　　　　359, カラー図 11–16
　　——の要素　　　　　　　　　 359
　　5 つの四面体
　　　カイラル　　　　　　　　　 306
　　　の対称性　　　　　　　　　 316
　　四面体 2 つの—— ▶ 星型八面体
　　四面体 4 つの——　　　　　　 363
　　四面体 5 つの——　　　　　　 272
　　十二面体＋二十面体　　　　　 155
　　十二面体 2 つの——　　　　　 359
　　正則な——　　　　　　365, 386, 387
　　八面体 3 つの——　　　　　　 362
　　八面体 4 つの——　　　　　　 363
　　八面体 5 つの——　　　　　　 270
　　立方体＋八面体　　　　　　　 155
　　立方体 3 つの——　　　　　　 362
　　立方体 4 つの——　　　　　　 362
　　立方体 5 つの——　　　　　　 360
　不足角 ▶ 立体角, 不足角
　双子の十二面体（Siamese dodecahedron）▶
　　　　正十二面体, 双子の
　プラトン立体　　　2, 9, 51–57, 79, 84, 94, 97,
　　　　99, 103, 106, 116, 121, 125, 128,
　　　　131, 143, 150, 155, 177, 185, 267,
　　　　365, 372, 384, 386, 387, 390, 図 2.3,
　　　▷ 正多面体
　　　▷ 正四面体
　　　▷ 立方体
　　　▷ 正八面体
　　　▷ 正十二面体
　　　▷ 正二十面体
　　——についてのオイラーの公式　 194
　　——の数え上げ
　　　オイラー　　　　　　　　　 201
　　　デカルト　　　　　　　　　 192
　　　ポアンソ　　　　　　　　　 262
　　　ユークリッド　　　　　　　　74
　　——の対称性　　　　　　　　 296
　　語源　　　　　　　　　　　　　72
　　コスミック・フィギュア（宇宙形）146
　　——の彩色　　　　　　　 331–333
　　——の作図　　　　　　　　65–70
　　——の定義　　　　　　　　　　74
　　——の発見　　　　　　　　70–73
　　稜の星状化　　　　　　　　　 257
　プロクロスの定理　　　　　　　 187
　分割によって合同　　　　　　　　44
　平面角 ▶ 角, 平面
　『平面・立体図形の測定書』（Kitab fi
　　　　Misahat al-Ashkal al-Musattaha
　　　　wa'l-Mujassamas）　　　 102
　甑䯻　　　　　　　　　　　　26, 47
　ヘロンの公式　　　　　　　　　　96
　偏方多面体（trapezohedron）　　 367
　　等辺——　　　　　　　　　　 309

不等辺――	309
ポアンソの式	261
放散虫	5
放射投影	203
放電法	355
『墨子』	33
星型	
――に関するミラーのルール	276
主系列	277
命名法	277
星型パターン	273
十二面体の――	275
二十面体の――	275
星型多面体　171–175, 240, 264, 266, 316, 331, 367, 372, 387, 388, カラー図 8,9	
――の数え上げ	
コーシー	266
ベルトラン	288
星型八角体　125, 155, 173, 269, 362, 372, カラー図 11	
『星の出』(*On the Rising of the Stars*)	95
■マ行	
マゾッチオ	116
密度	265
▷ 被覆度	
多角形の――	266
耳つき十二面体(eared dodecahedron)	176
耳つき立方体(eared cube)	176
ミラーの立体　89, 159, 231, 366, 367, 図 2.30	
――の対称性	302
『6つの辺の雪片』(*De Nive Sexangula*) 152, 154, 160	
無定義術語	59
無理数	29
メービウスの帯	213
面	13, 197
隣接する――	13
面に関して推移的 ▶ 推移的, 面に関して	
面の星状化 ▶ 星状化, 面の	
模型	232, 298, 331
▷ ネット	
ストローの枠	245
展開図	
斜立方八面体型のさいころ	4
柔軟多面体	250–251
二十面体のさいころ	4
ネット	
ウンダーリヒの八面体	228
四面体のリング	245
模型を作るためのヒント	14–15
モスクワ・パピルス ▶ パピルス, モスクワ	
モデル	307, 317
■ヤ行	
屋根型多面体 ▶ 多面体, 屋根型	
ユークリッドの道具	61, 64, 102
陽馬	26
寄木象眼	116
4色問題	350
■ラ行	
立体異性体 ▶ 異性体, 立体	
立体角	185, 195, 235
――の測り方	189
――の不足角	190, 221
直――	189
不足角	185
余――	189
立方体	155, 185, 373, 382
▷ プラトン立体	
――の対称性	301, 313
――のファセット	288
――の星型(なし)	269
稟	25
――の彩色	339, 395
――の作図	67
パズル	333
ピエロの算術的問題	121
耳つき――	176
立方八面体(cub-octahedron)　3, 80, 81, 84, 102, 125, 165, 178, 265, 372, 373, 375, 382, 384, 390	
稜	13, 193, 195, 197
両角錐	367
――の対称性	308
――の彩色	395
稜に関して推移的 ▶ 推移的, 稜に関して	
稜の星状化 ▶ 星状化, 稜の	
リンド・パピルス ▶ パピルス, リンド	
類 ▶ 頂点, 類	
■ワ行	
連結性	215
歪四面体(snub tetrahedron)	83, 316, 375
歪十二面体(snub dodecahedron)	83, 166
――の対称性	316
歪二十・十二面体(snub icosi-dodecahedron) ▶ 歪十二面体	
歪立方体(snub cube)	83, 165, 370
――の対称性	313
カイラル	306
歪立方八面体(snub cub-octahedron) ▶ 歪立方体	

著　者
P.R. クロムウェル（Peter R. Cromwell）
Department of Pure Mathematics
University of Liverpool
P.O.Box 147
Liverpool.L69 3BX
England

訳　者
下川航也（しもかわ　こうや）
博士（数理科学），東京大学
現在：埼玉大学大学院理工学研究科　教授

平澤美可三（ひらさわ　みかみ）
博士（理学），大阪大学
現在：名古屋工業大学大学院　准教授

松本三郎（まつもと　さぶろう）
Ph.D., The University of Michigan
現在：The Master's College（米国カリフォルニア州）理学部数学科　助教授

丸本嘉彦（まるもと　よしひこ）
理学博士，大阪市立大学
現在：大阪産業大学教養部　教授

村上 斉（むらかみ　ひとし）
理学博士，大阪市立大学
現在：東北大学大学院情報科学研究科　教授

多面体　新装版
（ためんたい）

2014年 9 月 20 日　第 1 版第 1 刷発行

著者　　P.R. クロムウェル
訳者　　下川航也・平澤美可三・松本三郎・丸本嘉彦・村上 斉
発行者　横山 伸
発行　　有限会社　数学書房
　　　　〒101-0051　東京都千代田区神田神保町 1-32-2
　　　　TEL　03-5281-1777
　　　　FAX　03-5281-1778
　　　　mathmath@sugakushobo.co.jp
　　　　振替口座　00100-0-372475

印刷
製本　　モリモト印刷
組版　　アベリー
装幀　　岩崎寿文

© H.Murakami et.al 2014　　Printed in Japan
ISBN 978-4-903342-78-8